Jürgen Blecker

Chemie
für jedermann

© 2012 Compact Verlag GmbH München
Alle Rechte vorbehalten. Nachdruck, auch auszugsweise,
nur mit ausdrücklicher Genehmigung des Verlages gestattet.
Chefredaktion: Evelyn Boos
Redaktion: Anke Fischer
Fachredaktion: Manfred Amann
Produktion: Johannes Buchmann
Abbildungen: Compact Verlag GmbH, München; fotolia.de;
Gruppo Editoriale Fabbri, Mailand; Lidman Production, Stockholm;
(siehe auch Bildnachweis auf S. 384)
Titelabbildungen: fotolia.de (6); Lidman Production, Stockholm (1)
Gestaltung: textum GmbH, München
Umschlaggestaltung: Karl Kovacs

ISBN 978-3-8174-7856-9
7178562/3

www.compactverlag.de

Vorwort

In dem Buch „Chemie für jedermann" präsentiert Jürgen Blecker eine wertvolle Zusammenfassung chemischen Grundwissens. Er beleuchtet chemische Alltagsphänomene, vermittelt fundiertes Basiswissen speziell für Laien und räumt weit verbreitete Irrtümer sowie Missverständnisse aus dem Weg. Die didaktisch gut aufbereiteten Erklärungen setzen keinerlei chemische Vorbildung voraus. Das Buch ist von unschätzbarem Wert und illustriert sehr anschaulich, wie viel wir im täglichen Leben mit Chemie zu tun haben!

Chemie ist die Lehre von den Stoffen, und als solche eine experimentelle Wissenschaft. Sie ist der Grundstein vieler (Lebens-)Prozesse in Biologie und Umwelt. Die Didaktik des Buches ermöglicht es, durch einfache Experimente die Gesetzmäßigkeiten, die in der Natur und im Alltag vorkommen, selbst zu überprüfen.

Das Buch behandelt einerseits Grundprinzipien der Chemie – wie z. B. die Ordnung der chemischen Stoffe, einfache chemische Reaktionen, Atomstruktur und chemische Bindung, Säure und Base. Andererseits geht es um anwendungsbezogene Aspekte, wie z. B. Gefahrstoffe, Nährstoffe, Umweltprobleme und Fortschritte.

Die Texte sind leicht verständlich, sehr spannend und humorvoll geschrieben. Eine Fülle chemischen Grundwissens wird auf spielerische Art und Weise vermittelt. Es macht einfach Freude, in diesem Buch zu schmökern und dabei die Chemie für sich neu zu entdecken und besser zu verstehen.

Also, viel Spaß beim Lesen und Experimentieren!

Rudi van Eldik

Prof. Dr. Dr. h. c. mult. Rudi van Eldik ist seit 1994 Ordinarius für Anorganische und Analytische Chemie an der Friedrich-Alexander-Universität Erlangen-Nürnberg. Von 1995 bis 2009 hielt er dort die „Zaubervorlesung" (www.zaubervorlesung.de), die Wissensvermittlung und Unterhaltung auf spektakuläre Weise miteinander verknüpfte und alljährlich mehrere tausend begeisterte Hörer fand.

Inhalt

I. Ordnung ist das halbe Leben 7
Von der Ordnung der chemischen Stoffe 7
Mischmasch aus Stoffen: Stoffgemische 23

II. Ein erster Blick auf einfache chemische Reaktionen 28
Es geht ein Licht auf 28
Nachhaltige Veränderungen brauchen sauerstoffhaltige Bedingungen:
  Verbrennungen 30
Energie ist, wenn es trotzdem kracht 31

III. Die Unteilbaren 32
Vom Teilchenmodell zum Atom-Begriff 33
Elemente in Reih und Glied: das Periodensystem 38
Zeige mir, wo du stehst und wie du gebaut bist, und ich sage dir,
  wie du reagierst! 40
Win-win durch Elektronen-Sharing: die Atombindung 55
Atomrümpfe und Elektronengas: die Metallbindung 58
Wo ist Chemie drin? – Stoff, Reinstoff, Stoffgemisch, Verbindung, Element 60
In der Zahnpasta gibt es gar kein „Fluor" 61

IV. Ein zweiter Blick auf einfache chemische Reaktionen 67
Und wieder geht ein Licht auf 67

V. Vorsicht Spannung! – Vom Froschschenkel zum
  Lithiumionen-Akku 69
Blitze im Mund 70
Miss-Wirtschaft mit Lokal-Elementen: Rost 72
Die Ananas aus der Konservendose 73
Für Putzfaule: chemische Reinigung von angelaufenem Silber 75
Naturkoststrom: Zitronen- und Kartoffelbatterie 77
Eine kleine Geschichte der Batterie 78
Ionen, die zu ihrem elementaren Glück gezwungen werden: Elektrolysen 84

Elektronen- und Ionenpingpong: Akkumulatoren   89
Direkter Elektronenzugriff durch Knallgaszähmung: die Brennstoffzelle   94

VI. Moleküle, wohin man blickt   100
SCHON – und damit hat sich's (fast)   100
Die mit den zwei Polen: Dipole   104

VII. Säuren: Es darf gelacht werden   115
Echt ätzend: Eigenschaften der Säuren   117

VIII. In aller Munde: die Carbonsäuren   153
Allgemeines zur Struktur der Carbonsäuren   153
'ne echt fette Sache, die Sache mit den Fettsäuren   162
AHA! – Dicarbonsäuren, Fruchtsäuren und Co.   164

IX. Besondere Carbonsäuren   177
Säuren ohne Ende   177
Noch mehr Säuren, noch mehr Besonderheiten: Aminosäuren   189

X. Gefahr erkannt – Gefahr gebannt?   196
Schauen Sie der Gefahr ins Zeichen!   196
Versteckte Gesundheitsgefährdung in Haus und Hof, aus Topf und Ofen   206
Man isst, was man isst   223

XI. Chemie macht das Leben leichter 1   234
Kunststoffe: eine Kunst, ohne diese Stoffe zu leben!   235
Häufige Helfer und Lebenserleichterer aus dem Alltag   254
Kunststoffrecycling: Da läuft (manchmal) was im Kreis – manches für immer   274

XII. Chemie macht Leben   282
Ein Blick in den Chemie-Baukasten des Lebens: Biopolymere   283
Die häufigsten Bausteine im Baukasten des Lebens: Kohlenhydrate   300
Proteine: Das Erste   323
Biokunststoffe: Entsorgen ohne Sorgen   332

XIII. Chemie macht das Leben leichter 2 339
Waschen, putzen, reinigen 339

XIV. Chemie macht schön(er) 357
„Ingredients" ist englisch, steht aber für das INCI-Chinesisch
  mit lateinischem Einschlag 357
Colour your wife – Haarfärbung 363

XV. Hautpflege – Pflege, die unter die Haut geht?! 368
Haut, kräftig, rein 369

Übersicht der alten und neuen Gefahrenmerkmale 376

Register 377

I. Ordnung ist das halbe Leben

Von der Ordnung der chemischen Stoffe

Denken Sie doch mal an Begriffe, die das Wort *Stoff* enthalten. Welche Begriffe fallen Ihnen spontan ein? Vielleicht machen Sie sich eine Liste?

Das Wort *Stoff* ist ein Wort, das – im chemischen Sinne gebraucht – sehr abstrakt ist. Und damit sind wir schon beim ersten und größten Problem in der Wissensvermittlung des Lehr-*Stoffs* Chemie: Die Chemie kann in vielen Dingen sehr abstrakt und trocken sein. Wir möchten versuchen, Ihnen die Chemie als weniger abstrakt, sondern lebendig und vor allem alltagstauglich näherzubringen. Chemie eben für jedermann!

Was ist eigentlich Chemie? – Die Lehre vom Stoff

> Die Chemie ist die Lehre von den Stoffen, deren Eigenschaften und deren Aufbau. Und die Chemie ist die Lehre von den stofflichen Veränderungen.

Haben Sie nicht unwillkürlich an den Stoff gedacht, den Sie als Gewebe auf Ihrer Haut tragen, wenn Sie diese Definition lesen bzw. als Sie oben aufgefordert wurden, sich Begriffe mit dem Wort *Stoff* zu überlegen? Um diesen Stoff soll es in diesem Buch nicht gehen. (Und um den Stoff, der Ihnen eventuell noch durch den Kopf ging, auch nicht!)

Wenn wir ein Synonym für den Begriff *Stoff* suchen, kann eine Übersetzung ins Englische helfen. Für den hier genannten Zusammenhang steht das englische Wort *matter*. Bei der Rückübersetzung ins Deutsche schlägt das Wörterbuch neben *Stoff* auch den Begriff *Materie* vor.

Wir wollen uns also mit der uns umgebenden Materie beschäftigen. Klingt doch gleich viel besser, oder etwa nicht?

Schaumstoff

Welche Stoffe begegnen uns im Alltag?

Bleiben wir also beim Wort *Stoff*. Welche Begriffe haben Sie gefunden, die das Wort *Stoff* enthalten? Welche Begriffe sind Ihnen spontan eingefallen?

Ganz sicher sind ein paar der nachfolgend aufgelisteten Begriffe dabei: Baustoff, Klebstoff, Kunststoff, Duftstoff, Nährstoff, Werkstoff, Treibstoff, Kraftstoff, Farbstoff, Schaumstoff, Süßstoff, Brennstoff, Impfstoff, Feststoff, Geschmacksstoff, Wirkstoff, Abfallstoff oder auch Stoffwechsel. Eventuell sind auch chemische Elemente darunter,

wie Sauerstoff, Kohlenstoff, Wasserstoff oder Stickstoff. Aber auch solche wie Lehrstoff oder Gesprächsstoff. Sie haben sicher noch mehr gefunden!?

Verschiedene Stoffe:
Baustoff, Brennstoff,
Klebstoff, Treibstoff

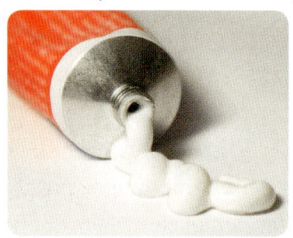

Recherchiert man im Internet den Begriff *Stoff,* erhält man Treffer in Millionenhöhe (!) und natürlich sind immens viele *Stoff*-Begriffe dabei, die sich mit textilen Stoffen beschäftigen.

Ergänzen muss man diese Liste auch mit den Begriffen, die das Wort *Mittel* im alltäglichen Gebrauch tragen: Gegenmittel, Düngemittel, Hilfsmittel, Putzmittel, Reinigungsmittel, Schmerzmittel, Lebensmittel, Nahrungsmittel, Arzneimittel, Waschmittel.

Lebensmittel

Düngemittel

Putzmittel

Arzneimittel

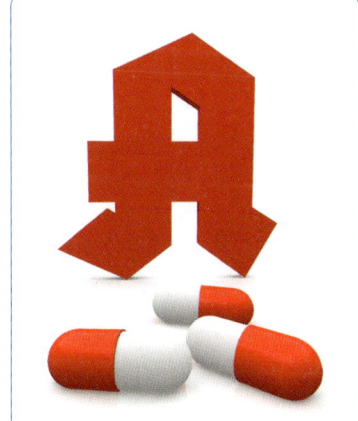

Betrachtet man die oben stehende *Stoff*-Liste und die *Mittel*-Liste genauer, fällt sicherlich auf, dass die meisten Begriffe eine Sammelbezeichnung sind: Stoffe, die brennen. Stoffe, die duften. Stoffe, mit denen man kleben kann, oder Stoffe, die uns ernähren. Mittel gegen Schmerzen oder zum Reinigen. Mittel, die wir zum Leben und zur Ernährung brauchen.

Wenn Sie in den Baustoffhandel gehen, wissen Sie, Sie bekommen alles, was Sie z. B. zum Hausbau brauchen. Das können allerdings sehr unterschiedliche Stoffe sein, die z. B. aus Stein, Holz oder Metall bestehen.

Und <u>den</u> Brennstoff gibt es auch nicht: Ihnen werden neben Erdgas und Erdöl sicherlich mindestens noch Holz und Kohle einfallen. Man erkennt, dass auch unter dem Begriff *Brennstoff* sehr unterschiedliche chemische Stoffe mit unterschiedlichen Eigenschaften zusammengefasst sind.

Verschiedene Brennstoffe: Erdgas, Holzkohle und

Erdöl

Die Chemie befasst sich mit all diesen Stoffen, ja, sie spiegelt sich quasi in der Vielfalt dieser Stoffe und ihrer Eigenschaften wider.

Keine Einfalt in der Vielfalt: die Unterscheidung der Stoffe

Die künstlich hergestellten Stoffe, die *Kunst*-Stoffe, besitzen eine ungeheuer große Bandbreite von – oftmals chemisch maßgeschneiderten – Eigenschaften: Der Griff am Kochtopf leitet die Wärme nicht, das Frühstücksbrot wird in durchsichtiger und flexibler Folie eingeschlagen, die Vorratsdosen für Kühlschrank und Gefrierschrank sind temperaturbeständig, viele moderne Kunststoffgetränkeflaschen sind im Vergleich zur alten Glasflasche bruchsicher und die Kunststoffe ummanteln als Isolatoren die metallischen Leiter im Stromkabel, weil sie nicht elektrisch leitend sind.

Verschiedene Kunststoffe

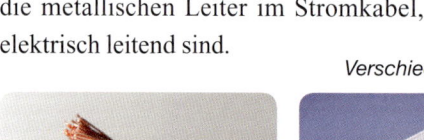 

Diese Eigenschaftsvielfalt kommt dadurch zustande, dass die genannten Gegenstände jeweils aus unterschiedlichen Kunststoffen aufgebaut sind. Nichtsdestotrotz fassen die Chemiker diese Stoffe zu den Kunststoffen zusammen, da sie chemisch auf eine sehr ähnliche Art und Weise hergestellt werden. Der Chemiker spricht dann von der Stoffklasse der Kunststoffe (→ S. 11 f.).

Um die große Vielfalt der chemischen Stoffe zu unterscheiden, bedienen sich die Chemiker relativ komplizierter Benennungen. Allerdings reicht es zunächst aus, mit allen Sinnen an die Beschreibung der Stoffeigenschaften heranzugehen.

> Sinnlich wahrnehmbare Stoffeigenschaften sind Farbe, Glanz, Kristallform, Geruch, Geschmack, Wärmeleitfähigkeit, Oberflächenbeschaffenheit, Klang, Verformbarkeit.
> Diese Eigenschaften sind in der Regel unabhängig davon, welche Form oder Größe der Stoff hat.

Mit den Augen kann man Farben unterscheiden oder feststellen, ob ein Stoff glänzt oder nicht. Schaut man mit der Lupe genauer hin, kann man z. B. Salz an seiner Kristallform erkennen. Mit der Nase lässt sich der Geruch feststellen und mit der Zunge der Geschmack. (Hinweis: Geruchs- und vor allem Geschmacksproben sind bei einigen chemischen Stoffen – besonders wenn sie nicht bekannt sind – nur mit großer Vorsicht zu nehmen!) Der Pfannengriff aus Holz oder Kunststoff leitet die Wärme nicht, ein Pfannengriff aus Metall sehr wohl. Dies lässt sich mit den Temperatursinneszellen, die in der Haut sitzen, oft schmerzhaft feststellen. Die Haut kann auch durch Betasten feststellen, ob ein Stoff rau oder glatt, fest oder elastisch ist. Den Klang, den ein zu Boden fallender Kochtopf und eine zu Boden fallende Plastikschüssel an unser Ohr dringen lassen, kennen Sie bestimmt.

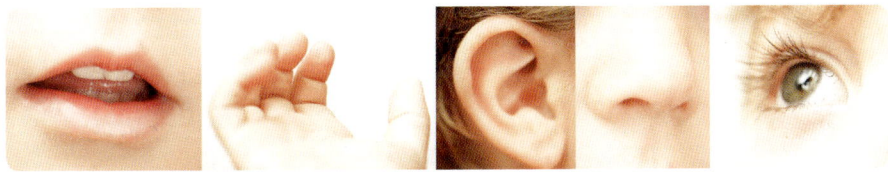

Wahrnehmungssinne

Die sinnlich wahrnehmbaren Eigenschaften reichen aber in der Regel nicht aus, die große Fülle der chemischen Stoffe eindeutig zu charakterisieren. Man bedient sich deshalb messbarer Stoffeigenschaften, die jeweils mit Hilfsmitteln bzw. Messinstrumenten festgestellt werden müssen.

> Messbare Stoffeigenschaften sind z. B. Schmelz- und Siedetemperatur, Dichte, Löslichkeit, elektrische Leitfähigkeit, Magnetismus, Brennbarkeit und Härte. Zu ihrer Feststellung müssen meistens Hilfsmittel oder Messinstrumente hinzugezogen werden.

Alle spielen in einer Liga: die Stoffklasse der Metalle

Was macht die Stoffklasse der Metalle aus? Welche Eigenschaften lassen sich den allermeisten Metallen zusprechen? Fassen wir die zutreffenden sinnlich wahrnehmbaren und die messbaren Stoffeigenschaften für die Metalle zusammen: Die allermeisten Metalle besitzen eine glänzende Oberfläche, besonders als Drähte oder Folien besitzen

Kochtopf mit guter Wärmeleitfähigkeit

sie eine relativ gute Verformbarkeit. Der Kochtopf ist aus Metall, da Metalle im Allgemeinen eine sehr gute Wärmeleitfähigkeit besitzen. Sie können deshalb die Wärme der Heizspiralen im Herd gut aufnehmen und z. B. an das Wasser im Topf abgeben. Metalle stellen z. B. in Stromkabeln die elektrisch leitenden Verbindungen her.

Gerade diese letzte Eigenschaft hängt wiederum mit dem chemischen Aufbau der Metalle zusammen. Wir werden auf S. 58 f. darauf zurückkommen.

Man kann mit einem Magneten als Hilfsmittel manche Metalle von allen anderen Metallen unterscheiden, indem man sie auf **Magnetismus** testet, denn nur die allerwenigsten Metalle lassen sich von einem Magneten anziehen: Dies trifft nur für die Metalle Eisen, Cobalt und Nickel zu.

Büroklammern auf einem Magneten

Magnesiumblitz

Auch die **Brennbarkeit** kann für Metalle ein Unterscheidungsmerkmal sein. Es mag ungewöhnlich erscheinen, dass Metalle brennen, aber es dürfte bekannt sein, dass man früher Magnesiumpulver entzündete und dies als Blitzlicht beim Fotografieren nutzte. Allerdings bestehen auch manche Bleistiftanspitzer aus Magnesium. Auch diese brennen! (Hinweis: Neben den hohen Temperaturen stellt die grelle Flamme selbst eine Gefahr für die Augen dar!)

Bei anderen Metallen kommt es auf den sog. **Zerteilungsgrad** an: Je feiner das Metall verteilt ist, umso größer ist die Oberfläche, die mit dem Luftsauerstoff reagieren kann. (Ups, jetzt ist es aber schon ganz schön chemisch …) Dies ist z. B. in Wunderkerzen der Fall: Hierin befinden sich – neben anderen chemischen Stoffen – Eisen- oder Aluminiumpulver, welche das charakteristische Funkensprühen verursachen.

Wunderkerze

Da Aluminium im Verhältnis zu anderen Metallen relativ leicht ist, was man sich im Auto- und Flugzeugbau zwecks Treibstoffersparnis durch die Gewichtsersparnis zunutze macht, bezeichnet man es auch als **Leichtmetall**. Zur Unterscheidung von Schwer- und Leichtmetallen muss die **Dichte** zu Hilfe genommen werden. Ihr ist das nächste Kapitel gewidmet.

Manche Metalle sind so weich, dass man sie schneiden kann. Das trifft auf die chemischen Elemente Natrium und Kalium zu. Aus Ihrem Erfahrungsbereich ist Ihnen eventuell bekannt, dass Blei und Kupfer sehr weich sind. Sie finden wegen dieser guten **Verformbarkeit** bei Dachdeckern und Heizungsbauern Verwendung.

Um die **Härte** verschiedener Metalle zu vergrößern, nutzt man die Fähigkeit der Metalle, Legierungen mit anderen Metallen zu bilden (→ S. 58 f.). So wird das Metall Vanadium dem Eisen in der Stahlindustrie zugefügt, um die Verschleißfestigkeit z. B. von Werkzeugen zu erhöhen.

Die Dichte: die Lehre vom Gnocchi-Kochen

Metalle, die eine Dichte unter 4,5 g/cm³ haben, gehören zu den sog. Leichtmetallen. Dazu gehören neben dem oben genannten Aluminium auch Lithium, Kalium, Natrium, Calcium, Magnesium und Titan. Zu den Schwermetallen gehören z. B. Eisen, Nickel, Kupfer, Silber, Blei, Gold und Platin.

> Die Dichte eines Stoffes ist das Verhältnis seiner Masse zu seinem Volumen (Dichte = Masse / Volumen). Sie wird bei Feststoffen in Gramm pro Kubikzentimeter (g/cm³) und bei Flüssigkeiten und Gasen in Kilogramm pro Liter (kg/l) angegeben.

Was ist schwerer:
ein Kilo Federn ...

„Was ist schwerer: ein Kilogramm Eisen oder ein Kilogramm Federn?" Sie kennen diese Scherzfrage vielleicht. So mancher wird versucht sein, spontan zu antworten, dass das Eisen schwerer sei. Natürlich haben beide die gleiche Masse, nämlich 1 Kilogramm, aller-

... oder
ein Kilo
Eisen?

dings muss man dann eine ganze Menge Federn, sprich ein großes Volumen, auf die Waage bringen.

Verfährt man umgekehrt und bringt die oben aufgeführten Metalle auf das gleiche Volumen (z. B. auf Würfel mit einer Kantenlänge von 1 cm, denn 1 cm x 1 cm x 1cm = 1 cm³), so kann man ihre unterschiedliche Masse ohne Zuhilfenahme einer Waage mit den Händen „erwiegen": Ein solcher Aluminiumwürfel hätte die Masse von 2,7 Gramm. Ein Goldwürfel gleicher Größe würde immerhin 19,32 Gramm auf die Waage bringen. Der Masseunterschied wäre deutlich spürbar!

Charakteristisch sind diese Dichtewerte auch für andere Stoffe: So besitzt Wasser eine Dichte von 1 g/cm³. Das heißt, um das Verhältnis von 1 zu erhalten, sind Masse und Volumen immer gleich groß. Umgekehrt bedeutet das, 1000 Gramm Wasser besitzen ein Volumen von 1000 cm³. Und da ein Kubikzentimeter einem Milliliter entspricht, entsprechen 1000 Gramm Wasser 1000 Milliliter Wasser. 1000 Milliliter Wasser entsprechen darum einem Liter.
Verwirrt? Merken Sie sich einfach folgendes: Haben Sie in der Küche einmal keinen Messbecher zur Hand, um das Volumen von Wasser für ein Rezept abzumessen, dann können Sie das gleiche Volumen auch abwiegen! Das geht aber nur bei Wasser!

Ob etwas in Wasser schwimmt oder untergeht, hängt ebenfalls von der Dichte ab: Ist sie größer als 1 g/cm³ (z. B. fast alle Metalle, auch wenn sie als *leicht* bezeichnet werden), geht der Stoff unter. Ist sie kleiner, schwimmt der Stoff (z. B. Holz) auf dem Wasser.
Manche Stoffe können auf dem Wasser schwimmen, obwohl sie eine größere Dichte haben: Wenn man eine Stecknadel oder Büroklammer auf die Wasseroberfläche eines bis zum Rand gefüllten Glases setzen kann, dann hat das mit der Oberflächenspannung des Wassers zu tun (wie die zustande kommt: → S. 55 f.).
Auch alle großen Schiffe schwimmen auf dem Wasser, obwohl sie ja aus Eisen bzw. Stahl bestehen. Sie müssten aufgrund ihrer Dichte also eigent-

Große schwere Schiffe können schwimmen.

lich untergehen. Hier muss man allerdings bedenken, dass dieser Stahl eine Menge Luft umschließt, und die hat eine wesentlich geringere Dichte als Wasser!

„So, und was hat das nun mit dem Gnocchi-Kochen zu tun?", werden Sie fragen. Zunächst einmal: Gnocchi zeigen uns ja praktischerweise an, wann sie gar sind. Sie kommen einfach an die Wasseroberfläche (das ist bei Nudeln anders, da nervt der Bisstest schon einmal). Und das hängt bei den Gnocchi mit ihrer sich während des Kochens ändernden Dichte zusammen: Zu Beginn sinken sie auf den Boden des Kochtopfs, denn ihre Dichte ist größer als die Dichte des Wassers. Das heiße Wasser erhitzt zunächst die Außenbereiche der Gnocchi. Die Nährstoffe, aus denen die Gnocchi bestehen, verbinden sich zu einer

Schicht, die das Innere der Gnocchi nach außen hin abschließt. Das hat zur Folge, dass die eingeschlossene Luft, die sich – bedingt durch die Herstellung – im Gnocchiteig befindet, nicht mehr entweichen kann. Die Luft dehnt sich aufgrund der Hitzeeinwirkung aus. Der elastische Teig macht diese Ausdehnung mit und so vergrößert sich das Volumen der Gnocchi. Die Masse allerdings bleibt während des Kochvorgangs gleich. Letztlich ändert sich demnach das Verhältnis aus Masse und Volumen, also die Dichte: Da sich das Volumen der Gnocchi vergrößert, vergrößert sich

Gnocchi sind eine feine
italienische Spezialität.

der Nenner im Quotient aus Masse und Volumen und somit verringert sich die Dichte. Sie sinkt unter 1 und die Gnocchi steigen an die Wasseroberfläche!

Apropos Luft im Teig: In der Luft greift das gleiche Prinzip! Stoffe, die eine geringere Dichte haben als Luft, steigen; Stoffe, die eine größere Dichte haben, sinken. Das Gas Helium hat eine wesentlich geringere Dichte als Luft und wird deshalb als Ballongas genutzt. Das ebenfalls gasförmige Kohlenstoffdioxid hat eine größere Dichte als Luft und sammelt sich deshalb am Boden an. Weil bei Gärungsprozessen ebenfalls Kohlenstoffdioxid anfällt, sind Winzer früher mit einer Kerze in der Hand, die, an einem langen Bügel befestigt, knapp über dem Boden hing, in den Weinkeller gegangen. Erlosch die Kerze, war der Kohlenstoffdioxidanteil zu hoch und der Winzer verließ den Keller umgehend (böse Zungen behaupten, dass auch der eine oder andere Dackel als

„Kohlenstoffdioxid-Spürhund" missbraucht wurde: Kam er auf den Pfiff des Winzers nicht wieder aus dem Keller zurück, blieb der Winzer draußen …).

Auch bei Flüssigkeiten funktioniert das Prinzip: Es ist der Grund, warum z. B. Speiseöl auf der Wasseroberfläche schwimmt. Es ist aber nicht der Grund, warum sich die Flüssigkeiten nicht mischen (z. B. wenn Sie eine Salatsoße aus Essig und Öl herstellen). Das wird auf S. 23 ff. geklärt.

Öl schwimmt oben.

Latte Macchiato

Vielleicht haben Sie sich schon einmal gefragt, warum ein Latte Macchiato üblicherweise aus drei Schichten besteht bzw. wie diese Schichtung zustande kommt. Da gibt es eine unterste Schicht, die aus heißer Milch besteht und etwa zwei Drittel der Füllhöhe des Glases ausmacht. Das oberste Drittel nimmt als Schicht obenauf geschäumte Milch ein. Dann wird ein heißer Espresso vorsichtig – meist über einen Löffelrücken – durch die oberste Milchschaumschicht hindurch gegossen. Da die kühlere fetthaltige Milch eine höhere Dichte als der heiße Espresso hat, schwimmt der Kaffee auf der Milch. Mit der Zeit allerdings gleichen sich die Temperaturen der Flüssigkeiten an und es setzt eine Durchmischung von oben nach unten ein, die am Glasrand gut zu beobachten ist.

Stoffe in Auflösungserscheinung: die Löslichkeit

> Die **Löslichkeit** eines Stoffes ist die Masse eines Stoffes in Gramm, die sich in 100 Gramm Lösungsmittel lösen lassen. Lösungsmittel sind Flüssigkeiten, die andere Stoffe lösen (z. B. Wasser).

Stoffe wie Kochsalz und Zucker lösen sich in Wasser. Dies ist nichts Neues, es lässt sich ja bei der Bereitung von Wasser beim Nudel- oder Gnocchi-Kochen oder beim

Nachwürzen der Suppe beobachten und natürlich auch schmecken: Wenn sich das Salz auflöst, ist es keineswegs verschwunden, das lässt sich ja eben durch den Geschmackstest beweisen.

Hier wollen wir festhalten, dass die Löslichkeit eine messbare Stoffeigenschaft ist, da sich nicht beliebig viel eines Stoffes in einem Lösungsmittel lösen lässt. So beträgt die Löslichkeit von Kochsalz 36 Gramm, bezogen auf 100 Gramm (= 100 Milliliter; → S. 13 ff.) Lösungsmittel Wasser.

Gibt man mehr als 36 Gramm Kochsalz zu 100 Gramm Wasser, löst sich das überschüssige Salz nicht mehr: Die ungelösten Kochsalzkristalle sinken im Gefäß zu Boden und bilden dort den sog. Bodenkörper. Man spricht dann von einer **gesättigten Lösung**.

Übrigens: Im Atlantik befinden sich in 100 Gramm Meerwasser etwa 3,5 Gramm Salz. Im Toten Meer liegt der Gehalt bei fast 30 Gramm Salz. Dies entspricht einer Dichte von 1,2 Gramm pro Milliliter. Diese Salzlösung hat also eine wesentlich höhere Dichte als normales Wasser. Deshalb kann der menschliche Körper, der eine geringfügig höhere Dichte als Wasser hat – und in normalem

Im Toten Meer kann man kaum untergehen.

Wasser schwimmen muss, damit er nicht untergeht –, im Toten Meer nicht untergehen. Diejenigen, die im Toten Meer tauchen gehen möchten, müssen deshalb eine große Menge zusätzlicher Gewichte mitführen, um überhaupt unter Wasser zu bleiben.

Ob Karamellsirup …

Bei manchen Stoffen lässt sich die Löslichkeit erhöhen, wenn man das Lösungsmittel erhitzt. Bei Kochsalz funktioniert das allerdings nicht. Sehr wohl aber bei Zucker. Die Löslichkeit von Zucker beträgt über 200 Gramm in 100 Gramm Wasser, wenn das Wasser eine Temperatur von 20°C besitzt. Erhitzt man Wasser auf 100°C, erhöht

… oder Marmelade: Gelöster Zucker ist ein süßes Vergnügen.

sich die Löslichkeit auf über 400 Gramm! Beim Abkühlen würde ein Teil des Zuckers wieder auskristallisieren. Deshalb werden Lösungen zur Herstellung von Sirupen mehrfach erhitzt. Bei der Herstellung von Gelee und Marmeladen sind zusätzlich noch Geliermittel nötig. Sie verbinden die im Obst enthaltenen Stoffe und die Stoffe des Geliermittels zu einer gelartigen Substanz, die sich im Mundraum wieder auflöst. (→ S. 313 ff.)

Die Zustandsform: andere Zustände bei anderen Temperaturen

Ihre Tiefkühlkost befindet sich im Gefrierschrank, sonst taut sie auf und verdirbt. Bei Chemikern gefriert – sprachlich gesehen – leider nichts, sie nehmen es genau und sprechen von *erstarren* (allerdings ist anzunehmen, dass in einem Chemikerhaushalt kein „Erstarrungsschrank" steht …). Das Auftauen gibt es im Chemikerhaushalt sicherlich auch und das Schmelzen der Eiskristalle, die die Tiefkühlkost in der Regel umgeben, ist auch dem Nichtchemiker ein Begriff.

Es muss vorweg geschickt werden, dass die Übergänge zwischen diesen Zuständen rein physikalischer Natur sind. Die Stoffe ändern nicht ihre Stoffeigenschaften im chemischen Sinne: Wasser bleibt auch als Eis – rein chemisch gesehen – Wasser, es hat eben nur seine Zustandsform geändert.

Die Zustandsform eines Stoffes wird auch als **Aggregatzustand** bezeichnet. Stoffe können die drei Zustandsformen fest, flüssig und gasförmig annehmen.
Die Übergänge zwischen den verschiedenen Aggregatzuständen werden wie folgt bezeichnet:

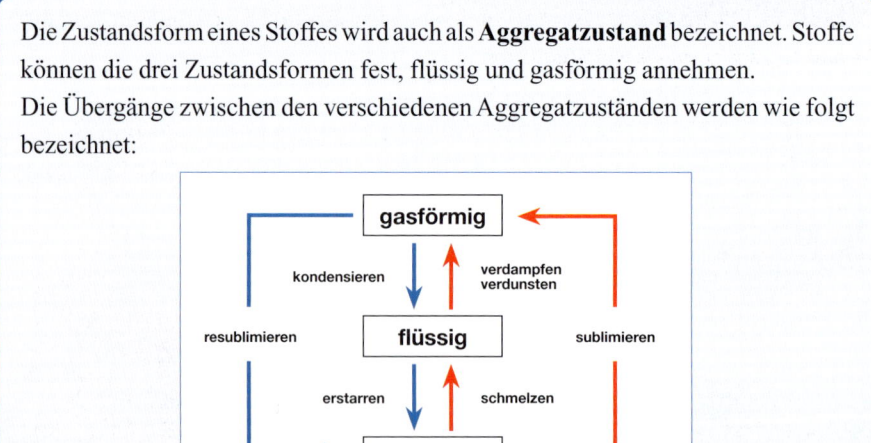

Wasser ist als Eis fest, normales Wasser, wie es aus der Leitung kommt, ist flüssig und Wasserdampf, wie er beim Wasserkochen oder bei der heißen Dusche entsteht, ist gasförmig.

Beim Wasserkochen siedet das Wasser. Es hat seine Siedetemperatur erreicht, die bekanntlich bei 100°C liegt. Das Wasser geht dabei vom flüssigen in den gasförmigen Zustand über. Der Wasserdampf kondensiert an kälteren Bereichen, z. B. am Badezimmerspiegel: Gasförmiges Wasser wird wieder zu flüssigem Wasser.

Zum Bereiten von Eiswürfeln gibt man das Wasser in den Gefrierschrank. Das Wasser erstarrt bei Temperaturen ab 0°C und tiefer zu Eis. Gibt man Eiswürfel in ein Getränk, das man kühlen möchte, schmelzen sie. Hier haben wir den Übergang zwischen flüssigem Wasser und festem Eis.

Die drei Aggregatzustände von Wasser: fest ...

Kondensieren und Verdampfen geschehen beim Wasser jeweils bei 100°C und Schmelzen und Erstarren geschehen jeweils bei 0°C. Letztlich kommt es darauf an, ob man den Erhitzungsprozess oder den Abkühlungsprozess betrachtet. Kondensations- und Siedetemperatur entsprechen sich also genauso wie die Schmelz- und Erstarrungstemperatur.

... flüssig ...

... und gasförmig.

Exkurs in den Mikrokosmos: die Veranschaulichung der Aggregatzustände im Teilchenmodell

Wie Sie auf S. 16 ff. gesehen haben, sind Zucker und Salz beim Lösen in Wasser nicht aufgelöst im Sinne von verschwunden. Sie sind als Stoffe nicht mehr sichtbar, aber noch schmeckbar. Die Vorstellung, dass Stoffe aus Teilchen bestehen, ist uralt (→ S. 33 ff.). Das Denken in diesen mikroskopischen und submikroskopischen Bereichen bereitet in der Chemie häufig einige Schwierigkeiten und deshalb ist eine Übung darin am Beispiel der Aggregatzustände jetzt angebracht:

Um Wasser in seinen Aggregatzuständen zu beschreiben, bedient sich der Chemiker der Vorstellung, dass alles aus kleinsten Teilchen besteht. Teilt man einen Stoff immer weiter, muss man irgendwann an den Punkt kommen, ein kleinstes Teilchen vorliegen zu haben. Vereinfacht stellt man sich diese Teilchen als Kügelchen vor. In der

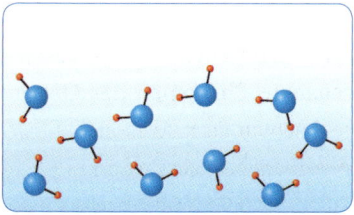

Wasserteilchen im flüssigen Zustand

Beschreibung der Aggregatzustände werden nachfolgende Punkte hinzugezogen: Ordnung der Teilchen, Abstand der Teilchen, Beweglichkeit der Teilchen und Anziehungskräfte zwischen den Teilchen.

Murmeln ohne Bewegungsfreiheit

Im festen Zustand, als Eis also, ist der Abstand der Teilchen äußerst gering und die Ordnung sehr hoch. Sie können das selbst nachvollziehen, wenn Sie sich Murmeln oder Bälle in einem Gefäß oder Kasten vorstellen. Sie hängen sehr eng aneinander, weil sie sich als Teilchen betrachtet gegenseitig stark anziehen (worin diese Anziehungskräfte bestehen, lesen Sie auf S. 55 ff.). Sie können sich durch den geringen Abstand und die gegenseitigen Anziehungskräfte kaum bewegen. Dadurch lassen sich die Teilchen auch nur sehr schwer gegeneinander verschieben. Eis lässt sich ja auch nicht einfach so zusammendrücken.

Wird eine höhere Temperatur zugeführt, schmilzt das Eis. Für das Teilchenmodell bedeutet das, dass die Energie der höheren Temperatur für eine Überwindung der gegenseitigen Anziehungskräfte sorgt, indem die Teilchen zunächst anfangen, um ihre Ruhelage zu zittern. Diese Zitterbewegung wird beim weiteren Erwärmen so stark, dass sich die Teilchen voneinander lösen. Die zuvor bestehende Ordnung wird aufgehoben, die Abstände untereinander werden größer und die Beweglichkeit der Teilchen nimmt zu. Sie lassen sich in der Flüssigkeit nun gegeneinander verschieben.

Allerdings wirken immer noch gewisse Anziehungskräfte, die dafür sorgen, dass die Ordnung nicht komplett aufgehoben wird. Deshalb kann die Flüssigkeit jede beliebige vorgegebene Form annehmen.

Allerdings sind die Anziehungskräfte zwischen den Wasserteilchen so groß, dass sich das schon genannte Phänomen der Oberflächenspannung beobachten lässt. Wasser hat zwar keine Balken, aber mancher wird schon die Erfahrung gemacht haben, welche Kräfte wirken, wenn er z. B. vom 3-Meter-Brett im Schwimmbad falsch auf der Wasseroberfläche aufgekommen ist.

Badespaß oder schmerzhafter Aufprall: Wasser kann auch ganz schön wehtun.

Der Abstand zwischen den Teilchen und deren Beweglichkeit wird sehr groß, wenn das Wasser bis zum Sieden erhitzt wird. Dann ist die Ordnung der Teilchen völlig aufgehoben und der letzte Rest der Anziehungskräfte wird überwunden. Die Wasserdampfteilchen haben damit die Flüssigkeit verlassen, können sich in der umgebenden Luft frei bewegen und jeden beliebigen Raum einnehmen.

Mal heiß, mal kalt: die Schmelz- und Siedetemperatur

> Die **Schmelz**- und **Siedetemperatur** eines Stoffes ist die Temperatur, bei der ein Stoff vom festen in den flüssigen Zustand bzw. vom flüssigen in den festen Zustand übergeht.

Alle Siede- und Schmelz- bzw. Kondensations- und Erstarrungstemperaturen sind messbare und charakteristische Eigenschaften des Stoffes Wasser. Demnach haben andere Stoffe andere Siede- bzw. Schmelztemperaturen. Ärgerlich ist es, wenn im Winter z. B. die Scheibenwaschanlage im Auto eingefroren ist, weil man vergessen hat,

Hier hilft auch ein funktionierender Scheibenwischer nicht mehr.

Frostschutzmittel einzufüllen. Diese Frostschutz-mittel sind in der Regel Alkohole: Verwendung finden Glykol, Glycerin oder Ethanol (diese wer-den wir in einem anderen Zusammenhang noch wieder treffen). Sie haben alle einen wesentlich niedrigeren Erstarrungspunkt als Wasser, bleiben also bei Temperaturen selbst unter –10°C flüssig.

Und damit sind die Grenzen des oben beschriebenen Teilchenmodells erreicht: Mit diesem Modell lässt sich nicht erklären, woran es liegt, dass Alkohole eine geringere Erstarrungstemperatur besitzen. Dazu muss man mehr von den Teilchen selbst wis-sen. Und damit sollte deutlich werden, dass jeder Stoff aus unterschiedlichen Teilchen besteht und diese unterschiedlichen Teilchen die unterschiedlichen Eigenschaften des Stoffes bedingen. Mit dem Aufbau der Teilchen wird sich das Kapitel auf S. 33 f. be-schäftigen. Dort werden weiterführende Modelle vorgestellt werden.

Nichtsdestotrotz ist noch das Feld der **Sublimation** und der **Resublimation** zu be-ackern: Heutzutage wird nur noch relativ selten Wäsche nach draußen zum Trocknen auf die Leine gehängt, vor allem im Winter nicht. Aber gerade da lässt sich das Phänomen der Sublimation gut beobachten: Erstarrt die noch feuchte Wäsche bei Temperaturen unter 0°C an der Leine, ist tagsüber bei Sonneneinstrahlung an einem schönen Wintertag das Aufsteigen von Wasserdampf über der gefrorenen Wäsche auszumachen. Das Eis geht unter Umgehung des flüssigen Aggregatzustandes sofort in Wasserdampf über: Die Wäsche trocknet, ohne dass sie noch einmal nass werden würde.

Auch die Resublimation von Wasser ist in unserer moder-nen Welt seltener geworden. In Zeiten von Isoliervergla-sungen bilden sich an den Fensterscheiben keine Eisblu-men mehr – und das ist natürlich gut so! Der an den kalten Scheiben direkt erstarrende Wasserdampf lässt sich meist nur noch an den Scheiben eines Gartenhäuschens und sel-tener an zugefrorenen Autoscheiben beobachten. Schön sind Eisblumen trotzdem! Für ihre Struktur lässt sich auch

Eisblumen

eine Erklärung finden: → S. 110. Was sicherlich bekannter ist, aber vielleicht als Resublimation nicht erkannt wird, ist der wie übergestreuter Zucker aussehende Belag auf Pflanzen an einem kalten Wintermorgen: Raureif.

Mischmasch aus Stoffen: Stoffgemische

Stoffgemische sind Stoffe, die aus mindestens zwei **Reinstoffen** bestehen.

Die Lösung Apfelsaft, die Suspension Orangensaft …

Betrachten Sie Ihre Getränke in der Küche: Ihr klarer Apfelsaft ist eine **Lösung**, der Orangensaft mit Fruchtstücken ist eine **Suspension**, die Milch eine **Emulsion**. Beim Trinken wird Ihnen das egal sein, mit chemischem Auge betrachtet ist es aber interessant.

… und die Emulsion Milch

Beim Apfelsaft fällt auf, dass er zwar gefärbt, aber klar ist. Die Färbung zieht sich gleichmäßig durch die gesamte Flüssigkeit. So etwas bezeichnet der Chemiker als **homogen** (im Sinne von *einheitlich*). Dies gilt für alle Lösungen, also auch für die Lösung von Salz oder Zucker in Wasser.

Der Orangensaft ist zwar auch gefärbt, aber wenn die Flasche längere Zeit stehen blieb und nicht geschüttelt wurde, kann man deutlich erkennen, dass sich das Fruchtfleisch auf dem Flaschenboden absetzt. Das Fruchtfleisch hat sich als fester Bestandteil von der Flüssigkeit getrennt. Selbst wenn man diesen Orangensaft schüttelt, löst sich das Fruchtfleisch nicht, sondern setzt sich nach einer bestimmten Zeit wieder auf dem Flaschenboden ab. Das Fruchtfleisch ist ungleichmäßig auf die Flüssigkeit verteilt. Der Chemiker bezeichnet das als **heterogen** (im Sinne von *uneinheitlich*).

Weitere Beispiele für Suspensionen aus dem Haushalt sind z. B. Hefeweizen und Wand- und Deckenfarben.

Die Suspension wird auch als Aufschlämmung bezeichnet. Das weist auf ein Stoffgemisch hin, das den meisten aus der Kindheit bekannt ist: Matsch. Das Stoffgemisch aus Sand und Wasser oder – vorzugsweise für Kinder – aus Erde und Wasser zeigt eben die gleichen Eigenschaften: Die Bestandteile der Erde und des Sandes lösen sich nicht in Wasser, sie bleiben als feste Bestandteile ungelöst in der Flüssigkeit verteilt.

Die Milch wirkt auf den ersten Blick recht homogen. Sie ist durchweg weiß gefärbt. Ein Blick auf die Verpackung macht zum einen deutlich, dass sich – je nach Milchsorte – eine größere oder kleinere Menge Fett in der Milch befindet. Zudem ist sie in aller Regel *homogenisiert*, d. h., das Fett wird durch ein Verfahren, bei dem die Milch mit hohem Druck durch feine Düsen gepresst wird, in so feine Tröpfchen zerschlagen, dass sich die Tröpfchen in der Milch untereinander nicht mehr verbinden können. In größeren Tropfen würden sie das tun, so wie das Fettaugen in einer Suppe tun. So wird das wahre Stoffgemisch-Gesicht der Milch deutlich: Sie ist und bleibt – chemisch gesprochen – eine Emulsion.

Ein weiteres (vielleicht deutlicheres) Beispiel ist die Salatsoße aus Essig und Öl: Sie können so heftig rühren, wie Sie wollen, die Fetttröpfchen werden Sie nicht wegbekommen. Übrigens: Eine Vinaigrette, eine typisch französische Salatsoße, bestehend aus Öl, Essig, Dijon-Senf, Salz und Pfeffer, ist ein Stoffgemisch-Mischmasch aus Lösung, Suspension und Emulsion.

Öl und Essig vermischen sich nicht von alleine.

Festzulegen, welches Stoffgemisch wie bezeichnet wird, ist also zum einen abhängig davon, ob der Stoff homogen oder heterogen ist, zum anderen, welchen Aggregatzustand die beiden Stoffe haben, die miteinander vermischt wurden: Die Lösung ist homogen und ein fester und ein flüssiger Stoff wurden vermischt. Bei der Suspension ist es ebenso, nur das Gemisch ist eben heterogen.

Auch gasförmige Stoffe können vermischt werden: Befinden sich Wasserdampftröpfchen in der Luft, spricht man von **Nebel**. Bei festen Bestandteilen in der Luft, z. B. Ruß, spricht man von **Rauch**. Beide sind heterogen. Im ersten Fall befindet sich ein flüssiger

Stoff in einem gasförmigen, im zweiten Fall ist es
ein fester Stoff in einem gasförmigen.

Morgennebel　　　　　　　　　*Rauch*

Mischt man zwei feste Stoffe, spricht der Chemiker von einem **Gemenge**. Es kann
nur ein heterogenes Stoffgemisch entstehen. Das ist ziemlich offensichtlich z. B. bei
Erde, denn hier sind neben Erdkrumen und kleinen Stei-
nen auch verschiedene Pflanzenteile zu sehen, was für ein

uneinheitliches Bild sorgt.
Oder es kann weniger offensichtlich sein, wie z. B. beim
Sand: Man braucht schon
eine Lupe, um zu erkennen,　　　　　　　　*Erde*

dass der Sand aus kleinsten Steinchen unterschiedlichster
Sand　　　　Formen und Farben zusammengesetzt ist.

Aus der obigen Definition der Stoffgemische ist ein Begriff noch nicht geklärt: Was
ist ein **Reinstoff**? Zurück zu unseren Teilchen: Bei einem Reinstoff sind alle Teilchen
des Stoffes untereinander gleich, er besteht aus einer einzigen Teilchensorte. Bei einem
Stoffgemisch sind also mindestens zwei Teilchensorten miteinander vermischt.

Um diese nun wieder voneinander zu trennen, bedient man sich der sog. **physikalischen
Trennverfahren** (→ S. 26 ff.). Das, was nach einem solchen Trennverfahren übrig bleibt
und sich nicht weiter trennen lässt, ist dann ein Reinstoff.
(Allerdings können Reinstoffe Elemente und Verbindungen sein. Ohne zu viel verraten
zu wollen: Chemische Trennverfahren können zumindest Verbindungen noch zerlegen;
→ S. 60 f. und S. 84 f.)

Was man zusammengefügt hat, … lässt sich auch wieder trennen!

> Zu den physikalischen Trennverfahren zählt man die Destillation, das Filtrieren,
> das Auslesen, das Dekantieren, Sedimentieren und Extrahieren.
> Ziel dieser Verfahren ist es, Stoffgemische mithilfe ihrer unterschiedlichen Stoff-
> eigenschaften voneinander zu trennen.

Beim Aufräumen des Spielzeuges im Kinderzimmer oder dem Sortieren von Schrauben
der letzten Renovierungsarbeit nutzen Sie ein Trennverfahren. Ein denkbar einfaches,
zugegeben, aber doch letztlich ein sehr effektives. Beim **Auslesen** von Gemengen nutzen Sie vor allem die sinnlich wahrnehmbaren Stoffeigenschaften: Die Formen und
Farben der verschiedensten Spielfiguren und Spielsteine helfen Ihnen beim Sortieren,
genauso wie der metallische Glanz von Schrauben und Nägeln. Sie können dabei ein
Hilfsmittel in Form eines Magneten zur Unterstützung nutzen, um z. B. eben diese
Schrauben und Nägel zunächst von allen nicht magnetischen Stoffen in Ihrem Sam-
melsurium zu trennen.

Ein weiteres Hilfsmittel ist ein Sieb. Die Größe der Stoffe ist hier der entscheidende
Parameter, nach dem getrennt wird. Die zu großen Stoffe bleiben hängen, kleinere
Stoffe fallen hindurch. Das kennt man beim Sieben von Erde im Gartenbereich, wo
schräg aufgestellte Gitter genutzt werden, um die Erde mit Schaufeln so dagegen zu
schleudern, dass der eigentliche Mutterboden, den man nutzen möchte, hindurch fällt
und größere Steine und Pflanzenteile am Gitter hängen bleiben.

Aber nicht nur Gemenge können auf diese Art
und Weise getrennt werden, sondern auch Suspensionen: Um die gegarten Nudeln aus dem
Wasser zu bekommen, kann man sie einfach
durch ein Sieb schütten. Hier werden die unterschiedlichen Aggregatzustände genutzt. Die
Flüssigkeit, die durch die Maschen des Nudel-
siebs verschwindet, ist eine Salzlösung, die uns
in diesem Fall aber nicht weiter interessiert.

Manche Nudeln lassen sich auch mit einem Schaumlöffel aus dem Wasser holen.

Es gibt aber im Haushalt Suspensionen, deren Lösungsanteil allerdings sehr wohl das Ziel unseres Handelns ist: z. B. beim Kaffeekochen. Das heiße Wasser, das – in welcher Maschine auch immer in etwa 90 % aller Haushalte – auf das Kaffeepulver trifft, bildet mit diesem zunächst eine Suspension. Ein Teil des Kaffeepulvers bleibt also ungelöst. Es bildete vor der Erfindung der Filtertüte bei älteren Zubereitungsformen und bei der Zubereitung mit einer Presskanne den Kaffeesatz.

Der wasserlösliche Teil des Kaffeepulvers wird im heißen Wasser gelöst. Diesen Lösungsanteil bezeichnet man allgemein als das Getränk Kaffee. Dieser wird vom unlöslichen Anteil durch einen Papierfilter, die Filtertüte, getrennt. Der Chemiker findet hier zwei Trennvorgänge: die **Extraktion** (das heiße Wasser entzieht die wasserlöslichen Bestandteile) und die **Filtration** (die nicht gelösten Kaffeepulverpartikel werden von der Kaffeelösung getrennt). Dabei kann man sich den Kaffeefilter vorstellen wie ein Sieb: Die mikroskopisch kleinen Maschen im Filter lassen die Kaffeelösung, das **Filtrat**, aber nicht die suspendierten Kaffeepulverpartikel hindurch.

Bei Suspensionen hilft aber noch ein anderes Verfahren, vor allem dann, wenn kein geeigneter Filter vorhanden ist. Wenn Sie eigentlich gar kein Fruchtfleisch im Orangensaft mögen – Sie wollen ihn ja trinken und nicht essen –, dann lassen Sie ihn einfach eine Weile stehen. Wie weiter oben schon beschrieben, setzt sich das Fruchtfleisch am Flaschenboden ab. Dieses Absetzen bezeichnet der Chemiker als **Sedimentieren**. Der darüber stehende Flüssigkeitsanteil lässt sich nun ohne größere Schwierigkeiten vorsichtig abgießen, was als **Dekantieren** bezeichnet wird.

Dekantierter Wein

Dieses Trennverfahren haben Sie sicherlich schon einmal im Zusammenhang mit Wein kennengelernt: Ein Rotwein muss vor dem Trinkgenuss schon einmal dekantiert werden. Dazu wird der Wein (auch eine homogene Lösung!) in ein anderes Gefäß – meist eine Karaffe – umgefüllt. Ziel ist es, den Wein vom nicht gewünschten Weinstein zu trennen. Der Weinstein ist ein unlösliches Salz, welches in jedem Wein entstehen kann und somit kein qualitäts-minderndes Merkmal darstellt.

Die **Destillation** ist keine im Haushalt übliche Trennmethode. Bei ihr geht es im Grund-satz darum, einen Feststoff von einer Lösung oder zwei Flüssigkeiten voneinander zu trennen. Sie kommt also vor allem bei Lösungen zum Einsatz. Das Lösungsmittel wird dabei zum Verdampfen gebracht. Das kann durch eine zusätzliche Heizquelle gesche-hen oder aber auch durch die Sonne: Im Mittelmeerraum wird durch die Sonnenenergie das Lösungsmittel Wasser vom Meerwasser getrennt. Übrig bleibt Meersalz. Das kann so nur erfolgen, weil den Herstellern das Lösungsmittel egal ist und nicht aufgefangen werden muss. Meistens ist aber bei Lösungen, die aus zwei Flüssigkeiten bestehen,

die Flüssigkeit, die beim Erhitzen zuerst verdampft, die von Interesse. Das ist z. B. beim Schnapsbrennen der Fall. Hier destilliert zuerst der Alkohol über, da er eine niedrigere Siedetemperatur besitzt. Man muss dazu eine geschlossene Apparatur schaffen, die den gasförmigen Alkohol zur Kondensation auffängt.

Verdunstungsanlage zur Salzgewinnung

II. Ein erster Blick auf einfache chemische Reaktionen

Bevor Sie sich durch die chemischen Grundlagen hindurchlesen und – möglicher-weise – hindurcharbeiten, soll Ihnen der Nutzen, den Sie aus dieser Arbeit ziehen, deut-lich gemacht werden. Dazu werden Ihnen einfache chemische Reaktionen aus Ihrem Alltag erläutert, die neugierig auf die Chemie hinter diesen Vorgängen machen.

Es geht ein Licht auf

Zünden Sie ein Streichholz an. Unter welchen Bedingungen brennt es? Keine Frage, Sie reiben den Streichholzkopf an der Reibefläche der Schachtel. Das Streichholz ent-zündet sich nicht von allein. Früher hat es das tatsächlich getan, bis eben die heutigen

Sicherheitszündhölzer auf den Markt kamen. Was verändert wurde, werden wir auf
S. 67 ff. klären. Das Entzünden ist der eine Teil, das Brennen der andere. Beides sollte
chemisch näher untersucht werden.

Lebenslauf eines Streichholzes

Sogar das Betrachten des abgebrannten Streichholzes sollte Ihr Interesse wecken: Ver-
gleichen Sie ein noch nicht abgebranntes Streichholz mit dem abgebrannten. Erinnern
Sie sich an die Definition für Chemie zu Beginn des letzten Kapitels? „Die Chemie ist
die Lehre von den Stoffen, deren Eigenschaften und deren Aufbau. Und die Chemie ist
die Lehre von den stofflichen Veränderungen."
Nun, willkommen zur Lehre der stofflichen Veränderungen! Diese stoffliche Veränderung lässt sich an den Streichhölzern gut nachvollziehen: Das Streichholz hat
eine Menge sinnlich wahrnehmbarer Stoffeigenschaften verändert. Die Farbe hat am
Streichholzkopf von meist rot oder blau (oder einer ganz anderen Farbe) nach schwarz
gewechselt. Mit der Nase lässt sich nach der Reaktion ein scharfer Geruch nach ver-
kohltem Holz oder einfach nach Feuer feststellen, der vorher nicht da war. Der verkohlte
Streichholzkopf lässt sich – natürlich – jetzt nicht mehr entzünden.

Die chemischen Eigenschaften sind völlig anders. Wenn Sie der Versuchung nicht

widerstehen könnten, den verkohlten Streichholzkopf
an der Reibefläche zu entzünden, Sie würden nicht
mehr und nicht weniger feststellen, als dass der Kopf
schwarze Spuren auf der Reibefläche hinterlässt.

Was diese Veränderungen bewirkt hat, ist natürlich die
Flamme. Aber was die Flamme verursacht hat, hängt

*Abgebrannte Streichhölzer lassen
sich nicht nochmals entzünden.*

mit den chemischen Voraussetzungen zusammen, die
gegeben sein müssen.

Nachhaltige Veränderungen brauchen sauerstoffhaltige Bedingungen: Verbrennungen

> **Verbrennungen** sind chemische Reaktionen, bei der ein Stoff mit Sauerstoff reagiert.

Dass der Sauerstoff bei Verbrennungen eine entscheidende Rolle spielt, ist Ihnen vom Grillen her bekannt: Damit die Holzkohle richtig Feuer fängt, muss ihr ausreichend Luft zugeführt werden. Da gibt es die verschiedensten Methoden und jeder bevorzugt seine eigene: Fächeln, Einblasen mit dem Föhn, Pusten oder Ähnliches.

Diese Grillkohlen glühen bereits.

Übrigens: Auch die Luft ist ein Stoffgemisch aus verschiedenen gasförmigen Stoffen. Sie besteht nur zu ca. 21 % aus Sauerstoff. Den Hauptanteil hat mit 78 % Stickstoff. Der Rest verteilt sich auf die verschiedenen **Edelgase** (Neon, Helium, Argon, Krypton, Xenon, Radon) und das Kohlenstoffdioxid.

Oder Sie entzünden mit dem brennenden Streichholz eine Kerze. Es ist eine Binsenweisheit, dass die Kerze nur brennt, wenn genügend Luft an sie herankommt. Auch wenn Kerzen in eine Laterne gestellt werden können, stellen Löcher im Boden oder Schlitze zwischen den Seitenwänden sicher, dass genügend Luft zur Kerzenflamme gelangt. Ist nicht genügend Luft (also eigentlich Sauerstoff) vorhanden – was Sie leicht nachvollziehen können, wenn Sie ein entzündetes Teelicht unter ein größeres umgestülptes Glas stellen –, dann wird die Flamme zunächst kleiner und erlischt schließlich ganz.

Laternen ermöglichen die Luftzufuhr.

Aber welche Aufgabe hat der Sauerstoff? Warum ist er nicht nur für Verbrennungen so wichtig? Auch das wird auf S. 67 ff. geklärt.

Energie ist, wenn es trotzdem kracht

Energetisch gesehen gibt es zwei Grundtypen von chemischen Reaktionen:
Exergonische Reaktionen sind Reaktionen, die spontan oder freiwillig ablaufen.
In ihrem Verlauf wird Energie (z. B. in Form von Wärme und/oder Licht) frei.
Endergonische Reaktionen sind Reaktionen, denen permanent Energie zugeführt
werden muss, damit sie überhaupt ablaufen.

Bevor es losgeht, brauchen Sie einen Schubs.

Stellen Sie sich vor, Sie stehen im Winter mit Ihrem Schlitten oder Snowboard an einem Rodelhang. Der Schlitten steht oberhalb des Hanges auf einem Weg. Um den Hang hinunterfahren zu können, müssen Sie dem Schlitten einen Schubs geben, damit Sie von dem Weg herunterkommen. Danach läuft alles quasi wie von selbst.

Es gibt chemische Reaktionen, die genauso ablaufen: Sie geben der Reaktion einen energetischen Schubs und sie läuft von alleine ab. Das ist beim Entzünden des Streichholzes der Fall: Der Schubs besteht hier im Anstreichen des Streichholzes an der Reibefläche. Danach brennt es von alleine weiter.

Am Ende der Rodelfahrt müssen Sie den Schlitten natürlich wieder den Hang nach oben ziehen. Lassen Sie während des Aufsteigens das Zugseil los, saust der Schlitten ohne Sie wieder den Abhang hinunter. Ähnlich verhält es sich bei endergonischen Reaktionen. Ohne andauernde Energiezufuhr (z. B. in Form von Wärme), würde nichts passieren.

Als passendes Beispiel für endergonische Reaktionen dient hier das Laden eines leeren Handy- oder Laptop-Akkus: Unterbrechen Sie das Laden, indem Sie ihn von der Steckdose nehmen, so wird er nicht mehr weiter geladen. Beim Laden wird natürlich nicht permanent Energie in Form von Wärme zugeführt, sondern elektrische Energie. Allerdings merkt man, wenn man ihn während oder kurz nach dem Ladevorgang anfasst, dass der Akku warm wird: Es hat eine Umwandlung der elektrischen

Energie in chemische Energie und Wärmeenergie stattgefunden. Im Gebrauch
des Akkus, also beim Entladevor-
gang, wird die gespeicherte chemische
Energie wieder in elektrische Energie
umgewandelt. Sowohl beim Laden des
Akkus als auch beim Entladen fließt
also elektrischer Strom. Das Fließen des
elektrischen Stroms ist dabei mit dem
Fließen von Elektronen gleichzusetzen.

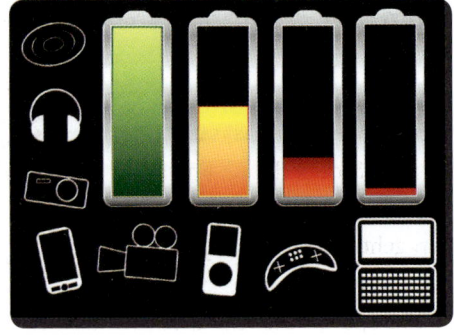

Viele elektronische Geräte funktionieren heute mit Akkus.

Egal ob Sie das Entzünden bzw. die Verbrennung des Streichholzes betrachten, das
Anzünden und das Abbrennen einer Kerze oder das Laden eines Akkus an der Steckdose
bzw. das Entladen durch den Gebrauch eines Akkus: Es sind grundsätzliche chemische
Phänomene aus Ihrem Alltag.

Sie stehen nun an einem entscheidenden Punkt in diesem Buch: Soll es bei den rein
phänomenologischen Betrachtungen bleiben oder wollen Sie etwas tiefer „in die Materie" einsteigen? Denn um diese Phänomene aus chemischer Sicht erklären zu können,
muss man die chemischen Grundgesetze kennen, die auf den nachfolgenden Seiten
erklärt werden. Diejenigen unter Ihnen, die meinen, mit diesen Dingen vertraut zu sein,
können sie überspringen und sich auf S. 67 ff. den Erklärungen der Phänomene, die hier
nur angerissen wurden, widmen.

III. Die Unteilbaren

Wie sind die Bausteine der uns umgebenden Stoffe zusammengesetzt? Wie werden sie
zu größeren Bausteinen zusammengefügt? Die Zusammensetzung der Stoffe, die Eigenschaften der Stoffe und die chemischen Reaktionen, die die Stoffumwandlung bewirken, folgen bestimmten Gesetzmäßigkeiten. Was mit welchem Stoff bei chemischen
Reaktionen passiert, kann aus dem Periodensystem abgeleitet werden. Zunächst aber
werfen wir einen Blick in der Wissenschaftsgeschichte zurück, um zu klären, wie die
heutige Vorstellung von der Materie entstanden ist.

Vom Teilchenmodell zum Atom-Begriff

Die alten Griechen, genauer gesagt die griechischen Naturphilosophen, machten sich schon sehr früh Gedanken darüber,
wie die Stoffe, die sie umgaben, aufgebaut waren. Besonders
hervorzuheben ist hier DEMOKRIT (460–371 v. Chr.). Auf
ihn geht die Bezeichnung *Atom* zurück. Ohne jegliche Mess-
instrumente, alleine durch seine Überlegungen kam er zu dem
Schluss, dass alles aus kleinsten unteilbaren Teilchen aufgebaut sein musste. Egal welchen Stoff man betrachtet: Teilt man
ihn immer wieder, so kommt man irgendwann zu kleinsten, *Demokrit*
nicht mehr teilbaren Teilchen. Demokrit nannte sie die *Unteilbaren* von griechisch
atomos = unteilbar.

> Die Bezeichnung **Atom** stammt aus der griechischen Naturphilosophie: *Atom* steht
> für das *Unteilbare*.

In ähnlicher Weise konnte die Vorstellung von Teilchen eine Beschreibung der Aggregatzustände und ihrer Übergänge ermöglichen (→ S. 18 f.). Mit diesem Teilchenmodell
war allerdings keine Vorstellung darüber verknüpft, was diese Teilchen zusammenhält
und worin die Natur ihrer gegenseitigen Anziehung besteht.

Heute ist die Vorstellung von einem Atom eine andere, vor allem eine
differenziertere. Zu begründen ist dies mit den Erkenntnissen, die
vor allem zunächst im Übergang vom 18. auf das 19. Jahrhundert in
England durch den Gelehrten John DALTON (1766–1844) gewonnen wurden. Über 2000 Jahre später nahm Dalton die Vorstellung der
John Dalton griechischen Naturphilosophen wieder auf und übertrug sie auf die
bis dahin bekannten Elemente und ihre Eigenschaften.

Teilchen sind Massekügelchen: die Atomhypothese von DALTON

Dalton beschrieb die Atome als winzige Massekügelchen. Er charakterisierte also die
kleinsten Teilchen der verschiedenen Elemente als Kügelchen mit unterschiedlicher

Masse. Jedes Massekügelchen eines bestimmten Elements hatte dabei dieselbe Masse wie alle anderen Massekügelchen dieses Elements. Somit unterschieden sich die Elemente in der Masse ihrer Atome.

Dalton beschrieb die Atome als Massekügelchen.

Die Massekügelchen des Elements Wasserstoff wählte er als Bezugspunkt, da er sie als Atome mit der geringsten Masse identifizierte.

Die Atome eines Elements sind untereinander in ihrer Masse gleich. Die relative Atommasseneinheit ist *u* (aus dem Englischen für *unit = Einheit*).

Die Unterschiedlichkeit in den Massen ermittelte Dalton über Massenverhältnisse der einzelnen Elemente in verschiedenen Verbindungen. Dabei fand er heraus, dass die Atome des Elements Wasserstoff die kleinste Masse besitzen mussten. Da die Bestimmung der Masse eines Atoms z. B. durch eine einfache Wägung zur damaligen Zeit (und auch heute!) nicht möglich war, setzte Dalton das Wasserstoffatom als Bezugseinheit. Die Atome aller anderen Elemente besitzen dadurch ein Vielfaches ihrer Masse im Verhältnis zum Wasserstoffatom.

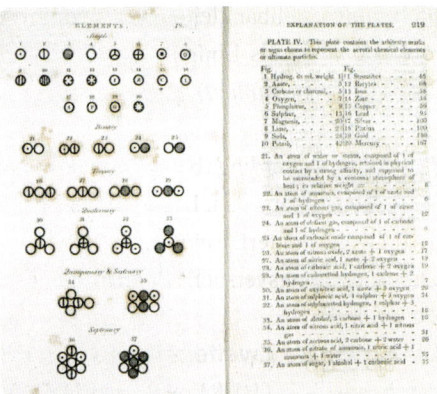

Zwei Seiten aus Daltons Atomhypothese

Anders Celsius

Wir gehen heute wie selbstverständlich mit Bezugseinheiten um. Unsere Temperatureinheit *Grad Celsius* (°C) z. B. basiert auf der Festlegung (Konvention) durch den Schweden Anders CELSIUS (1701–44), der den Erstarrungspunkt von Wasser auf den Wert 0 und den Siedepunkt des Wassers auf den Wert 100 festlegte. Das so gewählte Bezugssystem Wasser stand also Pate für die dann in hundert gleiche Teile eingeteilte Temperaturskala.

Ein weiteres Beispiel ist die Festlegung, die Samen-
körner des Johannisbrotbaumes als Bezugssystem für
die Masse von Diamanten zu nutzen. So entstand die
Einheit Karat. Karat stammt ebenfalls aus dem Griechischen: *Kerátion* bedeutet *Johannisbrotbaumsamen*.

Daltons Konvention bestand also darin, das Wasserstoffatom als Bezugspunkt festzulegen. Die Massen
der anderen Atome legte er in Relation zum Wasserstoffatom fest. Man spricht deshalb von der *relativen*
Atommasse. Da die *absolute* Masse eines Wasserstoffatoms unvorstellbar klein ist (nämlich $1,661 \times 10^{-24}\,g$),
wählte Dalton als Einheit für die Masse das *u* (von
englisch *unit = Einheit*).

*Samen, Blätter, Blüten und
Früchte des Johannisbrotbaumes*

Dalton blieb allerdings bei der Vorstellung der griechischen Naturphilosophen, dass die
Atome unteilbar seien. Diese Vorstellung wurde erst durch die Entdeckung der Radio-
aktivität erschüttert. Eine Weiterentwicklung der Atomvorstellung brachten hierbei die
Durchstrahlungsversuche dünner Metallschichten mit Radium.

Sir Ernest im Zweifel: Nichts und doch nicht Nichts

Sir Ernest RUTHERFORD (1871–1937), ein englischer Physiker, steckte ein
Radiumpräparat in einen Bleiblock. Durch eine Bohrung in diesem Bleiblock entwich
ein eng begrenzter Strahl α-Teilchen. Diese Strahlenart hatte Rutherford kurz zuvor
selbst entdeckt. Den so erhaltenen Strahl richtete
er auf eine sehr dünne Goldfolie mit einer Stärke
von ungefähr 2000 hintereinanderliegenden
Goldatomen. Um die Bahnen der α-Teilchen
sichtbar zu machen, benutzte Rutherford einen
Leuchtschirm. Nach der Atomtheorie von Dalton
hätten diese α-Teilchen an der Goldfolie abprallen

*Rutherford auf dem 100-Dollar-Schein
seines Geburtslandes Neuseeland*

müssen. Die Massekügelchen hätten diese Menge an Atomen nicht durchdringen
dürfen. Das auf dem Leuchtschirm sichtbare Ergebnis stellte aber das Gegenteil dar:
Fast alle Strahlen durchdrangen die Folie, nur wenige wurden abgelenkt!

Die positive Natur der α-Teilchen war bekannt. Deshalb ging Rutherford davon aus, dass die α-Teilchen, die abgeprallt waren, dies an gleichermaßen geladenen Teilchen getan haben mussten. Außerdem mussten diese Teilchen winzig klein sein, aber dennoch fast die gesamte Masse der Goldatome in sich vereinigt haben.

Dieses winzige Teilchen, das fast die gesamte Masse des Atoms in sich vereinigt und positiv geladen ist, wurde fortan als **Atomkern** bezeichnet. Dieser Atomkern sitzt im Zentrum des Atoms. Die positive Ladung kann als solche nicht isoliert stehen. Atome sind nicht geladen, sie sind nach außen elektrisch neutral. Als ausgleichende Ladung kamen nur die Elektronen infrage, die aus elektrostatischen Versuchen als bewegliche Ladungsträger bekannt waren. Auf Basis von Rutherfords Streuversuch bekamen die Elektronen den Raum um den Atomkern zugeschrieben. Dieser kugelförmige Raum um den Atomkern wurde als **Elektronenhülle** bezeichnet. Die nahezu masselosen Elektronen müssen in dieser Hülle beweglich sein, sonst würden sie durch die gegenseitige Anziehung von Kern und Hülle in den Kern stürzen. Im Atom halten sich demnach die elektrostatische Anziehung und die Fliehkräfte der Elektronen auf ihrem Weg um den Kern die Waage.

> Der Streuversuch von Rutherford führte zu neuen Erkenntnissen über die Atome. Atome waren demnach keine reinen Massekügelchen mehr, sondern wurden in Atomkern und Elektronenhülle differenziert.

Die Dimensionen in einem Atom sind für uns nur schwer vorstellbar. Man nutzt im Allgemeinen Größenvergleiche, um diese Dimensionen deutlich zu machen. Der Atomkern ist um den Faktor 10.000 kleiner als die ihn umgebende Elektronenhülle. Stellt man sich den Atomkern so groß vor wie einen Tischtennisball (Durchmesser 3 cm), dann hätte die Elektronenhülle einen Durchmesser von 300 Metern! Übertragen auf den Streuversuch von Rutherford lässt sich festhalten, dass ein Atom zu über 99,9 % aus „Nichts" besteht. Deshalb ist es nicht verwunderlich, dass die α-Teilchen nicht zurückgeworfen wurden, als sie auf die Goldfolie trafen. Aber gerade weil diese α-Teilchen auch auf die Atomkerne trafen, muss festgehalten werden: Atome bestehen eben nicht nur aus „Nichts"!

Das Atommodell von Rutherford

Das Unteilbare dann doch aufgeteilt: die Elementarteilchen

> Es gibt drei Sorten von Elementarteilchen:
> 1. Die Elektronen. Sie sind negativ geladen, befinden sich in der Atomhülle und haben eine verschwindend geringe Masse.
> 2. Die Protonen. Sie sind positiv geladen, befinden sich im Atomkern und besitzen die Masse $1u$.
> 3. Die Neutronen. Sie sind nicht geladen und befinden sich ebenfalls mit einer Masse von $1u$ im Atomkern.
>
> Da sich Protonen und Neutronen im Atomkern befinden, spricht man auch von Nukleonen.

Als negatives Elementarteilchen wurde schnell das **Elektron** identifiziert. Die positive Ladung im Atomkern ist aber ebenfalls an Elementarteilchen gebunden. Die Atomkerne des einfachsten Elements, des Wasserstoffs, werden als Protonen bezeichnet (von griechisch *proton* = das Erste). Das **Proton** ist positiv geladen. Da die Masse des Atoms im Atomkern konzentriert ist, kommt die Unterschiedlichkeit der Atommassen der Elemente vor allem durch die unterschiedliche Zahl der Protonen zustande. Das heißt, je höher die Zahl der Protonen ist, desto höher ist im Allgemeinen die Atommasse des Elements. Dies konnte durch die Untersuchungen Rutherfords mit Folien anderer Elemente und Folien unterschiedlicher Dicke bestätigt werden.

Allerdings würde auch mit der wachsenden Zahl der Protonen aufgrund der gleichen Ladung die gegenseitige Abstoßung zunehmen.
Hier kommt eine weitere Elementarteilchensorte ins Spiel: Das elektrisch neutrale **Neutron**. Es ist die Kittsubstanz zwischen den sich gegenseitig abstoßenden Protonen.

Die Elementarteilchen unterscheiden sich in ihrer Masse: Während Neutronen und Protonen mit je $1u$ nahezu die gleiche Masse besitzen, hat das Elektron eine um den Faktor 2000 geringere Masse. Somit setzt sich die Masse des Atoms aus der Anzahl der Protonen und Neutronen zusammen. Da – wie gezeigt – fast die gesamte Masse des Atoms im Atomkern konzentriert ist und sich beide Elementarteilchen im Kern befinden, bezeichnet man sie auch als **Nukleonen**.

Atome sind aus Elementarteilchen aufgebaut. In der Atomhülle befinden sich die negativ geladenen und nahezu masselosen Elektronen. Der Atomkern ist aus den positiv geladenen Protonen und den neutralen Neutronen aufgebaut.

Elemente in Reih und Glied: das Periodensystem

Der russische Forscher Dimitrij MENDELEJEW (1834–1907) und der deutsche Chemiker Lothar MEYER (1830–95) hatten bereits

Dimitrij Mendelejew

Lothar Meyer

Mitte bis Ende des 19. Jahrhunderts die bis dahin bekannten Elemente nach ihren chemisch ähnlichen Eigenschaften in Gruppen eingeteilt. Zusätzlich erkannten sie, dass sich die Elemente auch nach steigender Atommasse sortieren ließen. Heute sind über 100 Elemente bekannt, die das **Periodensystem der Elemente** (kurz: **PSE**) bilden.

Das heutige PSE wird – einer Tabelle gleich – in senkrechte Spalten, die **Hauptgruppen**, und waagrechte Zeilen, die **Perioden**, eingeteilt. Die Einteilung erfolgt vorwiegend nach der chemischen Verwandtschaft, nachrangig nach der Atommasse. So kommt eine Reihenfolge der Elemente zustande, bei der sich – wenn man zunächst die sog. Nebengruppenelemente weglässt – die chemisch verwandten Eigenschaften regelmäßig wiederholen. Man erhält auf diese Weise im verkürzten Periodensystem acht Hauptgruppen (die mit römischen Zahlen versehen sind) und sechs Perioden (die mit arabischen Zahlen versehen sind) mit jeweils acht Elementen. Eine Ausnahme stellt die 1. Periode dar, zu ihr gehören nur zwei Elemente (Wasserstoff und Helium).

Aufgrund ihrer chemischen Verwandtschaft tragen die Hauptgruppen Namen. So stehen in der VIII. Hauptgruppe die **Edelgase**, in der VII. Hauptgruppe die **Halogene**, in der II. Hauptgruppe die **Erdalkalimetalle** und in der I. Hauptgruppe die **Alkalimetalle**. Die vier mittleren Hauptgruppen tragen die Namen der jeweils ersten Elemente in dieser Gruppe: Die **Bor-Gruppe** (III. Hauptgruppe), die **Kohlenstoff-Gruppe** (IV. Hauptgruppe), die **Stickstoff-Gruppe** (V. Hauptgruppe) und die **Sauerstoff-Gruppe** (VI. Hauptgruppe, auch Chalkogene genannt).

Während die Elemente der I. und II. Hauptgruppe allesamt Metalle sind, die Elemente der VII. Hauptgruppe als Nichtmetalle zu bezeichnen sind und die VIII. Gruppe Gase (eben die Edelgase) umfasst, lassen sich die Elemente der mittleren Gruppen nicht eindeutig einer bestimmten Stoffgruppe zuordnen. Wenn wir die Nebengruppenelemente (alles Metalle!) ausklammern, lassen sich die Elemente in diesem sog. verkürzten PSE wie folgt zuordnen:

Zieht man durch das verkürzte PSE eine Diagonale von links oben (vom Element Bor; B) nach rechts unten (zum Element Astat; At), dann befinden sich links unterhalb der Diagonalen die Metalle und rechts oberhalb der Diagonalen die Nichtmetalle. Im Verlauf der Diagonalen liegen die sog. **Halbmetalle**. Sie zeigen in einigen Eigenschaften eher metallischen Charakter und in anderen Eigenschaften eher NichtmetallCharakter.

> Im verkürzten Periodensystem der Elemente lassen sich durch Einziehen einer Diagonalen vor allem die beiden großen Gruppen der Metalle und Nichtmetalle unterscheiden.

Hauptgruppen

Perioden	Ia	IIa	IIIa	IVa	Va	VIa	VIIa	VIIIa
1	1,00797 **H** 1							4,0026 **He** 2
2	6,939 **Li** 3	9,0122 **Be** 4	10,811 **B** 5	12,011 **C** 6	14,007 **N** 7	15,999 **O** 8	18,998 **F** 9	20,183 **Ne** 10
3	22,990 **Na** 11	24,312 **Mg** 12	28,982 **Al** 13	28,086 **Si** 14	30,974 **P** 15	32,064 **S** 16	35,453 **Cl** 17	39,948 **Ar** 18
4	39,102 **K** 19	40,08 **Ca** 20	69,72 **Ga** 31	72,59 **Ge** 32	74,922 **As** 33	78,96 **Se** 34	79,909 **Br** 35	83,80 **Kr** 36
5	85,47 **Rb** 37	87,62 **Sr** 38	114,82 **In** 49	118,69 **Sn** 50	121,75 **Sb** 51	127,60 **Te** 52	126,90 **I** 53	131,30 **Xe** 54
6	132,90 **Cs** 55	137,34 **Ba** 56	204,37 **Tl** 81	207,19 **Pb** 82	208,98 **Bi** 83	(209) ***Po** 84	(210) ***At** 85	(222) ***Rn** 86
7	(223) ***Fr** 87	(226) ***Ra** 88						

Den Bau der Atome dieser Gruppen kann man nun aus dem Periodensystem ableiten.

Zeige mir, wo du stehst und wie du gebaut bist, und ich sage dir, wie du reagierst!

Entscheidend für das Verständnis der nachfolgend in diesem Buch behandelten chemischen Reaktionen aus Ihrem Alltag ist die Kenntnis des Atombaus der einzelnen Elemente:

Die magischen Zahlen

Die Charakterisierung der Atome und ihrer chemischen Eigenschaften erfolgt erstens über die Stellung im Periodensystem (Hauptgruppenzahl und Periodennummer; → S. 38 f.) und zweitens über die Ordnungszahl und die Atommassenzahl.

> Die Stellung eines Elements im Periodensystem wird über die Hauptgruppenzahl („Spaltenzahl" in der PSE-Tabelle) und der Periodennummer („Zeilenzahl" in der PSE-Tabelle) festgelegt.
>
> Das Element Aluminium z. B. steht in der III. Hauptgruppe und in der 3. Periode.

Bleiben wir beim Aluminium. Es ist sicherlich aus dem Alltag bestens bekannt in Form von Folien oder Getränkedosen. Dort liegt das Aluminium in elementarer Form vor. Allerdings kann Aluminium auch Verbindungen eingehen.

Getränkedosen und Folienkartoffeln

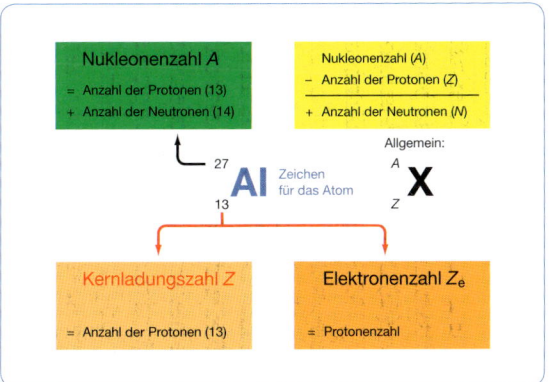

Welche Rolle das Aluminium in diesen Verbindungen spielt, hängt entscheidend von der Anordnung seiner Elementarteilchen ab: In seinem Atomkern befinden sich so viele Protonen, wie die Ordnungszahl vorgibt, nämlich 13.

Insgesamt besitzt das Atom genauso viele Elektronen. Denn Atome in elementarer Form sind nach außen hin elektrisch neutral.

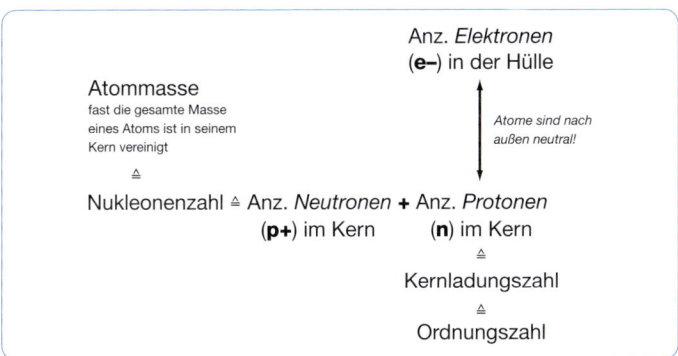

Die Elektronen sind beim Aluminium auf drei Schalen verteilt, das ist durch die 3. Periode festgelegt. Die Verteilung der Elektronen erfolgt nach energetischen Gesichtspunkten. Auf die innerste Schale passen maximal zwei Elektronen, auf die zweite maximal acht Elektronen. Auf die dritte Schale passen mehr als drei Elektronen, aber da das Aluminium nur insgesamt dreizehn Elektronen besitzt, bleiben für die 3. Schale nur drei Elektronen übrig. Sie bekommen einen besonderen Namen: Da sie die äußerste Schale besetzen, spricht man von den **Außenelektronen**.

Die Besetzung der Schalen eines Atoms erfolgt nach der Formel $2n^2$. Der Buchstabe n steht für die Nummer der Schale.

Auf der innersten Schale (n = 1) finden $2 \times 1^2 = 2$ Elektronen Platz.

Auf der nächsten Schale (n = 2) finden $2 \times 2^2 = 8$ Elektronen Platz.

Auf der dritten Schale (n = 3) finden $2 \times 3^2 = 18$ Elektronen Platz.

Wie viele Schalen den Atomkern umgeben, hängt davon ab, in welcher Periode das Element steht.

Die Besetzung der Schalen mit Elektronen erfolgt immer von innen (von der energetisch niedrigsten Schale) nach außen.

Wenn die Besetzung der Schalen für alle Hauptgruppen durchgeführt wird, erkennt man, dass die Zahl der Außenelektronen mit der Zahl der Hauptgruppe übereinstimmt: Bei allen Elementen in jeder Hauptgruppe entspricht die Zahl der Außenelektronen der Hauptgruppenzahl.

Die Elemente der I. Hauptgruppe besitzen ein Außenelektron, die der II. Hauptgruppe zwei Außenelektronen usw. bis zur VIII. Hauptgruppe. Hier besitzen alle Edelgase acht Außenelektronen. Alle Edelgase? Nein, Sie waren bestimmt aufmerksam und haben erkannt, dass sich das Helium in der ersten Periode befindet, hier aber haben die Elemente nur eine Schale und dort finden eben nur maximal zwei Elektronen Platz.

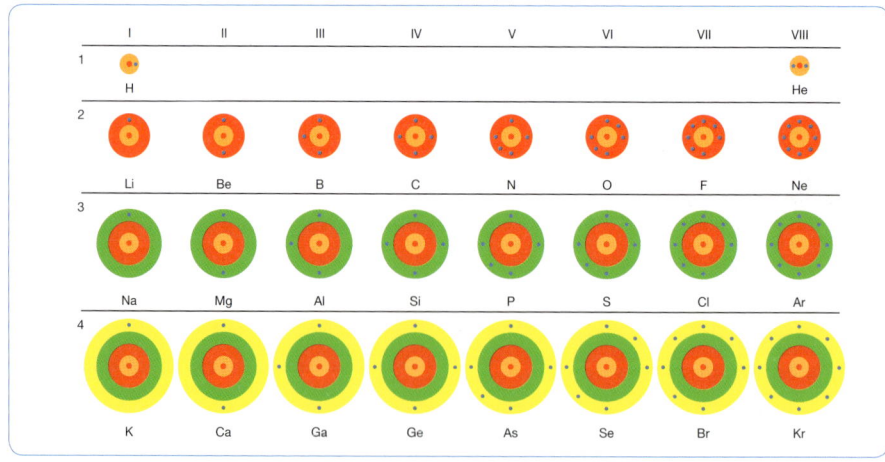

Die Edelgase spielen, was die Anzahl der Außenelektronen betrifft, eine entscheidende Rolle. Wir werden sehen, dass alle Elemente in ihren jeweiligen Verbindungen die Außenelektronenzahl der Edelgase anstreben.

Ein immerwährendes Geben und Nehmen

Sie wissen, dass es Metalle gibt, die man in der Natur als Elemente finden kann. Man sagt, sie kommen gediegen vor. Dies trifft z. B. auf das Gold zu, nach dem heute noch gegraben und geschürft wird. Die allermeisten Metalle jedoch findet man nicht gediegen, sondern in Verbindung mit anderen Elementen vor. Beim oben erwähnten Alumi-

Goldnugget

nium handelt es sich um Aluminiumoxid. (In gereinigter Form wird das Aluminiumoxid auch Tonerde genannt. Dazu später mehr.)

Aluminium ist hier eine salzartige Verbindung mit Sauerstoff eingegangen. Die chemische Formel für diese Verbindung lautet Al_2O_3. Warum nicht AlO oder Al_2O oder AlO_2?

Auch das Element Aluminium strebt – wie die anderen Elemente des Periodensystems – die Zahl der Außenelektronen der Edelgase an.

Was an der Anordnung der Elektronen bei den Edelgasen so erstrebenswert für die Elemente ist, hängt mit der Anzahl der Außenelektronen zusammen: Betrachtet man

die Anordnung der Elektronen in der Außenschale der Edelgase, stellt man fest, dass es sich hier – außer beim Edelgas Helium – um acht Außenelektronen handelt. Der Chemiker spricht von einem **Elektronen-Oktett**. (Dabei steht *Oktett* für die Zahl 8. Sie kennen sie wahrscheinlich vom Weichtier Oktopus, da er acht Arme hat. Oder vom

Oktopus mit acht Armen

Oktaeder, einer geometrischen Figur mit acht Ecken.)

Das Helium stellt eine Ausnahme dar: Hier gibt es statt des Elektronen-Oktetts ein **Elektronen-Duett**. (*Duett* steht für die Zahl 2. Sie kennen sie vom Duo, der Zweimann-Kombo oder vom Gesangsduett, das von zwei Künstlern vorgetragen wird.) Aber eigentlich ist die Ausnahme beim Helium gar nicht so groß, denn die beiden Elektronen stellen für die innerste Schale ebenso eine volle Schale dar, wie die acht Elektronen in den jeweils äußersten Schalen der anderen Edelgase.

> Wenn die Anordnung der Elektronen eines Elementes der Elektronenanordnung eines Edelgases gleicht, spricht man von der **Edelgaskonfiguration**.
> Dabei stellen das Elektronen-Duett des Heliums und das Elektronen-Oktett der anderen Edelgase einen für alle anderen Elemente erstrebenswerten energetischen Zustand dar.

Betrachtet man z. B. das Element Natrium, dann wird mit dem Blick auf seine Elektronenverteilung deutlich, dass es nur ein Außenelektron hat (zwei Elektronen in der innersten Schale, danach acht und in der äußersten Schale eben dieses eine Elektron). Dieses eine Außenelektron ist ja auch der Grund, warum das Natrium in der I. Hauptgruppe steht.

Geht man nur von der Anordnung der Elektronen aus, was müsste ein Natriumatom tun, um die Elektronenanordnung z. B. eines Neonatoms anzunehmen? Nun, es müsste das äußerste Elektron der dritten Schale entfernen.

Betrachtet man das Element Chlor, dann fällt auf, dass Chlor in seiner äußersten Schale sieben Elektronen hat (weswegen es in der VII. Hauptgruppe steht). Insgesamt besitzt es siebzehn Elektronen. Die zehn Elektronen neben den Außenelektronen sind auf die innerste Schale mit zwei Elektronen und auf die mittlere Schale mit acht Elektronen verteilt. Was müsste ein Chloratom tun, um z. B. die Elektronenanordnung des Edelgases Argon zu erlangen? Es müsste noch ein Elektron in die äußerste Schale aufnehmen.

Was läge näher, als wenn sich diese beiden Elemente wechselseitig bei ihrem Bestreben, die „Edelgaskonfiguration" zu erreichen, unterstützten? Das Produkt dieser wechselseitigen Beziehung ist Ihnen wohlbekannt: Es ist Kochsalz, das Sie zum Würzen in der Küche nutzen. Der Chemiker bezeichnet es als Natriumchlorid. Hieraus wird ersichtlich, dass es sich um eine Verbindung aus Natrium und Chlor handelt. Mit den Eigenschaften der beiden Elemente Natrium und Chlor hat die Verbindung Natriumchlorid aber nun rein gar nichts mehr zu tun (→ S. 28 f.).

Natriumchlorid entsteht, wenn ein Stück Natrium in ein Gefäß mit Chlor getaucht wird. Über einen relativ kurzen Zeitraum entstehen Natriumchloridkristalle. Die Reaktion lässt sich mit zugeführter Wärme stark beschleunigen. Dabei wird deutlich, dass die Wärme wieder nur als Initialzündung benötigt wird: Ist die Reaktion in Gang gekommen, kann die Wärmezufuhr unterbleiben.

Diese Reaktion lässt sich wegen des heftigen Aufglühens als exergonisch identifizieren (→ S. 31 f.). Warum die Reaktion so stark exergonisch ist, hängt eben mit der für beide Elemente so stabilen Edelgaskonfiguration zusammen, die sie durch die Reaktion beide erreichen: Das, was der eine nicht mehr braucht, kommt dem anderen gerade recht.

> Bei Salzbildungsreaktionen (wie z. B. der Reaktion zwischen Natrium und Chlor) geben die Metalle Elektronen ab. Sie werden deshalb als **Elektronendonatoren** (von lat. *donare* = schenken, geben) bezeichnet.
>
> Die Nichtmetalle nehmen Elektronen auf. Deshalb sind es **Elektronenakzeptoren** (von lat. *accipere* = annehmen).
>
> Salzbildungsreaktionen sind Elektronenübergangsreaktionen.

Dieses Donator-Akzeptor-Prinzip ist ein treibendes Prinzip in der Chemie.

Win-win-Situation zwischen Metallen und Nichtmetallen

Was bleibt von den Atomen übrig, wenn sie ihre Außenelektronen abgegeben haben? Die Veränderungen finden nur in der Elektronenhülle statt. Der Kern ist in seiner Zusammensetzung nicht betroffen. Das hat zur Folge, dass sich die Atome nach der Reaktion von Metall und Nichtmetall bei der Salzbildung nicht mehr elektrisch neutral präsentieren: Das Verhältnis der Ladungen der Elementarteilchen hat sich bei den Metallen zugunsten der Protonen verschoben. Bei den Nichtmetallen hat sich das Ladungsverhältnis zugunsten der Elektronen verschoben.

> Bei Salzbildungsreaktionen entstehen bei den Metallen durch Elektronenabgabe Atome mit überschüssiger positiver Ladung. Diese werden als Kationen bezeichnet. Bei den Nichtmetallen entstehen durch Elektronenaufnahme Atome mit überschüssiger negativer Ladung. Diese werden als **Anionen** bezeichnet.

Mit einem genaueren Blick auf die Bildung von Natriumchlorid aus den Elementen Natrium und Chlor ist das nachvollziehbar:

Unter Vernachlässigung der Neutronenzahl hatte Natrium vor der Reaktion elf Protonen und elf Elektronen. Chlor besaß vor der Reaktion siebzehn Protonen und siebzehn Elektronen. Beide erreichen durch den Übergang des Außenelektrons vom Natriumatom auf das Chloratom Edelgaskonfiguration: Das Natrium hat dann exakt die Anordnung der Elektronen des Neonatoms, das Chlor die Anordnung des Argonatoms. Die beiden Elemente sind durch die Reaktion aber eben nicht zu Edelgasatomen geworden, da sich die Anordnung der Protonen nicht geändert hat.

Erinnern Sie sich bitte: Die Protonenzahl entspricht der Ordnungszahl. Diese legt gewissermaßen die Position im Periodensystem fest. Änderte sich die Protonenzahl, würde es sich danach um ein anderes chemisches Element handeln! Wie Sie bei Rutherford gesehen haben, ist dies bei radioaktiven Elementen durchaus möglich: α-Teilchen, die z. B. von Radium ausgesendet werden, enthalten neben Neutronen auch Protonen. Damit verändert sich die Atommasse und die Ordnungszahl. Bei den sog. Zerfallsreihen radioaktiver Elemente durchlaufen diese Elemente quasi eine Wandlung zu anderen Elementen, bis sich ein stabiles Element – meist Blei – am Ende der Reihe einstellt. Dies ist reine **Kernchemie**. Sie kennen den Begriff aus der Kernkraft oder der Kernenergie. Dieser Bereich würde den Rahmen dieses Buches sprengen. Diese Kernchemie sei der Vollständigkeit halber aber hier erwähnt. Die Betrachtungen dieses Buchs richten sich also eigentlich auf die Atomhülle. Gäbe es einen solchen Begriff, der diese Betrachtungsweise von der Kernchemie abgrenzte, müsste man also von der **Hüllenchemie** oder der **Elektronenchemie** sprechen.

Durch den Elektronenübergang vom Natrium- auf das Chloratom besitzt das Natriumatom im Natriumchlorid nur noch zehn Elektronen. Die Zahl der Protonen bleibt bei elf. So sorgt das überschüssige Proton für eine positive Ladung im Natriumatom. Es ist ein positiv geladenes Natriumkation entstanden.

Das Chloratom hat ein Elektron mehr als Protonen im Kern (achtzehn Elektronen und siebzehn Protonen). Diese überschüssige negative Ladung in der Hülle sorgt für ein negativ geladenes Chloranion.

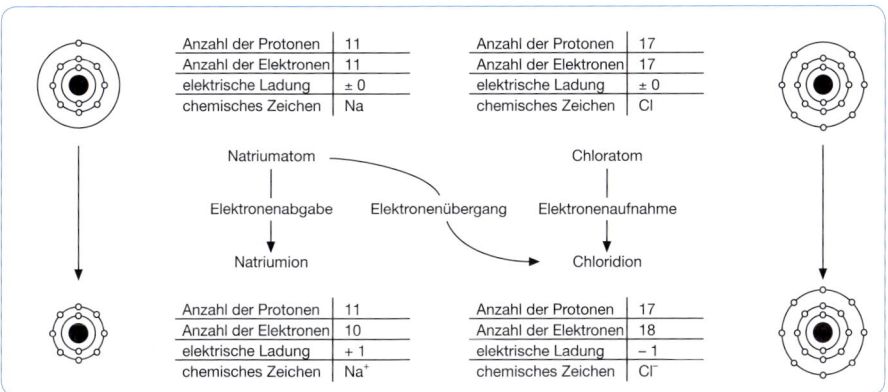

Anzahl der Protonen	11
Anzahl der Elektronen	11
elektrische Ladung	± 0
chemisches Zeichen	Na

Anzahl der Protonen	17
Anzahl der Elektronen	17
elektrische Ladung	± 0
chemisches Zeichen	Cl

Natriumatom — Chloratom

Elektronenabgabe — Elektronenübergang — Elektronenaufnahme

Natriumion — Chloridion

Anzahl der Protonen	11
Anzahl der Elektronen	10
elektrische Ladung	+ 1
chemisches Zeichen	Na$^+$

Anzahl der Protonen	17
Anzahl der Elektronen	18
elektrische Ladung	− 1
chemisches Zeichen	Cl$^-$

Dies kann bei den Salzbildungsreaktionen auf alle Metalle und alle Nichtmetalle übertragen werden: Durch die Abgabe der Außenelektronen werden bei den Metallen durch den Protonenüberschuss im Kern positiv geladene Metallkationen gebildet. Durch die Aufnahme von Elektronen in der äußeren Schale bei den Nichtmetallen werden Nichtmetallanionen gebildet.

Kleine Merkhilfe: Die Zuordnung der „passenden" Ladung zu **Anion** und **Kation** bereitet erfahrungsgemäß Schwierigkeiten. Sie können sich die Ladung aus den Buchstaben ableiten. Das *t* in Kation erinnert an ein + für positiv und der Querstrich im *A* des Anions erinnert an ein − für negativ.

> Kationen und Anionen sind geladene Atome. Allgemein werden diese geladenen Atome als Ionen bezeichnet.
> Die Anionen der Nichtmetalle erhalten zur Unterscheidung von ihren neutralen Ursprungsatomen die Silbe *-id* als Endung.
> Ionen können einfach oder mehrfach negativ oder positiv geladen sein. Die Anzahl der Ladungen hängt davon ab, wie viele Elektronen aufgenommen bzw. abgegeben wurden.

Der Begriff *Ion* leitet sich aus dem Griechischen ab: *Ionos* bedeutet wandernd. Salze lösen sich in aller Regel gut in Wasser (→ S. 16 ff. und S. 114) und so entstehen bewegliche Ladungsträger, die – wenn Elektroden in diese Lösung getaucht werden und Spannung angelegt wird – in einem elektrischen Feld wandern (→ S. 84 f.). Da die Salze und ihre Eigenschaften länger bekannt waren als die chemische Theorie ihrer Bildung, sollte die Namensgebung nicht verwundern.

Die Anionen des Chlors werden Chlor**id**ionen genannt. Das trifft sowohl für alle (An-) Ionen der Halogene zu (Fluor**id**-, Chlor**id**-, Brom**id**-, Iod**id**-, allgemein Halogen**id**ionen) als auch für alle anderen Ionen einzelner Nichtmetallatome: Die Ionen des Sauerstoffs sind die Ox**id**ionen, die des Schwefels die Sulf**id**ionen, die des Stickstoffs die Nitr**id**ionen usw.

Alle Halogene stehen in der VII. Hauptgruppe und müssen, um zum Halogenidion zu werden, ein Elektron aufnehmen. Alle Halogenidanionen sind demnach einfach negativ geladen. Die Anionen des Sauerstoffs und des Schwefels sind als Oxid- bzw. Sulfidion zweifach negativ geladen. Das hängt mit ihrer Zugehörigkeit zur VI. Hauptgruppe zusammen: Es müssen zwei Elektronen zum Erreichen der Edelgaskonfiguration aufgenommen werden. Bei den Nichtmetallen der V. Hauptgruppe – Stickstoff und Phosphor – sind es drei Elektronen: Sie bilden demnach dreifach negativ geladene Nitrid- und Phosphidanionen.

	verkürztes		Ionenladung und Periodensystem										Periodensystem					
Hauptgruppe / **Periode**	I	II	III	IV	V	VI	VII	VIII			I	II	III	IV	V	VI	VII	VIII
1	H^+																	He
2	Li^+	Be^{2+}	Nebengruppen-Elemente										B	C	N^{3-}	O^{2-}	F^-	Ne
3	Na^+	Mg^{2+}											Al^{3+}	Si	P^{3-}	S^{2-}	Cl^-	Ar
4	K^+	Ca^{2+}	Sc	Ti^{4+}	V	Cr^{3+}	Mn^{2+}	Fe^{2+} Fe^{3+}	Co^{2+}	Ni^{2+}	Cu^+ Cu^{2+}	Zn^{2+}	Ga^{3+}	Ge^{4+}	As^{3+}	Se^{2-}	Br^-	Kr
5	Rb^+	Sr^{2+}	Y	Zr	Nb	Mo	Tc	Ru	Rh	Pd^{2+}	Ag^+	Cd^{2+}	In^{3+}	Sn^{2+} Sn^{4+}	Sb^{3+}	Te^{2-}	I^-	Xe
6	Cs^+	Ba^{2+}	La – Lu	Hf	Ta	W	Re	Os	Ir	Pt^{2+}	Au^{3+}	Hg^+ Hg^{2+}	Tl^+	Pb^{2+} Pb^{4+}	Bi^{3+}	Po	At	Rn
7	Fr	Ra^{2+}	Ac – Lr															

verkürztes Periodensystem								
Hauptgruppe / Periode	I	II	III	IV	V	VI	VII	VIII
1	H^+							He
2	Li^+	Be^{2+}	B	C	N^{3-}	O^{2-}	F^-	Ne
3	Na^+	Mg^{2+}	Al^{3+}	Si	P^{3-}	S^{2-}	Cl^-	Ar
4	K^+	Ca^{2+}	Ga^{3+}	Ge^{4+}	As^{3+}	Se^{2-}	Br^-	Kr
5	Rb^+	Sr^{2+}	In^{3+}	Sn^{2+} Sn^{4+}	Sb^{3+}	Te^{2-}	I^-	Xe
6	Cs^+	Ba^{2+}	Tl^+	Pb^{2+} Pb^{4+}	Bi^{3+}	Po	At	Rn
7	Fr	Ra^{2+}						

Im Kapitel auf S. 38 f. wurde das verkürzte Periodensystem durch eine Diagonale in Metalle und Nichtmetalle getrennt. Jetzt fällt Ihnen sicherlich auf, dass diese Grobunterteilung ganz nützlich ist, wenn wir innerhalb einer Hauptgruppe die Elektronendonatoren (Metalle) von den Elektronenakzeptoren (Nichtmetalle) trennen wollen bzw. müssen.

In der ersten und zweiten Hauptgruppe fällt das leichter: Hier haben wir ausschließlich Metalle vorliegen. Die Alkalimetalle der ersten Hautgruppe bilden einfach positiv geladene Kationen, die Erdalkalimetalle der zweiten Hauptgruppe bilden zweifach positiv geladene Kationen. In der dritten Hauptgruppe bildet zumindest das Aluminium dreifach positiv geladene Kationen.

Auf diese Art und Weise ist die Bildung einiger Salze ohne chemische Apparaturen und chemische Stoffe quasi „auf dem Reißbrett" möglich: Natriumchlorid, Natriumfluorid, Natriumiodid, Calciumoxid, Bariumsulfid, Aluminiumchlorid, Aluminiumoxid und Magnesiumsulfid. Die Reihe ließe sich nahezu beliebig verlängern. Aber alle kommen durch den gleichen Reaktionstyp zustande: Metalle als Elektronendonatoren haben ihre Außenelektronen für die Nichtmetalle als Elektronenakzeptoren zur Verfügung gestellt. Für beide quasi eine Win-win-Situation: Sie gewinnen beide durch eine Elektronenübergangsreaktion einen energetisch stabileren Zustand in Form der Edelgaskonfiguration.

Verhältnisformeltypen

Ionen-verhältnis	allg. Formel (Wertigkeit)	Beispiele	M = Metall N = Nichtmetall
1 : 1	$M^I N^I$	M = Alkalimetalle N = Halogene	NaCl (Natriumchlorid); KI (Kaliumiodid); LiBr (Lithiumbromid)
	$M^{II} N^{II}$	M = Erdalkalimetall N = aus HG VI	CaO (Calciumoxid); BaS (Bariumsulfid); MgO (Magnesiumoxid)
	$M^{III} N^{III}$	M = aus HG III N = aus HG V	AlN (Aluminiumnitrid); GaP (Galliumphosphid)
1 : 2	$M^{II} N_2^I$	M = Erdalkalimetall N = Halogen	$SrCl_2$ (Strontiumchlorid); BeF_2 (Berylliumfluorid); $CaBr_2$ (Calciumbromid)
	$M^{IV} N_2^{II}$	M = Pb, Sn, (Ti) N = aus HG VI	PbS_2 (Blei(IV)-sulfid; SnO_2 (Zinn(IV)-oxid)

ACHTUNG: Bei Metallkationen, die zwei (oder mehrere) Wertigkeiten annehmen können (z. B. Blei, Zinn, Kupfer, Eisen, Quecksilber), muss beim Verbindungsnamen die Ionenwertigkeit mit römischen Zahlen in Klammern hinter das Metall geschrieben werden!

2 : 1	$M_2^I N^{II}$	M = Alkalimetall N = aus HG VI	Na_2O (Natriumoxid); Li_2Se (Lithiumselenid); K_2S (Kaliumsulfid); Cs_2Te (Caesiumtellurid)
3 : 1	$M_3^I N^{III}$	M = Alkalimetall N = aus HG V	K_3N (Kaliumnitrid); Na_3P (Natriumphosphid)
1 : 3	$M^{III} N_3^I$	M = aus HG III N = Halogen	$AlCl_3$ (Aluminiumchlorid); GaI_3 (Galliumiodid)
1 : 4	$M^{IV} N_4^I$	M = Pb, Sn, (Ti) N = Halogen	$PbBr_4$ (Blei(IV)-bromid); SnF_4 (Zinn(IV)-fluorid)
2 : 3	$M_2^{III} N_3^{II}$	M = aus HG III N = aus HG VI	Al_2O_3 (Aluminiumoxid); Ga_2S_3 (Galliumsulfid)

Gegensätze ziehen sich an: der Aufbau der Salze

Salze haben die typische Eigenschaft, fest und spröde zu sein. Salze sind aus Kristallen aufgebaut. Die Kristallform wird durch die Größe der sie bildenden Ionen und durch die Ladung der Ionen bestimmt. Die Ionen bilden durch gegenseitige Anziehung Gitterstrukturen aus, die sog. Ionengitter. Die Form der Bindung, die durch die gegenseitige Anziehung entsteht, wird Ionenbindung genannt. Die allermeisten Salze besitzen hohe Siede- und Schmelztemperaturen. In trockenem Zustand leiten sie den elektrischen Strom nicht. Die Salze gehören aufgrund ihrer ähnlichen Eigenschaften zu einer gemeinsamen Stoffgruppe (→ S. 11 f.). Die Zusammensetzung der Salze wird in Verhältnisformeln ausgedrückt.

Gegensätzliche Ladungen ziehen sich an. Das haben Sie schon bei den Elektronen und den Protonen kennengelernt (→ S. 35 f.) Die positiv geladenen Kationen und die negativ geladenen Anionen ziehen sich ebenfalls gegenseitig an. Es sind wie bei den Elementarteilchen elektrostatische Kräfte, die hier wirken. Diese Anziehungskräfte wirken in alle drei Raumrichtungen. Auf diese Weise ist ein Kation von mehreren Anionen und ein Anion von mehreren Kationen umgeben. Die aufeinander wirkenden Anziehungskräfte der Ionen sind in ihrer Summe so groß, dass eine Trennung der Ionen eine große Menge an Energie benötigt. Deshalb besitzen die allermeisten Salze hohe bis sehr hohe Schmelz- und Siedetemperaturen.

Die regelmäßige Anordnung der Ionen z. B. im Natriumchlorid (Kochsalz) wird als **Ionengitter** bezeichnet. Sie bedingt zum einen die charakteristische Kristallform eines Salzes, zum anderen die Sprödigkeit. Größere Kristalle lassen sich z. B. mit einem Hammer zertrümmern, allerdings erscheinen die kleineren Kristalle in ihrem äußeren Bild so wie die großen Kristalle. Dass einzelne Schichten abplatzen, hängt damit zusammen, dass durch die mechanische

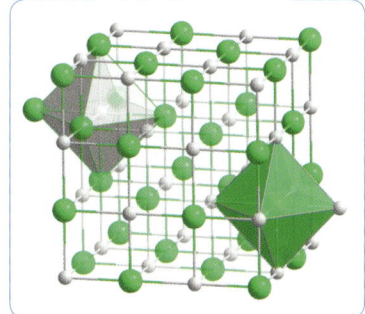

NaCl-Ionengitter

Einwirkung des Hammers gleich geladene Kationen und/oder Anionen nebeneinander in unterschiedlichen Schichten zum Liegen kommen. Sie können sich nicht mehr anziehen, sondern stoßen sich ab und entfernen sich voneinander.

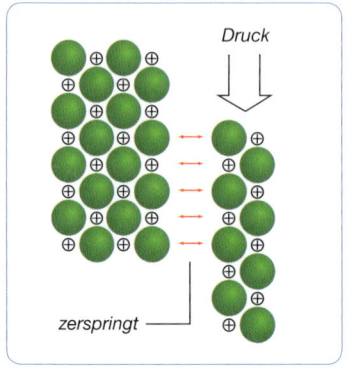

Denkt man sich dieses mechanische Zerteilen bis in die kleinste Einheit eines Salzes, so kommt man zu einer **Elementargruppe** eines jeden Salzes. Diese Elementargruppen enthalten Anionen und Kationen in der Zahl, dass sich die negativen und positiven Ladungen gerade ausgleichen. Also ist auch ein Salz nach außen hin elektrisch neutral. Sie bekommen ja auch keinen elektrischen Schlag, wenn Sie zu Hause den Salzstreuer nutzen.

Beim Kochsalz bedeutet das, dass ein einfach positives Natriumion und ein einfach negativ geladenes Chloridion die Elementargruppe bilden. Das Verhältnis ist demnach 1 : 1.

Ausgeglichenes Verhältnis angestrebt: die Verhältnisformel

> In der Verhältnisformel der Salze wird das Zahlenverhältnis der dieses Salz bildenden Kationen und Anionen zum Ausdruck gebracht. Grundlage dieses Verhältnisses ist, dass in der kleinsten Einheit des Salzes, der Elementargruppe, ein Ladungsausgleich zwischen Anionen und Kationen herrscht.

Das Verhältnis von Anionen und Kationen in einem Salz wird also in der sog. Verhältnisformel zum Ausdruck gebracht. Wie oben erläutert, ist das Verhältnis von Natriumkationen und Chloridanionen im Kochsalz 1 : 1. Dies kommt in der Verhältnisformel NaCl für Natriumchlorid zum Ausdruck. Reagiert Natrium mit Sauerstoff, entsteht Natriumoxid. Ein Ausgleich der Ladungen zwischen dem einfach positiv geladenen Natriumion und dem zweifach negativ geladenen Oxidion in dieser Elementargruppe des Natriumoxids kann nur dadurch zustande kommen, dass den zwei negativen Ladungen des Oxidions zwei Mal eine positive Ladung von je einem Natriumion gegenübergestellt wird. Dass zwei Natriumionen benötigt wurden, um den Ladungsausgleich in der Elementargruppe dieses Salzes herzustellen, drückt sich in der Verhältnisformel so aus: Na_2O.

Reagiert Calcium aus der II. Hauptgruppe mit Chlor zu Calciumchlorid, werden die beiden positiven Ladungen des Calciumkations durch die negative Ladung von zwei Chloridionen ausgeglichen: $CaCl_2$.

Kommen wir zurück zum immerwährenden Geben und Nehmen (→ S. 43 ff.). Wieso lautet nun die Verhältnisformel von Aluminiumoxid Al_2O_3?
Überlegen Sie kurz: Welche Kationen bildet das Aluminiumatom? Richtig, Al^{3+}-Ionen. Der Sauerstoff bildet zweifach negativ geladene Oxidionen. Ein Ladungsausgleich in dieser Elementargruppe kann sich nur daraus ergeben, dass zwei Aluminiumkationen mit je dreifach positiver Ladung durch drei Oxidionen mit je zweifach negativer Ladung gegenübergestellt werden: Al_2O_3.

Hinweis: Die Kenntnis von der grundsätzlichen qualitativen Zusammensetzung der Salze ist historisch gesehen wesentlich älter als die Kenntnis der quantitativen Verhältnisformel. Deshalb rührt die ursprüngliche Kenntnis der Verhältnisformel nicht vom Atombau her, sondern von den Massenverhältnissen der Elemente, die die jeweiligen Salze bilden. Auch hier war es Dalton (→ S. 33 ff.), der die Verhältnisformeln der Salze über die Massenverhältnisse der Elemente identifizierte.

Geben und Nehmen im Fachchinesisch: Oxidation und Reduktion

> Die Abgabe von Elektronen wird als **Oxidation**, die Aufnahme von Elektronen als **Reduktion** bezeichnet.

Die Verbrennung (→ S. 30) ist historisch gesehen Ursache für den Begriff *Oxidation*. Der Sauerstoff war Namenspate für diesen Begriff: Überall dort, wo ein Stoff mit Sauerstoff reagierte, wurde von Oxidation gesprochen. Die Verbindungen wurden in Anlehnung daran als **Oxide** bezeichnet.
Der Oxidationsbegriff musste erweitert werden, denn der Sauerstoff ist natürlich nicht an allen Reaktionen beteiligt. Auf S. 45 ff. war von der Hüllenchemie bzw. Elektronenchemie in Abgrenzung zur Kernchemie die Rede: Nach den gewonnen Erkenntnissen zum Atombau machte man den Oxidationsbegriff unabhängig vom Sauerstoff und brachte ihn folgerichtig mit den Elektronen in Verbindung.

Kleine Merkhilfe: Den Oxidationsbegriff mit dem richtigen Elektronentransfer in Verbindung zu bringen, wird sicherlich so häufig verwechselt wie die Ladungen von Anion und Kation (→ „Kleine Merkhilfe" S. 47).

Denken Sie sich einen senkrechten Zahlenstrahl und tragen Sie die Zahlen +1 bis +3 bzw. –1 bis –3 ausgehend vom Nullwert nach oben und nach unten ein.

Ordnen Sie nun die betrachteten Elemente (wie z. B. Natrium und Chlor) als elektrisch neutrale Atome dem Nullwert zu. Ordnen Sie dann die aus den Elementen entstehenden Ionen den Zahlenwerten auf dem Zahlenstrahl zu (z. B. das einfach positiv geladene Natriumion zu +1 und das einfach negativ geladene Chloridion zu –1). Verfolgen Sie nun den Weg, den das Natrium auf dem Weg zum Ion genommen hat: Es ist auf dem Zahlenstrahl hoch gegangen (von 0 nach +1). In *hoch* steht der Buchstabe *o* für die *O*xidation.

Das Chlor ist auf dem Zahlenstrahl runter gegangen (von 0 auf –1). In *runter* steht das *r* für die *R*eduktion.

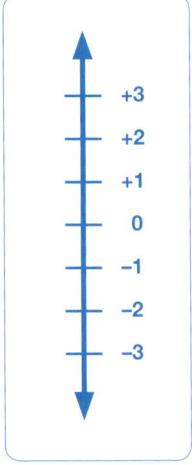

Das lässt sich verallgemeinern: Bei allen Salzbildungsreaktionen aus den Elementen gehen die Metalle – wenn man das auf den Zahlenstrahl überträgt – vom Nullwert in den positiven Bereich, also „hoch". Das ist gleichzusetzen mit der Elektronenabgabe (Metalle sind Elektronendonatoren!), also der Oxidation.

Die Nichtmetalle haben die Rolle der Elektronenakzeptoren. Sie sind durch Elektronenaufnahme, also durch Reduktion, auf dem Zahlenstrahl vom Nullwert „runter" in den negativen Bereich gegangen.

> Für Salzbildungsreaktionen aus den Elementen gilt:
> Metalle = Elektronendonatoren = Abgabe von Elektronen = Oxidation
> Nichtmetalle = Elektronenakzeptoren = Aufnahme von Elektronen = Reduktion

Zum Abschluss dieser Bindungsart gilt es festzuhalten, dass eine Elektronenabgabe nicht ohne eine Elektronenaufnahme stattfinden kann. Es muss immer ein entsprechender Reaktionspartner vorhanden sein, der den entsprechenden Elektronentransfer unterstützt. Also: keine Oxidation ohne Reduktion. Deshalb werden solche Reaktionen in der Chemie kurz als Redox-Reaktionen bezeichnet. Sie werden diesen Reaktionen in einem Extrakapitel noch einmal begegnen: → S. 69 ff.

Win-win durch Elektronen-Sharing: die Atombindung

Die Ionenbindung kommt durch Elektronenübergangsreaktionen zustande. Kationen – aus Metallen durch Elektronenabgabe gebildet – und Anionen – aus Nichtmetallen durch Elektronenaufnahme gebildet – ziehen sich gegenseitig elektrostatisch an und bedingen dadurch die charakteristischen Eigenschaften der Stoffgruppe der Salze wie der feste Aggregatzustand, die Sprödigkeit und die hohen Schmelz- und Siedepunkte.

Dagegen gilt:

> Die Atombindung kommt durch die gemeinsame Nutzung von Elektronen zustande. Diese Bindungsart erfolgt zwischen Nichtmetallatomen. Die entstehenden Verbindungen sind Moleküle, die häufig leicht flüchtig (gasförmig oder flüssig) sind, d. h., sie haben in der Regel relativ niedrige Schmelz- und Siedepunkte.

Gleich und Gleich gesellt sich gern

> Wasserstoff-(H_2-)Moleküle kommen durch die Bindung zweier Wasserstoffatome zustande, die ihre Elektronen als Bindungselektronen gemeinsam nutzen.

Ein Wasserstoffatom benötigt zur Ausbildung der Elektronenkonfiguration des Heliums noch ein weiteres Elektron. Sind nur Wasserstoffatome zugegen, kommt es zur Ausbildung von Wasserstoffmolekülen. Jedes Wasserstoffatom für sich alleine betrachtet hat energetisch gesehen einen ungünstigen Zustand. Nutzen beide ihre jeweiligen Außenelektronen gemeinsam, erreichen sie zusammen die Edelgaskonfiguration des Heliums und damit einen energetisch günstigeren Zustand. Die Elektronen befinden sich nun in der Hauptsache zwischen den beiden Atomkernen. Man bezeichnet sie nun als Bindungselektronen oder bindendes Elektronenpaar.

Im Gegensatz zur Ionenbindung wird hier die Edelgaskonfiguration nicht durch einen Elektronenübergang hervorgerufen. Bei der Atombindung ist eben charakteristisch, dass mindestens zwei Reaktionspartner ihre Elektronen zur Ausbildung von Bindungen – vergleichbar einer gemeinsamen Schnittmenge – gemeinsam nutzen. Für beide an der neu geknüpften Bindung beteiligten Atome ergibt sich ein Energiegewinn (also ebenfalls eine Win-win-Situation), der wie beim Car-Sharing – der Nutzung eines gemeinsamen Autos durch mehrere Personen zur allseitigen Kostenersparnis – als *Elektronen-Sharing* bezeichnet werden kann.

Die Bindungselektronen fungieren dabei als eine Art negative „Kittsubstanz", die beide positiven Atomkerne zum einen miteinander verbindet und zum anderen auf Distanz hält.

Die kleinste Einheit sind hier keine Elementargruppen wie bei den Salzkristallen, die auch untereinander in elektrostatischer Wechselwirkung und Anziehung stehen, sondern die abgeschlossenen Einheiten, die aus mindestens zwei Atomen bestehen und über eine Atombindung miteinander verbunden sind. Sie werden als **Moleküle** bezeichnet. Da die Anziehungskräfte und Wechselwirkungen zwischen den Molekülen gerade beim Wasserstoff als äußerst gering zu bezeichnen sind, bilden diese Molekülgruppen nur lose Verbände mit meist gasförmigem oder flüssigem Aggregatzustand.

Allerdings existieren sehr wohl auch ausgesprochen nicht flüchtige Moleküle. Es sind Moleküle, die aufgrund ihrer riesigen Ausdehnung als **Makromoleküle** bezeichnet werden. Zu ihnen gehören solche Verbindungen wie die Stärke (Mehl, Kartoffel) oder auch das Molekül, das unsere Erbinformation bildet, die DNA. Ihnen ist ein eigenes Kapitel gewidmet: → S. 282 ff.

Beim Wasserstoffmolekül (H_2) liegt eine **Einfachbindung** vor, die sich aus zwei Elektronen zusammensetzt. Je eins der beiden Elektronen stammt von je einem der beiden Bindungspartner und stellt das ehemalige Außenelektron dar.

Doppelt- und dreifachgemoppelt hält besser

Andere Nichtmetallatome gehen mit ihresgleichen ebenfalls Atombindungen ein. Im Unterschied zum Wasserstoff entstehen bei der Bildung von Sauerstoffmolekülen (O_2) aber keine Einfachbindungen, sondern Doppelbindungen: Dem Sauerstoffatom fehlen zur Edelgaskonfiguration noch zwei Elektronen in der Außenschale. Wenn diese fehlenden Elektronen nicht durch eine Reaktion mit einem Metall zustande kommen können, findet das „Elektronen-Sharing" zwischen zwei Sauerstoffatomen in der Art statt, dass vier Elektronen (= zwei Elektronenpaare) gemeinschaftlich genutzt werden. So entsteht eine **Doppelbindung** zwischen den beiden Atomen.

Analog dazu bildet der Stickstoff (N_2-)Moleküle, bei denen sich zwischen den beiden Stickstoffatomen sechs Elektronen (= drei Elektronenpaare) befinden. Die beiden Stickstoffatome sind über eine **Dreifachbindung** miteinander verknüpft.

Wasserstoff, Sauerstoff und Stickstoff sind Gase. Sie kommen um uns herum nicht als Atome (also atomar), sondern als über Atombindungen miteinander verknüpfte Zweiergruppenmoleküle (also molekular) vor. Auch die Halogene kommen nur molekular (also als F_2, Cl_2, Br_2 und I_2) vor.

Die Fähigkeit, als Atom ohne einen Bindungspartner auszukommen, haben nur die Edelgase. Sie kommen atomar vor, da sie die Edelgaskonfiguration nicht mehr anstreben müssen. Sie stellen sie quasi selbst dar. Und genau deshalb sind es auch Gase, denn diese energetisch günstig ausgestatteten Stoffe benötigen nicht nur keine Bindungspartner, sondern treten auch mit anderen Atomen nicht in zwischenmolekulare oder zwischenatomare Wechselwirkung. Dazu sind sie halt zu „edel"!

Belebte und unbelebte Chemie

Wenn man – wie Sie bereits erfahren haben – die Kernchemie von der Hüllenchemie trennen kann, dann ist das der Punkt, an dem man noch eine andere Trennung in der Chemie vornehmen kann: Die große Stoffgruppe der Salze und die Reaktionen, mit denen man sie herstellen kann, werden von Chemikern gerne zur sog. **Anorganischen Chemie** zusammengefasst. Es handelt sich mit wenigen Ausnahmen um die Chemie der Mineralien, also der unbelebten oder unorganischen Stoffe.

Dem gegenüber steht die **Organische Chemie**: Früher dachte man, dass das, was die lebende Materie – also die Tier- und Pflanzenwelt – aufbaut, nur aus lebender Materie entstehen kann.

Von dem bis hierher Geschriebenen kann man also die über Ionenbindungen aufgebauten Salze der Anorganischen Chemie von den über Atombindungen verknüpften

Molekülen der Organischen Chemie trennen. Vergleicht man die Anzahl der Verbindungen, liegt diese bei den anorganischen bei wenigen Hunderttausend. Von den organischen Verbindungen, die heute – zum Teil jeden Tag neu erfunden – verknüpft werden, da sie eben nicht mehr nur an die lebende Materie geknüpft sind, sondern in sehr vielen Labors auf der ganzen Welt tagtäglich hergestellt werden, sind bislang annähernd 20 Millionen verschiedene Verbindungen bekannt. Und diese sind ausschließlich aus Nichtmetallatomen über Atombindungen miteinander verknüpft. Eine herausragende Rolle spielt dabei der Kohlenstoff, der sich vornehmlich mit sich selbst, aber auch mit Wasserstoff, Sauerstoff, Stickstoff und Schwefel zu den Molekülen verknüpfen lässt, die auch uns und den Rest der Tier- und Pflanzenwelt aufbauen. Ob Fette, Eiweiße oder Kohlenhydrate (Zucker), ob die DNA (unser Erbgutmolekül), ob das Holz der Bäume oder der Chitinpanzer der Insekten: Es sind dies die Moleküle des Lebens, denen wir uns später im Buch noch ausführlich widmen werden.

Fassen wir zusammen: Ausgehend von unserem verkürzten Periodensystem und der Diagonalen, die von links oben nach rechts unten hindurch gezogen werden konnte, haben wir bereits die Verknüpfung über diese Diagonale hinweg zwischen Metallen und Nichtmetallen zu Ionenverbindungen (Salzen) durch Elektronenübergangsreaktionen kennengelernt. Die Verknüpfung der rechts oberhalb der Diagonalen gelegenen Nichtmetalle untereinander führte uns zu den über Atombindungen verknüpften Molekülen, welche durch die gemeinsame Nutzung von Elektronen zustande kommen („Elektronen-Sharing").
Fehlt nur noch die Gruppe der sich links unterhalb der Diagonalen befindlichen Metallatome: die Metallbindung.

Atomrümpfe und Elektronengas: die Metallbindung

Sie haben bereits die große Stoffklasse der Metalle kennengelernt (→ S. 11 f.). Die Erklärung für die Eigenschaften, die dieser Stoffklasse eigen sind – wie elektrische Leitfähigkeit, Verformbarkeit, Wärmeleitfähigkeit und metallischer Glanz – liefert ihr Aufbau: Während bei den Salzen jedem einzelnen Atom „seine" Elektronen zugeordnet werden können bzw. die Elektronen bei den Molekülen zwischen den Atomen als Bindungselektronen zu finden sind, liegen die Elektronen bei den Mctallen frei beweglich als **Elektronengas** vor.

Die Elektronen, die in einer Atombindung als Bindungselektronen die Bindung zwischen den Atomen bewirken, sind beim Metall nicht direkt einzelnen Atomen zugeordnet. Sie bewirken als „Elektronengas-Kittsubstanz" den Zusammenhalt der Metallatomrümpfe und verhindern gleichzeitig deren gegenseitige Abstoßung im Metall. Die Atomrümpfe bilden ein Metallgitter, in dem sie völlig gleichwertige Positionen einnehmen (im Gegensatz zu den entgegengesetzt geladenen Anionen und Kationen im Ionengitter der Salze). Deshalb müssen den Elektronen auch keine bestimmten „Plätze" in diesem Metallgitter zugeordnet liegen, worin ihre freie Beweglichkeit begründet liegt.

Die unterschiedliche **Härte** und **Verformbarkeit** der Metalle lässt sich aus den Bindungselektronen, die das Elektronengas bilden, ableiten: Je mehr Bindungs-/Außenelektronen für das Elektronengas zur Verfügung stehen, desto größer ist die negative Ladung zwischen den Atomrümpfen. Damit steigt die Anziehung zwischen den Atomrümpfen, das Metall lässt sich weniger gut verformen und ist härter. So lässt sich beispielsweise erklären, dass die Alkalimetalle der ersten Hauptgruppe teilweise mit dem Messer geschnitten werden können und Schmelztemperaturen teils unter 100°C besitzen (sie haben nur 1 Bindungs-/Außenelektron) und Gebrauchsmetalle wie Vanadium und Eisen nur mit Spezialwerkzeugen geschnitten und bei Temperaturen von über 1500°C geschmolzen werden können (sie besitzen 5 bzw. 6 Bindungs-/Außenelektronen).

Auch die **elektrische Leitfähigkeit** und die gute **Wärmeleitfähigkeit** rühren von den frei beweglichen Elektronen im Elektronengas her: Während die Wärme als schnelle Teilchenbewegung sehr leicht an die frei beweglichen Elektronen weitergegeben werden kann, können beim elektrischen Strom – wenn er als Wanderung von Elektronen verstanden wird – die Elektronen zwischen den Atomrümpfen quasi hindurchwandern.

Auch der **metallische Glanz** lässt sich mithilfe des Elektronengases erklären: Aufgrund der freien Beweglichkeit der Elektronen kann das Licht nicht sehr tief eindringen und so sind die Elektronen in der Lage, quasi sämtliche eingestrahlte elektromagnetische Strahlung als Licht wieder zu reflektieren, was den metallischen Glanz bewirkt.

Wo ist Chemie drin? – Stoff, Reinstoff, Stoffgemisch, Verbindung, Element

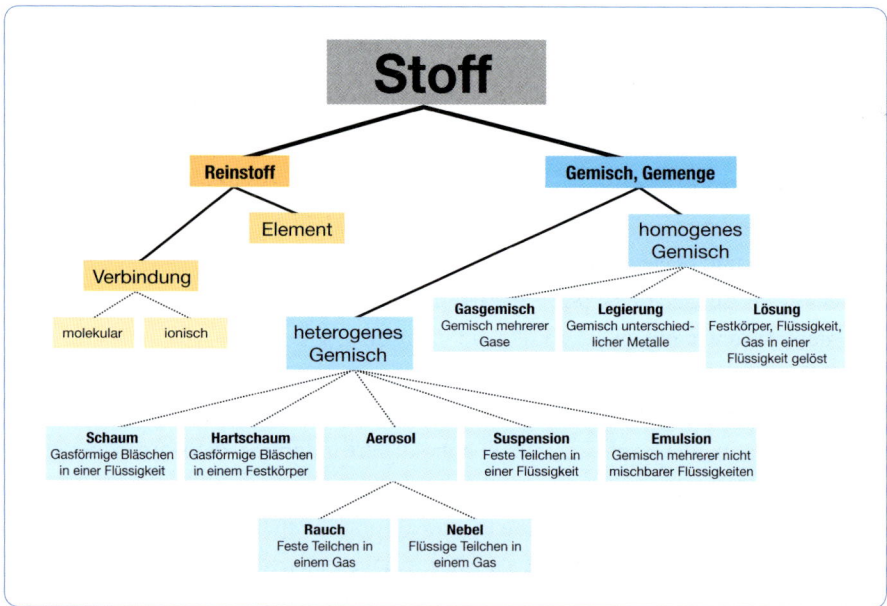

In dem Bemühen, um die ersten Kapitel dieses Buches eine Klammer zu schlagen, hier noch einmal ein Überblick über die behandelten Themen: Ausgehend vom Stoffbegriff ging es zunächst um die Stoffgemische und ihre Trennungen. Diese Trennungsverfahren waren rein physikalischer Natur und orientierten sich z. B. neben der Teilchengröße vor allem an den physikalischen Parametern wie z. B. der Siedetemperatur. Wird ein Gemisch nach diesen physikalischen Parametern getrennt, bleiben Reinstoffe übrig. Diese Reinstoffe können Elemente oder Verbindungen sein. Im Prinzip steckt hier also keine Chemie im engeren Sinne drin, denn für diese Trennungen waren keine chemischen Reaktionen nötig.

Die allermeisten Reinstoffe, die uns umgeben und die in der Natur vorkommen, sind Verbindungen. Wie am Beispiel der Metalle zu sehen war, liegen die allerwenigsten Metalle gediegen, also als Elemente, in der Natur vor. Verbindungen können – z. B. in Form der Legierungen – rein metallischer Natur, Ionenverbindungen (Salze) oder

Moleküle sein. Hinter jeder dieser Gruppen von Verbindungen steckt ein bestimmter Typ von chemischer Bindung:

a) Metallbindung

b) Ionenbindung

c) Atombindung

Wie die Elemente in diesen Verbindungsgruppen untereinander verknüpft sind, hängt davon ab, *was* miteinander verknüpft wurde:

a) Metall und Metall

b) Metall und Nichtmetall

c) Nichtmetall und Nichtmetall

Denken Sie an die Diagonale im verkürzten Periodensystem!

Außerdem ist es wichtig, welche Rolle die Elektronen spielen:

a) frei bewegliches Elektronengas zwischen Metallatomrümpfen

b) Elektronen, die von Metall auf Nichtmetall übergehen und dabei Ionen bilden

c) Elektronen, die von zwei Nichtmetallatomen gemeinsam genutzt werden (Elektronen-Sharing; Hüllenchemie).

Wo steckt nun also die Chemie? Sie steckt im gerade gelesenen Absatz! Der geneigte Leser findet genau hier die Spielwiese des Chemikers! Hier werden zur Bildung von Verbindungen chemische Reaktionen und chemische Verfahren notwendig. Hier sind es chemische Reaktionen und chemische Verfahren, die aus Verbindungen Elemente machen, hier sind es die Änderungen der Stoffeigenschaften, die im Vordergrund stehen und denen Sie tagtäglich begegnen und die Sie durch den Alltag begleiten.

Und genau diesen Themen können Sie sich – wenn Sie möchten – in den nächsten Kapiteln dieses Buches widmen!

In der Zahnpasta gibt es gar kein „Fluor"

Ja, das Fluor steht ganz bewusst in Anführungszeichen. Fluor als Element gehört zu den Halogenen – ist also ein enger Verwandter des Chlors – und Fluor hat es in der Zahnpasta nie gegeben. Denn würde es Fluor in der Zahnpasta geben, hätten die Benutzer einer solchen Zahnpasta keine Zähne mehr im Mund – und nicht nur das. Fluor gehört zu den reaktionsfähigsten Elementen.

Es hält sich allerdings hartnäckig das Gerücht – bestärkt durch chemische Unwissenheit –, dass es eben Fluor in der Zahnpasta ist und nicht Fluorid. Sie wissen spätestens seit S. 45 ff. von der Bedeutung dieser -*id*-Endung, gerade was die Eigenschaftsänderung der Stoffe bei chemischen Reaktionen betrifft.

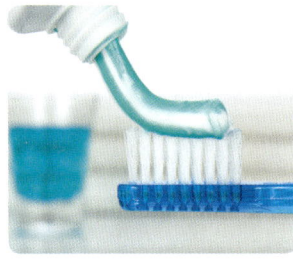

An diesem Beispiel können Sie gut erkennen, warum es so wichtig ist, zwischen dem Element und der Verbindung zu unterscheiden: In der Zahnpasta ist eine salzartige Verbindung des Fluors, das Fluor**id**, enthalten und zwar als Natriumfluorid (NaF), Aminfluorid (NH_2F) oder als Zinnfluorid (SnF_2). Keine Zahnpasta der Welt enthält das Element Fluor!

Bevor wir uns näher mit dem Fluorid für Ihre Zähne befassen, zunächst noch ein paar allgemeine Anmerkungen zur Reaktionsgleichung und zum chemischen Gleichgewicht.

Chemische Reaktionen in Kurzform: die Reaktionsgleichung

Wie Sie auf S. 45 ff. erfahren haben, reagieren Natrium und Chlor über eine Elektronenübergangsreaktion zu Kochsalz (Natriumchlorid). Diese Reaktion ließe sich in Kurzform so darstellen:

Natrium + Chlor → Natriumchlorid

> Chemische Reaktionen werden in Kurzschreibweise, den Reaktionsgleichungen, dargestellt. Zentral steht der Reaktionspfeil, der als „reagieren zu" gelesen wird. Er trennt die Seite der Ausgangsstoffe (Edukte) von der Seite der Endstoffe (Produkte).

Eine solche Reaktionsgleichung wird wie folgt gelesen: „Natrium und Chlor reagieren zu Natriumchlorid". Das + wird also weniger im Sinne einer Addition, sondern vielmehr im Sinne einer Aufzählung gelesen. Der sog. Reaktionspfeil wird als „reagieren zu" gelesen. Natriumchlorid ist das **Produkt** oder der Endstoff der Reaktion. Natrium und Chlor werden als Ausgangsstoffe oder **Edukte** bezeichnet.

Noch kürzer lässt sich diese (Namens-)Reaktion darstellen, wenn statt der Element- und Verbindungsnamen die Elementsymbole, Molekül- und Verhältnisformeln verwendet werden:

$$Na + Cl_2 \rightarrow NaCl$$

In diesem Buch werden nicht sehr viele Reaktionsgleichungen auftauchen. Aber dort, wo man über sie stolpert, werden sie möglichst chemisch korrekt dargestellt sein. Das bezieht sich vor allem auf die sog. **Stöchiometrie**: Das Chlor aus der Gleichung oben kommt eigentlich eben nicht atomar, sondern molekular vor ($\rightarrow$ S. 45 ff.). Während also links des Reaktionspfeils <u>zwei</u> Chloratome (verbunden zum Chlormolekül) stehen, taucht rechts nur <u>ein</u> geladenes Chloratom (das Chloridion) auf. Da die Verhältnisformel für die Elementargruppe des Natriumchlorids nicht verändert werden darf – sie ist durch die Stellung im PSE und die zu wahrende elektrische Neutralität der Elementargruppe festgelegt ($\rightarrow$ S. 52 f.) –, werden Multiplikatoren eingefügt: NaCl erhält den Faktor 2, also 2 NaCl. Und da bei der Stöchiometrie der Reaktionspfeil wie ein mathematisches Gleichheitszeichen (=) gewertet werden kann und vor und hinter diesem jeweils die gleiche Menge an Stoffen stehen muss, muss die Menge an Natrium ebenfalls verdoppelt werden: 2 Na. Die Reaktionsgleichung lautet somit:

$$2\,Na + Cl_2 \rightarrow 2\,NaCl$$

Damit ist die Reaktionsgleichung (stöchiometrisch) korrekt eingerichtet.

In der Regel lassen sich alle Reaktionen auch wieder umkehren. Sie hatten dies im Zusammenhang mit dem Laden und Entladen eines Akkus kennengelernt ($\rightarrow$ S. 31 f.). Letztlich ist die Umkehrbarkeit eine Frage der Energie: Je geringer die Energiedifferenz zwischen den Edukten und den Produkten, desto leichter ist der chemische Prozess umkehrbar.

Anders ausgedrückt: Bei der oben besprochenen Bildung von Natriumchlorid wird, da es sich um eine exergonische Reaktion handelt, eine Menge Energie in Form von Wärme und Licht frei. Wollte man aus der Verbindung Natriumchlorid wieder die Elemente Chlor und Natrium machen, dann muss – in einem endergonischen Prozess – wieder diese Energiemenge zugeführt werden. Da Sie bereits wissen, dass man Natrium in

der Natur nicht in gediegener Form findet, dafür aber eine Menge Kochsalz in Form von Steinsalz in vielen Salzlagerstätten, muss es einen chemischen Prozess geben, der diese Umkehrung bewerkstelligen kann. Bei diesem chemischen Prozess handelt es sich um eine **Elektrolyse**, die Sie auf S. 84 ff. kennenlernen werden.

Steinsalz

Ständig wechselnd und doch immer gleich: das chemische Gleichgewicht

Die Umkehrbarkeit und die geringe Energiedifferenz zwischen den Edukten und den Produkten führt bei manchen chemischen Reaktionen dazu, dass die Hinreaktion (die Bildung eines oder mehrer Produkte aus den Edukten) und die Rückreaktion (der Zerfall des Produkts zu den Edukten) mit der gleichen Geschwindigkeit ablaufen.

Stellen Sie sich zur Veranschaulichung der Prozesse zwei aneinandergrenzende Gärten vor, in denen sich Obstbäume befinden. Nehmen wir an, es sind Apfelbäume. Die Früchte liegen in beiden Gärten bereits als Fallobst auf den jeweiligen Wiesen. Nun stellen Sie sich zwei Personen vor, die sich als Fallobstwerfer betätigen und sich gegenseitig die Äpfel über den Gartenzaun werfen.

Unabhängig von der ursprünglichen Verteilung einer bestimmten Menge an Äpfeln sind unterschiedliche Szenarien denkbar: Auf der einen Seite befindet sich ein schneller, sportlicher Werfer, auf der anderen Seite ein langsamer Werfer. Zunächst wird der schnellere Werfer mehr Äpfel in Richtung des langsameren Werfers werfen können. Allerdings hat es der langsamere Werfer bald leichter, an seine Äpfel heranzukommen, da ihn einfach mehr Äpfel umgeben, während der schnellere Werfer bald nach den weniger werdenden Äpfeln in seinem Garten suchen muss.

Man muss davon ausgehen, dass es keinen Sieger geben wird, auch wenn sich mehr Äpfel im Garten des langsameren Werfers befinden werden. Auch wenn beide Werfer ununterbrochen weiterwerfen, wird sich die Anzahl der Äpfel in den jeweiligen Gärten nicht großartig ändern. Hier haben wir das klassische Beispiel eines **dynamischen Gleichgewichts**.

Das Gleichgewicht würde sich im Hinblick auf die Anzahl der Äpfel verschieben, wenn man andere Werfer betrachten würde: Wären beide Werfer gleichstark, dann hätte man eine gleichmäßigere Verteilung der Äpfel in den Gärten, wenn man von einer ursprünglich ebenfalls gleichmäßigen Verteilung der Äpfel ausginge. Es würde aber an dem ständigen Hin und Her der Äpfel über den Gartenzaun gar nichts ändern.

Was bedeutet das nun für die Chemie? Je nachdem, wie schnell die Bildung der Produkte bzw. ihr Zerfall verläuft, verändert sich die *Lage des Gleichgewichts*: Hat die Hinreaktion (= Bildung des Produkts) eine größere Geschwindigkeit als die Rückreaktion (= Zerfall des Produkts), dann liegt das Gewicht auf der Seite des Produkts (übertragen auf das Fallobst-Szenario heißt das: auf der Seite des langsameren Werfers).

Im Hinblick auf die Bildung von Natriumchlorid vergleicht man einen Superathleten mit einem auf einer Gartenbank sitzenden Greis: Das Gleichgewicht liegt völlig auf der Seite des Alten, da er von alleine nicht in der Lage ist, auch nur einen Apfel über den Zaun zu werfen. Hier muss also – chemisch betrachtet – energetisch nachgeholfen werden.

Putzen bringt Nutzen

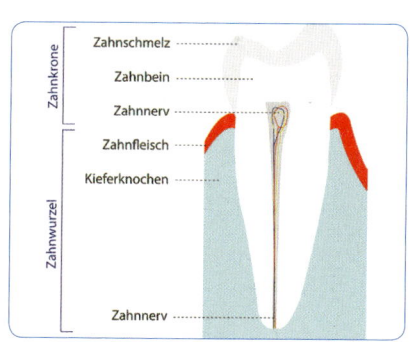

> Der Zahnschmelz unterliegt den Prozessen der Demineralisierung (Auflösung von Hydroxylapatit) und der Remineralisierung (Bildung von Fluorapatit).

Es ist sehr wichtig, dass die Zahnpasta Fluorid enthält, da es dem Zahnschmelz verloren gegangene Härte wieder zurückgibt. Diese Rückgabe bezeichnet man als **Remineralisierung**.

Aus dem sich bei unzureichender Mundhygiene (besonders nach Genuss von Süßigkeiten) auflösenden Hydroxylapatit [$Ca_5(PO_4)OH$] – was als **Deminineralisierung** bezeichnet wird – wird somit das den Schmelz härtende Fluorapatit [$Ca_5(PO_4)F$].

> Der Erhalt des Zahnschmelzes ist eine Gleichgewichtsreaktion. Der Zustand des Zahnschmelzes hängt davon ab, ob überhaupt geputzt wird und wenn ja, ob mit fluoridhaltiger Zahnpasta geputzt wurde.

In der Chemie findet man häufig Prozesse, die miteinander im Gleichgewicht stehen. Wie Sie bereits erfahren haben, ist eine Voraussetzung von Gleichgewichtsreaktionen, dass die Reaktion umkehrbar ist. Beim Beispiel mit dem Zahnschmelz ist die Auflösung des Zahnschmelzes (Demineralisierung) die Hinreaktion. Die Neubildung des Zahnschmelzes (Remineralisierung) ist die Rückreaktion.

Der Zustand des Zahnschmelzes hängt also von den beiden Prozessen ab: Überwiegt die Demineralisierung, löst sich der Zahnschmelz auf und es droht Karies. Überwiegt die Remineralisierung, dann bleibt der Zahn gesund.

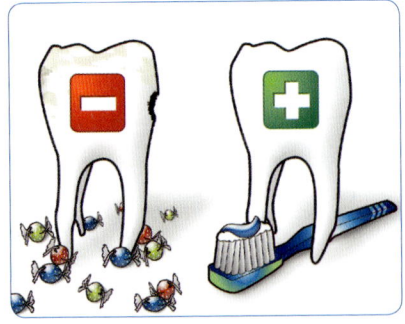

Welcher der Prozesse nun überwiegt, hängt entscheidend davon ab, ob die Zähne geputzt werden oder nicht, ob mit fluoridhaltiger Zahnpasta geputzt wird oder nicht und ob – v. a. nach dem Verzehr von Süßigkeiten – die Bakterien im Zahnbelag eine Chance haben, sich zu vermehren oder eben nicht. Können sie sich vermehren, dann haben sie ausreichend Nahrung und scheiden zunehmend Säuren aus, die das Hydroxylapatit des Zahnschmelzes angreifen und auflösen.

Die Lage eines chemischen Gleichgewichts

In der Chemie gibt es nicht <u>den</u> Reaktionspfeil, sondern unterschiedliche Reaktionspfeile. Bei Gleichgewichtsreaktionen stellen die Chemiker dies mit einem

Doppelpfeil dar: Jeweils ein Pfeil für Hin- und Rückreaktion. Die Lage des Gleichgewichts im Hinblick auf die Minerali- sierung des Zahnschmelzes ist über das Putzen oder Nichtput-

Doppelpfeil

zen an die beteiligten Chemikalien gekoppelt: Wird nicht geputzt, überwiegen die Säuren, die Hinreaktion überwiegt, die Demineralisierung nimmt ihren Lauf und man sagt, das Gleichgewicht liegt auf der rechten Seite, auf der Produktseite, der Seite des aufgelösten Hydroxylapatits. Wird mit fluoridhaltiger Zahnpasta geputzt, sorgt das in hohem Maß vorhandene Fluorid für die Remineralisierung. Man sagt, das Gleichgewicht liegt auf der linken Seite, der Eduktseite, der Seite des sich bildenden Fluoridapatits.

Man muss dem Fluorid auch eine Chance zur Remineralisierung geben. Deshalb der Tipp: Spülen Sie Ihren Mund vor allem am Abend nach ausreichend langem Putzen nicht aus! (Wenn das geschmacklich stören sollte, dann bitte nur mit wenig Wasser spülen.)
Die Zahnpastareste im Mund sorgen nämlich dafür, dass das Fluorid in den Zahn- schmelz eindringen kann. Sie sorgen auf diese Weise für die Verschiebung eines chemischen Gleichgewichts! Zu Ihrem Nutzen!

IV. Ein zweiter Blick auf einfache chemische Reaktionen

Und wieder geht ein Licht auf

Für die Springer unter Ihnen, die die letzten Kapitel ausgelassen haben, hoffe ich, dass Sie sich nicht selbst überschätzt haben, um den nachfolgenden Ausführungen Folge leisten zu können ...

Zünden Sie doch noch mal ein Streichholz an. Auf S. 28 f. haben wir geklärt, unter welchen Bedingungen es brennt. Das Reiben des Streichholzkopfes an der Reibefläche der Schachtel spielt zunächst die entscheidende Rolle. Das Streichholz entzündet sich nicht von allein und die Reibung an anderen Flächen führt auch nicht zur Entzündung. Wie funktionieren also die heutigen Sicherheitszündhölzer?

Ein Streichholz zu entzünden ist einfach. Allerdings ist es chemisch betrachtet etwas komplexer. Zunächst muss man bedenken, dass die Reibefläche und der Streichholzkopf normalerweise räumlich getrennt sind. Für die Chemie, die darin steckt, müssen sie aber gemeinsam betrachtet werden.

> Streichholzkopf und Reibefläche bilden chemisch gesehen eine Reaktionseinheit. Reibt man sie aneinander, liefern Aktivatoren und sauerstoffhaltige Verbindungen die Energie zur Entzündung von Schwefelverbindungen und des Holzes.

Im Streichholzkopf sind relativ viele verschiedene Verbindungen in Form von Salzen enthalten. Die Verbindungen, die den Sauerstoff für die Zündung unmittelbar nach der Reibung liefern, sind Kaliumchlorat und Kaliumnitrat. Diese Verbindungen sind **Oxidationsmittel**. Sie sorgen dafür, dass andere Verbindungen oder Reinstoffe oxidiert werden. In diesem Fall liefern sie den Sauerstoff, der für die Initialzündung des Streichholzkopfes benötigt wird. Wir können also hier beim vereinfachten Oxidationsbegriff bleiben (→ S. 53 ff.).

Wenn Sie mit dem Finger über die Reibefläche einer Streichholzschachtel streichen, fällt auf, dass diese sehr rau ist. Das hängt damit zusammen, dass dieser Fläche feine Glassplitter zugesetzt werden, um die erforderliche Rauheit zu erlangen und um die Oberfläche der miteinander reagierenden Stoffe zu vergrößern. Neben Bindemitteln, die die Glassplitter an der Fläche haften lassen, besteht die Reibefläche noch aus rotem Phosphor (ein Element der V. Hauptgruppe).

Diese Mischung aus einer Sauerstoff liefernden Verbindung und Phosphor ist hochentzündlich. Früher wurden diese Verbindungen als Reaktionseinheit im Streichholzkopf selbst zusammengemischt. Diese Hölzer ließen sich an jeder etwas raueren Fläche entzünden, z. B. ganz lässig an der Schuhsohle, wie in alten Western zu sehen. Sie neigten aber auch dazu, sich bei höheren Temperaturen selbst zu entzünden. In der Hosentasche getragen, konnte das zu etwas

Sicherheitszündhölzer: keine Selbstentzündung möglich

unangenehmen Situationen führen. Bei den heutigen Sicherheitszündhölzern hat man die beiden Komponenten der Reaktionseinheit in die Reibefläche und den Streichholzkopf getrennt und damit die Selbstentzündung ausgeschlossen. Das ist der Grund für die Bezeichnung *Sicherheitszündhölzer.*

Die heutigen Streichhölzer kannte man früher auch als Schwefelhölzer. Tatsächlich ist im Streichholzkopf heute noch Schwefel enthalten, aber lange nicht mehr in dieser Menge. Meist ist heute dem Streichholzkopf Antimonsulfid (wieder ein Salz!) beigemischt. Schwefel und Antimonsulfid dienen nach dem Entzünden durch Reibung des Kaliumchlorat/Kaliumnitrat/Phosphor-Gemisches als Brennstoff, um dem Brennvorgang so lange Nahrung zu geben, bis die Flamme auf das Holz übergreift. Beide Brennstoffe liefern übrigens den charakteristischen Geruch des bei der Zündung entstehenden Rauchs, der die Verbrennungs- (= Oxidations-)Produkte enthält.

Übrigens: Das Holz der Streichhölzer ist ebenfalls chemisch behandelt. Es wäre nämlich schlecht, wenn dieses Holz zu schnell abbrennen würde. Sie würden sich die Finger verbrennen. Um das zu verhindern, wird das Holz mit einem Brandverzögerer behandelt. Das ist z. B. das Salz Ammoniumphosphat. Dieses verbrennt leicht, verbraucht aber dabei Energie, die dem Verbrennungsprozess des Holzes nicht mehr zur Verfügung steht. Dadurch verbrennt das Streichholz langsamer.

V. Vorsicht Spannung! – Vom Froschschenkel zum Lithiumionen-Akku

Auf S. 31 f. konnten Sie die Unterscheidungsmerkmale der beiden Grundtypen chemischer Reaktionen kennenlernen: Solche, die Energie liefern, während sie ablaufen (sog. exergonische Reaktionen) und solche, die – um überhaupt abzulaufen – einer permanenten Energiezufuhr bedürfen (sog. endergonische Reaktionen). Als Beispiel wurde das Laden und Entladen eines Akkus angeführt. Um die Funktionsweise eines Akkus und die dahinter stehenden chemischen Reaktionen verstehen zu können, sollten Sie sich den folgenden Kapiteln widmen: Lassen Sie sich elektrisieren!

Blitze im Mund

Haben Sie Ihre Zähne früher nicht so gründlich geputzt wie heute? Das lag natürlich daran, dass Sie die Notwendigkeit der Remineralisierung durch das in der Zahnpasta enthaltene Fluorid noch nicht kannten (→ S. 65 f.). Vielleicht haben Sie auch ein paar Plomben im Mund? Diese enthalten dann mit großer Wahrscheinlichkeit die Legierung Silberamalgam. Dann fehlt Ihnen nur noch eins, um Blitze im Mund zu erzeugen: Aluminiumfolie.

Nur ohne Alufolie genießen!

Diese Folie könnte – mehr oder weniger unfreiwillig – vom nicht komplett ausgewickelten Schokoladenriegel stammen. Wenn also Plomben und Aluminiumfolie zusammenkommen, dann werden Sie Ihr Donnerwetter im Mund erleben. (Alle, die das schon einmal erleben mussten, wissen, wovon hier die Rede ist!) Es sind allerdings keine echten Blitze im Mund als vielmehr sehr unangenehme und schmerzhafte elektrische Entladungen. Diese kommen übrigens auch zustande, wenn Sie mit Silberbesteck den fertig gegarten Tiefkühlfisch aus der Aluminiumschale kratzen, was sich geschmacklich eher negativ auf den Fisch auswirkt.

> Unterschiedlich edle Metalle haben ein unterschiedliches Bestreben, unter Elektronenabgabe (Oxidation) aufzulösen, wenn sie in eine geeignete ionenleitende Flüssigkeit, den Elektrolyten, eintauchen.

Wie lässt sich diese Erscheinung erklären? Sie lässt sich mit dem unterschiedlichen Bestreben der im Mund befindlichen Metalle (Aluminium und Silber) erklären, sich im Speichel bei direktem Kontakt aufzulösen. In diesem Fall löst sich das Aluminium auf, d. h., es wird oxidiert: Die Elektronen der sich ablösenden Aluminiumkationen verbleiben zunächst in der Alufolie während die positiven Ionen in den Speichel wandern. Diese Elektronen bleiben aber nicht an Ort und Stelle, sondern fließen während des direkten Kontaktes – und nur dann! – beim Kauen zum Silber. Der Speichel tut sein Übriges: Wie auf S. 53 ff. bereits ausgeführt, gibt es in der Chemie eben kein Geben

(= Oxidation) ohne Nehmen (= Reduktion). Während also ein Teil der Elektronen über das Silber an die feuchte Zunge, das feuchte Zahnfleisch und die feuchten Zähne abfließt (also ein Stromfluss, der an Blitze nahe heran kommt!), wird ein anderer Teil an die im Speichel befindlichen Ionen abgegeben. Es müssen Ionen sein, denen Elektronen fehlen, also müssen es Kationen sein. Und diese befinden sich reichlich im Speichel als Wasserstoffionen (H⁺-Ionen). Als Nebenprodukt nehmen jeweils zwei dieser Wasserstoffionen zwei Elektronen auf und bilden Wasserstoffmoleküle. Die Wasserstoffionen werden also zu Wasserstoffmolekülen reduziert (was Sie geschmacklich allerdings nicht wahrnehmen können).

$$2\,H^+ + 2\,e^- \rightarrow H_2$$

Die Wasserstoffionen werden auch als **Protonen** bezeichnet. Wir werden sie an anderer Stelle wiedertreffen. Hier sei nur so viel gesagt: Der Aufbau eines Wasserstoffatoms ist denkbar einfach. Im Kern befindet sich ein Proton und in der Hülle – wegen der elektrischen Neutralität der Atome – ein Elektron. Ein Wasserstoffatom ohne dieses Elektron ist ein Wasserstoffion und dieses besteht dann eben nur noch aus einem nackten Proton.)

Die Blitze im Mund entstehen nur, wenn zwei Metalle im Mundraum zusammenkommen, die ein unterschiedliches Bestreben haben, Elektronen abzugeben und in Lösung zu gehen. Dieses Bestreben ist beim Aluminium wesentlich stärker ausgeprägt als beim Silber. Deshalb kommt das Silber in der Natur auch gediegen vor und das Aluminium nur z. B. als Tonerde (Al_2O_3; → S. 43 ff.). Silber ist ein Edelmetall und diese Charakterisierung wird für das unterschiedliche Bestreben, Elektronen abzugeben (die unterschiedliche Oxidierbarkeit), beibehalten: Silber ist edler als Aluminium. Oder umgekehrt ausgedrückt: Aluminium ist unedler als Silber. Immer wenn zwei solche Metalle zusammenkommen, besteht die Chance, dass Elektronen fließen. Elektronenfluss? Davon war doch auch schon einmal die Rede, werden Sie sagen. Richtig! Auf S. 58 f. haben wir gelernt, dass Elektronen durch Metalle fließen können.

Grundsätzliche Voraussetzung ist also das Vorhandensein zweier unterschiedlich edler Metalle. Eine weitere Voraussetzung ist, dass die Metalle in eine Flüssigkeit mit Ionen eintauchen, die dann als **Elektrolyt** bezeichnet wird (im oben aufgeführten Beispiel der Speichel). Der Elektrolyt ist notwendig, da der Wanderung der Elektronen eine Wanderung von Ionen im Elektrolyten in entgegengesetzter Richtung folgen muss. Sie erinnern sich: Keine Oxidation ohne Reduktion! Diese Elektronen können nur wandern, wenn auf der Seite des edleren Metalls diese Elektronen, z. B. von Protonen unter Bildung von Wasserstoffmolekülen, aufgenommen werden. Damit wird deutlich, dass ein protonenhaltiger Elektrolyt bevorzugt ist. Solche protonenhaltigen Verbindungen werden als **Säuren** bezeichnet.

Miss-Wirtschaft mit Lokal-Elementen: Rost

Der Elektronenfluss zwischen unterschiedlich edlen Metallen hat aber nicht nur Nutzen, sondern richtet – auch wirtschaftlich gesehen – großen Schaden an:

Wenn sich z. B. Eisen unter Oxidation auflöst, spricht man gemeinhin von **Rost**. Und das, was eigentlich den Rost verhindern soll, nämlich eine Zinkschicht als Rostschutz, sorgt bei einer Verletzung dieser Schicht durch einen Kratzer oder eine Delle für sog. **Lochfraß**: An dieser Verletzungsstelle tritt das normalerweise unter dem Zink befindliche Eisen mit dem Luftsauerstoff

Rostschäden

in Kontakt. Man spricht von einem **Lokalelement**. Die Reaktion des Luftsauerstoffs mit Eisen ist eine Salzbildungsreaktion: Der Sauerstoff als Nichtmetall reagiert mit

dem Metall Eisen. Die entstehende Verbindung ist Eisenoxid: Rost! Aber der Sauerstoff ist nicht die einzige Bedingung für die Rostbildung. Wenn noch ein Elektrolyt vorhanden ist – also Wasser oder noch besser Wasser mit Streusalz, auf winterlichen Straßen –, dann geht es noch schneller mit dem Rosten.

Chemisch korrekt spricht man von **Korrosion**. Die Schäden, die alleine in Deutschland jährlich durch Korrosion an Gebäuden, Brücken, Industrieanlagen etc. verursacht werden, liegen bei etwa 4 % des Bruttoinlandsprodukts – gehen also in die Milliarden.

Die Ananas aus der Konservendose

Nach Blitzen und Rost „nun das?", werden Sie fragen. Haben Sie schon einmal eine angebrochene Dose mit Konservenobst in den Kühlschrank gestellt und sich dann erst nach ein paar Tagen erinnert, dass Sie sie noch dort stehen haben? Als Sie sich wieder an sie erinnerten, haben Sie sich womöglich mit Heißhunger auf dieses Obst gestürzt und schon beim ersten Bissen festgestellt: Das schmeckt nicht mehr nach dem Obst, das schmeckt irgendwie metallisch.

Das wäre nicht passiert, wenn die Dose nicht geöffnet gewesen wäre. Also muss der Luftsauerstoff wieder eine entscheidende Rolle gespielt haben. Ohne Luftsauerstoff haben wir eigentlich alle Voraussetzungen erfüllt: Es ist ein saurer Elektrolyt vorhanden, denn das Obst ist ja in seinem Saft (mit mehr oder weniger viel Zucker) eingelegt und in diesem Saft ist auf jeden Fall Fruchtsäure enthalten. Dann liegen zwei unterschiedlich edle Metalle vor: Die Dose ist hauptsächlich aus Eisen(-Blech) aufgebaut. Innen ist sie mit Zinn ausgekleidet. Man spricht deshalb auch von einer Dose aus Weißblech.

Apropos „weiß": Nicht alle Konservendosen, die innen weiß ausgekleidet sind, sind wegen des Zinns weiß. Denn manche Dosen sind auf der Innenseite mit einer dünnen Kunststofffolie oder einer Emaillelackierung überzogen. Diese Innenbeschichtung soll verhindern, dass zu große Mengen an Zinnionen in das Lebensmittel gelangen, was vor allem für eiweißhaltige Lebensmittel (Fisch, Erbsen u. a.) gilt. Hier wirken die Eiweiße bzw. vor allem ihre Zersetzungsprodukte nach dem Öffnen besonders korrosiv. Deutsche Hersteller setzen fast ausschließlich auf diese Innenbeschichtung, auch Großbritannien tut sich mit der Zinnschicht im Doseninneren schwer. Allerdings sorgen die Produktströme, die im Zeichen der Globalisierung fließen, auf jeden Fall für eine gewisse Garantie, dass Sie auch auf Konservendosen mit einer inneren Zinnbeschichtung stoßen werden.

Bei der Weißblechdose, die innen eine Zinnschicht trägt, also verzinnt ist, könnte sich das Zinn in diesem (frucht-)sauren Elektrolyten auflösen, was es auch ein wenig tut. Die Zinnschicht wird mit Zinn-(vor allem Sn^{2+}-)Ionen überzogen. Die Elektronen, die bei dieser Oxidation frei werden, werden von den Protonen des Elektrolyten aufgenommen – aber nur, solange die Protonen an die Elektronen in der Zinnschicht bzw. im Eisen(-Blech) herankommen! Denn die Schicht der Zinnkationen ist positiv geladen und die Protonen kommen – da sie auch positiv geladen sind – nicht an den Zinnkationen vorbei zum Eisen(-Blech). Die Zinnkationenschicht wird von den Elektronen, die unter dieser Schicht liegen, festgehalten. Gegensätze ziehen sich eben an!

Erinnern Sie sich bitte wieder: Keine Oxidation ohne Reduktion. In diesem Fall gilt es natürlich auch umgekehrt: Keine Reduktion (der Protonen im Elektrolyten), deshalb auch keine weitere Oxidation (der Zinnschicht zu Zinnkationen). Die Zinnschicht bleibt also erhalten – aber eben nur, solange die Dose geschlossen ist!

Und jetzt kommt bei geöffneter Dose der Sauerstoff ins Spiel: Er dringt durch den geöffneten Dosendeckel in den Elektrolyten ein. Und er wird – weil er eben nicht geladen ist – auch von der positiven Zinnkationenschicht nicht aufgehalten. Er kann deshalb bis zu den Elektronen durchdringen und diese aufnehmen. Hier fällt die Reaktion etwas komplizierter aus:

$$\tfrac{1}{2}\,O_2 + H_2O + 2\,e^- \rightarrow 2\,OH^-$$

Ein halbes Sauerstoffmolekül (also ein Sauerstoffatom) nimmt dabei zwei Elektronen auf. Und durch die Unterstützung von einem Wassermolekül entstehen negativ geladene OH^--Ionen. Diese werden als Hydroxidionen bezeichnet. (Ihnen werden wir später in diesem Buch noch häufiger begegnen.) Im Elektrolyten der hier vorliegenden Reaktion verbinden sich die Hydroxidionen mit Protonen und bilden Wasser: $OH^- + H^+ \rightarrow H_2O$

Jetzt hält es die Zinnionen nicht mehr am Eisenblech: Immer mehr Zinn löst sich auf, da jetzt der Sauerstoff vorhanden ist, der die Elektronen aufnimmt, die durch die Oxidation der Zinnatome frei werden. Durch diese Form der Korrosion reichern sich im Saft die Zinnionen an und verursachen den typischen metallischen Geschmack. Nicht nur, dass ein solch vergessener Doseninhalt nicht schmeckt, er ist aufgrund der hohen Zinnkationenkonzentration auch ungesund!

In den bisher aufgeführten Beispielen fließen die Elektronen direkt von dem einen auf das andere Metall. Die Metalle sind quasi kurzgeschlossen. Was wäre nun, wenn man die Metalle voneinander trennte und sie über einen elektrischen Leiter miteinander verbinden würde? Dann könnten die Elektronen des unedleren Metalls über einen solchen äußeren Leiter zum edleren Metall fließen. Und: Diese Elektronen wären nutzbar für einen Verbraucher, eine Glühbirne oder einen Motor. Damit wären wir bei der Funktionsweise einer Batterie! Und somit können alle unterschiedlich edlen Metalle, die getrennt voneinander in einen Elektrolyten (z. B. eine Säure) tauchen, einen Elektronenfluss verursachen und damit einen nutzbaren elektrischen Strom erzeugen.

Für Putzfaule: chemische Reinigung von angelaufenem Silber

Den Elektronenfluss bei Berührung unterschiedlich edler Metalle können Sie sich auch im Haushalt zunutze machen. Schluss mit dem zeitaufwendigen Putzen angelaufener Silbergegenstände!

Angelaufener Silberlöffel

Das, was z. B. das Silberbesteck so dunkel überzieht, ist Silbersulfid (Ag_2S). Es entsteht besonders reichlich, wenn man mit dem Silberlöffel das gekochte Frühstücksei isst oder zu lange in der heißen Erbsensuppe herumrührt. Es bildet sich ein unansehnlicher Belag aus Silbersulfid, der sich nicht so einfach abwischen lässt. Mit Silberputztüchern o. Ä. lässt sich der Silbersulfidbelag mechanisch entfernen. Wenn die zu reinigenden Gegenstände allerdings nur versilbert sind, ist mit dem entfernten Belag auch bald das Silber weg!

Es gibt eine chemische Alternative! Obwohl mit dieser Reinigungsmethode kein Radio betrieben werden kann, sind auch hier Prozesse mit Elektronenfluss beteiligt. Der

Silbersulfidbelag bildet sich in Gegenwart von (Luft-)Sauerstoff und Schwefelwasserstoff (H_2S). Der (Luft-)Sauerstoff ist immer vorhanden. Der Schwefelwasserstoff fällt an, wenn Proteine (Eiweiße) erhitzt werden (gekochtes Ei!) oder durch Bakterien zersetzt werden. Auch unsere Körperausdünstungen enthalten Schwefelwasserstoff, vor allem die hin und wieder entfleuchenden Darmwinde. (Weshalb man silberne Gegenstände nicht unbedingt im Schlafzimmer aufbewahren sollte …)

Obwohl Silber ein Edelmetall ist, reagiert es in diesem Fall aber doch, denn Silbersulfid ist eine schwer lösliche Verbindung. Das heißt, das Silber wird in Gegenwart von (Luft-)Sauerstoff und Schwefelwasserstoff zu Silbersulfid oxidiert. Dabei werden zwei Protonen und zwei Elektronen frei:

$$2\,Ag + H_2S \rightarrow Ag_2S + 2\,H^+ + 2\,e^-$$

Reibt man den Silbersulfidbelag nun mechanisch ab, geht bei jeder Reinigung etwas vom Silber verloren. Bei der chemischen Reinigung werden die im Silbersulfid enthaltenen Silberionen (Ag^+) wieder zum Silber reduziert. Die Silberionen müssen also die Möglichkeit erhalten, ihre Elektronen wieder zurückzubekommen.

Da liegt es in Anbetracht Ihrer erworbenen Kenntnisse nahe, den angelaufenen silbernen Gegenstand mit einem unedlen Metall zu kombinieren. Im Haushalt bietet sich Aluminium an, das als Aluminiumfolie vorliegt. Diese darf allerdings nicht mit Kunststoff beschichtet sein, damit der Kontakt zwischen den Metallen gewährleistet ist! Fehlt nur noch ein Elektrolyt. Und da kann einfach Salzwasser verwendet werden. Geben Sie auf einen Liter Wasser etwa 4 bis 6 Esslöffel Kochsalz, bringen Sie die Lösung in einem Topf zum Kochen und legen Sie den angelaufenen Gegenstand locker in Aluminiumfolie verpackt hinein. Der Silbersulfidbelag wird wieder in Silber umgewandelt.

Chemisch passiert folgendes: Durch den Kontakt von Aluminium und Silber ist ein Lokalelement entstanden. Das Aluminium als unedleres Metall löst sich auf, d. h., es wird oxidiert und gibt seine Außenelektronen ab: $Al \rightarrow Al^{3+} + 3\,e^-$. Diese Elektronen wandern über die sich berührenden Metalle (eine Form von Kurzschluss) zum Silber. Die Elektronen im silbernen Gegenstand werden von den Silberkationen auf diesem Gegenstand aufgenommen. Die oben formulierte Reaktion kehrt sich um: Während das zuvor noch stark angelaufene Silber im Salzwasser badet, ist nun deutlich der Geruch nach faulen Eiern (Schwefelwasserstoff) wahrzunehmen.

Wer sich für die chemische Silberreinigung entscheidet, sollte beachten, dass stark verzierte Gegenstände und Schmuck (z. B. Ketten) nicht zu lange im Aluminiumbad bleiben sollten, da sie sich sonst mit noch schwerer löslichen Silberchloridverbindungen überziehen. Auch die Aluminiumfolie überzieht sich während der Reaktion mit diversen (ungefährlichen und ungiftigen) Nebenprodukten. Sie sollte bei größeren Reinigungsaktionen also hin und wieder ersetzt werden.

Naturkoststrom: Zitronen- und Kartoffelbatterie

Stecken Sie ein Kupferblech und ein Zinkblech in eine durchgeschnittene Zitrone oder eine durchgeschnittene Kartoffel, verbinden Sie die Bleche über einen leitenden Draht und voilà: Die Batterie ist fertig. Natürlich liefern solche „Naturkostbatterien" keine großen Strommengen bzw. -stärken und auch nicht über längere Zeit, aber eine Glühbirne oder Leuchtdiode mit geringem Stromverbrauch lässt sich damit kurzzeitig betreiben.

Die Elektrolyte sind die jeweiligen Frucht- bzw. Gemüsesäfte. Sie enthalten genügend Ionen, die eine entsprechende Reduktion erfahren bzw. die den dem Stromfluss entgegengerichteten Ionen-

Zitronenbatterie

fluss ermöglichen. Die Elektronen fließen wie immer vom unedleren zum edleren Metall. In diesem Fall vom Zink zum Kupfer. Aber diesmal fließen sie nicht direkt

vom unedlen zum edlen Metall, sondern über eine äußere leitende Verbindung, sodass sie als elektrische Energie nutzbar werden.

Wie bekommt man größere Strommengen hin? Wie funktionieren diese Batterien, die wir als unabhängige Stromquellen in den Wecker, das Telefon oder in das Radio stecken?

Eine kleine Geschichte der Batterie

Die erste Station ist Luigi GALVANI (1737–98). Er experimentierte mit Froschschenkeln, um die Arbeit ihrer Muskeln zu studieren, denn eigentlich war er Gelehrter für Anatomie. Das Gitter am Balkon vor seinem Arbeitszimmerfenster bestand aus Eisen und Galvani hatte, um sie schnell zur Hand zu haben, einen Teil der Schenkel mit Messinghaken an dieses Eisengitter gehängt. (Andere Quellen behaupten, er wollte seiner Gattin ein exquisites Mahl bereiten.). Kupfer ist neben Zink Hauptbestandteil des Messings. Und es kam, wie so oft bei großen naturwissenschaftlichen Entdeckungen, der Zufall zu Hilfe:

Luigi Galvani

Neben der Tatsache, dass es sich um unterschiedlich edle Metalle (Eisen und Kupfer) handelte, war es die Art der Befestigung, die entscheidend war: Die Messinghaken hingen im oberen Teil direkt am Eisengitter und an den Haken waren im unteren Teil die Froschschenkel so befestigt, dass sie Kontakt mit den Nerven der Schenkel hatten. Als

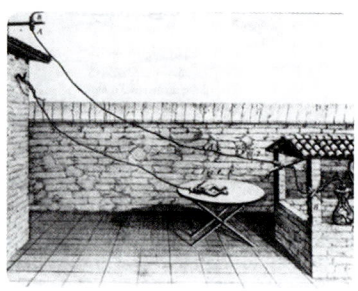

letzter glücklicher Umstand kam der Wind noch dazu: Er blies die Schenkel im Bereich der Füße ab und zu gegen das Eisengitter. Wenn das geschah, zuckten die Froschschenkel!
Galvani erkannte den eigentlichen Grund für die Zuckungen nicht, obwohl er ein geübter Experimentator war. Er konnte nicht folgern, was Sie bereits wissen: Jedes Mal, wenn die Schenkel das Eisengitter berührten, entstand ein Stromkreis, bei dem Elektronen flossen: vom Eisengitter auf die Messinghaken, von dort über die Ionen in der Körperflüssigkeit der Froschschenkel (ein Elektrolyt!) wieder zurück zum Eisengitter. Galvani hätte das Ergebnis seines Experiments direkt am Zucken der Schenkel ablesen können. Diese dienten ihm nämlich als Stromanzeiger.

Diese Entdeckung beeinflusste zwei naturwissenschaftliche Teilgebiete: Zum einen gilt sie als Ausgangspunkt zur Erforschung der Weiterleitung von elektrischen Potenzialen in Nervenbahnen (Galvani hielt sie für *tierische Elektrizität* (s. unten), aber das muss Gegenstand eines anderen Buches sein), zum anderen ist Galvani noch heute Namensgeber für solche Anordnungen, bei denen chemische Energie in elektrische Energie umgewandelt wird. Obwohl er selbst ihre Tragweite noch nicht zur Gänze erkannte, nennt man solche Anordnungen **galvanische Elemente** oder **galvanische Zellen**.

Alessandro VOLTA (1745–1827) führte die Arbeiten Galvanis fort. Was hier sehr harmonisch klingt, war in Wirklichkeit eine mit großer Polemik geführte Auseinandersetzung. Denn Galvani beharrte darauf, durch seine Versuche die „tierische Elektrizität" entdeckt zu haben. Volta hingegen legte sich als Ursache für die Zuckungen auf die unterschiedlichen Metalle fest, womit er aus heutiger Sicht Recht hatte. Der Streit endete erst mit dem Tod Galvanis.

Alessandro Volta

Auf jeden Fall erkannte Volta die Bedeutung der verschiedenen Metallkombinationen und der verschiedenen Elektrolyte. Er überprüfte die Kombinationen – in Ermangelung eines Strommessgerätes – mit der feuchten Zunge (!) und ermittelte so den unterschiedlichen „Geschmack" des Stroms, den diese unterschiedlichen Kombinationen lieferten. (Das können Sie selbst prüfen, wenn Sie die Pole einer 4,5 V Flachbatterie oder – für Mutige – einer 9 V Blockbatterie an Ihre Zunge halten!)

Er konnte größere Spannungen und Stromstärken erzeugen, weil er das Prinzip des Hintereinanderschaltens (der Reihenschaltung aus heutiger Sicht) erkannte: Durch Übereinanderschichten von Kupfer- und Zinkplatten, zwischen denen er mit Säure getränkte Stofffetzen einfügte, stellte er die erste Batterie her, die als **Voltaische Säule** bekannt wurde. (Diese zierte bis zur Einführung der Euro-Währung den 10.000-Lire-Schein der Italiener.) Er wurde berühmt, kam mit den großen Köpfen der Politik zusammen, wie in Wien mit Kaiser Joseph II. und in Berlin mit Friedrich dem Großen, und stand im Dienste der Wissenschaft von Napoleon Bonaparte in Paris. Ihm wurde eine späte Ehrung siebzig Jahre nach seinem Tod zuteil: Volta lieferte seinen Namen für die physikalische Maßeinheit der Spannung: **Volt**.

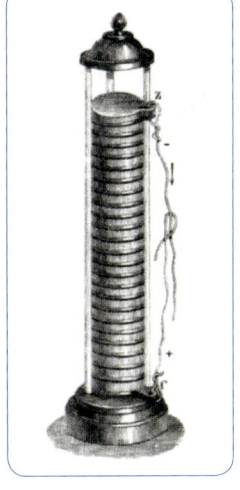

Voltaische Säule

John
Frederic
Daniell

John Frederic DANIELL (1790–1845) war der Erste, der die beiden reagierenden Metalle in Reaktionsräume trennte. Diese Reaktionsräume bestanden aus den Metallen Zink und Kupfer, die in ihre eigenen Salzlösungen (Zinksulfat und Kupfersulfat, gelöst in Wasser; = Elektrolyte) eintauchten und die durch eine poröse Tonwand getrennt wurden. Diese als **Daniell-Element** bezeichnete Anordnung lieferte eine relativ große, über längere Zeit konstante Menge an Strom.

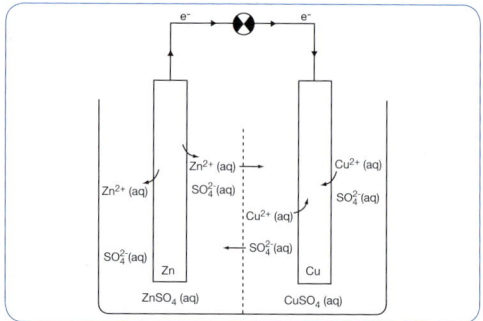

In der Darstellung sind die zugrunde liegenden Reaktionen zu erkennen: Das unedlere Metall (Zink) löst sich unter Elektronenabgabe auf, es wird oxidiert:

$$Zn \rightarrow Zn^{2+} + 2\,e^-$$

Die Bezeichnung $Zn^{2+}_{(aq)}$ bezieht sich auf die Tatsache, dass die entstehenden Ionen in Lösung gehen. (Genaueres zum Lösevorgang → S. 16 ff. und S. 114. Die Buchstaben *aq* stehen für *aqua* = Wasser.) Die Elektronen wandern über die äußere leitende Verbindung. Sie werden dadurch nutzbar. Das Zeichen des Kreises mit den vier Vierteln, von denen zwei schwarz gefärbt und zwei weiß bleiben, steht für einen Verbraucher, z. B. eine Glühbirne. Die Elektronen fließen nur, weil es im anderen Reaktionsraum einen Reaktionspartner gibt, der die Elektronen aufnimmt, also dadurch reduziert wird (keine Oxidation ohne Reduktion!):

$$Cu^{2+} + 2\,e^- \rightarrow Cu$$

Reaktionspartner sind die in der Kupfersulfatlösung befindlichen Kupferkationen. Durch die Aufnahme von zwei Elektronen werden sie zu Kupferatomen, die sich auf der Kupferelektrode abscheiden. Dadurch „wächst" die Kupferelektrode.

Die senkrechte gestrichelte Linie zwischen den beiden Elektroden soll die Trennung durch die poröse Tonwand darstellen, die zu Daniells Zeiten Verwendung fand. Heute werden diese Trennungen als *Diaphragma, Stromschlüssel, Elektrolytbrücke* oder *Salzbrücke* bezeichnet. Meistens reicht in kleineren Experimenten auch einfach ein Filterpapier. Wichtig ist nur, dass zwischen den Reaktionsräumen eine Verbindung entstanden ist, die für die Ionen passierbar ist.

An dieser Stelle ist es nun an der Zeit, dem auf S. 77 genannten Hinweis, dass der Ionenfluss im Elektrolyten dem Stromfluss in der äußeren leitenden Verbindung entgegengerichtet ist, nachzugehen: Die Elektrode, die sich auflöst (also oxidiert wird; hier eben das unedlere Zink), bildet um die Elektrode herum positiv geladene Zinkionen. Die abgegebenen Elektronen fließen über die äußere leitende Verbindung zur Kupferelektrode. Würden diese nicht in Richtung der sich durch den Elektronenfluss negativ aufgeladenen edleren Elektrode (hier also die Kupferelektrode) abfließen, käme der Elektronenfluss zum Erliegen: Es würden sich keine weiteren positiv geladenen Zinkkationen zu den bereits schon vorhandenen positiv geladenen Zinkkationen gesellen, denn die gleichen Ladungen stoßen sich ab. Die Zinkkationen werden also von der sich negativ aufladenden Kupferelektrode angezogen (wandern also in der Abbildung vom linken Reaktionsraum in den rechten Reaktionsraum). Ddadurch, dass sich im linken Reaktionsraum mehr positive Ladungen befinden, werden aus dem rechten Reaktionsraum die entgegengesetzt geladenen Anionen, die Sulfationen (SO_4^{2-}) in den linken Reaktionsraum gezogen.

Georges LECLANCHÉ (1839–82) erfand seine Batterie um 1860. Das Erstaunliche ist, dass sie im Grundsatz bis heute der *Zink-Kohle-Batterie* oder *Zink-Braunstein-Zelle* entspricht. Sie war die erste alltagstaugliche Batterie und eine Sensation auf der Pariser Weltausstellung 1867. Die bis dahin zu Schauvorführungen und Experimentalvorträgen eingesetzten Stromquellen (z. B. das Daniell-Element und die Voltaische Säule) hatten den Nachteil, dass sie flüssige Elektrolyte besaßen, insgesamt zu schwer waren und

Georges Leclanché

sich die an deren Aufbau beteiligten Elemente zu schnell zersetzten. Die häufig als Elektrolyte eingesetzten Säuren griffen die unedlen Metalle an und die Reaktions- räume waren noch nicht getrennt, sodass chemische Prozesse auch ohne Stroment- nahme abliefen.

Leclanché verwendete eine Ammoniumchloridlösung als Elektrolyt, die durch Stärke eingedickt worden war und damit in einem trockeneren Zustand vorlag. Somit war der Übergang von den nassen Elementen zu den trockenen Elementen vollbracht. Letztere nannte man ab diesem Zeitpunkt **Trockenbatterien**. Ebenfalls eine Erfindung Leclan- chés war, dass er die direkte Reaktion zwischen den sog. Aktivmassen (d. h. die sich durch die chemischen Reaktionen verändernden Stoffe) durch den Einzug eines **Sepa- rators** verhinderte. Somit fand kein direkter Austausch der Elektronen und deshalb keine Selbstzersetzung mehr statt.

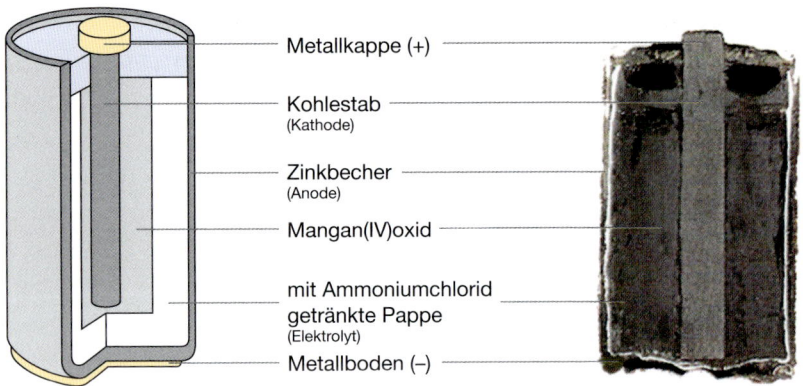

Metallkappe (+)

Kohlestab
(Kathode)

Zinkbecher
(Anode)

Mangan(IV)oxid

mit Ammoniumchlorid
getränkte Pappe
(Elektrolyt)

Metallboden (–)

Im Laufe der Zeit wurden weitere Verbesserungen vorgenommen: Der Elektrolyt wurde durch immer speziellere Quellmittel eingedickt. Zur Oberflächenvergröße- rung und als leitende Verbindung tauchte man einen Kohlestift in die Braunstein (= Mangandioxid)-Grafit-Aktivmasse ein – weshalb man fortan von der **Zink-Kohle- Batterie** sprach – und das äußere Gehäuse bildete ein Zinkbecher. Letzterer hatte allerdings den Nachteil, dass es – vor allem bei längerem Nichtgebrauch und wenn man die Batterien nicht aus dem Gerät nahm – zum Auslaufen wegen der Auflösung des Zinkbechers kommen konnte.

Heute verwendet man als äußeres Gehäuse einen Becher aus Stahl und als Aktivmasse ein Zinkgel statt des Zinkbechers. Diese kommen – aus der Grundidee Leclanchés geboren – heute noch als *Monozelle*, *Babyzelle* oder *Mignonzelle* (allg. *Rundzelle*) in den Handel und sind als *Alkali-Mangan-Zelle* oder *Alkaline-Zellen* bekannt. Chemisch gesehen spielt sich in den beiden Zellen das gleiche ab: Zink wird oxidiert und liefert Elektronen (und bildet den Minuspol = der Boden der Batterie), die vom Mangan im Mangandioxid (also Braunstein) aufgenommen werden. Diese Aktivmasse stellt den Pluspol dar und steht über einen Kohlestift mit dem nach oben hin gewölbten Deckel der Batterie in Verbindung.

Sie werden sich sicherlich noch an die trommelnden Plüschhasen und den Werbespruch „*... und diese hält wesentlich länger als jede Zink-Kohle-Batterie!*" erinnern, der den Vorteil der Alkaline betonen sollte. Und tatsächlich: Dadurch, dass als Aktivmasse in der Alkaline statt eines Zinkbechers eben Zinkgel verwendet wird und das Zink im Gel als Zinkpulver vorliegt, ist die Elektrodenoberfläche in dieser Aktivmasse größer und es können höhere Entladeströme fließen. Deshalb konnte die Alkaline zu ihrer Spitzenzeit – als die Akkumulatoren noch zu teuer waren – in Geräten, die diese höheren Entladeströme benötigten (z. B. Walkman® und die Blitzlichter der Spiegelreflexkameras), die Zink-Kohle-Batterien verdrängen. Die Alkaline zeigt zudem eine höhere Auslaufsicherheit und kann – wegen der niedrigeren  Erstarrungstemperatur des Elektrolyten – auch bei tieferen Temperaturen eingesetzt werden. Ob das den generell höheren Anschaffungspreis rechtfertigt, hängt von der Art des Einsatzes der Batterie ab.

Die heute sehr hohen Anforderungen an eine mobile und unabhängige Energiequelle liegen bei Gewicht, Größe, Preis, Haltbarkeit, Langlebigkeit, Zuverlässigkeit, Umweltverträglichkeit, Leistungsdichte und Tieftemperaturverhalten.

Gerade bezüglich dieser Kriterien können die Batterien nicht so sehr mit Vorteilen aufwarten, denn nach der Entladung können sie nicht wieder aufgeladen werden. Man spricht deshalb von sog. **Primärelementen**. Bei den **Sekundärelementen** (Akkumulatoren) funktioniert das und deshalb ist hier die Wiederaufladbarkeit ein entscheidendes Kriterium.

Ionen, die zu ihrem elementaren Glück gezwungen werden: Elektrolysen

Das Wandern ist der Ionen Lust – oder Elektrolyse-Basics für Einsteiger

> Elektrolysen sind die Umkehrungen der Salzbildungsreaktionen. Aus salzartigen Verbindungen werden unter Stromzuführung die Elemente: Metalle und Nichtmetalle.

Bei allen Salzbildungsreaktionen wird Energie frei. Es sind also exergonische Reaktionen. Sie haben auf S. 43 ff. erfahren, dass der Grund für das Freiwerden der Energie das Erreichen der sog. Edelgaskonfiguration ist. Die entstandenen Ionen sind also nicht ohne Weiteres bereit, sich in einen Zustand zu begeben, der das Verlassen dieser Edelgaskonfiguration zur Folge hat. Jetzt muss die Energie, die beim Erreichen der Edelgaskonfiguration frei geworden ist, wieder zugeführt werden: Die Anionen müssen ihre Elektronen wieder abgeben und die Kationen müssen ihre Elektronen zurückbekommen.

Es handelt sich also wieder um eine Kombination aus Elektronenabgabe (Oxidation) und Elektronenaufnahme (Reduktion). Nun aber unter umgekehrten Vorzeichen: Die Metallkationen, die durch eine Oxidation entstanden sind, nehmen jetzt Elektronen auf, werden also reduziert. Die Nichtmetallanionen, die durch Reduktion entstanden, geben jetzt ihre Elektronen ab. Dabei werden jeweils die Edelgaskonfigurationen aufgegeben. Das kostet Energie, die permanent zugeführt werden muss. Auf S. 31 f. ist dieser Reaktionstyp als endergonisch beschrieben worden: Sie müssen den Schlitten schon den gesamten Berg hinaufziehen!

Die Zuführung des Stroms geschieht über eine Gleichstromquelle, die leitend mit zwei Elektroden verbunden ist. Auf der einen Seite werden also durch die Stromquelle Elektronen hineingepumpt. Auf dieser Seite findet dann die Reduktion, die Elektronenaufnahme statt. Und da trifft es sich chemisch ganz gut, dass die Elektrode, in die die Elektronen hineingepumpt werden, durch den Elektronenüberschuss negativ geladen ist. Sie wissen: Entgegengesetzte Ladungen ziehen sich an!

> Die Elektroden, die bei den Elektrolysen verwendet werden, werden als **Anode** und **Kathode** bezeichnet.
> Die Kathode stellt die negative Elektrode dar. Zu ihr werden die positiv geladenen Kationen gezogen.
> Die Anode stellt die positive Elektrode dar. Zu ihr werden die negativ geladenen Anionen gezogen.

Die positiv geladenen Kationen werden zur negativ geladenen Elektrode, der Kathode, gezogen. Dort bekommen sie die Elektronen aufs Auge gedrückt: Sie nehmen die Elektronen auf und werden reduziert. So wird aus den Metallkationen das entsprechende Metall in elementarer Form.

Da durch die Stromquelle aus der anderen Elektrode die Elektronen herausgezogen werden, verarmt diese Elektrode an negativer Ladung: Sie wird positiver bzw. sie wird zur positiven Anode. Dadurch werden die negativ geladenen Anionen von der Anode angezogen. Die Anionen werden dazu in die Lage versetzt, ihre Elektronen abzugeben, sie werden oxidiert.

Die Energiezufuhr erfolgt bei der Elektrolyse also in Form von elektrischem Strom, daher auch *Elektro*lyse. Der Begriff *Lyse* steht für das Lösen oder Auflösen: Der Vorgang läuft nur ab, wenn die Ionen beweglich, also in gelöstem Zustand, vorliegen. Sie dürfen nicht im Ionengitter des Salzes festhängen (→ S. 51 f.). Die Beweglichkeit der Ionen ist demnach gewährleistet, wenn das, worin die Elektroden eintauchen, eine Salzlösung oder eine Salzschmelze ist. Bei der Salzlösung hält das Lösungsmittel die Ionen beweglich, bei der Salzschmelze ist es die hohe Temperatur, die zugeführt werden muss, um den Feststoff Salz in eine Schmelze zu überführen.

Der Begriff *Ion* stammt aus dem Altgriechischen und bedeutet *gehend* oder *wandernd*. Auf die Elektrolyse übertragen heißt das, dass die Ionen innerhalb der Lösung oder der Schmelze aufgrund der angelegten Spannung zur jeweiligen Elektrode *wandern*.

Warum Aluminiumrecycling so wichtig ist: die Schmelzflusselektrolyse

Wie auf S. 43 ff. schon betont, werden Sie, wenn Sie in der freien Natur nach Metallen suchen, in der Regel nur Edelmetalle in gediegener (also elementarer) Form finden. Die unedlen Metalle, zu denen auch das Aluminium gehört, findet man nur in Form seiner Verbindungen. Es sind in der Regel Verbindungen mit Sauerstoff, die als mineralische Erze gefunden und abgebaut werden. Obwohl Aluminium mit ca. 8 % Massenanteil das häufigste metallische Element in der Erdrinde darstellt, wurde es erst zu Beginn des 19. Jahrhunderts als gediegenes Metall hergestellt.

> Bei der Herstellung des Metalls Aluminium wird zunächst über ein aufwendiges Verfahren Tonerde (Aluminiumoxid) aus dem Erz Bauxit herausgetrennt und eine Schmelze von Aluminiumoxid mithilfe von elektrischem Strom in Aluminium und Kohlenstoffdioxid getrennt. Das Verfahren bezeichnet man als *Schmelzfluss-elektrolyse*.

Neben Eisen (vor allem als Stahl) stellt Aluminium das wichtigste Gebrauchsmetall dar. Es ist Ihnen in Form von Dosen, Folien oder auch Leitern aus dem Haushalt bekannt. In Fensterrahmen und Fassadenverkleidungen kommt es genauso vor wie beim Bau von Schiffen, Autos und Flugzeugen. Hier wird es vor allem wegen seiner geringen Dichte geschätzt. Aluminium ist ein Leichtmetall (→ S. 58 f.) und trägt zur Gewichtsreduktion und somit nicht unwesentlich zur Treibstofersparnis bei.

Das wichtigste Erz zur Aluminiumgewinnung ist das **Bauxit**. Ein wichtiger Fundort in Südfrankreich, Les Baux, gab ihm seinen Namen. Bauxit muss in einem komplizierten Verfahren – nach seinem Erfinder *Bayer*-Verfahren genannt – von anderen Verbindungen getrennt werden. Neben Silicaten und Titandioxid ist es vor allem Eisenoxid, weswegen das Bauxit rostrot gefärbt ist. Nach der Trennung und Aufbereitung bleibt reines und

Bauxit mit einem US-Cent zum Größenvergleich

weißes Aluminiumoxid (Al_2O_3), welches als **Tonerde** bezeichnet wird, übrig. Tonerde heißt es auch deshalb, weil es ein Ausgangsstoff der Keramikindustrie ist.

Da eine Elektrolyse nur bei beweglichen Ionen stattfinden kann, muss die Tonerde entweder gelöst oder geschmolzen werden. Beides hat bei der Tonerde erhebliche Nachteile: Von der schlechten Löslichkeit in Wasser einmal abgesehen, würde die Elektrolyse einer Tonerdelösung nicht zur geplanten Bildung des Aluminiums führen. Bevor sich Aluminium bildet, entsteht an der Kathode Wasserstoff. Die Protonen, die stets in einer wässrigen Lösung vorhanden sind, würden unter Elektronenaufnahme (Reduktion) zu Wasserstoffmolekülen umgewandelt werden: Wasserstoffmoleküle bilden sich unter diesen Bedingungen einfacher als elementares Aluminium. Die zu ihrer Bildung notwendige Aufnahme von drei Elektronen ist energetisch aufwendiger als die Aufnahme von je einem Elektron bei zwei Protonen zur Bildung von einem Wasserstoffmolekül:

$$2\,H^+ + 2\,e^- \rightarrow H_2$$

Beim Schmelzen ist die hohe Schmelztemperatur – die ja den meisten Salzen eigen ist (→ S. 51 f.) – ein Problem. Sie beträgt für reine Tonerde (Al_2O_3) über 2000°C! Diese Temperatur wird allerdings auf 960°C verringert, wenn der Tonerde das Salz Kryolith – Natriumhexafluoroaluminat(III); $Na_3(AlF_6)$ – hinzugefügt wird. Eine noch geringere Schmelztemperatur dieses Gemenges lässt sich aber nicht mehr erreichen. Trotz dieser energetisch gesehen ungünstig hohen Schmelztemperatur ist die Elektrolyse der Tonerdeschmelze zur Aluminiumherstellung – die **Schmelzflusselektrolyse** – das Mittel der Wahl.

Welche chemischen Prozesse laufen bei der Schmelzflusselektrolyse ab?
Die negative Elektrode, die Kathode, ist eine mit Kohlenstoff ausgekleidete Stahlwanne. Hier findet die Reduktion statt: Aluminiumkationen wandern zur negativ geladenen Kathode und nehmen drei Elektronen auf. Es wird elementares Aluminium gebildet:

$$Al^{3+} + 3\,e^- \rightarrow Al$$

Das sich bei diesen hohen Temperaturen aus der Schmelze flüssig abscheidende Aluminium sammelt sich in der Stahlwanne und wird über Rohre abgeführt und in der Regel zu Barren gegossen.

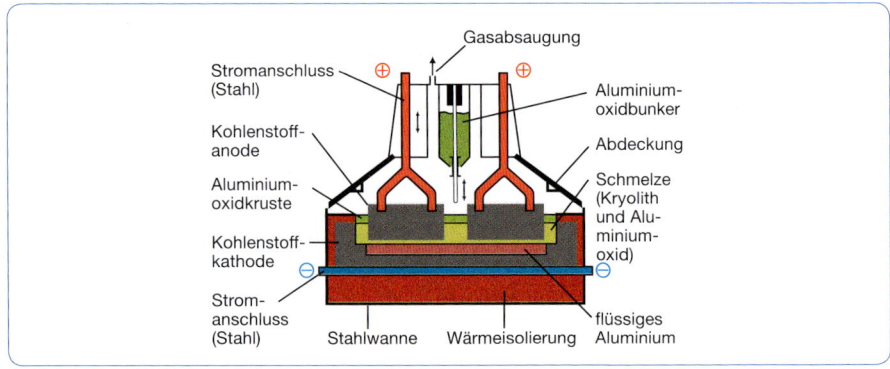

Eine Aluminiumoxidkruste auf der Schmelze sorgt dafür, dass das entstandene Aluminium nicht sofort wieder durch Luftsauerstoff oxidiert wird. In dem Maße, in dem Aluminium entstanden ist und abfließt, wird über einen Vorratsbehälter (Bunker) Aluminiumoxid von oben der Schmelze zugeführt.

Die durch die Schmelze aus dem Ionengitter frei werdenden O^{2-}-Ionen (Oxidionen) wandern als negativ geladene Anionen zur positiv geladenen Kathode. Die Kathode besteht ebenfalls aus Kohlenstoff (Grafit). Hier werden die O^{2-}-Ionen oxidiert: Sie geben ihre Elektronen ab. Dabei werden aber keine Sauerstoffmoleküle als Endprodukt gebildet, sondern Kohlenstoffdioxidmoleküle:

$$C + 2\,O^{2-} \rightarrow CO_2 + 4\,e^-$$

Das heißt, dass die Grafitanode bei dieser Sauerstoffbildung verbrennt. Das an der Anode entstehende Gas wird ständig abgesaugt und gereinigt. Da die Anode abbrennt, müssen die Grafitanoden ständig in die Schmelze nachgeführt werden. Der Abstand der Elektroden darf dabei während der Elektrolyse nur wenige Zentimeter betragen.

Gesamtgleichung: $2\,Al_2O_3 + 3\,C \rightarrow 4\,Al + 3\,CO_2$

Das gasförmige Reaktionsprodukt Kohlenstoffdioxid hat den Vorteil, dass es nicht aufwendig aus dem Produktgemisch entfernt werden muss, sondern sich als Gas quasi von alleine aus dem Produktgemisch entfernt. Da diese Verbrennung der Grafitanode

– wie alle Verbrennungen – eine exergonische Reaktion ist, sorgt die frei werdende Energie dafür, dass die Schmelze flüssig bleibt. Zusätzliche Energie, die das Tonerde-Kryolith-Gemisch zum Schmelzen bringt bzw. in der Schmelze hält, kommt aus dem Stromfluss, der an Kathode und Anode anliegt: Elektrolysiert wird bei der geringen Spannung von 3,5 Volt, aber bei einer Stromstärke von 300.000 Ampere. Die Herstellung von einer Tonne Aluminium erfordert einen Energieaufwand von ca. 15.000 Kilowattstunden. Damit könnten Sie ein normales Einfamilienhaus über die Dauer von zwei bis drei Jahren versorgen!

Sowohl die Problematik von Kohlenstoffdioxid als Treibhausgas als auch die stark gestiegenen Energiekosten machen das Aluminiumrecycling zum Gebot der Stunde: Beim Aluminiumrecycling werden nur 5 % der Energie benötigt, die verbraucht wird, um die gleiche Menge Aluminium durch Schmelzflusselektrolyse herzu-

stellen! Denken Sie daran, wenn Sie – bis dato in Unkenntnis dieser Sachverhalte – Ihren Joghurtbecherdeckel, Ihre Aluminiumfolie vom im Backofen warm gestellten Kartoffelgratin oder Ihre Grillfolie oder Grillschale bisher in die Restmülltonne geworfen haben.

Elektronen- und Ionenpingpong: Akkumulatoren

Akkumulatoren, oder kurz Akkus (von lateinisch *accumulare* = sammeln), sind aus den modernen mobilen Elektrogeräten wie z. B. Handys, Laptops, MP3-Playern und Digitalkameras kaum noch wegzudenken. Sie verdrängen zunehmend die Batterie als Energiequelle, denn Batterien haben den Nachteil, dass sie nicht wiederaufladbar sind, weshalb man die Primärelemente (Batterien) von den wiederaufladbaren Sekundärelementen (Akkus) unterscheidet (→ S. 78 ff.).

> Da sie sich wieder aufladen lassen, gehören Akkumulatoren zu den Sekundärelementen. Bei einem Akku sind ein galvanisches Element und eine Elektrolyse gekoppelt.

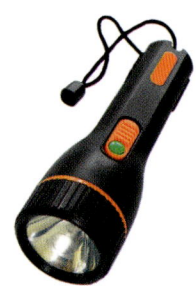

Es gibt allerdings auch einen guten Grund, Batterien, z. B. in der Taschenlampe, zu verwenden: Die Selbstentladerate von ungenutzten Primärelementen liegt bei nur 2 % im Jahr. Bei manchen Akkumulatoren beträgt sie bis zu 30 % im Monat! Da ist es schon sinnvoller, die für den Stromausfall an einem gut zugänglichen Ort aufbewahrte Taschenlampe z. B. mit Leclanché-Elementen auszustatten.

Während in den Batterien als galvanische Elemente die chemischen Reaktionen zwischen den beiden Aktivmassen (→ S. 78 ff.) wie in einer Einbahnstraße verlaufen – und zwar so lange, bis im Betrieb eine der beiden Aktivmassen verbraucht ist und die Batterie entsorgt werden muss –, wird bei einem Akkumulator ein galvanisches Element mit einer Elektrolyse gekoppelt. Die im galvanischen Element freiwillig ablaufenden und Elektronen liefernden Reaktionen können durch Zuführung des elektrischen Stroms wieder umgekehrt werden, sodass die Aktivmassen nach dem Laden wieder in die Lage versetzt werden, die Elektronen liefernden Entladeprozesse erneut freiwillig ablaufen zu lassen. Es handelt sich dabei um die Kopplung von exergonischen und endergonischen Prozessen (→ S. 31 f.). Aufgrund mechanischer Beeinträchtigungen des Materials sind dieser Kopplung aber Grenzen gesetzt: Für die allermeisten Akkumulatoren ist die Zahl der Ladezyklen auf ca. 1000 begrenzt.

Warum die Autobatterie keine Batterie ist

Die Antwort liegt Ihnen bereits auf der Zunge? Richtig! Die Bezeichnung *Batterie* ist für ein aus technischer Sicht so wichtiges Sekundärelement einfach falsch. Die Autobatterie ist ein Akkumulator und wer schon einmal einen solchen für sein Auto hat kaufen und/oder tauschen müssen, wird wissen, dass das hohe Gewicht von dem in ihm enthaltenen Blei stammt. Deshalb spricht man auch besser vom **Bleiakkumulator** als von der Autobatterie. Allerdings werden die Spitzfindigen unter Ihnen sagen: Zu welchem Zweck befindet sich dieses Ding denn dann in meinem Auto, wenn nicht z. B. zum Starten des Wagens? Auch richtig! Denn in diesem Moment arbeitet der Akkumulator alleine als Batterie, genauer gesagt als Starterbatterie, denn er soll ja die Energie für den Startvorgang liefern. (Und die meisten von Ihnen wissen, was es heißt, wenn dieses Ding diese Funktion nicht erfüllt!) Nichtsdestotrotz ändert dies nichts an der Tatsache, dass die beim Startvorgang verbrauchte Energie, während sich der Motor dreht bzw. das Auto fährt, wieder zurückgeführt werden kann, was weiterhin nur bei einem Sekundärelement möglich ist.

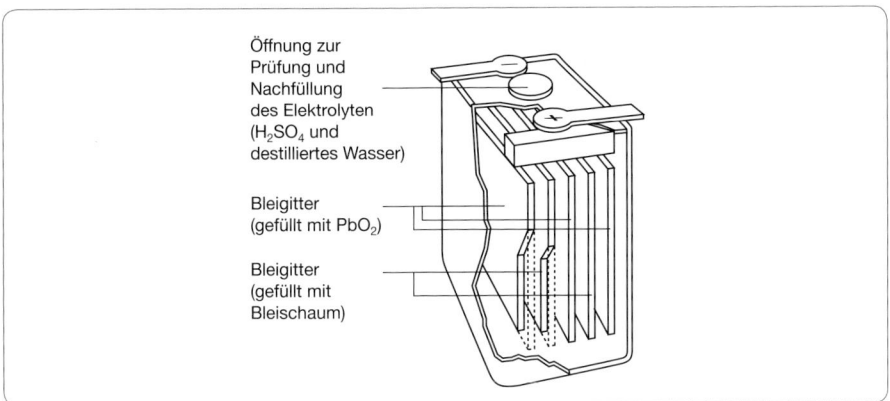

Öffnung zur Prüfung und Nachfüllung des Elektrolyten (H_2SO_4 und destilliertes Wasser)

Bleigitter (gefüllt mit PbO_2)

Bleigitter (gefüllt mit Bleischaum)

Wenn Sie in Ihrem Fahrzeug einen wartungs<u>armen</u> Bleiakkumulator haben, dann können Sie eine der sechs Kammern über die Prüf- und Nachfüllkappe öffnen, um einen Blick ins Innere zu riskieren. Aber der Reihe nach: Sind Sie im Besitz eines wartungs<u>freien</u> Bleiakkumulators, bleibt Ihnen in der Regel der Blick verwehrt. Hier muss man meist mit Spezialwerkzeug arbeiten, um die Kammern zu öffnen.

Es sind sechs Kammern, da der Bleiakkumulator pro Kammer etwa 2 Volt liefert. Zusammen werden also 12 Volt durch das Hintereinanderschalten dieser Kammern erreicht. (Volta hatte dieses Prinzip bei seiner Voltaischen Säule verwirklicht; → S. 78 ff.)

Könnten Sie einen Blick in eine dieser Kammern werfen, würden Sie lamellenartige Strukturen erkennen. Diese Lamellen bestehen aus verschiedenen Platten und diese wiederum aus verschiedenen Stoffen: Zum einen sind da Platten aus elementarem Blei (Pb), zum anderen Platten aus Bleioxid (PbO_2). Die Bleioxidplatten befinden sich in Taschen eines Separators, der aus einem Kunststoff besteht. Dieser Kunststoff trennt die Platten voneinander, um einen Kurzschluss zu verhindern. Er ermöglicht aber den Austausch der Ionen, die sich im Elektrolyten befinden. Der Elektrolyt ist Schwefelsäure (H_2SO_4, 38%ig mit einer Dichte von 1,28 g/ml). Die Platten sind in der Regel von der Schwefelsäure bedeckt, tauchen also komplett in die Flüssigkeit ein. Bei den wartungsarmen Bleiakkumulatoren kann man dies durch das Abnehmen der Kontrollkappen überprüfen.

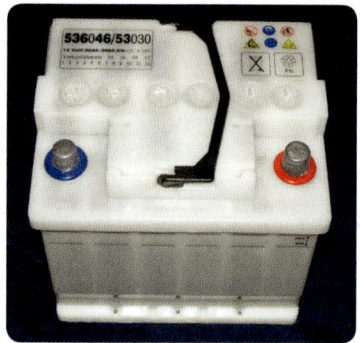

Auto-„Batterie"

Die chemischen Reaktionen, die im Bleiakkumulator ablaufen, sind ausnahmslos an das Blei und an Bleiverbindungen gekoppelt. Beim Entladen wird das elementare Blei zu Bleikationen oxidiert, welche sich mit den SO_4^{2-}-(Sulfat-)Ionen aus der Schwefelsäure zu schwer löslichem Bleisulfat verbinden:

$$Pb + SO_4^{2-} \rightarrow Pb^{2+} + SO_4^{2-} + 2\,e^-$$

Der Reduktionsvorgang ist beim Entladen Sache des Bleioxids: In dieser Verbindung sind 4-fach positiv geladene Bleikationen enthalten, die in der sauren Elektrolytlösung zwei Elektronen aufnehmen und ebenfalls mit den Sulfationen der Schwefelsäure schwer lösliches Bleisulfat mit 2-fach positiv geladenen Bleikationen bilden:

$$Pb^{4+} + 2\,O^{2-} + 4\,H^+ + SO_4^{2-} + 2\,e^- \rightarrow Pb^{2+} + SO_4^{2-} + 2\,H_2O$$

Beide Elektrodenreaktionen liefern also schwer lösliches Bleisulfat, das sich als Überzug auf den Elektroden oder als *Bodenkörper* am Boden der „Batterie" ablagert. Bei der Reduktion wird außerdem die Schwefelsäure verbraucht. Dadurch verändert sich die Dichte der Schwefelsäure. Über die Dichtebestimmung des Säureelektrolyts lässt sich so bei den wartungsarmen Bleiakkumulatoren der Ladungszustand der Batterie bestimmen.

Beim Laden des Bleiakkumulators – während die Lichtmaschine die dafür notwendige Energie liefert – laufen Elektrolyseprozesse ab: Die während des Entladevorgangs zu Pb^{2+}-Ionen reduzierten Pb^{4+}-Ionen werden dem umgekehrten Prozess zugeführt ($Pb^{2+} \rightarrow Pb^{4+} + 2\,e^-$), d. h., sie werden wieder zu Pb^{4+}-Ionen des Bleioxids oxidiert. Durch Reduktion der Pb^{2+}-Ionen wird das elementare Blei zurückgewonnen: $Pb^{2+} + 2\,e^- \rightarrow Pb$. So wird die Ausgangssituation wieder hergestellt und der Bleiakku kann beim Starten oder beim Autoradiohören bei abgeschaltetem Motor als Batterie fungieren.

**Das Nonplusultra in der aktuellen Akkutechnik:
der Lithiumionen-Akku**

Der Bleiakkumulator bekam seinen Namen aufgrund des einzigen in ihm verwendeten Metalls, dem Blei: Die beiden Aktivmassen bestehen aus elementarem Blei bzw. einer Bleiverbindung, nämlich Bleioxid. Namensgeber für den Lithiumionen-Akku sind die Lithiumionen. Wie also können diese Lithiumionen die Basis für eine so erfolgreiche Akkumulatortechnik sein?

Lithiumionen-Akkus können im Vergleich zu anderen Sekundärelementen bei gleicher Masse und gleichem Volumen am meisten elektrische Energie abgeben. In Lithiumionen-Akkus werden Lithiumionen zwischen einer Lithiumgrafitelektrode (negative Elektrode) und einer Lithiummanganatelektrode (positive Elektrode) beim Laden und Entladen wie beim Pingpong hin- und hergeschoben. Die Lithiumionen sind also in die ablaufenden Redoxreaktionen nicht eingebunden.

Lithiumionen werden im Lithiumionen-Akku in zwei unterschiedlichen chemischen Verbindungen reversibel eingelagert: Als Pluspol dient eine Lithiumgrafitverbindung und als Minuspol eine andere Lithiumverbindung, z. B. Lithiummanganat (Li_2MnO_2). Während beim Bleiakkumulator das Blei selbst Teil der Energie liefernden chemischen Reaktionen ist, fungieren die Lithiumionen im Lithiumionen-Akku lediglich als „Verschiebemasse", um den negativen Ladungsüberschuss – je nach Ladezustand der jeweiligen Seite – auszugleichen. Unter anderem deshalb zeigen Lithiumionen-Akkus keinen Memory-Effekt: Bei herkömmlichen Akkumulatortypen sinkt die Entladekapazität, wenn der Akku aufgeladen wird, obwohl er noch nicht völlig entladen ist.

Wird der Akku geladen, werden Elektronen über die Ladungsquelle auf die Seite der Grafitelektrodenmasse geschoben. Diese lädt sich durch die überschüssigen Elektronen negativ auf. Da Grafit schichtförmig aufgebaut ist, schieben sich die Lithiumionen zwischen diese negativ geladenen Schichten und halten die Elektronen an ihren Plätzen in den Grafitschichten fest. Entzieht nach dem Ladevorgang der Verbraucher (Handy, Laptop etc.) den Grafitschichten diese Elektronen, werden sie über den äußeren Stromkreis der Elektrodenmasse des Lithiummanganats zugeschoben. Nun trägt diese

Elektrodenseite die überschüssige negative Ladung und die Lithiumionen verschieben sich bzw. werden zu dieser Elektrodenseite verschoben.

Die Verschiebbarkeit der Lithiumionen muss natürlich gewährleistet sein. Da eine Säure als Elektrolyt Protonen liefern würde und diese statt der Lithiumionen die Elektronen an den jeweiligen Elektroden aufnehmen würden, würde Wasserstoff entstehen. Man muss deshalb auf eine Säure bzw. eine wässrige Lösung des Lithiums verzichten. Neuere Entwicklungen haben zum **Lithium-Polymer-Akku** geführt. Bei den Polymeren handelt es sich um feste bis gelartige Folien, die neben einer ausreichenden Durchlässigkeit für die Lithiumionen auch die Funktion eines Separators übernehmen. Die Folien haben den großen Vorteil, dass sie eine weitere Volumenverringerung des Akkus bei gleicher Leistungsfähigkeit gewährleisten. Sie sind also beim Platz sparenden Einsatz in diversen Kleinstgeräten und auch im Flugmodellsport nicht mehr wegzudenken.

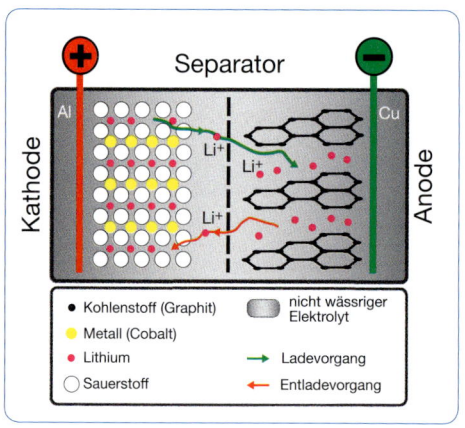

Direkter Elektronenzugriff durch Knallgaszähmung: die Brennstoffzelle

Batterien und Akkus stellen jeweils eine Form von Energiespeicher dar. Stellen Sie sich in diesem Zusammenhang eine gespannte Armbrust vor: Die gespeicherte Energie wird über chemische Reaktionen der Ausgangsstoffe kontinuierlich und dosiert abgegeben, wenn ein Verbraucher angeschlossen ist. Der Abschuss des Armbrustpfeils erfolgt sozusagen in Zeitlupe.

Beim Akku kann die verlorene Energie durch die Umkehrung der chemischen Reaktionen durch den Anschluss an das Stromnetz wieder zugeführt werden. Die Armbrust kann wieder gespannt werden. Danach erfolgt wieder ein Abschuss usw.

Die im Folgenden beschriebene Brennstoffzelle unterscheidet sich in diesen Punkten wesentlich: Einerseits muss sie nicht wie ein Akku immer wieder aufgeladen werden, andererseits verbraucht sie sich nicht wie eine gewöhnliche Batterie, denn diese muss ja schließlich irgendwann entsorgt werden. Um beim Bild der Armbrust zu bleiben: Bei der Brennstoffzelle bleibt der Bogen also immer gespannt – jedenfalls solange die benötigten Gase verfügbar sind (siehe unten).

Bei der Brennstoffzelle kann – viel vorteilhafter als bei Batterien oder Akkus – direkt auf die Energie in Form der durch die chemischen Reaktionen erzeugten Elektronen zugegriffen werden. Die Umwandlung von der einen in die andere Energieform ist ja bei herkömmlichen Energiegewinnungsprozessen immer mit dem Verlust von Energie verbunden.

Der Motor eines Pkws nutzt natürlich die bei der Verbrennung des Treibstoffs frei werdende Energie zur Bewegung der Kolben – chemische Energie wird in mechanische Energie umgewandelt. Allerdings ist bekannt, dass der Motorblock dabei ziemlich warm, ja stellenweise heiß wird, wenn ein Teil der chemischen Energie in Wärmeenergie umgewandelt wird.

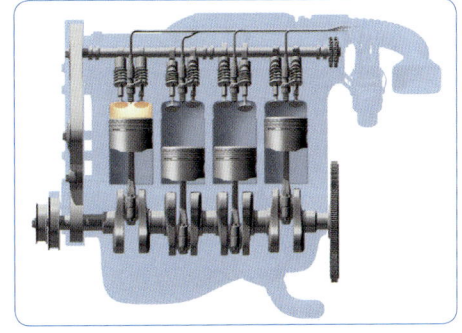

Verbrennungsmotor

Der direkte Zugriff auf die Elektronen in der Brennstoffzelle ermöglicht die Umgehung des Verlustes durch die Energieumwandlung. Es handelt sich also um eine effizientere Energieausbeute, was aus ökologischer (und ökonomischer) Sicht ja nicht uninteressant ist.

Ein weiterer ökologischer Aspekt ist, dass bei der Brennstoffzelle als Abgas nicht das Treibhausgas Kohlenstoffdioxid oder andere schädliche Stoffe entstehen, sondern Wasser bzw. Wasserdampf. Diese Vorteile machen die Brennstoffzelle als alternativen Antrieb für Fahrzeuge aller Art hochinteressant. Aber auch die Anwendung in kleineren Blockheizkraftwerken wird erforscht und der Ersatz von Akkus und Batterien bei elektronischen Kleingeräten durch Brennstoffzellen ist im Gespräch.

Keinen Tiger, sondern einen Drachen im Tank

Die brennende Hindenburg war mit Wasserstoff gefüllt ...

Während vor rund 50 Jahren ein bekannter Ölkonzern mit dem Werbeslogan *Put a tiger in your tank* auf seine Benzinsorten aufmerksam machte, hat man es heute mit Blick auf die Brennstoffzelle wohl eher mit einem Drachen zu tun. Aber vielleicht assoziieren Sie ja ein anderes Tier, wenn Sie an das Gas Wasserstoff denken? Manchen kommen vielleicht die alten Bilder von der *Hindenburg* in den Sinn: Dieser deutsche Zeppelin geriet 1937 in Lakehurst (USA) in Brand. Er verbrannte in kürzester Zeit, weil er mit 200.000 m³ Wasserstoff gefüllt war. Mit dieser Katastrophe war zunächst das Ende der Zeppelinluftfahrt verbunden. Die heute nur noch sehr selten eingesetzten Luftschiffe werden mit dem nicht brennbaren Edelgas Helium befüllt. Helium ist aber auch als Ballongas bekannt.

Mit der Hindenburg-Katastrophe werden manche von Ihnen allerdings auch den eigenen Chemieunterricht verknüpfen, denn diese Geschichte wird häufig erwähnt, um die sog. Knallgasexplosion zu erläutern: Wasserstoff lässt sich mit der *Knallgasprobe* nachweisen, da Wasserstoff und Sauerstoff explosive Gemische bilden können. Dass die *Hindenburg* eher verbrannte als explodierte, hängt eben mit dieser Mischung zusammen: Bei der ungeheuren

... heute verwendet man Helium, auch in Luftballons.

Füllmenge an Wasserstoff stand im Verhältnis dazu spontan zu wenig Luftsauerstoff zur Verfügung, um eine Explosion auszulösen. Das ist übrigens auch ein Grund dafür, wieso eine Brennstoffzelle nicht explodieren kann: Im normalen Luftsauerstoff, der der Brennstoffzelle zugeführt wird, sind ja nur 21 % elementarer Sauerstoff enthalten. Außerdem gibt es innerhalb einer Brennstoffzelle keinen Zündfunken, der das Gemisch zur Explosion bringen könnte.

In einer Brennstoffzelle wird Wasserstoff kontrolliert mit (Luft-)Sauerstoff zur Reaktion gebracht. Die Wasserstoffionen und die Sauerstoff-(bzw. Hydroxid-)ionen verbinden sich dabei zu Wassermolekülen. Der Transport der Elektronen erfolgt über den äußeren Stromkreis und treibt den Verbraucher an. Der einseitig gerichtete Transport der Wasserstoffionen vom Anoden- in den Kathodenraum erfolgt im Inneren über einen passenden Elektrolyten. Verschiedene Brennstoffzellentypen unterscheiden sich vor allem durch den verwendeten Elektrolyten.

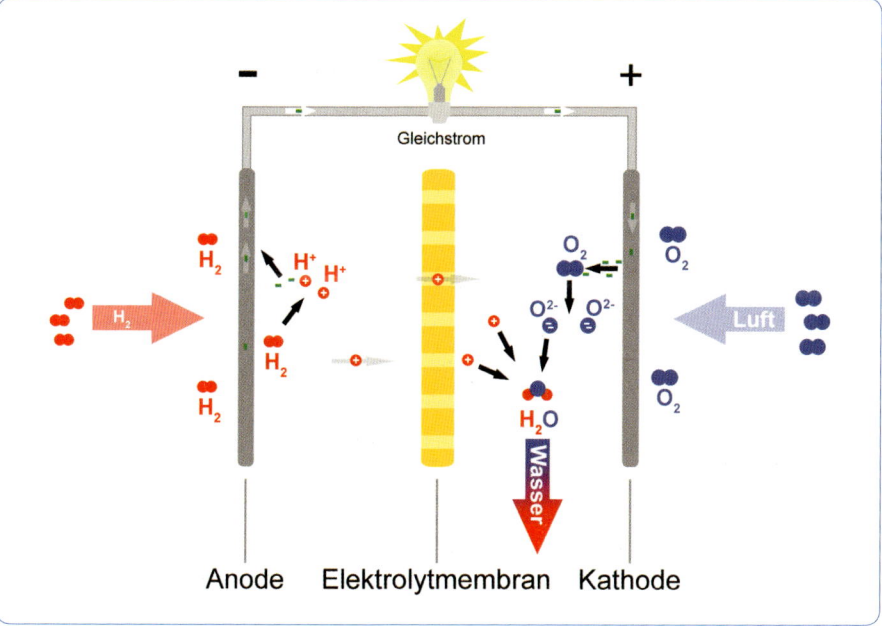

Funktionsprinzip einer Brennstoffzelle

Ein weiterer entscheidender Unterschied zwischen Brennstoffzelle und den bisher vorgestellten Batterien und Akkus ist die Tatsache, dass bei der Brennstoffzelle ausschließlich gasförmige Ausgangsstoffe zur Reaktion gebracht werden. Während der Luftsauerstoff in ausreichendem Maße zur Verfügung steht und – wie z. B. in allen Verbrennungsmotoren – von außen der Reaktion gefiltert und möglicherweise über einen Turbo komprimiert zugeführt wird, muss der Wasserstoff in einem Tank mitgeführt werden. Da Wasserstoff bei Raumtemperatur gasförmig ist, nimmt er ein besonders großes Volumen ein. Deshalb wurde der Wasserstoff zu Beginn der Brennstoffzellenentwicklung unter hohem Druck verflüssigt und in Gasdrucktanks gelagert. Diese bestanden zunächst aus Stahl und brachten neben einer nicht geringen Größe auch ein erhebliches Gewicht mit. Es verwundert also nicht, dass an einen Einsatz in elektronischen Kleingeräten zunächst nicht zu denken war und Brennstoffzellen bei Fahrzeugen nur in Bussen (z. B. im Stadtbereich oder an Flughäfen) oder in Kleintransportern verwendet wurden. Problematisch ist auch der nicht ganz ungefährliche und nicht zu vernachlässigende Effekt bei möglichen Unfällen mit Brandentwicklung.

Ein nötiges Ziel der Brennstoffzellenentwicklung war also zunächst die Gewichts- und Platzverringerung des Tanks bei gleichzeitiger Beachtung der Sicherheitsaspekte. Hier boten sich Metallhydride an. Je nachdem, welches Metall Verwendung findet, ist der Wasserstoff entweder chemisch an das Metall gebunden oder physikalisch in Form einer Legierung im Metallgitter eingelagert. Bei der chemischen Bindung handelt es sich um salzartige Verbindungen, in denen der Wasserstoff als Hydridion negativ geladen ist, obwohl er in der ersten Hauptgruppe steht – aber eben als Nichtmetall unter bzw. über den Alkalimetallen. Allen Metallhydriden ist aber gemein, dass sich in ihnen wie in einem Schwamm bis zu 60 % mehr Wasserstoff einlagern lässt als in einem Flüssiggastank. Der Wasserstoff kann leicht aus dem Metallhydridverband gelöst werden, indem dieser Verband etwas erwärmt wird.

Interessant ist in diesem Zusammenhang die Verwendung von Leichtmetallen wie z. B. Magnesium: Hier hat man es durch spezielle Mahlverfahren geschafft, das Magnesium so fein zu mahlen, dass eine sehr große Oberfläche entsteht, die den Wasserstoff binden kann. Außerdem tragen die Leichtmetalle zu einer weiteren Gewichtsverminderung bei. Die Volumenverminderung hat dazu geführt, dass die Gasdruckbehälter, die zunächst den gesamten Kofferraum einnahmen, heute als Behältnisse für die Metallhydridspeicherung des Wasserstoffs in einen doppelten „Sandwichboden" des Fahrzeugs gewandert sind.

Die Oberflächenvergrößerung spielte auch bei der Entwicklung der Elektroden eine entscheidende Rolle: Da es sich bei beiden Ausgangsstoffen (Wasserstoff und Sauerstoff) um Gase handelt, ist es für die Energieausbeute und die Stromflussmenge entscheidend, dass die Elektrodenoberflächen möglichst groß sind. Dies wird durch fein verteiltes Platin erreicht, welches auf die Elektrodenoberfläche aufgetragen wird.

Knallgas-Dompteure vor: die Chemie der Brennstoffzelle

Die Spitzfindigen unter Ihnen werden bestimmt beim Lesen des Textes im Kasten des letzten Kapitels stutzig geworden sein. Wasserstoffionen an der Anode und Oxidionen an der Kathode? War das bei der Elektrolyse im vorhergehenden Kapitel nicht umgekehrt, denn bei dieser wurden die Kationen zur Kathode und die Anionen zur Anode gezogen? Sie haben ja recht! Aber wir sind eben nicht mehr bei der Elektrolyse: Die Eselsbrücke gilt also nur für die Elektrolysen und muss für die Energie liefernden Prozesse der Akkumulatoren neu definiert werden. Es gilt die allgemeinere Definition (die dann aber auch wieder für die Elektrolyse gilt!): Oxidationsprozesse laufen an der Anode, Reduktionsprozesse an der Kathode ab. Wenn Sie das bei der Schmelzflusselektrolyse noch einmal überprüfen wollen: Die Aluminiumkationen wandern an die Kathode und werden dort zur Elektronenaufnahme, also zur Reduktion gezwungen. An der Anode läuft es eben umgekehrt.

Allgemein gilt: In der Elektrochemie sind die Anoden diejenigen Elektroden, an denen die Oxidation stattfindet. Die Kathode ist die Elektrode, an der die Reduktion abläuft.

In der „gezähmten" Knallgasreaktion der Brennstoffzelle werden Wasserstoffmoleküle an der Anode zu Wasserstoffionen (Protonen) oxidiert und Sauerstoffmoleküle an der Kathode zunächst zu Sauerstoff-(Oxid-)ionen reduziert. Im wässrigen Medium der Kathode entstehen Hydroxidionen.

Der Wasserstoff, genauer die Wasserstoffmoleküle (H_2) aus dem Gasdruckbehältnis oder dem Metallhydridschwamm werden durch die oben beschriebene Erwärmung und durch den Platinkatalysator auf der Elektrodenoberfläche veranlasst, beide Elektronen pro Molekül an die Anode abzugeben. Im Anodenraum bleiben jeweils zwei Protonen (H^+) zurück, die dann durch den Elektrolyten in den Kathodenraum wandern. Der Elektrolyt trennt Anoden- und Kathodenraum und damit die beiden Gase Wasserstoff und Sauerstoff voneinander. Er besteht häufig aus einer Polymermembran, welche nur für Wasserstoffionen durchlässig ist. Die Elektronen hingegen wandern durch den äußeren Stromkreis und versorgen einen Verbraucher mit elektrischer Energie. Die Elektronen wandern somit über den äußeren Stromkreis ebenfalls zum Kathodenraum, genauer: zur Kathode. Pro Sauerstoffatom werden zwei (also für ein Sauerstoffmolekül vier) Elektronen zur Reduktion benötigt. Es entstehen allerdings aufgrund der großen Oberfläche der Kathode zunächst keine Oxidionen (zweifach negativ geladene Sauerstoffionen), sondern – da Wasser als Reaktionsprodukt an der Kathode allgegenwärtig ist – zunächst Hydroxidionen (OH^--Ionen). Diese vereinigen sich dann mit den aus dem Anodenraum eingewanderten Protonen zu Wassermolekülen. Die treibende Kraft für die Wanderung der positiven Protonen vom Anoden- in den Kathodenraum liefert die Anziehung der negativen Hydroxidionen: Entgegengesetzte Ladungen ziehen sich an!

Die Brennstoffzelle ist eine umweltschonende, neuartige Technologie, die ausbaufähig für die Zukunft ist. Aber zukünftig wird das Hauptproblem sein, den Wasserstoff ökologisch und ökonomisch sinnvoll zu gewinnen. Denn um ihn zu gewinnen, muss Wasser elektrolytisch unter Energieaufwand gespalten werden.

VI. Moleküle, wohin man blickt

SCHON – und damit hat sich's (fast)

Molecula ist lateinisch und bedeutet *die kleine Masse*. Etwas untertrieben ist das schon, wenn man sich vergegenwärtigt, dass jeder von uns aus einer schier unendlich großen Zahl von Molekülen besteht. Und seien wir ehrlich: Da kommt schon wesentlich mehr als nur „die kleine Masse" zusammen!

Die Bandbreite ist aber auch unendlich groß: Ein klitzekleines Molekül ist die Grundlage für unsere Atmung – Sauerstoff (O_2). Und wie die Summenformel verrät, besteht dieses Molekül nur aus zwei Atomen. Auch der Hauptbestandteil der Luft, Stickstoff

Im Winter kann man den Atem sogar sehen.

(N_2), ist ein zweiatomiges Molekül. Hier ist die Masse so klein, dass diese Moleküle uns als Luft umgeben, die scheinbar nichts wiegt und deren Moleküle so klein sind, dass sie – passenderweise – nicht sichtbar sind. Auch das Wasser ist ein wichtiger Bestandteil unseres Körpers: Rund zwei Drittel Wasser bauen unseren Körper auf! H_2O ist ein dreiatomiges Molekül, ebenso wie das CO_2, welches wir mit jedem Atemzug ausatmen.

Woher stammt aber – neben dem Wasser – die Masse, die uns aufbaut? Welche Moleküle liefern eine solche Masse? Grundsätzlich muss man sagen, dass es die Menge macht: Beim Wasser haben wir gesehen, dass Wasser die Dichte von 1 g pro Kubikzentimeter hat und wir deshalb bei einem 100 Kilogramm schweren Menschen davon ausgehen können, dass etwa 60 Kilogramm seiner Masse aus Wasser bestehen (→ S. 13 ff.).
Allerdings sind bei den restlichen Molekülen solche dabei, die wirklich riesig sind, eben Riesen- oder Makromoleküle. Wir werden sie später genauer kennenlernen. Hier nur so viel: Es sind Moleküle, die aus mehreren Millionen, ja Milliarden Atomen aufgebaut sind. Diese Riesenmoleküle sind z. B. in Form von Proteinen (Eiweißen) Hauptbestandteil der Muskeln; Kohlenhydrate (Zucker) liefern uns als Brennstoffe die Energie für Bewegungen oder auch Denkprozesse, Fette isolieren den Körper und sind auch Brennstoffreserven. Schließlich die DNA, die Erbgutmoleküle, die in (fast) jeder Zelle vorhanden sind: Hier „sagen" mehrere Milliarden Atome jeder Zelle, wo's langgeht.

SCHON: Schwefel (S), Kohlenstoff (C), Wasserstoff (H), Sauerstoff (O) und Stickstoff (N) bauen einen Großteil der Moleküle auf, aus denen nicht nur der menschliche Körper besteht, sondern die insgesamt fast sämtliche organische Materie bilden. (→ S. 57 f.)
Bei allen handelt es sich um Nichtmetallatome. Diese sind über Atombindungen (Elektronenpaarbindungen, kovalente Bindungen) miteinander verknüpft. Das heißt, die Bindungen kommen durch die gemeinsame Nutzung von Elektronen zustande. Treibende Kraft hierfür ist die Edelgaskonfiguration.
Die Zahl der organischen Verbindungen, d. h. der Moleküle, übersteigt die Zahl der anorganischen Verbindungen (vor allem Salze) um ein Vielfaches.

Die Elektronen in der Atombindung sind die Kittsubstanz zwischen den Atomen (→ S. 55 ff.). Durch die gemeinsame Nutzung der Elektronen (Elektronen-Sharing) erreichen alle an der Bindung beteiligten Atome ein Elektronen-Oktett oder -Duett und besitzen somit Edelgaskonfiguration (Win-Win-Situation).

Polar oder unpolar, das ist hier die Frage

Wie im richtigen Leben, so spielt auch bei den Atomen innerhalb von Molekülen die Fähigkeit eine Rolle, aus der eingegangenen Verbindung das größte Kapital zu schlagen. Sind die Verbindungspartner gleichberechtigte Partner? Haben sie den gleichen Anteil an der Bindung?

> Bei den Atombindungen in den Molekülen unterscheidet man zwischen polaren und unpolaren Bindungen. Unterschiedliche (Nichtmetall-)Atome unterscheiden sich in ihrer Fähigkeit, die sich zwischen ihnen befindlichen Bindungselektronen einer Atombindung an sich zu ziehen. Ein Wert für diese Fähigkeit ist die Elektronegativität. Das Atom mit der höchsten Elektronegativität ist das Fluoratom.
> Bei unpolaren Atombindungen besitzen die Bindungspartner den gleichen oder einen ähnlichen Elektronegativitätswert.
> Bei polaren Atombindungen unterscheiden sich die Elektronegativitätswerte der Bindungspartner relativ stark.

Die Fähigkeit eines Atoms, innerhalb einer Atombindung die Bindungselektronen an sich zu ziehen, bezeichnet man als Elektronegativität eines Atoms. Ähnlich wie die Atommasse, die Temperaturskala nach Celsius oder die relative Masse von Edelsteinen in Karat, ist auch der Elektronegativitätswert als Bezugssystem zu betrachten. Den Bezugspunkt stellt hier das Fluoratom dar. Es hat den höchsten Elektronegativitätswert von 4,0. Dieser Wert ist allerdings nur bedingt aussagekräftig, da es *die* Elektronegativitätsskala nicht gibt. Je nach zugrunde liegender Berechnung diverser Chemiker werden leicht unterschiedliche Werte ermittelt.

Ohne bei diesen Werten zu sehr ins Detail zu gehen, bleibt festzuhalten, dass sich auch hier ein Blick in das Periodensystem lohnt: Lässt man die Edelgase außen vor – da sie ja in der Regel keine Bindungen eingehen und deshalb keine Elektronegativitätswerte besitzen –, steht das Fluor im PSE in der äußersten oberen rechten Ecke.

Da das Fluor eben den höchsten Elektronegativitätswert besitzt, d. h. die höchste Fähigkeit hat, Bindungselektronen an sich zu ziehen, liegt die Vermutung nahe, dass die Elektronegativität innerhalb der Perioden von links nach rechts zu- und innerhalb der Hauptgruppen von oben nach unten abnimmt. Diese Vermutung erweist sich tatsächlich als zutreffend.

So lässt sich in Anlehnung an die Diagonale, die wir im PSE von links oben nach rechts unten gezogen haben, um die Metalle von den Nichtmetallen zu trennen (→ S. 38 f.), bezüglich der Elektronegativität eine Diagonale von links unten nach rechts oben ziehen: Diese Diagonale mündet beim Fluor. Alle Elemente, bei denen man auf dem Weg zum Fluor auf dieser Diagonalen vorbeikommt, besitzen eine geringere Elektronegativität als Fluor.

Dies kann allerdings nur als Faustregel angewendet werden. Die dem Fluor direkt benachbarten Elemente Sauerstoff und Chlor haben – obwohl sie den gleichen Abstand zum Fluor haben – nicht die gleichen Elektronegativitätswerte (O = 3,5; Cl = 3). Der in diagonaler Nachbarschaft stehende Schwefel hat einen noch geringeren Wert als die eben genannten Elemente (S = 2,5).

Das am Beginn der hier eingeführten Diagonalen stehende Cäsium besitzt den geringsten Elektronegativitätswert (Cs = 0,7). Es bildet aber z. B. mit seinem auf der anderen Seite der Diagonalen stehenden Pendant Fluor kein Molekül, sondern ein Salz, da es ein (Alkali-)Metall ist. Ionenbindungen werden deshalb häufiger auch als extrem polare Atombindungen beschrieben (siehe unten).

Innerhalb einer Atombindung werden die Bindungselektronen gemeinsam genutzt. Bilden zwei Nichtmetallatome der gleichen Atomsorte ein Molekül, wie z. B. beim Sauerstoff (O_2) oder Stickstoff (N_2), besitzen diese Moleküle eine völlig **unpolare Atombindung**, da beide Atome auch die gleiche Elektronegativität besitzen. Beide Atome ziehen mit gleicher Intensität an den Bindungselektronen.

Gehen zwei Nichtmetallatome mit unterschiedlicher Elektronegativität eine Bindung ein, dann zieht einer der Bindungspartner die Bindungselektronen stärker zu sich. Der Bindungspartner mit der höheren Elektronegativität vereinigt dann mehr negative

Ladung auf sich, da er die negativen Elementarteilchen in Form der Bindungselektronen zu sich zieht. Dieser Bindungspartner wird also dabei negativer.

Der Bindungspartner, der eine geringere Elektronegativität, also eine geringere Fähigkeit zur Anziehung der Bindungselektronen besitzt, „verarmt" an negativer Ladung und wird dadurch positiver. Wir haben eine **polare Atombindung**, da der eine Pol der Bindung negativer ist und der andere Pol positiver. Die Polarität der Atombindung ist dabei umso größer, je unterschiedlicher die Elektronegativitätswerte, d. h., je größer ihre Differenz der Elektronegativitätswerte ist.

Die Elektronegativitätsdifferenz kann also einen Hinweis auf den Bindungstyp geben. Ist die Differenz gering (in der Regel geringer als 1,2), handelt es sich meist um eine Atombindung. Ist die Differenz groß (zwischen 1,8 und 2), wird eine Ionenbindung ausgebildet. Dazwischen gibt es eine große Vielfalt in den Übergängen zwischen den Bindungsarten, abhängig von den an der jeweiligen Bindung beteiligten Atomen.

So kann es zu Abweichungen von der vereinfachten Regel „Metall + Nichtmetall = Ionenbindung" kommen: Aluminiumfluorid ist der Regel entsprechend ein Salz, Aluminiumbromid ist entgegen der Regel ein Molekül mit polaren Atombindungen. Als Richtwert für den Übergang von einer polaren Atombindung zu einer Ionenbindung kann die Differenz der Elektronegativitätswerte von 1,4 oder 1,5 genommen werden. Er ist aber nicht mehr als ein grober Richtwert, denn die endgültige „Entscheidung" für die eine oder andere Bindungsart „fällen" die an der Bindung beteiligten Atome.

Die mit den zwei Polen: Dipole

> Dipole sind Moleküle mit (mindestens) einer polaren Atombindung, deren Eigenschaftsmerkmale aber vor allem auch von den geometrischen Gegebenheiten im Molekül abhängig sind: Zwei Pole in einem Molekül entstehen nur dann, wenn sie sich jeweils auf der anderen Seite eines Moleküls oder einer Molekülgruppe befinden.

Voraussetzung für **Dipole** sind polare Atombindungen. Aber nicht jedes Molekül, das eine polare Atombindung besitzt, ist automatisch ein Dipol! Neben den Bindungsverhältnissen – also welches Atom mit wie vielen Außenelektronen mit einem anderen Atom verknüpft ist und diese dabei Einfach-, Zweifach- oder Dreifachbindungen ausbilden – sind die geometrischen Gegebenheiten im Molekül entscheidend für die Ausbildung eines Dipols. Dabei ist mit „geometrischen Gegebenheiten" die räumliche Anordnung der Atome gemeint.

Bei zweiatomigen Molekülen – wie schon der eben beschriebene Sauerstoff oder auch der Stickstoff – kann es zwischen den Atomen nur eine Anordnung geben: Beide Atome befinden sich mit ihren Kernen auf einer Bindungsachse. Sie können deshalb nur einen Bindungswinkel von 180° einschließen. Sowohl beim Sauerstoffmolekül (O_2) als auch beim Stickstoffmolekül (N_2) kann kein Dipol vorliegen, da es sich hier um eine unpolare Atombindung handelt: Beide Atome besitzen die gleiche Elektronegativität. Sie ziehen also mit der gleichen Intensität an den Bindungselektronen.

Es gibt allerdings auch zweiatomige Moleküle mit einem 180°-Bindungswinkel, die eine polare Atombindung einschließen. Z. B. alle Halogenwasserstoffmoleküle. Das ist ein Halogenatom aus der VII. Hauptgruppe, das mit einem Wasserstoffatom verbunden ist. Die Polarität der Bindung ist zwischen Wasserstoff und Fluor am größten, aber auch zwischen Wasserstoff und Chlor bzw. Brom und Iod ist die Differenz groß genug, dass man von einer polaren Atombindung sprechen muss.

Somit befindet sich auf der einen Seite der Bindungsachse ein Atom mit hoher Elektronegativität (z. B. Chlor), das die Bindungselektronen stärker zu sich zieht und damit negativer wird. Auf der anderen Seite der Bindungsachse befindet sich ein Atom mit niedriger Elektronegativität (Wasserstoff), das an Elektronen verarmt und damit positiver wird. Wir haben es hier mit einem **echten Dipol** zu tun: Ein negativer Pol auf der einen Seite, ein positiver auf der anderen Seite. (Wenn es „echte" Dipole gibt, muss es auch „unechte" geben, doch dazu später mehr!)

Die Pole werden entsprechend markiert und da das Positivzeichen (+) den Kationen und das Negativzeichen (–) den Anionen vorbehalten ist, musste zur besseren und eindeutigen Unterscheidung für die Polarisierung der Dipole ein neues Zeichen gefunden werden. Vor ein Positiv- bzw. Negativzeichen wird deshalb das Zeichen für ein kleines Delta („δ") eingesetzt: „δ^+" für den positiven Pol am Wasserstoffatom und „δ^-" für den negativen Pol am Chloratom beim Beispiel des Chlorwasserstoffmoleküls.

Diese Polarität wird in der Darstellung häufig noch dadurch unterstrichen, dass über das bindende Elektronenpaar (bzw. die bindenden Elektronenpaare) ein Dreieck gelegt wird, das mit seinem breiteren Ende auf das Atom zeigt, das die höhere Elektronegativität hat. Dieses Atom stellt den negativen Pol dar:

$$H \blacktriangleleft \overline{\underline{Cl}} \quad \text{oder} \quad \overset{\delta^+}{H} - \overset{\delta^-}{\overline{\underline{Cl}}}$$

Bei dreiatomigen Molekülen ist die Festlegung auf zwei Pole schwieriger. Kohlenstoffdioxid (CO_2) hat als zentrales Atom das Kohlenstoffatom. An diesem sind zwei Sauerstoffatome jeweils über eine Doppelbindung gebunden. Diese Bindungen sind jeweils polar, da Sauerstoff eine höhere Elektronegativität besitzt als Kohlenstoff (Sauerstoff steht im Periodensystem näher am Fluor als Kohlenstoff). Damit tragen die Sauerstoffatome jeweils einen negativen Pol und das Kohlenstoffatom den positiven Pol. Da aber alle drei Atome in einer Bindungsachse liegen, ist die Festlegung, wo nun insgesamt der positive bzw. der negative Pol jeweils liegen, nicht möglich: Die beiden negativen Sauerstoffpole haben ihren Mittelpunkt eben in der Mitte und diese negative Mitte ist das Kohlenstoffatom – und das ist die positive Mitte. Damit fallen der positive und der negative Pol aufeinander, sie liegen sich nicht gegenüber. Damit liegt kein Dipol vor.

$$\overset{\delta^-}{O} = \overset{\delta^+}{C} = \overset{\delta^-}{O}$$

Die Voraussetzung für einen Dipol ist zwar gegeben, denn polare Atombindungen sind vorhanden, doch stimmen die geometrischen Gegebenheiten nicht. Die räumliche Anordnung der Atome sorgt dafür, dass trotz polarer Atombindung kein Dipolmoment vorliegt.

Ein Knick im Wassermolekül – entscheidend für das Leben

Wasser ist ein Paradebeispiel für ein Dipolmolekül. Seine ebenso vielfältigen wie nützlichen und lebensnotwendigen Eigenschaften werden bedingt durch die geometrischen Gegebenheiten im Molekül: Die Bindungsachsen zwischen den beiden Wasserstoffatomen und dem Sauerstoffatom schließen einen Bindungswinkel von 104,5° ein. Dieser „Knick" im Molekül sorgt dafür, dass Wasser Dipoleigenschaften besitzt.

Wasser ist ein dreiatomiges Molekül wie Kohlenstoffdioxid. Im Vergleich zum Kohlenstoffdioxid ist die Differenz der Elektronegativitätswerte zwischen dem zentralen Sauerstoffatom und den beiden Wasserstoffatomen noch größer. Das heißt, es besitzt noch stärker polare Atombindungen. Der positive Pol liegt jeweils bei den Wasserstoffatomen und der negative Pol beim Sauerstoffatom, da es den höheren Elektronegativitätswert hat. Die Umstände wären die gleichen wie beim Kohlenstoffdioxid: Wenn der Bindungswinkel zwischen den drei Atomen ebenfalls 180° betragen würde, würden positiver und negativer Pol zusammenfallen. Der Winkel, den die beiden Wasserstoffatome einschließen, ist aber wesentlich kleiner, er liegt bei 104,5°. Das Wassermolekül ist also geknickt. Woher rührt dieser Knick?

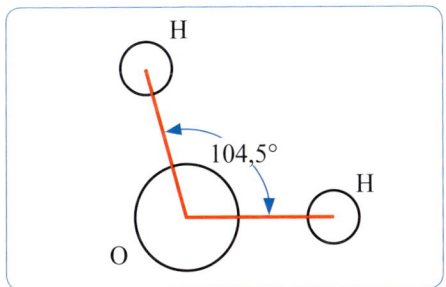

Das Sauerstoffatom im Wassermolekül hat zwei seiner sechs Außenelektronen für die Bindung der beiden Wasserstoffatome zur Verfügung gestellt. Die Wasserstoffatome steuern jeweils ihr Außenelektron bei, um die Elektronenpaarbindung zwischen den Atomen perfekt zu machen. Die vier nicht an den Bindungselektronenpaaren beteiligten Außenelektronen des Sauerstoffatoms bleiben als zwei freie Elektronenpaare dem Sauerstoffatom zugeordnet. Da sich gleiche Ladungen gegenseitig abstoßen, wirken zwischen den beiden freien Elektronenpaaren und den Bindungselektronenpaaren zu den Wasserstoffatomen Abstoßungskräfte. Die bindenden und die freien Elektronenpaare versuchen einen möglichst großen Abstand zueinander einzunehmen. Auch hier nehmen die freien Elektronenpaare und die Bindungselektronen zu den beiden Wasserstoffatomen einen möglichst großen Abstand ein. Dies entspricht der geometrischen Form des Tetraeders.

Da sich die beiden freien Elektronenpaare aufgrund ihrer stärkeren negativen Ladung gegenseitig noch stärker abstoßen, werden die bindenden Elektronenpaare zu den Wasserstoffatomen zusammengedrückt. Der eigentliche Tetraederwinkel liegt bei 109°. Im

Wassermolekül wird dieser durch die Wechselwirkung der freien Elektronenpaare im Sinne der gegenseitigen Abstoßung auf 104,5° gestaucht. Für die Beschreibung des räumlichen Baus eines Moleküls macht man sich somit das sog. **Elektronenpaarabstoßungsmodell** zunutze. Daraus ist der Knick im Wassermolekül abzuleiten.

Dieser Knick ist Voraussetzung dafür, dass Wasser – im Vergleich zum ebenfalls dreiatomigen Kohlenstoffdioxid – ein Dipol ist. Dieser Dipolcharakter ist es, der dem Wasser eine herausragende Rolle mit den schon oben erwähnten vielfältigen, nützlichen und lebensnotwendigen Eigenschaften zukommen lässt.

$$H^{\delta^+} \!\! \underset{H^{\delta^+}}{\overset{}{>}} O^{\delta^-}$$

Wasser ist letztlich wegen des Knicks universelles Lösungsmittel, Transportmittel, Baustoff und hat wärmeregulatorische Eigenschaften. Der Knick sorgt dafür, dass Wasser auch in noch so hohe Baumwipfel transportiert werden kann, ein See nicht bis nach unten hin zufriert, jede Schneeflocke einzigartig in ihrer Struktur ist, Wasser eine Oberflächenspannung und eine vergleichsweise hohe Siedetemperatur hat und und und …

Bevor diese Phänomene erläutert werden, ist es wichtig, sich mit den Kräften auseinanderzusetzen, die aufgrund des Knicks zwischen Wassermolekülen wirken.

Ohne „intra" nix „inter": Der Knick im Wasser sorgt für einen engen Kontakt zwischen Molekülen

Während als kleinste chemische Einheit in den hinter Ihnen liegenden Kapiteln dieses Buches meist das Atom betrachtet wurde, müssen Sie nun Ihr Augenmerk verstärkt auf eine größere Dimension lenken. Während das bei Salzen noch schwerfällt, liegen die Verhältnisse bei den Molekülen etwas anders (und einfacher): Wenn wir von Summenformeln wie O_2, N_2, H_2O oder CO_2 sprechen, dann ist dies eine abgeschlossene Einheit, eine Moleküleinheit. Bei einem Salzkristall haben wir unabhängig von seiner Größe eine mehr oder weniger große Menge an Elementargruppen, die keine abgeschlossenen Einheiten darstellen. Da die Anziehungskräfte der Ionen nach allen Seiten wirken, ist jede Elementargruppe eines Salzes mit vielen anderen Elementargruppen des gleichen Salzkristalls untereinander verbunden.

Die abgeschlossene Einheit eines zwei-, drei- oder mehratomigen Moleküls wirft die Frage auf: Was ist zwischen den Molekülen?
Was sich zwischen den Molekülen, also intermolekular, abspielt, z. B. welche Kräfte wirken, ist entscheidend dadurch geprägt, was innerhalb des Moleküls, also intramolekular, an Kräfteverhältnissen zwischen den das Molekül aufbauenden Atomen wirkt. Sie haben erfahren, welche Voraussetzungen innerhalb des Wassermoleküls erfüllt sein müssen – polare Atombindungen und ein Knick durch Elektronenpaarabstoßung als intramolekulare Verhältnisse –, um als Dipol bezeichnet werden zu können. Dies führt zur Ausbildung von intermolekularen Wechselwirkungen, also zu Wechselwirkungen zwischen den Molekülen, den sog. **Wasserstoffbrückenbindungen**.

Gegensätzliche Ladungen ziehen sich an, das haben Sie im Falle der Ionenbindung (→ S. 51 f.) bereits kennengelernt. Dieses Leitprinzip gilt sowohl für diese „echten" Ladungen (die durch die Überzahl oder Unterzahl von Elektronen im Verhältnis zu den Protonen im Kern zustande kommen) als auch für die Ladungen in einem Dipol, die durch unterschiedliche Elektronegativitätswerte und die damit verbundene Fähigkeit eines Atoms zustande kommen, Bindungselektronen an sich zu ziehen. Man spricht in diesem Fall nicht von „unechten" Ladungen, sondern von Teilladungen.

Ein Molekül ist ein abgeschlossenes Teilchen. Sie haben nun Gelegenheit, die Kräfte genauer kennenzulernen, die die Wassermoleküle zusammenhalten und die z. B. beim Sieden überwunden werden müssen (→ S. 20 f.). Die gegensätzlichen Teilladungen unterschiedlicher Wassermoleküle ziehen sich gegenseitig an. Es wirken also Anziehungskräfte zwischen unterschiedlichen Molekülen als **zwischenmolekulare Kräfte**.

Die negativ teilgeladenen Sauerstoffatome des einen Wassermoleküls ziehen die positiv teilgeladenen Wasserstoffatome anderer Wassermoleküle an. Die Wasserstoffatome schlagen eine Brücke zu Wassermolekülen in der unmittelbaren Nachbarschaft und man spricht von Wasserstoffbrückenbindungen. Wohlgemerkt: Es sind keine Bindungen zwischen <u>Atomen</u> in ein und demselben Molekül, sondern Bindungen zwischen <u>Molekülen</u>.

Dabei ist die Stärke der Anziehung zwischen den Teilladungen unterschiedlicher Wassermoleküle und damit ihre Bindung untereinander nicht annähernd so groß wie die Anziehung der Ladungen von Kationen und Anionen in der Ionenbindung. Nichtsdestotrotz ist die Summe dieser Anziehungskräfte nicht unerheblich und Sie werden noch viele weitere Beispiele von Wasserstoffbrückenbindungen aus Ihrer Erfahrungswelt in späteren Kapiteln kennenlernen (→ S. 300 ff., S. 323 ff. und 339 ff.).

Schneeflocken, aufgenommen von Schneeforscher Wilson Bentley

Hier nur die Beispiele zum Wasser: Jede Schneeflocke, die vom Himmel fällt, ist einzigartig in ihrer Struktur. Zwar wird jede Flocke durch die gleichen Bestandteile, nämlich Wassermoleküle, aufgebaut, aber ihre gegenseitige Anziehung in Form der Wasserstoffbrückenbindungen hat eine regelmäßige Anordnung der Moleküle zur Folge. Diese Anordnung wird durch die tiefen Temperaturen im wahrsten Sinne des Wortes eingefroren. Die sich daraus ergebenden geometrischen Grundformen – sog. *Cluster* – bilden Einheiten, um die herum weitere Cluster in unterschiedlicher Anordnung „wachsen". So erhält jede Schneeflocke ihren charakteristischen „Fingerabdruck"

in Form dieser Clusterordnung. Diese Clusterordnung wird hervorgerufen durch die Wasserstoffbrückenbindungen, die die Wassermoleküle während des Erstarrens ausgerichtet haben.

Apropos erstarren: Eis hat eine geringere Dichte als Wasser, deshalb schwimmt es auf der Wasseroberfläche. Die eben beschriebene Clusterbildung wirkt sich hier ebenfalls aus. Bei ihrer Bildung richten sich die Wassermoleküle durch die Wasserstoffbrückenbindungen bedingt aus und bilden während des Erstarrungsvorgangs feste Gitterstrukturen aus, was eine Volumenvergrößerung (ins Gefrierfach gelegte verschlossene Wasserflaschen platzen deswegen) und mit dem größeren Volumen bei gleicher Masse ebenfalls eine geringere Dichte zur Folge hat. Fast alle anderen Stoffe ziehen sich beim Erstarren zusammen, sie verringern also ihr Volumen, weil die sie aufbauenden Teilchen – Verzeihung: Moleküle – enger zusammenrücken.

Da Wasser sich nicht an diese „Vorgabe" hält, spricht man hier von der **Anomalie des Wassers** (aus dem Griechischen *anomalos* = abweichend).

Eisschollen schwimmen.

Diese geringere Dichte von Eis hat auch zur Folge, dass das Wasser eines Sees immer von oben her zufriert. Hinzu kommt noch die dichteste Packung der Wassermoleküle bei 4°C: Hier hat Wasser seine größte Dichte – was im Verhältnis zu anderen Stoffen auch nicht ganz normal ist – also auch zur Anomalie des Wassers gehört. Somit sinkt 4°C kaltes Wasser in einem See immer nach unten und deshalb – vorausgesetzt der See ist tief genug – kann der See nicht gänzlich zufrieren, was für die darin lebenden Organismen nicht ganz uninteressant ist.

Die Wasserstoffbrückenbindungen sorgen auch dafür, dass die Wassermoleküle wie Kletten aneinander hängen, wenn sie in die Höhe gezogen werden. Auf diese Art und Weise lässt sich erklären, wieso es so etwas wie **Kapillarkräfte** (oder auch Kohäsionskräfte) gibt: Stellt man z. B. eine dünne Glasröhre in eine Schale mit Wasser, steigt das Wasser in dieser dünnen Röhre (= Kapillare) an und zwar über den sie umgebenden Wasserspiegel.

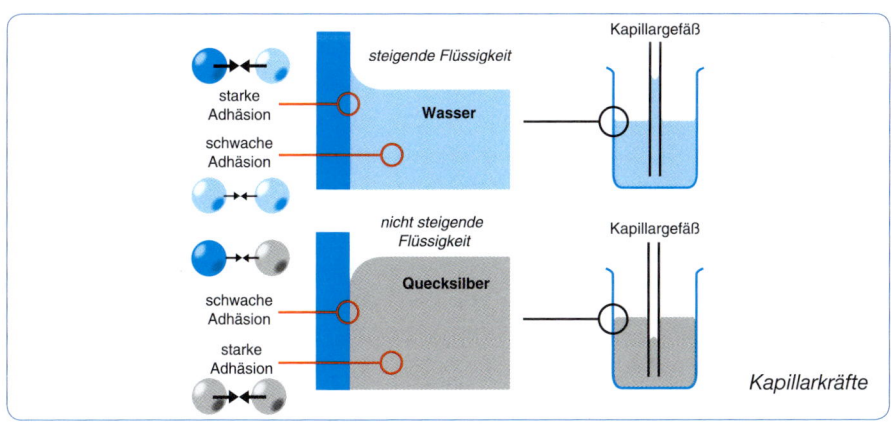

Querschnitt durch einen Baumstamm

Ganz viele solcher Röhren, eng aneinander gestellt, ergeben – mit viel Fantasie, aber die haben Sie ja – einen Baumstamm. Jede einzelne Röhre ist aus einer Vielzahl an Zellen aufgebaut, die im Baumstamm für den Wassertransport aus den Wurzeln in die Blätter verantwortlich und auf diesen Transport spezialisiert sind. Hier werden die Wassermoleküle über bestimmte chemische Prozesse zwar auch von unten aus Richtung Wurzel in diese Röhren gedrückt, aber im Frühjahr und vor allem im Sommer saugt der über die Blattoberflächen verdunstende Wasserstrom von oben an diesen Wassersäulen innerhalb der Wasserröhren. Wären die Wasserstoffbrückenbindungen nicht, würde diese Wassersäule aufgrund der Belastungen reißen. Dann würde in dieser Wassersäule nicht Wasser, sondern Luft transportiert werden, was für den Transportprozess eine ungleich größere Belastung bedeuten würde bzw. ihn ganz zum Erliegen bringen könnte.

Warum bildet Wasser Tropfen? Eine doch selbstverständliche Sache! Aber sie ist für sich selbst stehend eigentlich gar nicht verständlich – soweit man nichts von den Wasserstoffbrückenbindungen und der daraus resultierenden **Oberflächenspannung** des Wassers weiß. Ein herabfallender Tropfen nimmt die bekannte und typische Tropfenform an. Sie ist die aero-

dynamisch günstigste Form: Der Tropfen zerfällt nicht in seine Einzelteile, zerfällt nicht in einzelne Wassermoleküle, sondern die Wassermoleküle im Inneren des Tropfens werden durch die Wasserstoffbrückenbindungen zusammengehalten und die außen liegenden Wassermoleküle werden von den innen liegenden Wassermolekülen nach innen gezogen und bilden so nach außen abgegrenzt die Tropfenoberfläche. Geformt wird der Tropfen durch die ihn nach unten ziehende Gewichtskraft und die ihm entgegenströmende Luft.

Ein Tropfen auf der heißen Herdplatte formt sich zu einer Kugel und wird immer kleiner: Die unten liegenden Moleküle stehen in direktem Kontakt mit der heißen Herdplatte und verdampfen. In diesem Bereich entsteht ein Wasserdampfpolster, auf dem der Tropfen auf der Herdplatte hin und her saust. Die im Tropfen verbliebenen Wassermoleküle ziehen sich alle gegenseitig an. Daraus resultiert eine nach innen gerichtete Anziehungskraft auf die außen liegenden Wassermoleküle. So entsteht die Oberflächenspannung. Aus geringster Oberfläche und größtem Volumen resultiert die Kugelform. Das funktioniert auch ohne heiße Herdplatte auf imprägnierten Oberflächen, wie z. B. auf einem gut gewachsten Autolack.

Machen Sie einmal selbst folgenden Versuch: Füllen Sie ein Glas randvoll mit Wasser, sodass sich ein Wasserberg bildet. Lassen Sie dann eine Rasierklinge oder eine Büroklammer darauf schwimmen – dies ist ein Paradebeispiel für die Oberflächenspannung. Dort wo es abgegrenzte und mehr oder weniger zweidimensionale Wasseroberflächen gibt, werden die an der Wasseroberfläche befindlichen Wassermoleküle nach innen gezogen und es ergibt sich an der Grenze zwischen Luft und Wasser eine Haut, die beim unkontrollierten Sprung vom Dreimeterbrett schon weniger als dünne Haut, sondern vielmehr als harte Oberfläche zu spüren ist (→ S. 20 f.).

Auch hier gibt es in der Natur viele „Nutznießer": Vom Wasserläufer über einen Großteil von Wasserpflanzen, die ihre Schwimmblätter auf der Wasseroberfläche ausbreiten, bis hin zu Wirbeltieren wie die „Jesus-Echse" (in Fachkreisen als Stirnlappen- oder Helmbasilisk bezeichnet) und Lotosvögeln oder Lilienläufern (in Fachkreisen auch als Blatthühnchen bezeichnet), die solche überdimensionierten Füße bzw. Zehen haben, dass sie auf der Wasseroberfläche selbst bzw. auf den Blättern von Wasserpflanzen laufen können.

Wasserläufer

Dass die Oberflächenspannung auch hinderlich sein kann, werden Sie erleben, wenn Sie sich davon überzeugen können, dass waschaktive Substanzen die Oberflächenspannung herabsetzen müssen, um die Reinigungswirkung zu verbessern (→ S. 344 ff.).

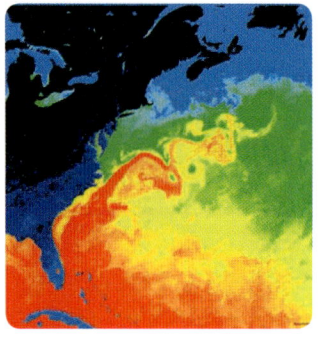

Ein letzter Aspekt, der sich auf den Knick der Wassermoleküle und die daraus resultierenden Wasserstoffbrückenbindungen zurückführen lässt, ist die **spezifische Wärmekapazität** des Wassers: Wasser kann große Wärmemengen aufnehmen und langsam wieder abgeben. Die wärmende Wirkung des Golfstroms ist darauf zurückzuführen und die kühlende Wirkung des Wassers, z. B. in Form von Schweiß.

Der Golfstrom vor der nordamerikanischen Ostküste

Salze lösen sich im **Lösungsmittel Wasser** (→ S. 16 ff.). Wenn sich das Salz auflöst, ist es aber keineswegs verschwunden. Denn durch einen Geschmackstest lässt es sich beweisen: Die Salzteilchen sind zwar nicht mehr sichtbar, aber sie lassen sich schmecken.

> Beim Vorgang der Hydratisierung werden Kationen und Anionen eines Salzkristalls durch Wassermoleküle in Form einer Hydrathülle in Lösung gehalten.

Das, was beim Lösen der Salzkristalle in Wasser geschieht, ist genauer betrachtet eine chemische Reaktion: Wassermoleküle sind als Dipole (→ S. 104 f.) in der Lage, die Ionen aus dem Salzkristall zu lösen. Dabei richten sich die Wassermoleküle mit ihrer positiv teilpolarisierten Seite (den Wasserstoffatomen) den negativ geladenen Anionen des Salzes zu. Das negativ teilpolarisierte Sauerstoffatom der Wassermoleküle richtet sich den positiv geladenen Kationen des Salzes zu. Hier gilt wie bei den Ionen in der Ionenbindung der Grundsatz: Entgegengesetzte Ladungen ziehen sich an.

Die Wassermoleküle umgeben so die Anionen und Kationen von allen Seiten und halten sie in Lösung. Diesen Vorgang bezeichnet man als **Hydratisierung**. Die Hülle aus Wassermolekülen um die einzelnen Ionen nennt man **Hydrathülle**. Es handelt sich hier also um Anziehungskräfte zwischen Molekülen und Ionen. Es sei noch einmal darauf hingewiesen, dass es sich bei den Ionen um „echte" Ladungen (durch die Über- bzw. Unterzahl der Elektronen bezüglich der Protonen im Kern) handelt. Bei den Wassermolekülen handelt es sich um Teilladungen. Dies ist bedingt durch die unterschiedliche Elektronegativität der Wasserstoff- und Sauerstoffatome und den Knick im Wassermolekül.

VII. Säuren: Es darf gelacht werden

„Sauer macht lustig!" Diesen Ausspruch kennen Sie bestimmt. Im chemischen Sinne verweist er auf eine große und vielfältige Stoffgruppe, deren Mitgliedern man unter anderem die Eigenschaft zuschreibt, sauer zu schmecken: die Säuren. Das lässt sich in der Küche – und nur dort! – auch ohne Sicherheitsbedenken problemlos überprüfen: Der bestens bekannte Essig schmeckt sauer, denn er enthält Essigsäure, die Zitrone enthält Zitronensäure und im Mineralwasser sprudelt mehr oder weniger viel Kohlensäure.

Essig

Mineral-wasser

Zitronen

Zieht man den Radius um Ihre Küche etwas größer, dann fallen Ihnen bestimmt noch andere Säuren ein: Man sollte nicht zu viele Walnüsse essen, denn sie enthalten Blausäure. Der Arzt hat Ihnen vielleicht geraten, etwas gegen den zu hohen Harnsäurespiegel zu tun. Ranzige Butter riecht fürchterlich, was der frei werdenden Buttersäure zuzuschreiben ist. Sie kennen die Ascorbinsäure wohl eher unter dem Namen Vitamin C. Und wenn Sie die Inhaltsstoffe auf dem einen oder anderen Lebensmittel studieren, begegnet Ihnen die Benzoesäure als Konservierungsmittel. Die Tatsache, dass Ihr Joghurt rechtsdrehende Milchsäure enthält, hat nichts damit zu tun, dass diese Moleküle sich im Kreis tanzend in Ihrem Joghurt bewegen. Allerdings muss diese Erklärung für ein späteres Kapitel aufgespart werden (→ S. 283 ff.).

Joghurt

Walnüsse

Butter

In nahezu jeder Zelle Ihres Körpers gibt es die DNS, die Desoxyribonukleinsäure, und die Werbung verspricht Ihnen, dass ein bestimmtes Produkt reich an essenziellen Fettsäuren ist. Mit Acetylsalicylsäure versuchen Sie, Ihre Kopfschmerzen zu bekämpfen, und apropos „kämpfen": Ameisen bekämpfen ihre Gegner mit Ameisensäure. Und natürlich sollte auch als Schlagwort nicht der (veraltete) Begriff des **sauren Regens** fehlen.

Zu dieser ziemlich großen Stoffgruppe gehören vielleicht noch andere alte Bekannte aus Ihrer Schulzeit: Die Salzsäure oder auch die Schwefelsäure sind Ihnen wahrscheinlich zumindest namentlich bekannt. Vielleicht klingen Ihnen auch noch Namen wie Salpetersäure und Phosphorsäure im Ohr.

Nachfolgende Seiten wollen versuchen, ein wenig Ordnung in die Vielfalt dieser Säuren zu bringen.

Echt ätzend: Eigenschaften der Säuren

Neben dem sauren Geschmack – der eben nur bei den in Lebensmitteln üblichen Säuren getestet werden darf! – sind Säuren dafür bekannt, dass sie ätzend wirken.

> Die meisten Säuren schmecken sauer. Daneben ist häufig ihre ätzende Wirkung bekannt. Von Verätzungen spricht man, wenn lebendes Gewebe oder Oberflächen angegriffen werden. Säuren können fest, flüssig oder gasförmig sein. Wenn man von Säuren spricht, meint man aber meist die flüssigen sauren Lösungen. Säuren bewirken bei Pflanzenfarbstoffen eine Farbänderung.

Wenn bei Jugendlichen etwas „echt ätzend" ist, dann wird es negativ beurteilt. Hier schwingt im allgemeinen Sprachgebrauch etwas mit, was die Säuren auch im chemischen Sinne in Verruf gebracht hat: Alles, was mit ihnen zu tun hat, wird als negativ eingestuft. Verhelfen Sie den Säuren zu einem besseren Image und helfen Sie mit, das Bild der Säuren in der Öffentlichkeit wieder ins richtige Licht zu rücken! So oder so ähnlich könnte eine Imagekampagne für die Säuren lauten. Wir wollen es aber nicht übertreiben, vielleicht haben Sie dennoch nach der Lektüre der nächsten Kapitel ein etwas anderes Bild von den Säuren.

Eine weitere Geschichte vom Geben und Nehmen: Was mit Elektronen geht, funktioniert mit Protonen erst recht!

„Ein immerwährendes Geben und Nehmen" war die Überschrift des Kapitels, welches Ihnen die Rolle der Elektronen bei den Salzbildungsreaktionen näherbrachte (→ S. 43 ff.): Metalle als Elektronendonatoren und Nichtmetalle als Elektronen-

akzeptoren. Und hier ist nun das schon dort angekündigte „Donator-Akzeptor-Prinzip"
in seiner zweiten Version:

> Säuren sind Ionen oder Moleküle, die bei chemischen Reaktionen Protonen ab-
> geben (Protonendonatoren). Basen sind Ionen oder Moleküle, die bei chemi-
> schen Reaktionen Protonen aufnehmen (Protonenakzeptoren; von lat. *donare =
> schenken, geben* bzw. von lat. *accipere = annehmen*).
> In Säuren und Basen liegen Ladungsträger, also Ionen vor, was die elektrische
> Leitfähigkeit der Säuren und Basen bedingt.
> Bei der Reaktion von Säuren mit Wasser entstehen Hydroniumionen. Basen
> bilden bei deren Reaktion mit Wasser Hydroxidionen. Die Hydroniumionen sind
> die charakteristischen Teilchen der Säuren. Die Hydroxidionen sind die charak-
> teristischen Ionen der Basen. Wasser ist als Ampholyt in der Lage, ein Proton
> aufzunehmen bzw. auch ein Proton abzugeben.

Dieses Prinzip lässt sich relativ einfach auch auf die Säuren und Basen übertragen: Da
es in Bezug auf die Elektronen keine Elektronenabgabe ohne Elektronenaufnahme gibt
(keine Oxidation ohne Reduktion!), kann für die Säuren und Basen festgestellt werden,
dass es keine Protonenabgabe ohne Protonenaufnahme gibt! Sie können sich freuen,
dafür hat die Chemie keine gesonderten Begriffe eingeführt. Sie müssen sich also kein
neues Begriffspaar merken, das – wie Oxidation und Reduktion – die Richtung des
Protonentransfers wiedergibt!

Es muss allerdings festgehalten werden, dass wir uns bei den Protonen zwar
auch auf der Ebene der Elementarteilchen befinden, aber im Hinblick auf die Säure-
Base-Reaktionen bei den Protonen immer im Sinne von Wasserstoffionen (also ein
Wasserstoffatom ohne sein Außenelektron) gesprochen wird. Hinzu kommt, dass
Säure-Base-Reaktionen in der Regel in wässrigem Medium ablaufen. Deshalb
sind Säuren in den allermeisten Fällen saure Lösungen. Auf S. 84 f. ist bereits der
Begriff *Lyse* im Sinne von *Auflösen* erläutert worden. Da eben saure und basische
Lösungen Ionen enthalten, die durch das Vorhandensein von Wasser beweglich
sind, wird eine Protonenabgabe und Protonenaufnahme durch das Wasser ermög-
licht. Man spricht deshalb bei Säure-Base-Reaktionen allgemein von **Protolysen** oder

Protonenübergangsreaktionen. (Allerdings muss das Wasser für eine Säure-Base-Reaktion im Sinne von Brönsted nicht zwingend vorhanden sein.)

Das Lösungsmittel Wasser ist aber bei den Protolysen mehr als nur ein Lösungsmittel, welches die Wasserstoffionen und die anderen Ionen, die wir noch kennenlernen werden, in Lösung halten, sondern es ist selbst auch Reaktionspartner.

Dies soll an einem sehr klassischen Beispiel erläutert werden:

Chlorwasserstoff (HCl) ist ein Gas, das aus einem Atom Wasserstoff und einem Atom Chlor besteht. Da beides Nichtmetallatome sind, sind auch beide über eine Einfachbindung miteinander verbunden. Neben diesem Bindungselektronenpaar hat das Chloratom noch drei freie Elektronenpaare (→ S. 55 ff.). Von S. 102 ff. wissen Sie, dass das Chloratom eine wesentlich höhere Elektronegativität aufweist als das Wasserstoffatom. Damit haben wir eine typische polare Atombindung und auch ein Dipol, da das Chloratom eine negative Teilladung und das Wasserstoffatom eine positive Teilladung trägt (→ S. 104 ff.).

Es lässt sich eine ungeheure Menge von Chlorwasserstoff in Wasser einleiten und lösen (genau: 525 Liter Chlorwasserstoff in einem Liter Wasser!), dabei entsteht eine saure Lösung, die über bestimmte Farbstoffe (= Indikatoren) nachweisbar ist.

Es hat eine Protonenübergangsreaktion stattgefunden, bei der von den Chlorwasserstoffmolekülen das jeweilige Wasserstoffion (= Proton) auf Wassermoleküle übertragen wurde. Die Wassermoleküle sind dazu in der Lage, weil das Sauerstoffatom im Wassermolekül zwei freie Elektronenpaare hat, welche wiederum in der Lage sind, ein Proton aufzunehmen. Und hier wird deutlich, was oben ausgeführt wurde: Wasser ist nicht nur Lösungsmittel, sondern auch Reaktionspartner. Definitionsgemäß ist nach Brönsted nun der Chlorwasserstoff der Protonendonator und Wasser der Protonenakzeptor.

Chlorwasserstoff-   Wasser-   Chloridion   Oxoniumion
molekül   molekül

Die Wassermoleküle stellen als Protonenakzeptoren die Base dar und der Chlorwasserstoff als Protonendonator die Säure. Das neu entstandene H_3O^+-Teilchen wird als **Hydroniumion** bezeichnet.

Sie werden auch die Bezeichnung Oxoniumion finden. Es trägt allerdings meist mehr zur Verwirrung bei. Nur so viel: Der Unterschied zwischen beiden besteht darin, dass das Hydroniumion ein hydratisiertes Oxoniumion ist, d. h., da wir es mit wässrigen Lösungen zu tun haben, tut das Lösungsmittel Wasser das, was es mit Ionen immer tut: Es umgibt sie mit einer Hydrathülle (→ S. 108 ff.). In diesem Buch bleiben wir beim Begriff Hydroniumion.

Bisher hatten Sie bei den Salzbildungsreaktionen einatomige Nichtmetallanionen und Metallkationen kennengelernt (→ S. 45 ff.). Das Hydroniumion ist nun eine neue Form von Ion: Es ist ein vieratomiges und geladenes Molekül. Die Darstellung der Ladung erfolgt entweder so, dass um das Molekül eine eckige Klammer gelegt und die Ladung rechts oberhalb der Klammer eingefügt wird: Das Molekül erhält somit als Gesamtkomplex betrachtet die Ladung. Oder die Ladung ist innerhalb des geladenen Moleküls einem bestimmten Atom im Verband zugeordnet. Im Fall des Hydroniumions sitzt die positive Ladung am Sauerstoffatom. Dann wird die eckige Klammer aber weggelassen und die in diesem Fall positive Ladung wird direkt dem Sauerstoffatom zugeordnet.

Kurzer Exkurs: Wie lässt sich die Zuordnung der positiven Ladung im Hydroniumion zum Sauerstoffatom nachvollziehen? Gedanklich werden dabei die bindenden Elektronenpaare zwischen Sauerstoffatom und den drei Wasserstoffatomen in der Mitte geteilt. Jedes Atom bekommt das Elektron gedanklich zurück, das es in die Bindung mit eingebracht hat. Bei den Wasserstoffatomen ist damit der Zustand erreicht, der dem Zustand und der Hauptgruppenzugehörigkeit aus dem Periodensystem entspricht: Alle haben ein Außenelektron und sind damit gedanklich nach außen hin elektrisch neutral. Beim Sauerstoffatom ist das etwas anders: Zählt man die drei Elektronen aus den jeweils drei Einfachbindungen zu den beiden freien Außenelektronen hinzu, kommt man auf nur fünf Elektronen, was eben nicht dem Zustand aus dem Periodensystem entspricht. Laut Hauptgruppenzugehörigkeit müsste der Sauerstoff sechs Außenelektronen haben. Dem Sauerstoffatom fehlt also ein Elektron und es erhält deshalb die positive Ladung.

Formal lässt sich diese Rechnung auch mit dem Protonenübergang aufmachen: Das neutrale Wassermolekül bekommt eine positive Protonenladung und wird dadurch positiv. Das neutrale Chlorwasserstoffmolekül gibt ein Proton ab. Dabei bleibt das Bindungselektron aus der Einfachbindung, das das Wasserstoffatom mit in die Bindung eingebracht hat, beim Chloratom. Dadurch hat das Chloratom ein Elektron mehr und ist danach einfach negativ geladen: Es ist ein einfach negativ geladenes Chloridion entstanden.

Und jetzt wird es wieder höchste Zeit ein paar Fachbegriffe einzuführen: Nachdem die Säure (hier: Chlorwasserstoff) ihr Proton abgegeben hat, bleibt als Rest das Chloridion übrig. Es ist in diesem Fall das **Säurerestion** des Chlorwasserstoffs. Die wässrige Lösung von Chlorwasserstoff ($HCl_{(g)}$) wird übrigens auch als **Salzsäure** ($HCl_{(aq)}$) bezeichnet. Dadurch wird die Verbindung zwischen ihrem Namen und dem Säurerestion deutlich: Früher wurde diese Säure aus (Koch-)Salz, also Natriumchlorid hergestellt.

Sie sehen an diesem Beispiel, wie wichtig häufig die Ergänzungen hinter einer Formel oder einem Elementsymbol sind, da nicht eindeutig ist, um welche Zustandsform und um welche Stoffgruppe es sich handelt. Sie kennen bereits die Bedeutung des Kürzels *aq* für *aqua* (→ S. 78 ff.). Die wässrige Lösung von Chlorwasserstoff ist eine saure Lösung, während die für sich stehende Verbindung Chlorwasserstoff ein Gas ist. Daher rührt auch der Buchstabe *g* hinter der Formel. Die Abkürzung stammt allerdings nicht aus dem Deutschen, sondern aus dem Englischen und steht für *gaseous*, also *gasförmig*. Die anderen Aggregatzustände oder Zustandsformen (→ S. 18 f.) erhalten die Buchstaben *s* für *fest* (= engl. *solid*) und *l* für *flüssig* (= engl. *liquid*).

Der Wasserstoff der Säuren kann durch Metallkationen ersetzt werden. Ersetzt man nun im Chlorwasserstoff das Wasserstoffatom durch ein Natriumion, erhält man Natriumchlorid. Über welche chemischen Reaktionen dies geschieht, werden Sie noch kennenlernen. Hier nur so viel: Sie können im Kreuzworträtsel, das die Frage nach dem Salz der Salzsäure stellt, nun endlich „Chlorid" einsetzen. Weitere Rätselhilfen werden folgen! (→ S. 122 ff. und → S. 131 ff.)

Genauso gerne wie sich Chlorwasserstoff in Wasser löst, löst sich Ammoniak in Wasser. Ammoniak (NH_3) ist ein stechend riechendes und giftiges Gas. Über 700 Liter Ammoniak können sich in einem Liter Wasser lösen! Die Reaktion sieht folgendermaßen aus:

Wasser-   Ammoniak-   Hydroxidion   Ammoniumion
molekül   molekül

Bei dieser ebenfalls klassischen Reaktion wird die Rolle des Ammoniaks als Protonenakzeptor deutlich: Das freie Elektronenpaar am Stickstoff bindet ein Proton. Ammoniak ist also eine klassische Base. Dabei entsteht das sog. Ammoniumion (NH_4^+; die positive Ladung sitzt am Stickstoffatom. Schnell nachgezählt nach Teilung der Einfachbindungen und Zuordnung der Elektronen zu den beteiligten Atomen: Das Stickstoffatom hat nur vier Elektronen, steht aber in der fünften Hauptgruppe ...). Noch interessanter ist aber die Rolle des Wassers im Vergleich zu seiner Rolle in der Reaktion mit Chlorwasserstoff: Während Wasser in der Reaktion mit Chlorwasserstoff der Protonenakzeptor, also die Base war, verhält es sich hier als Protonendonator, also als Säure! Je nach Reaktionspartner ist Wasser also sowohl zur Protonenaufnahme als auch zur Protonenabgabe fähig. Wasser wird deshalb als **Ampholyt** bezeichnet. Das durch die Protonenabgabe des Wassers neu entstandene Teilchen wird als **Hydroxidion** bezeichnet.

Vom Blut und Brot der Chemie: Imagepflege klassischer Säuren

Sie haben die mehr oder weniger künstliche, aber historisch begründete Trennung der Chemie in „Organische Chemie" und „Anorganische Chemie" bereits kennengelernt (→ S. 57 f.). Die oben aufgeführte Salzsäure gehört als geradezu klassische Säure zur Anorganischen Chemie. Als Unterscheidungsmerkmal dienen hier ebenfalls die Elemente, die die Säuren aufbauen (→ S. 100 ff.), wobei die Trennung bei den Säuren in anorganische Säuren und organische Säuren doch mehr historisch begründet und nicht minder künstlich ist. Den anorganischen Säuren hängt damit der gesamte Muff des Chemieunterrichts der letzten Jahrzehnte an. Aber es sollte ja Imagepflege betrieben werden! Welche Existenzberechtigung haben die klassischen Säuren heute?

Salzsäure HCl$_{(aq)}$:

Zunächst einmal hat sie eine große biologische Bedeutung als Verdauungshilfe im Magen. Sie hilft dort vor allem bei der Verdauung von Eiweißen. Allerdings hat sie auch allgemein die Funktion, Krankheitserreger, die mit der Nahrung in den Verdauungstrakt gelangt sind, abzutöten. Während sie ihre Wirkung in der Regel nur gegen die Nahrungsbestandteile richtet, weil die Magenwand durch eine Schleimhaut geschützt ist, kann sie – z. B. bedingt durch falsche, weil einseitige Ernährungsweise – ihre ätzende Wirkung auch gegen die Innenverkleidung der

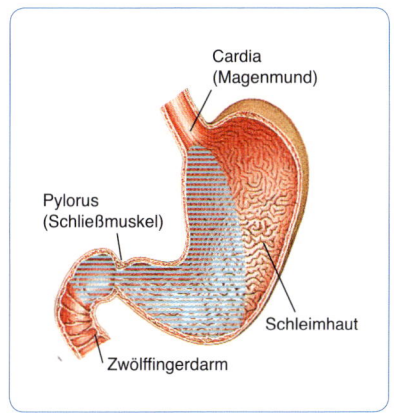

Der Magen

Speiseröhre richten. Wir bezeichnen das dann als Sodbrennen. Auslöser kann eine krankheitsbedingte Verschlussschwäche des Muskels am Mageneingang sein. Aber auch die übermäßige Zufuhr z. B. von Süßigkeiten, Weißwein und fettigem Essen bedingen einen unangenehmen, meist nächtlichen Rückfluss des Magensaftes in die Speiseröhre.

Die Salzsäure ist die Lösung von Chlorwasserstoff in Wasser.

$$HCl_{(g)} + H_2O_{(l)} \rightarrow Cl^-_{(aq)} + H_3O^+_{(aq)}$$

Ihr Säurerestion ist das Chloridion.

Mit nahezu 2,3 Mio. Tonnen Jahresproduktion gehört die Salzsäure zu den meistverwendeten anorganischen Chemikalien in Deutschland. Große industrielle Bedeutung hat die Salzsäure vor allem im Hinblick auf den sog. Aufschluss, d. h. die Überführung metallischer Erze in eine lösliche Form, um bestimmte Metalle, die zusammen in einem Erz vorkommen, abzutrennen und zu gewinnen.

Salpetersäure HNO$_{3\,(aq)}$:

Die Salpetersäure gehört wie die Salzsäure zu den einprotonigen Säuren: Pro Salpetersäuremolekül kann nur ein Proton abgegeben werden:

> Die Salpetersäure reagiert unter Bildung von Hydroniumionen mit Wasser:
>
> $$HNO_{3\,(l)} + H_2O_{(l)} \rightarrow NO_3^-{}_{(aq)} + H_3O^+{}_{(aq)}$$
>
> Ihr Säurerestion ist das Nitration.

Als Gegenion zum Nitration kann neben normalen Metallkationen wie Kalium (K$^+$) und Calcium (Ca^{2+}) auch das Ammoniumion (NH$_4^+$) dienen. Es entstehen die Salze der Salpetersäure wie das Kaliumnitrat (auch Salpeter oder Kalisalpeter genannt), das Calciumnitrat und das Ammoniumnitrat. Das Kaliumnitrat haben Sie schon als Sau-

erstofflieferant im Streichholzkopf kennengelernt (→ S. 67 ff.). Es sollte deshalb nicht verwundern, dass Kaliumnitrat – neben Kohlenstoff (in Form von Holzkohle) und Schwefel – Bestandteil des ersten Explosivstoffs war und ist, dem **Schwarzpulver**. Als Treibladung für Handfeuerwaffen und Kanonen wurde und wird es auch als Schießpulver bezeichnet.

Der Stickstoff wird von Pflanzen zum Wachstum benötigt und steht ihnen – außer bei den fleischfressenden Pflanzen – überwiegend nur in Form von Nitraten und in Form von Ammonium jeweils in Wasser gelöst zur Verfügung. Die Salpetersäure ist somit Grundstoff für die Düngemittelindustrie zur Herstellung von Calciumnitrat und Ammoniumnitrat. In Deutschland werden so jährlich Düngemittel und Stickstoffverbindungen mit einem Wert von knapp 2,6 Mrd. Euro hergestellt.

Als **Scheidewasser** ist schwach konzentrierte Salpetersäure bekannt, weil sie in der Lage ist, Silber von Gold zu trennen: Das Silber löst sich auf und das Gold bleibt zurück. Somit wird das Silber vom Gold geschieden. Drei Teile konzentrierte Salzsäure und ein Teil konzentrierte Salpetersäure ergeben miteinander vermischt eine Säure, die als Königswasser bezeichnet wird. Im Gegensatz zu fast allen anderen Säuren ist dieses Gemisch in der Lage, das edelste und damit königlichste Metall, nämlich das Gold, aufzulösen. Juweliere verwenden das Königswasser als Prüfsäure und bestimmen so den Goldgehalt von Schmuck. Die Prüfung besteht zunächst in einem Abreiben des zu

prüfenden Schmuckstückes auf einem Schieferstein. Prüfsäuren unterschiedlicher und auf bestimmte Feingehalte des Goldes abgestimmter Konzentrationen werden über die Abriebe gepinselt. Da, wo sich der Abrieb auflöst, ist dann der entsprechende Feingehalt an Gold zu finden. Oder umgekehrt: Da, wo sich der Abrieb nicht auflöst, ist der Feingehalt an Gold erreicht, den die diesem Feingehalt zugeordnete Prüfsäure eben gerade nicht mehr auflösen kann. Mittlerweile werden für den Laien auch Prüfstifte angeboten, die den gleichen Nachweis liefern sollen, allerdings in Handhabbarkeit und Genauigkeit weit hinter den Ergebnissen beim Goldschmied zurückliegen.

Alfred Nobel

In Kombination mit Schwefelsäure ist die Salpetersäure als **Nitriersäure** in der Organischen Chemie zur **Nitrierung** organischer Verbindungen nicht wegzudenken. Unter der Einwirkung der Nitriersäure werden sog. Nitro-Gruppen z. B. in Kohlenwasserstoffverbindungen eingebracht. So ist dies z. B. Grundlage der Reaktion von Glycerin (ein Alkohol) mit Nitriersäure: Es entsteht **Nitroglycerin** (bzw. chemisch korrekt Glycerintrinitrat), das bereits durch einen Schlag oder Stoß zur Reaktion gebracht werden kann. 1867 entwickelte Alfred NOBEL (1833–96) ein Verfahren, Nitroglycerin mit Kieselgur –

einem sehr feinkörnigen und porösen Pulver, das aus den Panzern in der Vorzeit abgestorbener Süßwasser- bzw. Meeresalgen (Diatomeen) besteht und sich durch Sedimentation abgesetzt hat – zu mischen und erhielt so das **Dynamit**, welches wesentlich leichter zu handhaben und zu transportieren war und auch heute noch ist.

Bringt man Nitro-Gruppen mithilfe der Nitriersäure in eine andere organische Verbindung – in Toluol, einem Abkömmling des Benzols – ein, erhält man einen weiteren Sprengstoff: Trinitrotoluol, **TNT**. Allerdings lassen sich mit der Nitriersäure Vorstufen auch für andere, harmlosere und vor allem nützlichere Verbindungen herstellen, die als Farbstoffe oder Medikamente dienen.

Schwefelsäure $H_2SO_{4 (aq)}$:
Mit fast 5 Mio. Tonnen Jahresproduktion in Deutschland und 150 Mio. Tonnen Jahresproduktion weltweit steht die Schwefelsäure an erster Stelle in der Hitliste der anorganischen Chemikalien. Sie bildet damit die Grundlage eines großen Teils der chemischen Industrie und wird deshalb auch als **Brot der Chemie** bezeichnet. Wenn von ihr als **Blut der Chemie** die Rede ist, dann kann daran auch ermessen werden, welche Bedeutung die Schwefelsäure auch innerhalb der Produktionswege als Katalysator, Reaktionspartner und/oder als Hilfsmittel für eine Vielzahl von Reaktionen hat. Die Schwefelsäureproduktion eines Landes war lange Jahre ein Maß seiner technischen Entwicklung. Ohne Schwefelsäure wäre die Herstellung von Waschmitteln, Arzneistoffen und Farbstoffen vornehmlich für die Textilindustrie gar nicht oder nur mit einem erheblich größeren Aufwand möglich. Ihre Bedeutung in Verbindung mit Salpetersäure als Nitriersäure wurde schon oben erläutert, ebenso ihre Bedeutung als Batteriesäure (→ S. 90 ff.). Aber auch alleine, d. h. ohne die Salpetersäure und in hoher Konzentration, ist die Schwefelsäure in der Lage, organische Verbindungen zu verändern: Hier werden sog. Sulfo-Gruppen in die Moleküle eingebracht. Man spricht dann von **Sulfonierung**.

Die Schwefelsäure reagiert in <u>zwei Stufen</u> unter Bildung von Hydroniumionen mit Wasser:

$$H_2SO_{4 (l)} + H_2O_{(l)} \rightarrow HSO_4^-{}_{(aq)} + H_3O^+{}_{(aq)}$$

$$HSO_4^-{}_{(aq)} + H_2O_{(l)} \rightarrow SO_4^{2-}{}_{(aq)} + H_3O^+{}_{(aq)}$$

Die Schwefelsäure ist eine zweiprotonige Säure. Ihre Säurerestionen sind das Hydrogensulfation (HSO_4^--Ion) und das Sulfation (SO_4^{2-}-Ion).

Die Salze der Schwefelsäure (z. B. das Ammoniumsulfat) haben auch in der Düngemittelindustrie eine große Bedeutung. Aluminiumsulfat ist ein Hilfsmittel in der Papierindustrie. Als Flockungsmittel wird es auch in der Abwasserreinigung eingesetzt. Die Verbindung Bariumsulfat wird als sog. Permanentweiß als Farbstoff verwendet.

Phosphorsäure $H_3PO_{4\ (aq)}$:

Die Phosphorsäure dient – wie sollte es anders sein – zur Herstellung von Düngemitteln. Hier kommt wieder die Schwefelsäure ins Spiel: Bei der Herstellung von Phosphatdüngern wird die Schwefelsäure benötigt, um das sog. Rohphosphat (in Form des Minerals Apatit) aufzuschließen. Es entsteht das sog. Superphosphat, ein Gemisch aus Calciumdihydrogenphosphat und Calciumsulfat.

Apatit

Früher verwendete man Phosphate als Enthärter in Waschmitteln und die Phosphorsäure selbst in flüssigen WC-Reinigern zur Entfernung von Kalk und Urinstein. Beides führte vielerorts zum Umkippen von Gewässern aufgrund von Überdüngung. Deswegen wird heute auf ihre Anwendung verzichtet. Dass sie als Ätzmittel in der Elektronikindustrie zum Ätzen von Platinen und als Reinigungsmittel in Rostumwandlern eingesetzt wird, ist sicherlich weniger bekannt. Bekannter dürfte sein, dass sie als Säuerungs-

mittel zum Säuern von Softdrinks verwendet wird. Das Kribbeln beim Trinken wird nicht nur durch die Kohlensäure verursacht, sondern auch durch lokale Verätzungen der Schleimhaut in Rachen und Hals! Sie ist verdauungsfördernd, das kann aber bei zu großen Mengen – wie bereits bei der Salzsäure beschrieben – zu Sodbrennen führen. Die verdauungsfördernde Wirkung kann leicht experimentell bestätigt werden, wenn man ein Stück Fleisch in ein Glas Cola legt. Vielleicht schauen Sie sich die Veränderungen des Fleischstückes selbst einmal an …

Die Phosphorsäure reagiert in <u>drei Stufen</u> unter Bildung von Hydroniumionen mit Wasser:

$$H_3PO_{4\ (l)} + H_2O_{\ (l)} \rightarrow H_2PO_4^-{}_{(aq)} + H_3O^+{}_{(aq)}$$

$$H_2PO_4^-{}_{(aq)} + H_2O_{\ (l)} \rightarrow HPO_4^{2-}{}_{(aq)} + H_3O^+{}_{(aq)}$$

$$HPO_4^{2-}{}_{(aq)} + H_2O_{\ (l)} \rightarrow PO_4^{3-}{}_{(aq)} + H_3O^+{}_{(aq)}$$

Die Phosphorsäure ist eine dreiprotonige Säure. Ihre Säurerestionen sind das Dihydrogenphosphation ($H_2PO_4^-$-Ion), Hydrogenphosphation (HPO_4^{2-}-Ion) und das Phosphation (PO_4^{3-}-Ion).

Exkurs: Struktur einiger anorganischer Säuren und ihrer Säurerestionen

Die Tabelle auf S. 129 zeigt die oben besprochenen Säuren und ihre Säurerestionen in ihrer Struktur. Der Aufbau der Säuren ähnelt sich stark: Zentrales Atom ist ein Atom aus der IV., V. oder VI. Hauptgruppe. Häufig ist es das Atom, das der Säure den Namen gibt: Das Phosphoratom in der Phosphorsäure, das Schwefelatom in der Schwefelsäure, das Stickstoffatom in der Salpetersäure, das Kohlenstoffatom in der Kohlensäure (die es später zu besprechen gilt; → S. 135 ff.). An dieses zentrale Atom ist die entsprechende Zahl an Sauerstoffatomen gemäß der „Bindigkeit" der Zentralatome über Einfach- oder Doppelbindungen gebunden. Auffällig ist, dass die Wasserstoffatome, die später als Protonen abgegeben werden, über die Sauerstoffatome mit dem Zentralatom in Verbindung stehen, die mit einer Einfachbindung am Zentralatom sitzen. Eine Ausnahme bildet verständlicherweise die Salzsäure, da sie kein Sauerstoffatom enthält und nur aus zwei Atomen besteht. Die Sauerstoffatome, die kein Wasserstoffatom tragen, sind mit dem Zentralatom über eine Doppelbindung verbunden.

Wenn die Protonen abgegeben sind, was sich in der negativen Ladung der Säurerestionen bemerkbar macht, dann sitzt diese negative Ladung zunächst an dem Sauerstoffatom, das das Proton gebunden hatte. Diesem Sauerstoffatom werden ja die Elektronen zugesprochen, die vorher die Bindungselektronen zum Proton bildeten.

Name der Säure	Formel	Struktur	Formel Säurerestion	Name Säurerestion	Struktur
Phosphor-säure	H_3Po_4	H–O–P–O–H mit =O oben, |O| und H unten	$H_2Po_4^-$	Dihydrogen-phosphat	$^{\ominus}$|O–P–O–H mit =O oben, |O| und H unten **1**
Dihydrogen-phosphat	$H_2Po_4^-$	s. **1**	HPo_4^{2-}	Hydrogen-phosphat	$^{\ominus}$|O–P–O|$^{\ominus}$ mit =O oben, |O| und H unten **2**
Hydrogen-phosphat	HPo_4^{2-}	s. **2**	Po_4^{3-}	Phosphat	$^{\ominus}$|O–P–O|$^{\ominus}$ mit =O oben, |O|$^{\ominus}$ unten
Schwefel-säure	H_2So_4	H–O–S–O–H mit =O oben und =O unten	HSo_4^-	Hydrogen-sulfat	$^{\ominus}$|O–S–O–H mit =O oben und =O unten **3**
Hydrogen-sulfat	HSo_4^-	s. **3**	So_4^{2-}	Sulfat	$^{\ominus}$|O–S–O|$^{\ominus}$ mit =O oben und =O unten
Salpetersäure	HNO_3	H–O–N mit =O oben und |O|	NO_3^-	Nitrat	N mit =O oben, $^{\ominus}$|O und O|
Kohlensäure	H_2Co_3	H–O–C–O–H mit =O oben	HCo_3^-	Hydrogen-carbonat	H–O–C–O|$^{\ominus}$ mit =O oben **5**
Hydrogen-carbonat	HCo_3^-	s. **5**	Co_3^{2-}	Carbonat	$^{\ominus}$|O–C–O|$^{\ominus}$ mit =O oben
Salzsäure	HCl	H–C̄l|	Cl^-	Chlorid	|C̄l|$^{\ominus}$
Ammonium-ion	NH_4^+	H–N–H mit H oben und H$\oplus$ unten	NH_3	Ammoniak	|N–H mit H oben und H unten
Wasser	H_2O	H–O| mit H unten **6**	OH^-	Hydroxidion	$^{\ominus}$|O–H
Oxoniumion	H_3O^+	H–O–H mit H$\oplus$ unten	H_2O	Wasser	s. **6**

Die Bindungen zwischen Sauerstoff- und Wasserstoffatom sind allesamt polare Atombindungen, da das Sauerstoffatom eine höhere Elektronegativität besitzt als das Wasserstoffatom. In diesen Bindungen ist also die Protonenabgabe vorprogrammiert, unter der Voraussetzung, dass der geeignete Reaktionspartner (z. B. Wasser) vorhanden ist. Dieser Reaktionspartner muss ebenfalls eine Voraussetzung erfüllen: Er muss mindestens ein freies Elektronenpaar besitzen, um den Protonen wieder eine Andockstation zu liefern. Auch wenn dies mit dem Verlust der ladungsmäßigen Neutralität verbunden ist. Das ist das Los aller Basen. Ein Vertreter dieser Gruppe ist in der Tabelle das Ammoniak, das durch Protonenaufnahme das Ammoniumion bildet.

In den letzten beiden Zeilen lässt sich auch das Verhalten von Wasser als Ampholyt unter den strukturellen Voraussetzungen noch einmal verfolgen und erklären: Das Wasser besitzt sowohl die polaren Atombindungen zur Protonenabgabe als auch die freien Elektronenpaare zur Protonenaufnahme.

Dass Säuren bei ähnlichen strukturellen Voraussetzungen dennoch unterschiedlich stark sein können – was sich z. B. in ihrem Lösungsverhalten bezüglich edler und auch unedler Metalle zeigt –, liegt aber gerade in den Unterschieden ihrer Struktur: Unterschiedliche Atome in ähnlicher Struktur liefern unterschiedlich polare Bindungen aufgrund unterschiedlicher Elektronegativitäten. Der Einfluss der unterschiedlichen Atome aufeinander liefert eine unterschiedliche Ausprägung der Polarität an der Sollbruchstelle zwischen dem Proton und dem Atom, das es in der Säure gebunden hält: Je polarer diese Bindung, desto leichter lässt sich das Proton abspalten, umso stärker ist die Säure.

Aber auch die Stabilität des Säurerestions hat entscheidenden Einfluss auf die Säurestärke: Gerade am Nitration ist gut ersichtlich, dass die negative Ladung nicht auf ein ganz bestimmtes der drei Sauerstoffatome fixiert sein muss. Die drei Sauerstoffatome teilen sich diese negative Ladung. Der Chemiker spricht von einer Resonanzstabilisierung. Je stabiler also das gebildete Säurerestion ist, desto stärker ist die Säure.

Die hier beschriebenen Sachverhalte gelten auch für die organischen Säuren. Der Einfluss der dargestellten Effekte kann bei ihnen so groß sein, dass die organische Säure die Stärke einer anorganischen Säure besitzt.

Wenn Sie hier beliebige Säurerestionen mit entsprechenden Kationen wie in einem Baukasten kombinieren, dann ist dies chemisch betrachtet natürlich nicht ohne entsprechende Reaktionen möglich. Im nachfolgenden Kapitel werden Ihnen diese typischen **Salzbildungsreaktionen** kurz erläutert.

Säuren bilden Salze: Salzbildungreaktionen auf säurisch

Salzbildungsreaktionen mit Elektronenübergang:

a) Metall $_{(s)}$ + Nichtmetall $_{(g\,od.\,l)}$ → Salz $_{(s)}$
   (Bsp.: Natrium + Chlor → Natriumchlorid)

b) Metall $_{(s)}$ + Säure $_{(aq)}$ → Salz $_{(s)}$ + Wasserstoff $_{(g)}$
   (Bsp.: Eisen + Schwefelsäure → Eisensulfat + Wasserstoff)

Auf S. 45 ff. wurde eine mögliche Form der Salzbildung besprochen: Die Bildung von Kationen aus den Metallen und die Bildung der Anionen aus den Nichtmetallen erfolgte dabei durch eine **Elektronenübergangsreaktion**. Die Metalle wurden oxidiert, die Nichtmetalle reduziert.

Eine weitere Salzbildungsreaktion erfolgt durch das Einwirken von Säuren auf (meist unedle) Metalle. Auch wenn Salpetersäure in der Lage ist, Silber aufzulösen, und Königswasser das sogar mit Gold schafft, ist es nicht verwunderlich, dass sich Metalle, die unedler als Silber und Gold sind, allgemein in Säuren auflösen. Dabei ist stets eine Gasbildung zu beobachten, die sich nach erfolgreicher Knallgasprobe auf entstehenden Wasserstoff zurückführen lässt (→ S. 96 ff.). Als weiteres Produkt entsteht – in der Regel erst nach dem Eindampfen des an der Lösung beteiligten Wassers ersichtlich – ein Salz.

Die im Kasten als Beispiel aufgeführte Bildung von Eisensulfat bei der Einwirkung von Schwefelsäure auf Eisen sollte nachvollziehbar sein: Das zunächst ungeladene elementare Eisen wird oxidiert, das Auflösen des Metalls ist ein In-Lösung-Gehen der Fe^{2+}-Ionen. Die Säurerestionen der Schwefelsäure, die Sulfationen, werden in dieser Reaktion nicht verändert. Sie bilden nach der erfolgten Reaktion das zweifach negativ geladene Gegenion zu den Eisenkationen. Es entsteht $FeSO_4$.

Aber wie ist die Bildung des Wasserstoffs zu erklären? Elektronenübergangsreaktion … Oxidation … Wo verbleiben die Elektronen? Wo ist die Reduktion? Auch hier ist es so, dass die Säure das macht, was sie laut Brönsted immer macht: Sie gibt ihre Protonen ab. Und auch wenn die Reaktion in wässriger Lösung abläuft (aq!) und die Protonen eigentlich den Umweg über die Wassermoleküle machen und Hydroniumionen bilden

– was vernachlässigt werden soll –, lässt sich gut nachvollziehen, dass zwischen zwei Protonen nur zwei Bindungselektronen fehlen, um ein Wasserstoffmolekül zu bilden:

$$2\,H^+ \;+\; 2\,e^- \;\rightarrow\; H{-}H$$

Die beiden Elektronen zur Wasserstoffmolekülbildung stammen also aus der Oxidation der Eisenatome.

Die anderen Salzbildungsreaktionen, die Ihnen nun vorgestellt werden sollen, laufen mit **Protonenübergang** ab. Um sie nachvollziehen zu können, ist ein kleiner Exkurs notwendig:

Laugen sind alkalische Lösungen, es sind also in Flüssigkeit (in der Regel Wasser) gelöste Basen. Lesen Sie den Satz ruhig noch ein zweites Mal … Hier wird so ein wenig ein Begriffsdilemma deutlich, welches die Chemie häufiger und nicht nur an dieser Stelle hat. Es sollte zumindest folgendes deutlich werden: Der Begriff Lauge kann synonym zum Begriff alkalische Lösung verwendet werden. Eine Base ist also  nur so lange eine Base, wie sie <u>nicht</u> in Wasser gelöst ist. Wird sie in Wasser gelöst, spricht man von einer Lauge, respektive von einer alkalischen Lösung. Das ist so ähnlich wie die Sache mit dem oben beschriebenen Chlorwasserstoff: Solange Chlorwasserstoff im gasförmigen Zustand vorliegt und sich <u>nicht</u> in Wasser gelöst hat, kann man von einer Säure sprechen, aber noch nicht von einer sauren Lösung. Aber auch hier das Begriffsproblem: Häufig werden Säure und saure Lösung – unkorrekterweise! – synonym gebraucht!

Bleiben wir bei der Base: Laugen können häufig durch die Lösung basischer Salze hergestellt werden. Ein solches Salz ist z. B. das **Natriumhydroxid**. Seine Formel ist NaOH. Festes Natriumhydroxid löst sich als feste Base unter starker Wärmeentwicklung in Wasser. Die entstehende alkalische Lösung bezeichnet man als **Natronlauge**. Sie gehört wie die Schwefelsäure zu den meistproduzierten Chemikalien in Deutschland. Die Produktionsmenge liegt bei etwa 4,3 Mio. Tonnen jährlich.

Als Abflussreiniger macht man sich die ätzende Wirkung und die Wärmeentwicklung zunutze. Sie wird außerdem zur Herstellung von Seifen benutzt. (Zu den beiden letzten Punkten später mehr!) Sie wird zum Aufschluss von Bauxit in der Aluminiumherstellung verwendet (→ S. 86 ff.), wird beim Abbeizen alter Farbschichten eingesetzt, dient dem Spülen von Flaschen in Getränkeabfüllanlagen und kommt als Lebensmittelzusatzstoff E 524 in Form der **Brezellauge** (höchstens 4%ige

Natronlauge) bei der Zubereitung von Laugenbrezeln und Laugenbrötchen zum Einsatz. Allgemein wirkt sie stark ätzend und fühlt sich bei oberflächlichen Hautverätzungen seifig an. Sie dient auch der Neutralisation von Säuren.

Aus der Reaktion $NaOH_{(s)} + H_2O_{(l)} \rightarrow Na^+_{(aq)} + OH^-_{(aq)}$ wird deutlich, dass das Hydroxidion das Ion ist, das die ätzende Wirkung verursacht. Das Hydroxidion ist beschrieben worden (→ S. 117 ff.).

a) Metalloxid + Wasser → Lauge
b) Nichtmetalloxid + Wasser → Säure

Diese Hydroxidionen entstehen immer, wenn basische Salze in Form der Hydroxide in Wasser gelöst werden. Neben dem Natriumhydroxid ist vor allem das **Kaliumhydroxid** (KOH) zu nennen. Bei seiner Lösung in Wasser entsteht als alkalische Lösung **Kalilauge**. Sie hat ähnliche Eigenschaften wie die Natronlauge und wird in ähnlichen Gebieten eingesetzt.

Die Bildung der Hydroxide kann aber auch über den Umweg der Metalloxide erfolgen: Löst man ein Metalloxid (z. B. Natriumoxid, Na_2O) in Wasser, entsteht ebenfalls eine Lauge, in diesem Fall Natronlauge. Die Oxidionen sind in wässriger Lösung in der Lage, dem Wasser ein Proton zu entreißen. Somit entstehen bei der Reaktion von einem Oxidion mit einem Wassermolekül zwei Hydroxidionen:

$$O^{2-} + H_2O \rightarrow OH^- + OH^-$$

Salzbildungsreaktionen mit Protonenübergang:

a) Metalloxid $_{(s)}$ + Säure $_{(aq)}$ → Salz $_{(s)}$ + Wasser$_{(l)}$
   (Bsp.: Calciumoxid + Schwefelsäure → Calciumsulfat + Wasser)

b) Säure $_{(aq)}$ + Lauge $_{(aq)}$ → Salz $_{(s)}$ + Wasser $_{(l)}$
   (Bsp.: Salzsäure + Natronlauge → Natriumchlorid + Wasser)

Beide Reaktionen bezeichnet man als Neutralisationsreaktionen.
(Reaktion b) wird als Neutralisation im engeren Sinne verstanden.)

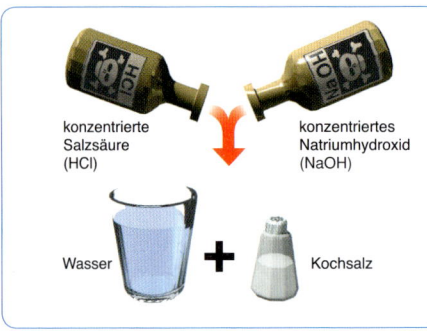

konzentrierte Salzsäure (HCl)

konzentriertes Natriumhydroxid (NaOH)

Wasser   +   Kochsalz

Neutralisation

Metalloxide reagieren mit Säuren ebenso in einer Neutralisationsreaktion zu Salz und Wasser wie dies Laugen mit Säuren tun. Der Unterschied zwischen beiden Reaktionen besteht darin, dass beim Metalloxid die Hydroxidionen erst beim Einbringen in die wässrige Lösung der Säure gemäß der Reaktion $O^{2-} + H_2O$ → $OH^- + OH^-$ entstehen.

Ansonsten reagieren die Hydroxidionen der alkalischen Lösungen mit den Hydroniumionen der sauren Lösungen folgendermaßen zu Wasser:

$$OH^- + H_3O^+ → H_2O + H_2O$$

Auch dies ist eine Protolysereaktion: Das Hydroniumion überträgt ein Proton auf das Hydroxidion. Das Hydroniumion der sauren Lösung wird dabei durch Protonenabgabe zum Wassermolekül und das Hydroxidion der alkalischen Lösung wird durch Protonenaufnahme zum Wassermolekül. Bringt man eine ätzende Salzsäure und eine ätzende Natronlauge mit exakt gleicher Konzentration bzw. Teilchenanzahl an Hydroniumionen bzw. Hydroxidionen zusammen, erhält man – nachdem man das Wasser hat verdampfen lassen – absolut chemisch neutrales Natriumchlorid, Kochsalz. Wie schon weiter oben zur Salzsäure angemerkt, spielt die Neutralisation beispielsweise bei der Abwasserreinigung eine entscheidende Rolle. Nur bei neutralem Abwasser sind die Mikroorganismen der biologischen Reinigungsstufe in der Lage, ihrer Arbeit zum Abbau der organischen Rückstände nachzukommen.

Säure auf Entzug: das Säureanhydrid CO_2

Ob Sie Bier zapfen wollen oder sich Ihr Mineralwasser mit den handelsüblichen Systemen selbst zubereiten, in allen Fällen benötigen Sie ein Gas. Dieses ist in mehr oder weniger kleinen Druckbehältnissen (sog. Kapseln) oder in großen, in der Regel meist grau gefärbten Stahlflaschen erhältlich. In den Behältnissen befindet sich **Kohlenstoffdioxid (CO_2)**. Das Kohlenstoffdioxid hat bei der Bierzapfanlage zwei Funktionen: Zum einen sorgt der Druck in der Gasflasche dafür, dass das Bier über das angeschlossene Fass in Richtung Zapfhahn gedrückt und dort abgefüllt werden kann. Zum anderen sorgt das Kohlenstoffdioxid nicht nur für die Blume, sondern auch für das Sprudeln im Bier. Und das gilt ebenso für die CO_2-Kapseln bei den Mineralwasserbereitern: Der angenehme, leicht saure Sprudelgeschmack ist der entstandenen **Kohlensäure** zu verdanken.

Die Kohlensäure reagiert in <u>zwei Stufen</u> unter Bildung von Hydroniumionen mit Wasser:

$$H_2CO_{3\,(l)} + H_2O_{(l)} \rightarrow HCO_3^-{}_{(aq)} + H_3O^+{}_{(aq)}$$

$$HCO_3^-{}_{(aq)} + H_2O_{(l)} \rightarrow CO_3^{2-}{}_{(aq)} + H_3O^+{}_{(aq)}$$

Die Kohlensäure ist eine zweiprotonige Säure. Ihre Säurerestionen sind das Hydrogencarbonation (HCO_3^--Ion) und das Carbonation (CO_3^{2-}-Ion).

Die Kohlensäure ist eine schwache und sehr unbeständige Säure. In die Mineralwasserflaschen – ob im Handel oder zu Hause – wurde das CO_2 mit hohem Druck eingepresst. Beim Öffnen einer solchen Mineralwasserflasche macht sich das austretende CO_2 als Zischen bemerkbar. Aber auch darüber hinaus steigen nach dem Ausschenken in ein Glas permanent CO_2-Bläschen in der Flasche und im Glas auf. Gemäß der Reaktion

$$CO_2 + H_2O \rightleftharpoons H_2CO_3$$

liegt eine typische Gleichgewichtsreaktion vor. Durch Schütteln der Flasche und/oder durch Erwärmung tritt immer mehr CO_2 aus der Flüssigkeit aus. Dies geht allerdings mit einem großen geschmacklichen Verlust einher.

Backpulver

Die Salze der Kohlensäure sind im Haushalt bestens bekannt: Natriumhydrogencarbonat ($NaHCO_3$) wird häufig unter dem Namen **Natron** geführt und wird als Backtriebmittel (Backpulver) eingesetzt. Beim Backvorgang zerfällt es in der Hitze zu Natriumcarbonat, Wasser und CO_2. Letzteres sorgt dann für einen luftig-lockeren Kuchen.

Natriumcarbonat ($NaCO_3$) wird landläufig als **Soda** bezeichnet. Es ist eine Chemikalie, die, ebenso wie die Schwefelsäure, in fast allen Produktionszweigen der chemischen Industrie auftaucht. Die Glasindustrie ist der größte Sodaverbraucher. Hier wird Soda als Rohstoff zum Schmelzen von Glas verwendet. Es wird von der chemischen Industrie zur Herstellung von Kryolith (→ S. 86 ff.), von Bleichmitteln, Industriereinigern, Waschmitteln, Farben und Klebstoffen eingesetzt, um nur einen Ausschnitt der Einsatzmöglichkeiten darzustellen.

Da Kohlenstoffdioxid auch Bestandteil der Sie umgebenden Luft ist, ist es nicht verwunderlich, dass Regenwasser nicht neutral, sondern mit einem pH-Wert um 6 leicht sauer ist. Auch andere gasförmige Luftschadstoffe sorgten und sorgen als Säureanhydride für die Bildung des sog. sauren Regens.

Von der Kraft des Wasserstoffs: der pH-Wert

Das *pH* ist eine Abkürzung. Sie stammt von *potentia **Hydrogenii*** und ist abgeleitet aus dem Lateinischen für *Kraft des Wasserstoffs* oder auch *Wirksamkeit des Wasserstoffs*. Je stärker eine Säure ist, umso einfacher kann sie ihr Proton oder ihre Protonen an das Wasser unter Bildung von Hydroniumionen abgeben. (Zur Begründung der unterschiedlichen Säurestärken → S. 128 ff.) Die Teilchenanzahl der Hydroniumionen im Verhältnis zum Volumen der Lösung bestimmt also den pH-Wert. Letztlich bestimmt aber das Verhältnis von Hydroniumionen zu den Hydroxidionen den Wert.

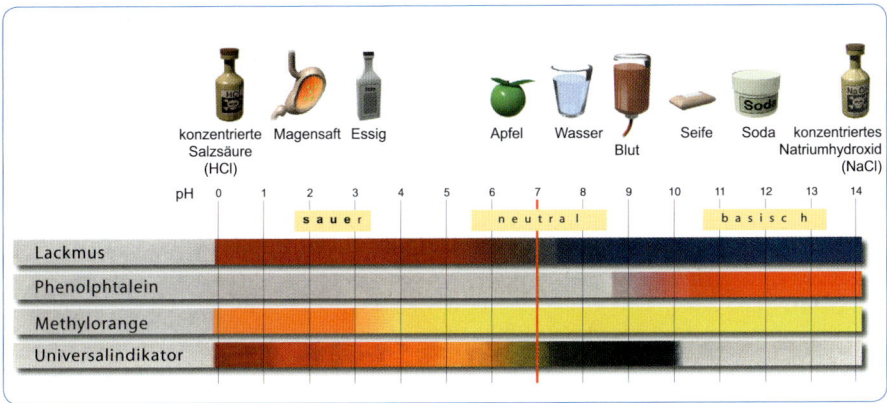

Beim pH-Wert von 7 ist eine Lösung neutral. Hydroniumionen und Hydroxidionen liegen dabei in gleicher Menge bzw. in gleicher Teilchenanzahl vor. Die pH-Wert-Skala reicht von 0 bis 14. Liegt der pH-Wert unter 7, spricht man von einer sauren Lösung und es liegen mehr Hydroniumionen als Hydroxidionen vor. Liegt der pH-Wert über 7, spricht man von einer alkalischen Lösung und es liegen mehr Hydroxidionen als Hydroniumionen vor.

Es folgt daraus, dass sich pH- und pOH-Wert gegenseitig definieren und abhängig voneinander sind. Ist die Teilchenanzahl an Hydroniumionen im unteren pH-Bereich hoch, ist die Teilchenanzahl der Hydroxidionen niedrig und umgekehrt.

Da die pH-Wert-Skala eine logarithmische Basis hat (Definition: „Der pH-Wert ist der negative dekadische Logarithmus der Hydroniumionenkonzentration") und die mathematischen Hintergründe etwas kompliziert sind, sollen die Dimensionen an einem Beispiel verdeutlicht werden. Das geht am besten, wenn man sich Verdünnungsreihen anschaut. Möchten Sie einen Liter einer konzentrierten Salzsäure mit einem Gehalt von 3,65 % Chlorwasserstoff und einem pH-Wert von 1 auf pH 2 bringen, müssten Sie zu dem Liter Säure neun Liter Wasser geben. Um diese insgesamt zehn Liter nun auf die nächsthöhere pH-Wert-Stufe von 3 zu bringen, müssen Sie 90 Liter Wasser hinzugeben. Für den nächsten Schritt wären 900, den übernächsten 9000, dann 90.000 Liter usw. nötig. Bis Sie 9.999.999 Liter Wasser hinzugegeben haben, um einen Liter Salzsäure nahezu neutralisiert zu haben!

Das geht natürlich mit einer entsprechenden Base viel einfacher: Um die gleiche Teilchenzahl an Hydroxidionen zur Verfügung zu haben, müssen Sie z. B. zu 40 g Natriumhydroxid so viel Wasser geben, bis Sie bei einem Liter Wasser sind. Bei dieser Neutralisationsreaktion haben Sie die gleichen Mengen an Hydroxid- und Hydroniumionen vorliegen.

Um die gleiche Teilchenzahl an Hydroxidionen zur Verfügung zu haben, müssen Sie z. B. 4 g Natriumhydroxid in einem Liter Wasser lösen (ergibt pH 13). Bei dieser Neutralisationsreaktion mit der Salzsäure von pH 1 haben Sie die gleichen Mengen an Hydroxid- und Hydroniumionen vorliegen.

Ein anderes eindrückliches Beispiel für die logarithmische Basis ist die Tatsache, dass der Mittelwert zwischen pH 6 und 8 eben nicht 7 ist. Da der pH-Wert ein logarithmischer Wert ist, muss dieser erst in den jeweiligen Wert der Hydroniumionenkonzentrationen umgerechnet werden, dann erfolgt die Mittelwertbildung und schließlich wird aus dem erhaltenen Mittelwert dieser Hydroniumionenkonzentration wieder der pH-Wert berechnet. Er lautet für den Mittelwert aus pH 6 und pH 8 deshalb: 6,3!

Es gibt also unterschiedlich starke Säuren aufgrund ihrer Struktur und ihrer damit verbundenen Fähigkeit, Protonen abzugeben (→ S. 128 ff.). Im Hinblick auf die Wirksamkeit der Säuren – wie sie im Haushalt von Bedeutung ist – sollte das oben genannte Beispiel zeigen, dass es auch auf ihre Verdünnung, d. h. auf ihre Konzentration ankommt.

Eine Anzeige, die Klärung bringt: pH-Wert-Messung

pH-Werte lassen sich grob geschmacklich feststellen: Während die meisten Säuren eben einen sauren Geschmack haben, schmecken Laugen eher seifig. Ersteres ist

fast täglich beim Verzehr von kohlensäure-, fruchtsäure- und essigsäurehaltigen Speisen und Getränken nachvollziehbar. Letztere probiert man wohl eher zufällig, z. B. wenn man beim Pusten von Seifenblasen den Ring, der die Seifenlauge trägt, zu nah an den Mund führt. Grundsätzlich ist allerdings von Geschmacksproben zur Prüfung des pH-Wertes abzuraten. Davon abgesehen, dass es sowieso nur eher ungenau und rein qualitativ erfolgt, gibt es günstigere, die Gesundheit erhaltende und genauere Methoden.

Während die Messung mit einem sog. **pH-Meter** digitale Messwerte bis zu drei pH-Wertstellen hinter dem Komma liefert, allerdings den Nachteil hat, relativ teuer und wartungsintensiv zu sein, liefern sog. **Indikatoren** eine grobe Orientierung in

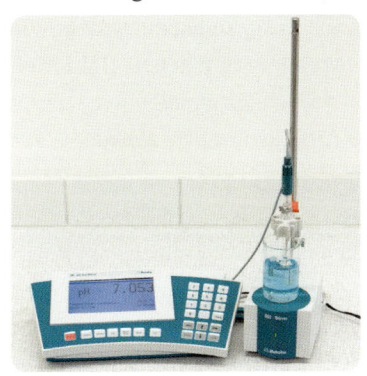

Bezug auf den pH-Wert meist in 1er- oder 0,5er-Schritten. *Indicare* kommt aus dem Lateinischen und bedeutet *anzeigen*. Indikatoren können natürlichen Ursprungs sein. Meist handelt es sich dann um Pflanzenfarbstoffe. Aber auch synthetisch hergestellte Indikatoren stehen zur Verfügung. Allen ist gemeinsam, dass der pH-Wert durch eine Farbänderung des Farbstoffs angezeigt wird und dass sie relativ kostengünstig sind. Meist liegt allerdings der Farbumschlag eines

pH-Meter

Farbstoffs in einem relativ eng begrenzten pH-Bereich. Um mehrere Farbumschläge über einen größeren pH-Bereich zu erhalten, muss auf Indikatorgemische, sog. **Universalindikatoren** zurückgegriffen werden. Diese gibt es in flüssiger Form oder sie sind auf saugfähige Papiere aufgebracht, die getrocknet, meist in Rollen erhältlich, im Fachhandel als **Indikatorpapiere** zu haben sind.

Der richtige pH-Wert: auch ein Fall für Körper und Haushalt

In Ihrem Körper spielen jeweils die niedrigeren pH-Werte eine größere Rolle. So hat die oben bereits erwähnte Salzsäure in Form der Magensäure einen pH-Wert von 1 bis 1,5 bei nüchternem Magen. Der Wert kann bis auf 4 oder 5 je nach Ernährung kurzfristig ansteigen. Bei Sodbrennen hilft es, die überschüssige Magensäure zu binden. Man verwendet dazu bei akuten Problemen die sog. **Antiazida**. Sie enthalten Magnesium- und Aluminiumsalze, die die überschüssige Magensäure neutralisieren. Auch das oben erwähnte Natron wurde früher als Antiazidum eingesetzt. Die sog. H2-Blocker sind Medikamente, die die Magensäureproduktion der Schleimhaut regulieren. Sie wirken langfristiger.

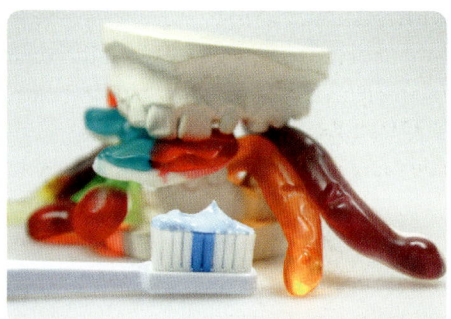

Die Remineralisierung Ihrer Zähne ist eine Gleichgewichtsreaktion (→ S. 65 f.). Die Lage des Gleichgewichts hängt ebenfalls vom **pH-Wert im Mund** ab. Er liegt im Normalfall bei 6 bis 7. Ist der pH-Wert aufgrund von unzureichender Zahnhygiene und dem übermäßigem Genuss von Süßigkeiten zu niedrig – da die im Mund vorhandenen Bakterien den in den Süßigkeiten vorhandenen Zucker unter Säurebildung abbauen –, wird die Demineralisierung und damit längerfristig die Auflösung des Zahnschmelzes riskiert. Gerade über Nacht kann bei Kleinkindern nach dem Genuss von süßen Tees der pH-Wert auf 4 bis 5 absinken. Aber auch tagsüber sollte man nach dem Genuss von Süßigkeiten den Mund mit Wasser ausspülen. Zusätzlich zugeführte Fruchtsäfte oder gar Cola enthalten selbst Säuren und verstärken den niedrigen pH-Wert noch. Auch zuckerfreie Kaugummis können gute Dienste tun. Wobei diese weniger direkt die Säuren im Mund neutralisieren, sondern vielmehr die Speichelproduktion anregen und dieser dann als natürliches Antiazidum im Mund wirkt. Auch Käse hat eine ähnliche antiazide Wirkung.

Sie haben in der Werbung sicherlich schon einmal etwas von einer pH-neutralen Seife gehört. Deren Wert liegt nicht beim Neutralwert von 7, sondern bei einem Wert von ca. 5,5, was einen neutralen Wert in Bezug zur Haut bedeutet: Unser natürlicher **Säureschutzmantel der Haut** zielt darauf ab, mit einem pH zwischen 4 und 6,5 lästige Krankheitserreger schon auf der Hautoberfläche abzutöten. Dabei wird die Haut von Bakterien unterstützt, die sich natürlicherweise auf der Hautoberfläche vermehren und in ihrer Gesamtheit als Hautflora bezeichnet werden. Analog dazu werden die kleinen Helferlein in Mund, Darm und im Bereich der Scheide als Mund-, Darm- bzw. Scheidenflora bezeichnet. Während früher die Meinung vorherrschte, dass durch zu häufiges Waschen und Duschen die Hautflora zerstört würde (was vor allem der Kosmetikindustrie nutzte), kann heute davon ausgegangen werden, dass sich der natürliche Säureschutzmantel nach wenigen Stunden – vor allem mit Unterstützung der Schweißdrüsen, die einen leicht sauren Schweiß absondern – wieder regeneriert. Allerdings sollte man nie nie sagen, denn natürlich gibt es auch in Extremfällen ein zu viel an Körperhygiene, vor allem durch die Nutzung von nicht Haut-pH-neutralen, sondern vielmehr basischen Hautpflegeprodukten. Bei häufigen Rötungen und Rissen der Haut sollte man einen Hautarzt aufsuchen!

Hinweis: Ein Indikatorpapierstreifen kann am Ende einer Schwangerschaft eine gute Hilfe sein! Während das Scheidenmilieu aus eben genannten Gründen eher sauer ist, ist das Fruchtwasser, das den Fötus in der Fruchtblase umgibt, neutral bis leicht alkalisch. Da auch Urin eher sauer ist, kann man – pardon: Frau – mithilfe des Indikatorpapiers testen, ob Fruchtwasser austritt. Das weist darauf hin, dass die Geburt bald losgehen könnte!

Auch in Ihrem Blut ist ein pH-Wert-Bereich eingestellt, der ein Arbeiten der Enzyme unter optimalen Bedingungen ablaufen lässt. Dabei sind die allermeisten Stoffwechselreaktionen pH-abhängig. Sie können nur innerhalb eines engen Bereichs optimal ablaufen. pH-Abweichungen des Blutes von diesem Bereich können lebensbedrohlich sein. Da der pH-Wert im menschlichen Blut in einem sehr engen Bereich zwischen 7,36 und 7,44 liegen muss, sind verschiedene Systeme an der Konstanthaltung dieses Wertes beteiligt. Weil diese Systeme in der Lage sind, überschüssige Protonen abzufangen bzw. Protonen an das Blut abzugeben (also als Base bzw. Säure zu wirken), bezeichnet man sie als **Puffersysteme**. Beim Lösen von CO_2 in wässriger Lösung entsteht Kohlensäure

($\rightarrow$ S. 135 ff.). Da ein Hauptbestandteil des menschlichen Blutes ebenfalls Wasser ist, wird beim Übertritt von CO_2 aus den Zellen ins Blut – als Abfallprodukt der Stoffwechselvorgänge – Kohlensäure (H_2CO_3) gebildet. Gemäß der Gleichung

$$H_2CO_3 \rightleftharpoons H^+ + HCO_3^-$$

ist dieses Gleichgewichtssystem in der Lage, Protonen aufzunehmen bzw. abzugeben. Aber bitte behalten Sie im Hinterkopf, dass es keine freien Protonen in einer wässrigen Lösung, wie es das Blut darstellt, geben kann. Es handelt sich also um eine vereinfachte Darstellung.

Wie Sie ebenfalls schon erfahren haben, zerfällt die gebildete Kohlensäure wieder relativ leicht zu CO_2 und Wasser. Dies geschieht permanent in der Lunge: CO_2 wird deshalb in die Lungenbläschen befördert und abgeatmet. Das entstehende Wasser fällt bei den ohnehin großen Wassermengen im menschlichen Körper nicht ins Gewicht und wird verwertet. Bei stärkerer körperlicher Betätigung werden die Sauerstoffaufnahme und die CO_2-Abgabe gesteigert. Dabei säuert das Blut ab. Bei einem Mangel an Protonen im Blut wird das CO_2 langsamer abgeatmet. Die dann vermehrt im Blut zirkulierende Kohlensäure kann nun Protonen abgeben und das Blut wieder ansäuern. In gleicher Weise – nur viel langsamer – kann die Niere in diesen Haushalt eingreifen: Sie liefert – je nach Bedarf – H^+- oder HCO_3^--Ionen.

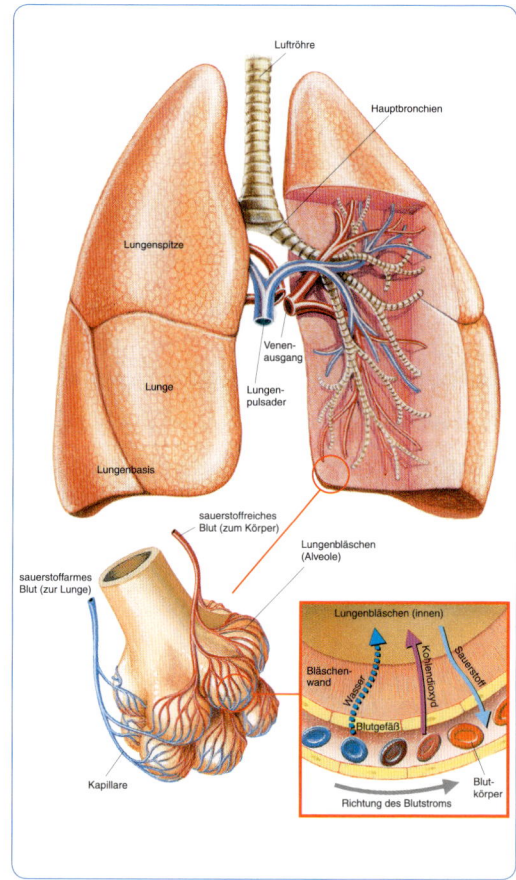

Dieses Puffersystem wird in der Medizin häufig als Kohlensäure-Bikarbonatpuffer oder einfach als Bikarbonatpuffer bezeichnet. Die Bezeichnung Bikarbonat rührt aus einer älteren Bezeichnung für die Hydrogencarbonat-(HCO_3^-)Ionen her.

Den niedrigen pH-Wert einer Säure macht man sich im Haushalt aus den gleichen Gründen wie im menschlichen Körper zunutze: **Haushaltsreiniger** auf Säurebasis (z. B. Essigsäure- oder Zitronensäurereiniger) haben eine desinfizierende Wirkung, da durch den niedrigen pH-Wert die schädlichen Bakterien abgetötet werden. Allerdings sollte man nicht zu verschwenderisch mit Desinfektionsmitteln arbeiten, da diese die gesamte Bakterienflora des Hauses abtöten und damit dem Immunsystem die Trainingsgrundlage entziehen. Wie bei Impfungen ist es nötig, dass das Immunsystem in Hab-Acht-Stellung bleibt.

Ein verkalkter Perlator …

… wird in Essigsäure entkalkt.

Die Säuren im Haushaltsreiniger haben aber noch einen anderen Reinigungsvorteil: Sie entfernen Kalkränder im Bad- und Küchenbereich. Da es sich beim Wasser um eine Lösung handelt, in der natürlicherweise Salze gelöst sind, bleiben diese Salze überall dort als weiße Ränder zurück, wo das Wasser Gelegenheit hatte, zu verdunsten. Das macht sich z. B. besonders in Teekesseln oder Gefäßen zum Blumengießen bemerkbar. Das, was allgemein als Kalk bezeichnet wird, ist ein Gemisch aus Calcium- und Magnesiumcarbonat ($CaCO_3$ und $MgCO_3$). Nach dem alten Grundsatz „die stärkere Säure vertreibt die schwächere Säure aus ihren Salzen", sollten die in den Haushaltsreinigern eingesetzten Säuren stark genug sein, um die Carbonate (als Salze der schwachen Kohlensäure) zu lösen. Dies macht man

Gießkanne mit Kalkablagerungen

sich beim sog. **Entkalken** (z. B. von Kaffeemaschinen) ebenfalls zunutze. Allerdings werden dabei meist organische Säuren (z. B. Ameisensäure oder Essigsäure) verwendet, die in einem späteren Kapitel gesondert behandelt werden sollen.

„… dann nimm doch Abflußfrei, das macht den Abfluß frei!"

Vielleicht klingt Ihnen dieser Werbeslogan aus den 1970er-Jahren noch im Ohr!? Hier noch einmal in voller Länge: *„Wenn der Abfluß mal verstopft ist, ja was ist denn schon dabei, dann nimm doch Abflußfrei, das macht den Abfluß frei."* (Natürlich noch in der nostalgischen „Buckel-S-Schreibweise".)

Während saure Reiniger im Haushalt relativ häufig sind, findet man dagegen alka-

lische Reiniger nur relativ selten. Ihr Einsatzgebiet ist allerdings auch ziemlich beschränkt: Meist kommen sie zum Einsatz, wenn besonders hartnäckige Verschmutzungen mit relativ starker (Fett-)Verkrustung anfallen. Das ist z. B. bei verschmutzten Backöfen und Grillrosten sowie bei Autofelgen der Fall. (Pfiffige sparen sich den teuren Felgenreiniger und nehmen gleich günstiges Backofenspray…) Am bekanntesten ist der Einsatz von alkalischen Reinigern bei der Abflussreinigung bzw. -verstopfung.

Betrachtet man Abflussreiniger etwas genauer, … HALT! Wenn Sie tatsächlich selbst schauen wollen, dann sollten Sie Sicherheitsmaßnahmen ergreifen! Lesen Sie zu-

nächst auf jeden Fall die Warnhinweise auf der Verpackung! Abflussreiniger sind auch in stärkerer Verdünnung extrem stark ätzende Substanzen, deren Kontakt mit der Haut, den Schleimhäuten und vor allem mit der Hornhaut der Augen schlimme Folgen haben kann. Deshalb ist bei allen Untersuchungen mit Abflussreinigern (und mit Laugen sowieso) das

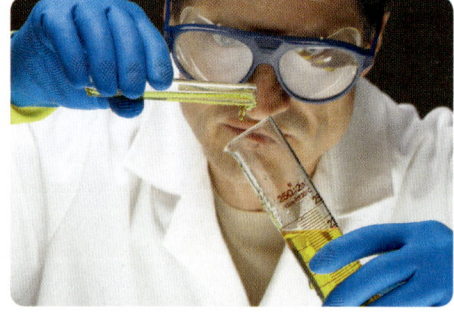

Schutzbrille und Handschuhe gehören für Chemiker im Labor immer dazu!

Tragen von Schutzbrillen dringend angeraten. Auch sollten im besten Fall laugenfeste Handschuhe angelegt werden.

Also: Betrachtet man Abflussreiniger mit geeigneten Schutzmaßnahmen etwas genauer, wird man drei verschiedene Komponenten finden: Am auffälligsten sind metallische Kügelchen oder Splitter, die zwischen zwei Sorten unterschiedlich weißer Kügelchen liegen. Während die eine Sorte der weißen Kügelchen etwas glänzender und durchscheinender wirkt, ist die andere Sorte etwas heller, weniger durchscheinend und vom Weiß her etwas reiner. Bei den metallischen Kügelchen handelt es sich um Aluminium. Die erste Sorte der glänzenden Kügelchen ist Natriumhydroxid oder Kaliumhydroxid. Bei der zweiten Sorte handelt es sich Salze, die zum einen die Rieselfähigkeit erhalten und zum anderen … das wird später verraten. Die Rieselfähigkeit lässt bei längerer Aufbewahrung und vor allem bei nicht sachgerechtem Verschluss der Verpackung allerdings doch zu wünschen übrig: Das Natriumhydroxid ist sehr hygroskopisch, d. h., es zieht die Feuchtigkeit aus der Luft an, was den Inhalt der Verpackung doch ziemlich zusammenpappen lässt.

Natriumhydroxid

Natriumhydroxid (NaOH) löst sich unter starker Wärmeentwicklung in Wasser (→ S. 131 ff.). Laut der Gebrauchsanleitung auf der Verpackung des Abflussreinigers schüttet man nach erfolgter Dosierung des Pulvers etwas Wasser hinterher. Aber Vorsicht! Die Wärmeentwicklung kann so groß sein, dass sich die – meist aus Kunststoff bestehenden – Abflussrohre verbiegen!

In und auf der Verstopfung aus Haaren und sonstigen fettigen Ablagerungen befindet sich nun eine zumindest warme, wenn nicht sogar heiße Natronlauge. Nun kommen die Aluminiumkügelchen ins Spiel: Das Aluminium ist so unedel, dass es sich in Wasser – das hier in guter Brönsted'scher Tradition und Definition als Säure fungiert – unter Bildung von Wasserstoff löst. Unedle Metalle lösen sich eigentlich in Säuren. In Wasser findet unter Normalbedingungen auch eigentlich keine Auflösung des Aluminiums statt, weil das entstehende Aluminiumhydroxid (Al(OH)$_3$) eine Schicht auf dem Aluminium bildet und dieses vor weiteren Angriffen schützt (Chemiker nennen das Passivierung). In Gegenwart der Natronlauge bzw. ihrer Hydroxidionen löst sich diese Schicht aber unter Bildung von einem sog. Aluminatkomplex auf. Nach der Ablösung der Schicht kann also das darunter liegende Aluminium weiter in Lösung gehen und dabei Wasserstoff entwickeln.

$$2\,Al + 6\,H_2O \rightarrow 2\,Al(OH)_3 + 3\,H_2$$
$$Al(OH)_3 + OH^- \rightarrow [Al(OH)_4]^-$$

Neben dem Lösevorgang des Natriumhydroxids ist diese Reaktion ebenfalls recht exotherm, was das Gemisch noch weiter aufheizt. Die Bildung des Wasserstoffs ist beabsichtigt: Die aufsteigenden Gasblasen sollen den Pfropfen lockern und lösen, um den Angriff der alkalischen Lösung zu verbessern. Allerdings ist die Bildung von Wasserstoff nun nicht gerade ungefährlich (→ S. 96 ff.). Und nun kommt das Salz ins Spiel, dessen Funktion oben nicht verraten wurde: Die Salzkügelchen enthalten Nitrat (oder auch Nitrit). Das Nitrat reagiert mit dem entstehenden Wasserstoff zu Ammoniak, Wasser und Hydroxidionen.

$$NO_3^- + 4\,H_2 \rightarrow NH_3 + 2\,H_2O + OH^-$$

Auf diese Art und Weise lässt sich der Wasserstoff entschärfen und es ist die Erklärung geliefert, wieso es bei der Verwendung von Abflussreinigern nach Ammoniak riecht.

Ein Wort zum Umweltaspekt: Es ist nichts davon zu halten, Abflussreiniger wöchentlich zur Vorbeugung in den Abfluss zu geben. Auch wenn möglicherweise dadurch die Abflussrohre nicht verstopfen sollten: Es ist nicht von der Hand zu weisen, dass solche stark alkalischen Abwässer die Kläranlagen ziemlich belasten.

Kläranlage

Sie sehen also, die Chemie des Abflussreinigers ist alles andere als trivial. Allerdings zeigt er bei aller Komplexität der Vorgänge trotzdem häufig nicht die gewünschte durchschlagende Wirkung. Im Gegenteil: Durch die hohen Temperaturen backt manchmal der Pfropfen aus Haaren und sonstigen Dingen regelrecht zusammen und gibt den Weg erst recht nicht frei. Auch hier ein Tipp: Manche nehmen eine „Chemikalie", die ebenfalls ätzend aber umweltfreundlich ist und zudem – ohne große Tricks und Kniffe – den Pfropfen prima aufschäumt: Cola!

Echt die Härte: die (deutsche) Wasserhärte

Vor dem letzten Thema zum Bereich „Säuren" und „pH-Wert", in dem die Aquarianerinnen und Aquarianer unter Ihnen auf ihre Kosten kommen werden, noch etwas zum Thema hartes bzw. weiches Wasser. Die Aquarianerinnen und Aquarianer unter Ihnen trifft es gleich doppelt hart, denn auch wenn Sie bisher Ihre Fische sorglos und unwissend in nicht untersuchtem Wasser haben schwimmen lassen, müssen Sie sich nun eines Besseren belehren lassen – vorausgesetzt, Ihnen liegt das Wohl Ihrer Aquarienbewohner am Herzen …

Die Adjektive *hart* und *weich* gaukeln Ihnen ein wenig vor, als könne man die Härte oder Weichheit des Wassers erfühlen oder ertasten. Man kann es eventuell erspüren, wenn man außerhalb der heimischen Gefilde in Gegenden kommt, in denen eine andere Wasserhärte vorherrscht: Bei deutlich weicherem Wasser hält die Frisur plötzlich nicht mehr wie gewohnt, obwohl man die Haare nicht anders gewaschen oder frisiert hat. Vielleicht fällt auch beim Duschen oder Baden in ungewohnter Umgebung mit weicherem Wasser auf, dass es bei etwa gleicher Menge Duschgel oder Badewasserzusatz deutlich stärker schäumt.

In hartem Wasser sind deutlich mehr Calcium- und Magnesiumsalze gelöst als in weichem Wasser. Die Wasserhärte gibt also an, wie groß die Menge dieser Salze ist. Bis zum Mai 2007 wurde die Wasserhärte im sog. deutschen Härtegrad (°dH) angegeben und in verschiedene Härtebereiche eingeteilt:

Härtebereich		Grad deutsche Härte (°dH)
1	(weich)	0 bis 7
2	(mittel)	7 bis 14
3	(hart)	14 bis 21
4	(sehr hart)	über 21

Seit dem Mai 2007 hat sich eine Änderung ergeben, da man die Werte an europäische Standards anpasste. Die Härtebereiche 3 und 4 wurden zum Härtebereich „hart" zusammengelegt. Es gibt nun also nur noch drei Härtebereiche: „weich", „mittel" und „hart". Die Wasserhärte orientiert sich nun am Gehalt von Calciumcarbonat ($CaCO_3$) – dem Salz, dessen Gehalt hauptsächlich die Wasserhärte bestimmt – und man ordnet diesen Gehalt in „Millimol pro Liter" (eine Konzentrationsangabe) den Härtebereichen zu:

Härtebereich	Millimol $CaCO_3$ je Liter	
„weich"	< 1,5	(entspricht 8,4°dH)
„mittel"	1,5 bis 2,5	(entspricht 8,4 bis 14°dH)
„hart"	> mehr als 2, 5	(entspricht mehr als 14°dH)

Den Härtebereich des Trinkwassers müssen die Wasserversorgungsunternehmen einmal im Jahr veröffentlichen. Die unterschiedlichen Härtebereiche in unterschiedlichen Gegenden rühren daher, dass das Trinkwasser aus unterschiedlichen Brunnen geschöpft wird und jedes Wasser in diesen Brunnen eine

andere „Lebensgeschichte" hat, je nachdem, durch welche Gesteinsformationen das Wasser geflossen ist. Hartes Wasser kommt aus Regionen, in denen Kalk- und Sandgesteine vorherrschen. Bei weichem Wasser herrschten Granit, Gneis, Basalt und Schiefer vor. Auch Regenwasser ist weiches Wasser, da es eben nicht über Kalk- und Sandgesteine geflossen ist.

Bei der Auflösung von Kalkgestein läuft folgende Reaktion ab:

$$CaCO_{3\,(s)} + CO_{2\,(g)} + H_2O_{(l)} \rightarrow Ca^{2+}_{(aq)} + 2\,HCO_3^-{}_{(aq)}$$

Das heißt, beim Durchfluss von Oberflächenwasser durch kalkhaltiges Gestein und/oder Böden löst sich der Kalk in Gegenwart des allgegenwärtigen Kohlenstoffdioxids unter Bildung von löslichem Calciumhydrogencarbonat $[Ca(HCO_3)_2]$ auf. Das Kohlenstoffdioxid muss zugegen sein, damit das Wasser leicht (kohlen-)sauer wird, um den Kalk auflösen zu können. Sie sehen: Auch hier spielen die Salze der Kohlensäure eine wichtige Rolle (→ S. 135 ff. und → S. 140 ff.).

Für Wasch- und Reinigungsmittel ist die Angabe der Härtebereiche und eine passende Dosierungshilfe dazu Pflicht. Dabei können Sie unschwer erkennen, dass mit zunehmendem Härtegrad die Menge des zugegebenen Wasch- oder Reinigungsmittels ansteigt. Das heißt also, dass bei härterem Wasser die gleiche Waschwirkung erst erreicht wird, wenn mehr Wasch- oder Reinigungsmittel

zugegeben wird. (Umgekehrt können Sie natürlich Wasch- und Reinigungsmittel einsparen, wenn Sie in einer Gegend mit weichem Wasser wohnen!) Die Dosierung hängt mit den – in härterem Wasser in höherer Menge bzw. Konzentration vorliegenden – Calciumionen zusammen. Sie bilden im harten Wasser vermehrt sog. **Kalkseifen**, die waschunwirksam sind. Wie dies chemisch zu erklären ist, werden Sie auf S. 344 ff. erfahren.

Säurehaltige Haushaltsreiniger werden zum Entkalken benutzt (→ S. 140 ff.). Wie kommt es zu dieser Kalkbildung? Genauer muss man eigentlich von sog. **Kesselstein** sprechen. Der Kesselstein ist zumeist eine Mischung aus Calcium- und Magnesiumcarbonat mit einem wesentlich höheren Anteil an Calciumcarbonat. Dieses Salz macht ja auch – wie oben beschrieben – den stärkeren Anteil bei der Wasserhärte aus, weswegen man auch von Carbonathärte spricht. Überall, wo im Haushalt Wasser erhitzt wird, findet der umgekehrte Prozess statt, der oben beschrieben wurde: statt Kalkauflösung eine Kalkbildung.

$$Ca^{2+}_{(aq)} + 2\,HCO_3^-{}_{(aq)} \rightarrow CaCO_{3\,(s)} + CO_{2\,(g)} + H_2O_{(l)}$$

Zunächst wird klar: Durch Abkochen verringern Sie die Wasserhärte, denn durch das Abscheiden des schwerlöslichen Calciumcarbonats verringern Sie den Anteil der gelösten Calciumionen. Allerdings scheidet sich das Calciumcarbonat dort ab, wo es beim Erhitzen am heißesten ist: an Heizstäben von Waschmaschinen, Kaffeemaschinen, Wasserkochern und Durchlauferhitzern. Und früher an Heizkesseln oder Wasserkesseln, woher der Kesselstein seinen Namen hat. Hier gab es auch nicht selten sog. **Kesselsteinexplosionen**: Die bei jedem Heizvorgang wachsenden Ablagerungen verhindern den Wärmeaustausch zwischen der Kesselwand und dem Wasser. Irgendwann nach einigen Koch- und Heizvorgängen entstehen kleine Risse in der sonst wasserdichten und auch wärmeisolierenden Kesselsteinschicht und Wasser dringt zwischen die Schicht und die Kesselwand. Das ist der Moment, in dem das eingedrungene Wasser schlagartig verdampft: Der Kesselstein wird mit enormer Wucht abgesprengt, noch größere Mengen an Wasser verdampfen schlagartig an der nun freiliegenden heißen Kesselwand, was Rohrleitungen und auch den Kessel selbst – meist an den Schweißnähten – zum Bersten bringen kann.

Die Heizstäbe des Tauchsieders sind für die Kalkbildung besonders anfällig.

Heute ist das eher seltener der Fall, da das Wasser aufbereitet, d. h. enthärtet wird. Nichtsdestotrotz sorgen Ablagerungen von Kesselstein für einen höheren Energieverbrauch, wenn nicht Heizkessel und/oder Rohrleitungen regelmäßig von diesen Ablagerungen befreit werden. In Kaffeemaschinen heißt das kalter Kaffee – pardon – weniger heißer Kaffee.

Während die Wasserenthärtung in Gebieten mit sehr hartem Wasser Sache der Wasserversorgungsunternehmen ist, gibt es dennoch eine Maßnahme, die generell getroffen wird, um in Waschmaschinen und Spülmaschinen das Verkalken von Heizstäben bzw. in Spülmaschinen Kalkflecken auf Gläsern und Besteck zu verhindern: Enthärtung durch **Ionenaustausch**.

Ionenaustauscher in solchen Geräten sind in der Lage, die Calcium- und Magnesiumionen gegen Natriumionen auszutauschen. Es entstehen dann nicht die schwerlöslichen Calcium- oder Magnesiumcarbonate, sondern das viel leichter lösliche Natriumcarbonat. Natürlich ist der Vorrat an Natriumionen bei einem Ionenaustauscher nicht unbegrenzt. Deshalb müssen dem Austauscher wieder Natriumionen zugeführt werden. Das geschieht im Falle des Geschirrspülers durch das **Regeneriersalz**. Man führt deshalb der Geschirrspülmaschine in sehr regelmäßigen Abständen – meist animiert durch eine aufflackernde Kontrollleuchte – sehr reines Natriumchlorid, also Kochsalz, in hoher Konzentration zu. Der Ionenaustauscher wird wieder mit Natriumionen „beladen". Man kann dieses Regeneriersalz tatsächlich zum Kochen verwenden. Allerdings ist umgekehrt die Verwendung von normalem Speisesalz in der Geschirrspülmaschine nicht zu empfehlen: Dieses enthält zum einen als Anionen neben Chlorid- auch Iodid- und/oder Fluoridionen. Diese würden auf Dauer den Ionenaustausch stören. Zum anderen – und das

Aus vielen Küchen nicht mehr wegzudenken: die Geschirrspülmaschine

ist viel wichtiger – werden beim Speisesalz Rieselhilfen eingesetzt und diese sind – na, raten Sie mal – richtig: Calcium- und Magnesiumcarbonat. Sie würden also den Teufel mit dem Belzebub austreiben!

Forelle schlau, statt Forelle blau

„Die Aquarianerinnen und Aquarianer unter Ihnen trifft es gleich doppelt hart", so war auf S. 147 ff. zu lesen. Nicht, dass Ihre Zierfischhaltung in den letzten Jahren auch

Um kleine und große Aquarien muss man sich kümmern.

ohne dieses Buch nicht prima geklappt hätte. Aber tatsächlich sorgen sich anspruchsvolle Aquarianerinnen und Aquarianer zum einen um den pH-Wert des Aquariumwassers, zum anderen um den Härtegrad. Anspruchsvoll ist in dem Sinne gemeint, dass es – wie im gesamten Tier- und Pflanzenreich – Lebewesen gibt, die an ihre Umgebung besondere Anforderungen stellen. Dabei sind vor allem die Besitzerinnen und Besitzer von Seewasseraquarien, Züchter von Weichwasserfischen und Freunde anspruchsvoller Aquarienpflanzen gefragt.

Das heißt zum einen, dass man im Aquarium den pH-Wert bestimmen sollte (→ S. 139). Grundsätzlich gilt auch hier: Den Anforderungen und dem Geldbeutel sind keine Grenzen gesetzt! Möchten Sie sich in der Fischzucht versuchen, ist wohl ein pH-Meter angezeigt. Wollen Sie sich nur einen Überblick verschaffen, reichen Tropftests oder auch Indikatorpapiere, die für die Aquarianer meist in Stäbchenform zu haben sind. Sie sollten sich mit Ihrem Aquariumwasser in einem pH-Bereich bis maximal pH 7,5 bewegen, wenn Sie den Fortbestand der Wasserpflanzen sichern wollen. Ein Bereich von pH 5 bis 6 scheint für viele Pflanzen optimal zu sein.

Die Einstellung eines günstigen bis optimalen pH-Wertes für die Fische ist hinsichtlich ihrer empfindlichen Kiemen und Schleimhäute anzustreben. Letztendlich lassen sich genaue Aussagen nur treffen, wenn klar ist, um welche Form der Haltung (Süß- oder Seewasser, Warm- oder Kaltwasser etc.) es sich handelt.

Grundsätzlich muss angemerkt werden, dass die Balance zwischen der CO_2-Aufnahme der Pflanzen zur Fotosynthese und CO_2-Abgabe der Fische bei der Atmung gewährleistet sein muss. Kommt nun noch die Wasser- bzw. Carbonathärte ins Spiel, dann können Sie ermessen, wie bei der Gleichgewichtsreaktion

$$Ca^{2+}_{(aq)} + 2\,HCO_3^-{}_{(aq)} \rightleftharpoons CaCO_{3\,(s)} + CO_{2\,(g)} + H_2O_{(l)}$$

über die Härte des Wassers – und damit über sein Gehalt an Calciumcarbonat – und über die Menge des gelösten Kohlenstoffdioxids (durch die vorhandenen Pflanzen und Fische), das Gleichgewicht und damit auch der pH-Wert beeinflusst werden. Zum Trost: Solche komplexen Zusammenhänge lassen sich in Tabellenwerken der Aquaristik-Fachliteratur nachlesen.

Sie merken schon, diese Seite bewahrt Sie als Fischfreund nicht davor, sich mit dieser Materie doch noch etwas genauer zu beschäftigen.

VIII. In aller Munde: die Carbonsäuren

Es wurde schon angedeutet, dass die anorganischen Säuren mit einem gewissen chemischen Muff behaftet sind (→ S. 122 ff.). Dahingegen sind die organischen Säuren, in aller Regel eben die Carbonsäuren, schon als „in" oder „hipp" zu bezeichnen. Ihnen muss man keine Imagepolitur verpassen, denn sie gelten als die Guten im Reich der bösen Säuren. Schauen Sie doch mal auf Ihre Lebensmittelumverpackungen, Sie werden einige der nachfolgend beschriebenen Gute-Säuren-Geister entdecken. Allerdings ist es auch dort wie im richtigen Leben: Da wo Licht ist, gibt es auch Schatten …

Allgemeines zur Struktur der Carbonsäuren

Die charakteristische Gruppe der Carbonsäuren ist die COOH-Gruppe. Diese Gruppe wird **Carboxyl-Gruppe** genannt. Carbonsäuren sind typische Säuren und das hängt mit dem Umstand zusammen, dass sie leicht ein Proton aus ihrer Carboxyl-Gruppe abspalten können. (Sie erinnern sich? Säuren sind nach Brönsted Protonendonatoren; → S. 117 ff.)

Der bekannteste Vertreter der Carbonsäuren ist die Essigsäure.

Die charakteristische Gruppe der Carbonsäuren ist die COOH- oder Carboxyl-Gruppe.

$$CH_3 - C \overset{\displaystyle \overline{O}|}{\underset{\displaystyle \overline{O} - H}{\diagdown}}$$ Struktur der Essigsäure

Das Proton der Carbonsäuren wird aus der Carboxyl-Gruppe abgespalten. Es entsteht allgemein das Carboxylation.

Im Falle der Essigsäure wird dieses Ion Acetation genannt:

$$CH_3 - C \overset{\displaystyle \overline{O}|}{\underset{\displaystyle \overline{O} - H}{\diagdown}} \; + \; H_2O \; \rightleftharpoons \; CH_3 - C \overset{\displaystyle \overline{O}|}{\underset{\displaystyle \overline{O}|^-}{\diagdown}} \; + \; H_3O^+$$

Während die anorganischen Säuren in aller Regel als saure Lösungen vorliegen, können die organischen Säuren – besonders in reiner Form – in festem Zustand vorliegen. Das ist bei der Essigsäure als sog. Eisessig unter 16°C der Fall. Es liegt dann 100%ige Essigsäure vor. Der Grund für den festen Aggregatzustand liegt darin, dass die Moleküle wegen der polaren Bindungen innerhalb der Carboxyl-Gruppe durch zwei Wasserstoffbrückenbindungen miteinander verknüpft sind:

$$H - C \overset{\displaystyle \overline{O}| \; ------- \; H - \overline{O}}{\underset{\displaystyle \overline{O} - H \; ------- \; |\underline{O}}{\diagdown \hspace{3cm} \diagup}} C - H$$

Eine solche Verbindung aus zwei Molekülen nennt man allgemein **Dimer**.

Häufig werden die Carbonsäuren mit sog. Trivialnamen bezeichnet. Der Chemiker jedoch gibt ihnen wissenschaftlich korrekte Namen, welche sich aus der Reihe organischer Verbindungen ableiten, die als **Alkane** bezeichnet werden. Es sind kettenförmige Kohlenwasserstoffe (also Verbindungen aus den Elementen Kohlenstoff und Wasserstoff), deren Summenformeln der ersten elf Vertreter und die Strukturformeln der ersten drei Vertreter in nachfolgender Tabelle wiedergegeben sind:

Name	Strukturformel	Name des Alkans	Summenformel
Methan	H | H – C – H | H	Methan Ethan Propan Butan	C_1H_4 C_2H_6 C_3H_8 C_4H_{10}
Ethan	H H | | H – C – C – H | | H H	Pentan Hexan Heptan	C_5H_{12} C_6H_{14} C_7H_{16}
Propan	H H H | | | H – C – C – C – H | | | H H H	Octan Nonan Decan Undecan	C_8H_{18} C_9H_{20} $C_{10}H_{22}$ $C_{11}H_{24}$

An den Strukturformeln lässt sich gut die Vierbindigkeit des Kohlenstoffatoms ablesen (→ S. 100 ff.). Die Kette wächst jedes Mal in dieser sog. **homologen Reihe** der

Alkane um eine CH_2-Gruppe. Die allgemeine Summenformel ist C_nH_{2n+2}, wobei n für eine natürliche Zahl steht. Für die Summenformel des Octans, ein Alkan, welches aus acht C-Atomen aufgebaut ist, lässt sich über den hinteren Teil der Formel ($2n+2$) leicht die Zahl der Wasserstoffatome berechnen: Die Anzahl der H-Atome für $n = 8$ ist $2 \times 8 + 2 = 18$. Somit lautet die Summenformel des Octans C_8H_{18}. Das Octan könnte Ihnen über die Octanzahl des Normalbenzins (OZ 91) und des Superbenzins (OZ 95) von der Tankstelle her bekannt sein. Die Bedeutung der Octanzahl werden Sie zu einem späteren Zeitpunkt kennenlernen.

Andere Verbindungen der Alkane, die einen größeren Bekanntheitsgrad haben, sind das im Erdgas enthaltene Methangas und die Gase Propan und Butan, die in Gasdruckflaschen und/oder Kartuschen für z. B. Gasgrills und Campingkocher in den Handel kommen.

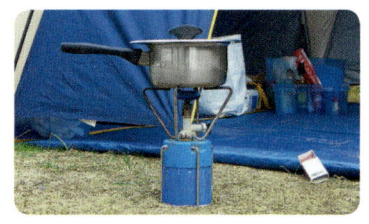

Die wissenschaftlichen und damit nach internationalen Vereinbarungen geltenden Namen der Carbonsäuren leiten sich also aus dieser Alkanreihe ab. Die Carbonsäuren werden deshalb auch als **Alkansäuren** bezeichnet. Um wissenschaftlich korrekt zu bleiben, muss bei den Carbonsäuren im engeren Sinne – so wie sie bis hierhin besprochen wurden – von **Monocarbonsäuren** gesprochen werden, denn sie tragen nur eine Carboxyl-Gruppe im Molekül.

Es gibt also auch noch Carbonsäuren mit zwei Carboxyl-Gruppen (Dicarbonsäuren) und solche mit drei Carboxyl-Gruppen (Tricarbonsäuren). Diese Vertreter werden wir später kennenlernen.

Die Essigsäure ist als Carbonsäure eher unter ihrem Trivialnamen bekannt als unter dem wissenschaftlichen Namen Ethansäure. Es lässt sich allerdings unschwer erkennen, dass sich die Essigsäure in Bezug auf die Kettenlänge vom Ethan ableitet. Das Kohlenstoffatom der Carboxyl-Gruppe wird dabei zur Kette gezählt.

Einen Überblick über die Namensgebung der Carbonsäuren bietet nachfolgende Tabelle:

Name (Trivialname)	Summenformel	Strukturformel	Name der Salze
Methansäure (Ameisensäure)	$HCOOH$	$H-C{\overset{O}{\underset{O-H}{}}}$	Methanoate (Formiate)
Ethansäure (Essigsäure)	CH_3COOH	$H-\overset{H}{\underset{H}{C}}-C{\overset{O}{\underset{O-H}{}}}$	Ethanoate (Acetate)
Propansäure (Propionsäure)	CH_3CH_2**COOH**	$H-\overset{H}{\underset{H}{C}}-\overset{H}{\underset{H}{C}}-C{\overset{O}{\underset{O-H}{}}}$	Propanoate (Propionate)
Butansäure (Buttersäure)	$CH_3CH_2CH_2$**COOH**	$H-\overset{H}{\underset{H}{C}}-\overset{H}{\underset{H}{C}}-\overset{H}{\underset{H}{C}}-C{\overset{O}{\underset{O-H}{}}}$	Butanoate (Butyrate)

Methansäure (Ameisensäure; HCOOH)

Bestimmt haben Sie schon einmal ungute Erfahrungen mit Ameisen gemacht und sind mit Ameisensäure in Berührung gekommen. Diese Insekten verteidigen sich und ihre Artgenossen mithilfe dieser Säure, indem sie sie dem Feind entgegenspritzen. Auch fügen sie dem Angreifer mit ihren kräftigen Mundwerkzeugen kleine Wunden zu und spritzen das Gift dann hinein. Der Trivialname für die Salze leitet sich übrigens aus dem lateinischen Wort für Ameise, *formica*, ab. Die Säure wurde zwar erstmals aus der Ameise isoliert, aber diese Art der chemischen Verteidigung ist im Tierreich weit verbreitet und die Ameisen haben darauf kein Copyright. Auch  Hautflügler wie Bienen und Wespen nutzen die Ameisensäure in ihrem Giftgemisch. Allerdings nicht nur zur Verteidigung, sondern auch zur Lähmung von Beutetieren. Neben manchen Quallenarten, die Ameisensäure in ihren Nesselzellen tragen, enthalten auch Pflanzen Ameisensäure, wie z. B. die Brennnessel, die die Säure über ihre hohlen Brennhaare injiziert.

Zur Herstellung von Ameisensäure werden nicht mehr wie früher Ameisen destilliert, sondern man lässt als eine von mehreren Möglichkeiten Natriumhydroxid mit Kohlenstoffmonoxid reagieren und erhält das Natriumsalz der Ameisensäure, also Natriumformiat. Lässt man dieses mit Schwefelsäure weiter reagieren, erhält man Ameisensäure und Natriumsulfat. (Ein weiteres Beispiel von „die stärkere Säure vertreibt die schwächere Säure aus ihren Salzen"!) Sie brauchen heute auch nicht mehr Ihre von Rheuma geplagten Körperteile in einen Ameisenhaufen zu halten, denn Ameisensäure wirkt in verschiedenen medizinischen Präparaten als **Antirheumatikum**. Imker nutzen die Ameisensäure zur Behandlung der Bienen gegen die Varroamilbe, Kaffeemaschinen bzw. deren Heizeinheiten begrüßen sie zur Entkalkung und in manchen WC-Reinigern ist sie zur Desinfektion und/ oder Entkalkung eingesetzt. Neuerdings wird aber häufiger die harmlosere Zitronensäure zur Entkalkung verwendet.

Bei den Salzen werden Natrium- und Calciumformiat als Konservierungsmittel und Kalium- bzw. Natriumformiat als Enteisungsmittel von Start- und Landebahnen auf Flughäfen verwendet (sog. Clearway-Produkte; Natriumchlorid wäre ein zu starker Elektrolyt und würde Korrosionsschäden begünstigen).

Ethansäure (Essigsäure; CH_3COOH)

Sie ist die bekannteste der Monocarbonsäuren. Was in Bezug auf die Überschrift „In aller Munde" für nahezu alle Carbonsäuren gilt, gilt für die Essigsäure und ihre Salze

im Besonderen: Die Essigsäure (E 260) selbst und ihre Salze Kaliumacetat (E 261), Natriumacetat (E 262) und Calciumacetat (E 263) spielen als Geschmacksstoffe eine große Rolle und werden als Säuerungsmittel für Obst und Gemüse in Dosen und Gläsern (bis zu 3 % Essigsäure), in Konserven (vor allem Fisch), in Mayonnaisen und in Salatsoßen verwendet.

Aber auch als Grundchemikalie in verschiedenen Zweigen der chemischen Industrie ist die Essigsäure nicht wegzudenken. So wird z. B. etwa ein Fünftel der Weltproduktion an Essigsäure zur Herstellung von PET-Flaschen verwendet. PET steht für **Po**lyethylenterephthalat. Ein Bestandteil dieses Kunststoffs ist die Terephthalsäure. Reaktions- und Lösemittel bei der Herstellung dieses Kunststoffes ist die Essigsäure. Über PET selbst werden Sie zu einem späteren Zeitpunkt noch mehr erfahren.

Propansäure (Propionsäure; CH_3CH_2COOH)

Ihre Salze werden abgepacktem Brot und Feinbackwaren zur Verhütung von Schimmel zugesetzt. Dazu stehen Natrium-, Kalium- und Calciumpropionat zur Verfügung. Die Säure selbst ist für diesen Zweck ungeeignet, da sie einen unangenehmen Geschmack hat. Nichtsdestotrotz wird mit Propionsäure konserviert, nämlich feuchtes Getreide. Hier besteht ihre Wirkung zum einen in der Unterdrückung der schädlichen Mikroorganismen, um das Getreide möglichst schnell lagerfähig zu machen, und zum anderen in der Unterdrückung von Insektenfraß. So ist die Propionsäurekonservierung kostengünstiger als die Trocknung des feuchten Getreides. Dabei muss aber wiederum

Getreidesilos

beachtet werden, dass bei der Lagerung besondere Vorkehrungen zum Korrosionsschutz der Lagerstätte (meist Silos aus verzinktem Blech oder Eisen) getroffen werden. Allerdings werden hier mittlerweile Produkte auf Propionsäurebasis angeboten, die einen eingebauten Puffer haben. So wird bei ihrer Nutzung der Korrosionsschutz überflüssig.

Exkurs: Löcher im Käse!? Der Propionsäure sei Dank!

Propionsäure entsteht auch bei Gärprozessen. Zum einen im Verdauungstrakt von Wiederkäuern, zum anderen bei der Käseherstellung. Vor allem beim Emmentaler Käse ist

Emmentaler Käse

die Propionsäure diejenige, die dieser Käsesorte den typischen Geruch und Geschmack – kurz: das Aroma – verleiht. Diese Gärung wird von Propionsäurebakterien durchgeführt. Die Bakterien werden der lauwarmen Milch zu Beginn des Herstellungsprozesses zugegeben. Beim Reifeprozess, der in einem kühlen Käsekeller monatelang benötigt, bilden die Bakterien zum einen die Propionsäure als Endprodukt, zum anderen Kohlenstoffdioxid. Seine Bildung ist für das Vorhandensein der Löcher verantwortlich!

Butansäure (Buttersäure; $CH_3CH_2CH_2COOH$)

Der Geruch dieser Säure ist einer der unangenehmsten, den ein Stoff verbreiten kann. Sie kennen ihn von ranzig gewordener Butter (wobei Buttersäure entsteht) oder von Erbrochenem (welches Buttersäure enthält bzw. enthalten kann). Die Buttersäure ist der Grund für unangenehmen Schweißgeruch. Sie ist in frischem Schweiß nicht enthalten, wird aber durch die auf der Haut befindlichen Bakterien ($\rightarrow$ S. 140 ff.) bei ausbleibenden Gegenmaßnahmen der Körperhygiene gebildet. Fakt ist, dass die Buttersäure einer der Stoffe ist, auf den die menschliche Nase mit am empfindlichsten reagiert. Selbst wenn die Reinsubstanz Buttersäure 10-milliardenfach (!) verdünnt würde, könnte wir sie noch als Buttersäuregeruch identifizieren. Die Meinungen über die Sinnhaftigkeit einer solchen (Über-)Empfindlichkeit gehen weit auseinander: Die Buttersäure mag der Grund sein, wieso wir jemanden „nicht riechen können" (wodurch wir unsere Abneigung kundtun, obwohl wir ihn ja eigentlich gerade deswegen riechen können…), aber es gibt auch Verfechter der Theorie, dass die Buttersäure den Schweiß des Partners attraktiv, ja geradezu zum Aphrodisiakum macht. Evolutionsbiologen werden letzterem Argument einiges abgewinnen können …

Aber es gibt noch eine Tiergruppe, die total auf die Buttersäure in unserem Schweiß und in dem Schweiß anderer Säugetiere abfährt: **Zecken**. Sie lassen sich bei der Wahrnehmung des Buttersäuregeruchs nicht von Büschen und Bäumen fallen, sondern sie sitzen exponiert meist auf hohen Gräsern. Dieser Parasit muss von seinem zukünftigen Wirt von der Pflanze abgestreift werden. Beim Abstreifen nimmt die Zecke die Buttersäure wahr, wenn sie denn vorhanden ist. Denn wie Sie oben gesehen haben, entsteht die Buttersäure nach Schweißabsonderung erst nach und nach auf der Haut. Außerdem spielen die Körpertemperatur, durch den Wirt verursachte Vibrationen und Licht- und Schattenwechsel noch eine Rolle. Die Zecke benötigt zu ihrer Ernährung aufgrund ihrer parasitischen Lebensweise das Blut des Wirtes. Beim Saugakt kann sie Krankheiten wie Borreliose oder Frühsommer-Meningoenzephalitis (FSME) übertragen. Während die Borreliose eine bakterielle Infektion ist und bei frühzeitiger Erkennung mit Antibiotika behandelt werden kann, ist die FSME eine Viruserkrankung, vor der nur eine Impfung schützt. Eine Impfung ist nur zu empfehlen, wenn man in einem Risikogebiet lebt oder dorthin reist.

Mit Buttersäure wurden bereits Anschläge verübt, z. B. auf Pelzgeschäfte und Bordelle. Oder es wurden Festveranstaltungen lahmgelegt. (Vielleicht eine besonders stupide Form des stupiden Party-Crashings?) Egal was dahintersteckt: Alle ungefragt Beteiligten und Betroffenen stellen sich natürlich die Frage nach der Beseitigung des Geruchs. Nachdem meist in Panik die Situation mit ungeeigneten Hilfsmitteln verschlimmbessert wurde (verdünnen mit Wasser bringt überhaupt nichts – siehe oben –, nur eine noch größere Flüssigkeitsmenge, die übel riecht), bleibt nur noch der Anruf bei der Feuerwehr, die die Säure – wenn eine geeignete Ausstattung vorhanden ist! – neutralisiert. Letztendlich bleibt hier nur die Überführung in die nicht riechenden Butyrate und das gelingt bei einer Säure am besten mit einer Lauge (Stichwort: Neutralisation und Salzbildung, → S. 131 ff.). Aber trotzdem bleibt das Problem hinsichtlich des Ortes oder des Gegenstands, auf den die Buttersäure aufgebracht wurde: Wenn Natronlauge auf den Pelzmantel aufgebracht wird, dann entsteht zwar Natriumbutyrat und der Geruch ist weg, aber der Pelzmantel ist dann auch weg …
Was dann statt des Geruchs noch bleibt? Der Weg zur Polizei!

Kommen wir nun zu etwas völlig anderem: Buttersäure kann auch gut riechen! Sie glauben das nicht? Aber wir wären nicht in einem Chemiebuch, wo es ja bekanntlich um Eigenschaftsänderungen geht, wenn das ein Chemiker nicht auch hinbekäme. Wonach soll es riechen? Nach Ananas? Guter Vorschlag! Man benötigt dazu nur Ethanol, einen Alkohol, und etwas Schwefelsäure, die die Reaktion in Gang bringt. Und schon läuft nachfolgende Reaktion ab:

Die entstehende Verbindung heißt Buttersäureethylester und riecht nach Ananas. Das funktioniert auch mit der oben vorgestellten Propionsäure. Dann riecht es nach Rum und die Verbindung heißt Propionsäureethylester. Wenn man hier statt des Ethanols einen anderen Alkohol, nämlich Pentanol (leitet sich von dem Alkan Pentan ab) nimmt, riecht es nach Apfel. Die Verbindung heißt dann Propionsäurepentylester.

Als **Ester** wird in der organischen Chemie eine Stoffgruppe bezeichnet, bei der eine Kohlenwasserstoffkette über eine -COO-Gruppe mit einer weiteren Kohlenwasserstoffkette verknüpft wird. Verknüpft werden vom Alkohol die OH-Gruppe mit der entsprechenden -COOH-Gruppe der Carbonsäure. Die Verknüpfung geschieht unter Abspaltung von Wasser. Es entsteht die typische Ester-Gruppe R-COO-R': Eines der beiden R steht für die Kohlenwasserstoffkette, die der Alkohol dem Ester beisteuert, das andere R (hier R') ist die Kohlenwasserstoffkette der jeweiligen Carbonsäure. Die Reaktion wird als **Esterbildung** oder **Veresterung** bezeichnet.

$$R-\overset{\overset{O}{\|}}{C}-\overline{O}-H \;+\; H-\overline{O}-R' \underset{\text{Esterspaltung}}{\overset{\text{Esterbildung}}{\rightleftharpoons}} R-\overset{\overset{O}{\|}}{C}-\overline{O}-R' \;+\; H_2O$$

Carbonsäure + Alkohol   Ester   +   Wasser

Die Rückreaktion, also die Umwandlung eines Esters in den Alkohol und die entsprechende Carbonsäure, ist die **Esterspaltung**. Sie wird auch **Verseifung** genannt. Dazu unten mehr bei den nachfolgenden Fettsäuren.

'ne echt fette Sache, die Sache mit den Fettsäuren

Chemisch betrachtet gehören die Fettsäuren ebenfalls zu den Monocarbonsäuren. Der entscheidende Unterschied zwischen einer einfachen Carbonsäure wie der Essigsäure und den Fettsäuren ist, dass die Fettsäuren an der Carboxyl-Gruppe in der Regel eine wesentlich längere Kohlenstoffkette tragen, die meist zwischen 16 und 18 Kohlenstoffatomen lang ist. Allen Fettsäuren ist gemein, dass sie in aller Regel in pflanzlichen und tierischen Fetten vorkommen und diese auch aufbauen. Deshalb muss einschränkend gesagt werden, dass die oben bereits besprochene Buttersäure selbstverständlich Bestandteil eines Fettes und eine Monocarbonsäure ist und damit zu den Fettsäuren zählt. Sie ist die einfachste Fettsäure und gehört somit zu den niederen Fettsäuren. Allerdings soll hier das Augenmerk auf den sog. höheren Fettsäuren liegen. Den Fetten ist später ein eigenes Kapitel gewidmet (→ S. 283 ff.).

Die Fettsäuren lassen sich in die Gruppen der **gesättigten und der ungesättigten Fettsäuren** einteilen. Der Sättigungsgrad hat aber nichts mit ihrem Appetit zu tun:

Ungesättigte Fettsäuren besitzen an mindestens einer Stelle der Kohlenwasserstoffkette eine Doppelbindung zwischen den Kohlenstoffatomen. Besitzt die Fettsäure mehrere Doppelbindungen in einer Kette, spricht man von zweifach, dreifach oder allgemein mehrfach ungesättigten Fettsäuren.

Gesättigt sind die Fettsäuren also dann, wenn es keine Doppelbindung in der Kohlenstoffkette gibt. Die Doppelbindungen wären aber noch in der Lage, Wasserstoffatome aufzunehmen. Wenn man also den Sättigungsbegriff so betrachtet, dann sind gesättigte Fettsäuren satt an Wasserstoffatomen an der Kohlenstoffkette.

> Gesättigte Fettsäuren enthalten keine Doppelbindung in der Kohlenstoffkette (z. B. Palmitinsäure und Stearinsäure). Ungesättigte Fettsäuren enthalten mindestens eine Doppelbindung (z. B. Ölsäure). Fettsäuren, die mehrere Doppelbindungen enthalten, bezeichnet man als mehrfach ungesättigte Fettsäuren (z. B. Linolsäure, Linolensäure und Arachidonsäure).

Palmitinsäure
(16:0)
$C_{16}H_{32}O_2$

Stearinsäure
(18:0)
$C_{18}H_{36}O_2$

Ölsäure
(18:1)
$C_{18}H_{34}O_2$

Linolsäure
(18:2)
$C_{18}H_{32}O_2$

Linolensäure
(18:3)
$C_{18}H_{30}O_2$

Arachidon-
säure (20:4)
$C_{20}H_{32}O_2$

Die Linolensäure gehört übrigens als mehrfach ungesättigte Fettsäure zur Gruppe der Omega-3-Fettsäuren. Diese Gruppe von Fettsäuren erfährt wegen ihrer häufig positiven Wirkung bei Gefäßerkrankungen und bei der Senkung der Blutfettwerte zunehmend ernährungsphysiologische Beachtung. Aber dazu später mehr.

AHA! – Dicarbonsäuren, Fruchtsäuren und Co.

Und hier nun ein paar weitere Beispiele der Gute-Säuren-Geister. (Allerdings: bei noch mehr Licht …!)
Die charakteristische Gruppe der Carbonsäuren ist die COOH-Gruppe (→ S. 153 ff.). Diese **Carboxyl-Gruppe** ist bei einer Gruppe von Carbonsäuren in zweifacher oder sogar dreifacher Ausführung vorhanden.

> Die charakteristische Gruppe COOH- oder Carboxyl-Gruppe der Carbonsäuren ist bei den Dicarbonsäuren zweifach und bei den Tricarbonsäuren dreifach vorhanden.

Allerdings ist die Zahl der reinen Di- und vor allem Tricarbonsäuren eher gering. Zusätzlich können sie eine oder mehrere Doppelbindungen besitzen – sind also gesättigt oder ungesättigt – und/oder enthalten andere Gruppen.

Oxalsäure (HOOC--COOH)

Zu den echten oder reinen Dicarbonsäuren zählt die Oxalsäure. Sie besteht – genau genommen – eigentlich nur aus den zwei Carboxyl-Gruppen und ist deshalb ihr einfachster Vertreter. Hier ist also für Doppelbindungen oder Hydroxyl-Gruppen gar kein Platz mehr. Sie ist also zwei Kohlenstoffatome lang und leitet sich demnach von einem Mitglied der Alkan-Gruppe ab, nämlich vom Ethan. Durch die beiden Carboxyl-Gruppen bekommt sie im Namen ein *di* zwischen Ethan und Säure und heißt deshalb: Ethandisäure. Aber unter diesem Namen kennt sie eben niemand und deshalb bleiben wir bei Oxalsäure. Den Namen kennen Sie auch nicht? Nichtsdestotrotz dürften Sie schon Erfahrung mit dieser Säure bzw. deren Salzen, den

Sauerampfer

Oxalaten, gemacht haben: Zum einen haben Sie vielleicht schon einmal Sauerklee oder Sauerampfer gegessen. Der saure Geschmack rührt von dem hohen Oxalsäuregehalt her. Diese Säure wurde auch zum ersten Mal im Sauerklee gefunden und aus ihm isoliert und sie heißt deswegen auch Kleesäure. (Der Name Oxalsäure leitet sich aus dem lateinischen Artnamen des Sauerklees ab: *Oxalis acetosella*.) Zum anderen haben

Sie sich eventuell schon einmal an einem Grashalm in den Finger geschnitten. Die Kanten der Halme bestimmter Grasarten sind so scharf, weil in diesen Kanten Calciumoxalatkristalle eingelagert sind. Sie sollen den Gräsern als Fraßschutz dienen, was aber einige Wiederkäuer nicht vom Fressen abhält. Kühe beispielsweise haben „aufgerüstet" und besitzen unter anderem deshalb eine so raue Zunge.

Die Oxalsäure ist giftig. Und zwar aus diesem Grund: Das Calciumoxalat ist ein schwerlösliches Salz und kann bei übermäßiger Zufuhr über den normalen Nahrungsweg tödlich wirken. Der Grenzwert liegt etwa bei 600 mg pro Kilogramm Körpergewicht. Die Giftwirkung liegt darin, dass die Oxalsäure das im Körpergewebe vorhandene Calcium (genauer: die Calciumionen) unter Bildung von Calciumoxalat bindet. Das betroffene Gewebe verarmt an Calciumionen, was vor allem im muskulären Bereich zu Lähmungserscheinungen führt und vor allem im Bereich des Herzmuskels kritisch ist. Da der Harn – einfach betrachtet – ein Blutfiltrat ist und die Filterleistung durch feinste Äderchen im Nierenbereich (sog. Nierentubuli) vollbracht wird, kommt es zur

Verstopfung derselben, was auch bei leichten Vergiftungserscheinungen zu Nierenschäden führt.

Aus den hier genannten Gründen ist während der Lebensphase von starkem Knochen- und Zahnwachstum von Kleinkindern auf eine zu starke Zufuhr von Oxalsäure zu verzichten. Als Oxalsäurequellen kommen dabei z. B. Rhabarber-

Rhabarber

kompott, Pfefferminztee, Spinat und Mangold, aber auch Kakao und Schokolade infrage. Vor allem Imker sollten sich der Giftigkeit des Oxalsäure bewusst sein: Sie wird neben der Ameisensäure (→ S. 157 f.) zur Bekämpfung der Varroamilbe eingesetzt.

Kakao und Schokolade

Pfefferminztee

Adipinsäure (Hexandisäure; $HOOC\text{-}(CH_2)_4\text{-}COOH$)

Sie zählt wie die Oxalsäure auch zu den echten oder reinen Dicarbonsäuren. Wie der wissenschaftlich korrekte Name zeigt, besteht sie aus einer Kohlenstoffkette mit sechs Kohlenstoffatomen. Das erste und das sechste C-Atom sind jeweils an der Carboxyl-Gruppe beteiligt. Die dazwischenliegenden C-Atome tragen jeweils zwei H-Atome. (Diese vier CH_2-Gruppen lassen sich platzsparender über eine Klammer in die Summenformel einfügen (-$(CH_2)_4$- steht also für -CH_2-CH_2-CH_2-CH_2- und jede CH_2-Gruppe steht an der Spitze der Zickzacklinie der Strukturformel: ; siehe in der Tabelle S. 169).

Der Grund für die Aufnahme in die Gute-Geister-Säure-Liste liegt allerdings woanders: Die Adipinsäure ist einer der beiden Grundstoffe für die Herstellung von **Nylon** (oder auch **Polyamid 6.6**). Wie die Herstellung von Nylon chemisch abläuft, bekommen Sie im Abschnitt über die Kunststoffe erläutert (→ S. 264 ff.). Hier sei nur so viel gesagt: Die Adipinsäure hat eine Orientierung, ein „Vorne" und ein „Hinten", was hier durch die beiden Carboxyl-Gruppen repräsentiert wird. Der Chemiker spricht von **funktionellen Gruppen**. Diese helfen zum einen, die Verbindungen und Moleküle zu klassifizieren, wie Sie es hier in Bezug auf die Carboxyl-Gruppe bei den Carbonsäuren kennengelernt haben. Sie spielen aber auch bei der Bildung von

Makromolekülen ($\rightarrow$ S. 100 ff.) eine entscheidende Rolle. Die Chemiker haben bestimmte Reaktionsformen, die für bestimmte funktionelle Gruppen brauchbar sind. Sie sind das Werkzeug oder der Klebstoff, um Moleküle zusammenzufügen. Nimmt man – wie aus einem Baukasten – verschiedene Bauelemente mit gleicher funktioneller Gruppe, kann man sie also mithilfe dieser Reaktionsformen verbinden. Der Clou dabei ist, dass – z. B. je nach Größe der gewählten Bauelemente – ein anderes Makromolekül, aber mit anderen Eigenschaften entsteht. Das ist das Wesen der chemischen **Synthese** und wird im Rahmen dieses Buches noch an einigen Stellen mit konkreten Inhalten gefüllt werden.

Allgemein gilt: Der Chemiker bezeichnet mit Synthese (von griechisch *synthesis* = *Zusammenstellung*) ein Verfahren, mit dem unter Zuhilfenahme chemischer Reaktionen aus Elementen oder aus einfacher gebauten Verbindungen ein komplizierter zusammengesetzter neuer Stoff mit neuen Eigenschaften entsteht.

Ein solches Bauelement ist neben der Adipinsäure z. B. die **Sebacinsäure (Decandisäure; HOOC-$(CH_2)_8$-COOH)**: Sie ist um vier CH_2-Gruppen länger als die Adipinsäure und bildet im gleichen Reaktionsverfahren, der gleichen Reaktionsform, einen anderen Kunststoff mit anderen – möglicherweise für den Chemiker passenderen – Eigenschaften: **Polyamid 6.10**.

Andere Gruppen, die in den Carbonsäuren eingebaut sind, können **Hydroxyl-Gruppen** sein. Diese Carbonsäuren werden als Hydroxycarbonsäuren bezeichnet.

> Die charakteristische Gruppe bei den Hydroxycarbonsäuren – zusätzlich zur COOH-/Carboxyl-Gruppe – ist die Hydroxyl-(OH-)Gruppe. Die Lage der Hydroxyl-Gruppe wird in Bezug zur Carboxyl-Gruppe angegeben: Das erste C-Atom, das nicht an der Carboxyl-Gruppe beteiligt ist – aber natürlich zum Fortgang der Kohlenstoffkette an ihr gebunden ist – ist das α-C-Atom, das zweite ist das β-C-Atom, das dritte das γ-C-Atom und das vierte das δ-C-Atom. Obwohl diese Namensgebung in Anlehnung an das griechische Alphabet etwas überholt ist, findet man – wie die Trivialnamen – ihre Bezeichnungen immer noch und immer wieder.

Bei den bekannten Hydroxysäuren befindet sich die OH-Gruppe sehr häufig am ersten C-Atom nach der Carboxyl-Gruppe. Es sind also **α-Hydroxycarbonsäuren**. Dafür gibt es eine aus dem englischen Sprachraum entlehnte Abkürzung: AHA. In Anlehnung an die Überschrift zu diesem Kapitel: **A**lpha-**H**ydroxy-**A**cids. Zu ihnen werden fast ausnahmslos die sog. **Fruchtsäuren** gezählt. Es sind also Säuren, die natürlicherweise in Früchten bzw. Obst vorkommen und den häufig sehr angenehmen sauren Geschmack vieler Obstsorten bedingen. Neben der Apfelsäure und der Mandelsäure

– die hier nicht näher betrachtet werden sollen – gehören dazu so bekannte Säuren wie die **Zitronensäure**, die **Milchsäure** und die **Weinsäure**, aber auch weniger bekannte Säuren wie die Spirsäure (oder Salicylsäure). Die Weinsäure besitzt sogar zwei OH-Gruppen und wird deshalb als Dihydroxysäure bezeichnet. Obwohl die **Oxalsäure** chemisch zu den Dicarbonsäuren und nicht zu den α-Hydroxycarbonsäuren zählt, wird sie aufgrund ihres Vorkommens in diversen Früchten zu den Fruchtsäuren gezählt.

Die Zitronensäure spielt in diesem Zusammenhang eine besondere Rolle. Nicht nur, dass sie die häufigste und bekannteste der Fruchtsäuren ist, sie ist neben ihrer Zugehörigkeit zur Gruppe der Fruchtsäuren auch eine α-Hydroxycarbonsäure. (Die OH-Gruppe hängt am zweiten C-Atom genauso wie eine der Carboxyl-Gruppen. Damit steht die OH-Gruppe in α-Stellung zur Carboxyl-Gruppe.) Dem nicht genug: Sie ist auch noch eine Tricarbonsäure, denn sie besitzt drei COOH-Gruppen.

Einen Überblick über die Namensgebung und die Zugehörigkeit der einzelnen hier behandelten Carbonsäuren zu den jeweiligen Carbonsäure-Gruppen liefert Ihnen die Tabelle auf S. 169.

Die letzten vier Säuren in der Tabelle auf S. 169 sollen am Ende des Kapitels noch einmal gesondert betrachtet werden.

Name (Trivialname)	Carbonsäure-Gruppe			Strukturformel	Name der Salze
Hexandisäure (Adipinsäure)	**Dicarbonsäure**				Adipate
Decandisäure (Sebacinsäure)					Sebacate
Ethandisäure (Oxalsäure)					Oxalate
Dihydroxy-butandisäure (Weinsäure)			α-Hydroxycarbonsäure (AHA)		Tartrate
2-Hydroxy-propansäure (Milchsäure)					Lactate
2-Hydroxy-Propan-1,2,3-tricarbonsäure (Zitronensäure)		**Tricarbon-säure**			Citrate
(5R)-5-[(1S)-1,2-Dihydroxyethyl]-3,4-dihydroxy-5-hydrofuran-2-on (Ascorbinsäure; L-(+)-Ascorbinsäure)					Ascorbate
2-Hydroxy-benzoesäure (Salicylsäure; Spirsäure)		Aromatische Carbonsäuren	Fruchtsäuren	β-Hydroxy-carbon-säure		Salicylate
Phenylcarbonsäure (Benzoesäure)					Benzoate
4-Hydroxybutan-säure (γ-Hydroxybuttersäure; GHB)				γ-Hydroxy-carbon-säure		Oxybate

2-Hydroxy-propan-1,2,3-tricarbonsäure (Zitronensäure)

Neben ihrem Vorkommen in Zitrusfrüchten (Zitronen, Orangen, Limetten u. a.) ist auch ihr Vorhandensein in Sauerkirschen, Äpfeln, Birnen, Stachelbeeren, Himbeeren, Johan-

nisbeeren und vielen anderen Obstsorten bekannt. Sie ist damit natürlicher Bestandteil auch von Fruchtsäften. Sie wird verschiedenen Lebensmitteln (z. B. Limonaden und Eistees) als Säuerungsmittel zugesetzt oder – aufgrund ihres Säurecharakters, der wie bei allen anderen Säuren bakterienhemmende Wirkung hat – auch als Konservie-

rungsmittel eingesetzt. Auch ihre kalklösenden Eigenschaften macht man sich zum einen in Entkalkern (z. B. für Kaffemaschinen und Wasserkocher) und zum anderen in Reinigungsmitteln auch aufgrund des guten Geruchs zunutze.

Die Carbonsäuren können auch in fester Form vorliegen (→ S. 153 ff.). Aufgrund

der vielfältigen möglichen Wechselwirkungen von drei Carboxyl-Gruppen und der polaren Hydroxyl-Gruppe ist das bei der Zitronensäure besonders leicht möglich. Sie wird deshalb in fester Form Brausetabletten, Brausepul-vern und Süßstofftabletten zugesetzt. Hierzu ein kleiner Exkurs:

Exkurs: Wie funktioniert eigentlich eine Brausetablette?

Ob Sie sich eine Tüte „Ahoj-Brause" genehmigen und sich an Ihre Kindheit erinnern, täglich eine Multivitamin- oder Mineralstofftablette zu sich nehmen, eine Kopfschmerz-tablette einnehmen oder eine Süßstofftablette in Ihrem Kaffee oder Tee auflösen, immer wird in Verbindung mit der (wässrigen) Flüssigkeit ein prickelndes Erlebnis da-raus. Sie liegen richtig, wenn Sie vermuten, dass das, was da an Blubberblasen aufsteigt, ein Gas ist. Noch richtiger

liegen Sie, wenn Sie das aufsteigende Gas für Kohlenstoff-dioxid halten. Doch wo kommt plötzlich dieses Gas her, wenn die hier aufgeführten Stoffe mit der Flüssigkeit in Berührung kommen? Bei allen findet die gleiche Reaktion statt:

$$3\ NaHCO_3\ +\ C_6H_8O_7\ \rightarrow\ C_6H_5Na_3O_7\ +\ 3\ H_2O\ +\ 3\ CO_2$$

171 In aller Munde: die Carbonsäuren

Bei $C_6H_8O_7$ handelt es sich um die Summenformel der Zitronensäure. Das $NaHCO_3$ ist ein Salz der Kohlensäure, nämlich Natriumhydrogencarbonat. Sie haben es bereits im Abschnitt auf S. 135 ff. kennengelernt. Die Reaktion ähnelt wiederum der Reaktion aus dem Abschnitt auf S. 147 ff., nur dass diesmal die Zitronensäure beteiligt ist. Drei der acht Wasserstoffatome werden abgegeben. Es sind die drei Wasserstoffatome der drei Carboxyl-Gruppen. Sie werden durch drei Natriumkationen des Natriumhydrogencarbonats ersetzt. Dabei entsteht Natriumcitrat und – neben Wasser – eben das Kohlenstoffdioxid. Dabei sollte noch erwähnt sein, dass zunächst Kohlensäure entsteht, die in Wasser und Kohlenstoffdioxid zerfällt. Die Reaktion funktioniert analog mit Essig und Backpulver auf Natriumcarbonatbasis (z. B. Kaisernatron). Es schmeckt nur nicht so gut …

Heute ist die Brause auch bei älteren Jugendlichen und jungen Erwachsenen wieder in aller Munde: als „Wodka-Ahoj". Dazu wird das Brausepulver direkt in den Mund gegeben und der Wodka hinzugegeben und eine Weile im Mund gelassen, bevor geschluckt wird. Aber Vorsicht: Neben den typischen Erscheinungen nach übermäßigem Alkoholgenuss stellt sich hier möglicherweise ein weiteres, die Sachlage noch verschärfendes Problem ein: Das Brause-Wodka-Verhältnis liegt meist klar auf der Seite der Brause und die schäumt – mithilfe der Magensäure – ordentlich im Magen weiter, was sich nicht in Form von Sodbrennen äußert …

Milchsäure (2-Hydroxypropansäure)

Schauen Sie auf die Verpackung Ihres Joghurts und Sie werden die Bezeichnung „enthält rechtsdrehende L-(+)-Milchsäure" finden. Was steckt hinter dieser Bezeichnung?

Die Milchsäure zählt zu den optisch aktiven Substanzen. Optische Aktivität ist nur dann gegeben, wenn ein zentrales Kohlenstoffatom vorhanden ist, das vier verschiedene Bindungspartner trägt (das nennt der Chemiker Chiralitäts- oder Stereozentrum oder asymmetrisches C-Atom). Optisch aktive Substanzen drehen (linear polarisiertes) Licht aufgrund ihrer Struktur entweder nach links oder nach rechts. Solche Substanzen nennt man **Enantiomere**. Enantiomere sind in ihrer Struktur wie Bild und Spiegelbild. Man spricht deshalb auch von Chiralität („Händigkeit"). In der Natur und aus dem Alltag gibt es zahlreiche Beispiele für **Chiralität**. Der menschliche Körper kann unterschiedliche Enantiomere unterschiedlich gut verarbeiten. Er ist selbst auch aus Enantiomeren aufgebaut.

Was steckt hinter dem Phänomen der **optischen Aktivität**? Die Wörter *rechtsdrehend* und *Aktivität* implizieren, dass die Milchsäuremoleküle recht beweglich und quirlig sein müssen. Es hat aber konkret nichts mit Bewegungen zu tun, die die Moleküle selbst vollführen, sondern mit einem optischen – also sichtbaren – Phänomen, das mit einem ganz speziellen Gerät, einem sog. Polarimeter, sichtbar gemacht werden kann.

In aller Regel handelt es sich um Substanzen, die sich nur wie Bild und Spiegelbild verhalten. Deshalb ist es umso erstaunlicher, dass der menschliche Stoffwechsel in der Lage ist, zwischen diesen Enantiomeren z. B. der Milchsäure zu unterscheiden. Denn die rechtsdrehende L-(+)-Milchsäure ist die für den Menschen physiologisch passendere. Wird diese über den Mund eingenommen, wird sie im Organismus schneller abgebaut als die linksdrehende D-(−)-Milchsäure. Weitere Beispiele werden Sie weiter unten im Kapitel finden.

Louis Pasteur

Das Phänomen der optischen Aktivität wurde von Louis PASTEUR (1822–95) an der Weinsäure entdeckt (→ S. 175), es lässt sich aber an der Struktur der Milchsäure besser erklären:
Kohlenstoff bildet tetraederförmige Strukturen aus. Eine chemische Verbindung ist nur dann optisch aktiv, wenn sich an einem zentralen C-Atom vier verschiedene Bindungspartner (sog. Substituenten) befinden. Bei der Milchsäure sind es die Carboxyl-Gruppe (da sie ja eine Carbonsäure ist), die Hydroxyl-Gruppe (da sie zu den Hydroxycarbonsäuren gehört), dann noch eine CH_3-Gruppe (insgesamt leitet sie sich vom Propan ab, besitzt also eine Kohlenstoffkette von drei C-Atomen) und ein Wasserstoffatom. Ein solches zentrales Kohlenstoffatom wird als **asymmetrisches C-Atom, Chiralitäts-** oder **Stereozentrum** bezeichnet, denn wenn man die unterschiedlichen Bindungspartner mit unterschiedlich farbigen Kugeln darstellt, wird man feststellen, dass es zwei verschiedene Möglichkeiten gibt, diese Kugeln tetraederförmig um das C-Atom anzuordnen. Und diese beiden Möglichkeiten der Anordnung verhalten sich wie Bild und Spiegelbild. Sie lassen sich nicht zur Deckung bringen. Das Phänomen bezeichnet man als **Chiralität**.

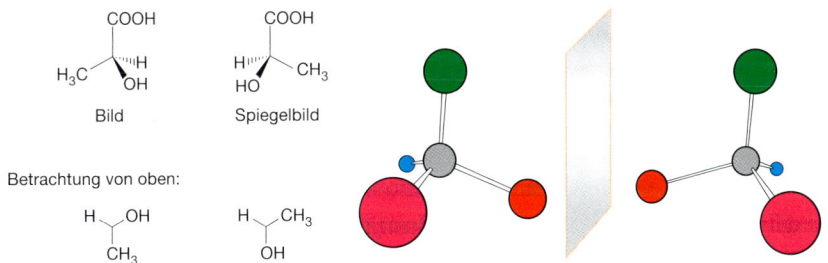

COOH COOH

H_3C H H CH_3

OH HO

Bild Spiegelbild

Betrachtung von oben:

H OH H CH_3

CH_3 OH

Dieser Begriff leitet sich aus dem Griechischen (*ceir = Hand*, also *Händigkeit*) ab. Schauen Sie Ihre beiden Hände an. Betrachten Sie Ihre Handflächen: Sie verhalten sich so betrachtet wie Bild und Spiegelbild und lassen sich nicht (ohne Drehung einer der beiden Hände) zur Deckung bringen.

Dieses Phänomen ist in der Natur weiter verbreitet, als Sie vermutlich denken: Neben der oben bereits erwähnten Fähigkeit unseres Körpers, zwischen unterschiedlichen Enantiomeren zu unterscheiden, setzt das eine selektive Verarbeitung der Enantiomere in unserem Körper voraus. Es wird Sie weniger verwundern, wenn Sie weiter unten erfahren, dass alle Proteine in unserem Körper aus Enantiomeren aufgebaut sind: Bis auf eine einzige gehören sonst alle 20 Aminosäuren selbst zu den optisch aktiven Substanzen!

Bei Schnecken sollte es innerhalb einer Art rechtsgedrehte und linksgedrehte Schneckenhäuser in gleichem Maße geben. Wenn Sie also von oben auf die Spitze eines Schneckenhauses schauen, dann verfolgen Sie

die Windungen des Schneckenhauses entweder nach rechts (im Uhrzeigersinn) oder nach links (gegen den Uhrzeigersinn). Was aber verwunderlich ist, ist die Tatsache, dass es Schneckenarten gibt, deren Schnecken-

häuser in überwiegender Zahl nur einer der beiden Formen angehören, also z. B. nur linksgedreht sind, während andere Schneckenarten nur rechtsgedrehte Schneckenhäuser besitzen.

Bei der Weinbergschnecke ist es beispielsweise so, dass auf 20.000 rechtsgedrehte Schneckenhäuser nur ein linksgedrehtes Schneckenhaus kommt. Der Grund, warum nicht alle Schneckenarten ein Gemisch aus beiden Wuchsformen bilden, ist genauso unerklärt wie das Phänomen, wieso der Mensch überwiegend aus L-Aminosäuren aufge-

baut ist. Ein weiteres Beispiel sind die Ringelschwänzchen von Schweinen: Auch sie können links- oder rechtsherum geringelt sein!

Auch in Ihrem Haushalt befinden sich einige chirale Gegenstände: Die allermeisten Schrauben haben ein Rechtsgewinde. Beim Festschrauben einer Schraubenmutter oder beim Einschrauben einer Holzschraube müssen Sie nach rechts drehen, um die Schraubenmutter festzuziehen bzw. um die Holzschraube ins Holz zu drehen. Das Eindrehen der Schraube erfolgt also im

Schraube mit Rechtsgewinde Uhrzeigersinn. Entgegen dem Uhrzeigersinn werden Schrauben dann festgedreht, wenn eine Schraube Gefahr läuft, sich bei der Drehung eines Gegenstandes zu lösen. Dies ist z. B. bei den Halteschrauben der Fahrradpedale,

von Kreissägeblättern und im Spannfutter der Bohrmaschine der Fall. Hier wird beim Festschrauben entgegen dem Uhrzeigersinn gedreht, sie haben ein Linksgewinde.

Als Scherzartikel sind Korkenzieher mit Linksgewinde erhältlich: Natürlich versucht zunächst jeder, den Korkenzieher im Uhrzeigersinn in den Korken einzudrehen, um die Weinflasche zu öffnen. Möglicherweise können Chemiker mit diesem Problemkorkenzieher aber besser umgehen, denn für Chemiker ist das Linksgewinde kein Scherz: Gasflaschen mit brennbaren Gasen werden durch ein Linksgewinde für die Gasentnahmearmaturen von den nicht brennbaren Gasen abgegrenzt. So muss dem

Anbringen der Armatur erhöhte Aufmerksamkeit entgegengebracht werden. Dadurch wird möglichen Gefahrenquellen vorgebeugt. Weitere Alltagsbeispiele sind: die Buchstaben p und q bzw. b und d, Wendeltreppen, Scheren und Sicherheitsschlüssel.

Der Fokus von Pharmakologen und Arzneimittelentwicklern liegt seit geraumer Zeit auf den Enantiomeren ein und desselben Wirkstoffs. Dies wird im angloamerikanischen Raum als *Chiral Switch* bezeichnet. Die allermeisten Wirkstoffe wurden und werden als eine Mischung beider Enantiomere angeboten. Eine Mischung beider Enantiomere im gleichen Verhältnis bezeichnet der Chemiker als **Racemat**. (Die Wortbedeutung ist von der Weinsäure abgeleitet und wird dort näher erläutert; s. unten. Im Hinblick auf das Polarimeter bedeutet das: Ein Racemat zeigt bei der Messung keinerlei Drehung des polarisierten Lichts, da sich die Drehwirkungen beider Enantiomere gegenseitig aufheben.)

Wie bereits erwähnt, reagiert der menschliche Körper unterschiedlich auf die angebotenen Enantiomere eines Stoffes. Dies ist auch bei unterschiedlichen Geruchs- und Geschmacksstoffen bekannt: So schmeckt die als Carvon bezeichnete Verbindung in der einen Enantiomerenform nach Minze und in der anderen nach Kümmel, während die als Limonen bezeichnete Verbindung in der einen Form nach Limone riecht und in der anderen Form nach Orange.

Dihydroxybutandisäure (Weinsäure)

Sie laden gerne Gäste ein? In gepflegter Atmosphäre? Ein gutes Essen, dazu ein guter Wein? Sie dekantieren den Wein? Wozu? Ach so, natürlich, der Wein muss atmen. Sie gewährleisten die Luftzufuhr durch ein Dekantiergefäß, dessen ausladende Fläche einen Austausch des Weins mit der ihn umgebenden Luft ermöglicht. Viele junge Weine – weiße wie rote – können sich so gut entwickeln. Oder sie sollen sich gut entwickeln, denn an der Sinnhaftigkeit des Dekantierens scheiden sich unter Weinkennern die Wein-Geister …

Einen Sinn sollte das Dekantieren dennoch haben, wenn Sie es vorsichtig getan haben: Das sog. Depot sollte entfernt werden. In der Flasche bleibt dann ein geringer Rest eines festen Stoffs als Bodensatz zurück: Weinstein. Übrigens: Ob Weinstein im Wein vorhanden ist oder nicht, sagt nichts über die Qualität aus, nur darüber, dass er beim sog. Ausbau des Weins nicht ausreichend stabilisiert wurde.

Weinstein auf Schiefer

Chemisch betrachtet handelt es sich bei Weinstein hauptsächlich um Kaliumhydrogentartrat, zu einem geringeren Teil auch um Calciumtartrat. Beides sind schwer lösliche Salze der Weinsäure. Da die Weinsäure auch zu den Dicarbonsäuren zählt, ist sie automatisch zweiprotonig, womit beim Kalium ein Proton und beim Calcium zwei Protonen ausgetauscht wurden.

Kein Wunder also, dass der Weinstein zunächst vor der Weinsäure entdeckt wurde. Dass das Salz der Weinsäure, der Weinstein, aus zwei Enantiomeren besteht, entdeckte Louis Pasteur am Natriumammoniumtartrat. Dazu trennte er die spiegelsymmetrischen Kristalle dieses Salzes mit Pinzette und Lupe und führte dabei die erste Trennung

Weinkristalle eines Weißweins

eines Racemats durch. Eine Mischung aus gleichen Teilen der Natriumammoniumtartrate in Lösung gebracht nennt man Traubensäure. Aus ihrem lateinischen Namen (*Acidum racemicum*) leitet sich der Fachbegriff Racemat ab.

In Weintrauben ist vorwiegend die L-(+)-Weinsäure enthalten. Sie und ihre Salze sind z. B. auch in Löwenzahn, in Zuckerrüben, im schwarzen Pfeffer und in der Ananas enthalten. Das Spiegelbild, die unnatürliche D-(−)-Weinsäure, kommt auf natürliche Weise nur in den Blättern eines westafrikanischen Baumes vor. Die dritte Form – in der Tabelle auf S. 169 unter den beiden Enantiomeren stehend – kommt in der Natur gar nicht vor und wird als meso-Weinsäure bezeichnet. Diese lässt sich nur durch chemische Reaktionen erzeugen und ist auch nicht chiral. Dass sie nicht chiral ist, liegt an der Spiegelebene, die direkt durch das Molekül hindurchgeht (siehe gestrichelte Linie).

Die Weinsäure ist ein häufig eingesetzter Lebensmittelzu-satzstoff z. B. in Erfrischungsgetränken, Speiseeis, Wein-gummis oder Gelee. Weinsäure wurde früher in reiner Form als Backtriebmittel eingesetzt, heute ist sie neben Natriumcarbonat der Säureanteil im **Backpulver**, wenn nicht Zitronensäure eingesetzt wurde. Als technische Ver-  wendung ist hervorzuheben, dass sie Gips und Zement hinzugefügt wird, um deren Abbindeverhalten zu verzögern. Sonst würden z. B. gebrauchsfertige Spachtelmassen aus der Tube während der Verarbeitung schon hart werden.

Es fehlen nun also noch die letzten vier Säuren aus der Tabelle, die jetzt gesondert betrachtet werden.

IX. Besondere Carbonsäuren

Nun haben Sie ja schon allerhand über anorganische und organische Säuren erfahren können. Die Bandbreite der Thematik ist ungeheuer groß: Sie reicht von der muffigen Schulchemie der anorganischen Säuren über Säureanwendungen im Haushalt und Säurebegegnungen im Alltag bis hin zum Phänomen der Chiralität. Im nachfolgenden Kapitel lohnt sich der Blick auf weitere Carbonsäurevertreter.

Säuren ohne Ende

Auf S. 169 konnten Sie sich mithilfe der Tabelle einen Überblick über die betrachteten Carbonsäuren verschaffen. Dass sie sich verschiedenen Gruppen zuordnen lassen, hängt mit dem Vorhandensein einer oder mehrerer gleicher oder unterschiedlicher funkti-oneller Gruppen zusammen. Beim Vorhandensein mehrerer unterschiedlicher Grup-pen ist eine Zuordnung zu einer bestimmten Carbonsäure-Gruppe schwierig, weshalb Doppel- und Dreifachnennungen vorkommen können. Die Abtrennung der nachfol-gend beschriebenen Carbonsäuren erklärt sich mit weiteren Besonderheiten in ihrer Struktur bzw. mit Besonderheiten in ihrem Gebrauch – und auch Missbrauch.

Aromatische Carbonsäuren

Bei dem Begriff „aromatisch" denken Sie wahrscheinlich zunächst an duftenden Kaffee oder
wohlriechende ätherische Öle. Historisch gesehen liegen Sie da auch gar nicht so falsch, denn
in Unkenntnis ihrer chemischen Struktur wurden
die aromatisch riechenden Verbindungen tatsächlich aufgrund dieses Kriteriums in einer Gruppe
zusammengefasst. Die **Aromaten** sind heute
eine Gruppe von chemischen Verbindungen, die
zunächst nicht mit der Gruppe der **Aromastoffe**
verwechselt werden darf. Bei den Aromastoffen
handelt es sich um natürliche Aromen, die aus
pflanzlichen oder tierischen Rohstoffen gewonnen werden, oder um naturidentische Aromastoffe,

die chemisch synthetisiert werden. Aromaten oder **aromatische Verbindungen** sind
ringförmige Moleküle, die aus einem Kohlenwasserstoffgerüst bestehen, welches
ein Bindungssystem aus Atomen besitzt, bei dem eine bestimmte Anzahl an Elektronen zwischen den Atomen des Bindungssystems frei beweglich ist. Diese besondere

Eigenschaft bestimmt ein spezielles Reaktions-
verhalten der Aromaten. Das Flaggschiff dieser Verbindungen ist das **Benzol**. Es hat diesem
speziellen, aber doch vielfältig einsetzbaren Reak-
tionsverhalten der Aromaten auch den Beinamen
Benzol-Chemie eingehandelt. Es soll einen Hinweis darauf geben, dass das Benzol Ausgangsstoff
für eine große Anzahl von Synthesen im Bereich
der Kunststoff-, Arzneimittel-, Farbstoff- und
auch der Aromastoffchemie ist. (Damit ist auch
klar, dass Aromaten durchaus zu den Aromastoffen gehören können ...) So ist es nicht über-
raschend, dass der Verbrauch an Benzol allein in
Deutschland bei etwas über 2 Mio. Tonnen im Jahr
liegt.

Benzol hat die Summenformel C_6H_6, wobei die sechs Kohlenstoffatome aromatentypisch einen Ring bilden, der im Falle
dieser Verbindung eine sechseckige Form hat. An jeder dieser
Ecken sitzt ein Kohlenstoffatom. Die Kohlenstoffatome sind
über Elektronen, die zwischen ihnen die Ringstruktur bilden,
zusammengehalten.

Im Ring befinden sich außerdem weitere sechs Bindungselektronen, die sich allerdings
nicht zwischen den Kohlenstoffatomen fixieren und zuordnen lassen, was die besondere
Stabilität des aromatischen Zustandes bedingt. In der Darstellung wird deshalb oft auf
die Zuordnung gänzlich verzichtet und die frei beweglichen Elektronen werden als Ring
im Benzolmolekül dargestellt (s. oben).

Benzol ist giftig und stark krebserregend. Besonders Benzoldämpfe wirken stark toxisch.
Deshalb ist die Zapfsäule an der Tankstelle mit Gefahrensymbolen besonders gekennzeichnet. Denn Benzol wird dem Benzin zur höheren Klopffestigkeit zugefügt.

Aufgrund des Benzolrings wird die **Benzoesäure (Phenylcarbonsäure)** zu den aromatischen Carbonsäuren gezählt. Ihre Zugehörigkeit zu den Carbonsäuren zeigt sich
durch die am Ring gebundene Carboxyl-Gruppe (zur Struktur siehe Tabelle → S. 169).
Da sie eine bakterien- und pilztötende Wirkung hat, wird sie als Konservierungsmittel
(E 210) eingesetzt. Salze der Benzoesäure – Natriumbenzoat (E 211), Kaliumbenzoat
(E 212) und Calciumbenzoat (E 213) – werden allerdings wegen der besseren Löslichkeit bevorzugt in haltbaren Lebensmitteln wie z. B. Ketchup, Senf, Wurst und Margarine
verwendet. Analog zur Buttersäure kann auch die Benzoesäure unter Mitwirkung von
Schwefelsäure mit Alkoholen verestert werden (→ S. 160 ff.):

| Benzoesäure | Methylalkohol | Benzoesäuremethylester | Wasser |

Dabei entstehen wohlriechende Aromastoffe. Und auch hier wird deutlich: Aromaten
können auch gleichzeitig Aromastoffe sein!

Natürlich gibt es auch bei den aromatischen Carbonsäuren Vertreter der Dicarbonsäuren, sog. Benzoldicarbonsäuren. Bereits auf S. 158 wurde unter den Ausführungen zur Essigsäure auf die Terephthalsäure hingewiesen.

Sie ist ein Ausgangsstoff zur Herstellung von PET-Flaschen und kann deshalb – wie im Abschnitt auf S. 166 f. für die Adipin- und Sebacinsäure beschrieben – als weiteres Bauelement zur Synthese eines Kunststoffs verwendet werden.

Es gibt wohl kaum jemanden unter Ihnen, der die Marke **Aspirin**® nicht kennt. Die allermeisten werden auch schon mit dem Wirkstoff **Acetylsalicylsäure** (auch unter der Abkürzung **ASS** bekannt) recht gute Erfahrungen bei Schmerzen oder Grippe gemacht haben. Und es ist nicht verwunderlich, dass es eines der erfolgreichsten Medikamente in der Geschichte der Pharmazie ist. Die Acetylsalicylsäure ist ein Abkömmling der **Salicylsäure** und lässt sich aus dieser herstellen. Die schmerz- und fiebersenkende Wirkung der Salicylsäure war früh – bereits 1835 – bekannt. Zu diesem Zeitpunkt wurde sie aus einer krautigen Pflanze mit dem deutschen Namen *Mädesüß* erstmals rein isoliert (den Namen *Salicylsäure* hat sie allerdings von der Silberweide, lateinisch *Salix alba*. Aus Salix-Extrakten wurde bereits 1829 die Substanz Salicin gewonnen).

Dort wo das Mädesüß in größerer Zahl wächst, kann man sich sicher sein, dass der Boden feucht, wenn nicht sogar nass ist. Dies kann auf Wiesen, in Laubwäldern oder in Flachmooren sein. Das Mädesüß gehört zur Familie der Rosengewächse und man findet es heute unter dem Artnamen *Filipendula ulmaria* in Bestimmungsbüchern. Früher war es unter dem Namen *Spiraea ulmaria* bekannt. Man kannte die Salicylsäure deshalb auch unter dem Namen **Spirsäure**. Aus dem *A* von *Acetyl* und dem *Spir* der Spirsäure leitet sich auch der Markenname A-spir-in® ab. Die Einnahme der reinen Salicylsäure war aber sehr unangenehm, da sie die Mund- und Magenschleimhäute ver-

Mädesüß

ätzte. Zahlreiche Versuche waren in der Folge notwendig, um eine Alternative für die Salicylsäure zu finden. Dabei gelang es dem Deutschen Felix HOFFMANN, einem Chemiker der Bayer AG, die Acetyl-Gruppe in die Salicylsäure einzubringen. Es war Acetylsalicylsäure entstanden. Am 1. Februar 1899 wurde das Präparat unter dem Namen Aspirin® in Berlin patentiert. (Hinweis: Andere Quellen sprechen den Erfolg der ASS-Herstellung einem Kollegen Hoffmanns, Arthur EICHENGRÜN, zu.)

Felix Hoffmann

Exkurs: Benennungshilfe bei aromatischen Verbindungen

Die Salicylsäure ist ein Abkömmling der Benzoesäure, gehört also auch zu den aromatischen Carbonsäuren. In diesem Fall ist es eine aromatische Hydroxycarbonsäure. Eigentlich könnte man auch von einer α-Hydroxycarbonsäure sprechen, denn in direkter Nachbarschaft zur Carboxyl-Gruppe (dem sog. Erstsubstituenten) befindet sich eine Hydroxyl-Gruppe (der sog. Zweitsubstituent). Da es sich hier aber nicht um ein kettenförmiges, sondern um ein ringförmiges Molekül handelt, gibt es – mal wieder – eine eigene Benennungsgrundlage: Bei den Aromaten werden Atome oder Atomgruppen, die als Zweitsubstituenten durch eine chemische Reaktion in den Ring eingefügt worden sind, mit einer griechischen Vorsilbe bedacht. Dabei ist die Stellung im Ring zur meist namensgebenden Gruppe (dem Erstsubstituenten; in diesem Fall der Carboxyl-Gruppe) ausschlaggebend. Ist der Zweitsubstituent dem Erstsubstituenten direkt benachbart, bekommt er die Vorsilbe *ortho* (griechisch für *aufrecht, gerade*). Die Salicylsäure ist also keine α-Hydroxycarbonsäure, sondern eine *ortho*-Hydroxycarbonsäure. Und da sie sich von der aromatischen Benzoesäure ableitet, heißt sie korrekt: *ortho*- oder einfach *o*-Hydroxybenzoesäure.

Deswegen heißt die oben im Hinweis kurz beleuchtete Terephthalsäure auch *para*-Phthalsäure oder auch einfach *p*-Phthalsäure. Die griechische Vorsilbe *para* steht für *gegen(über)* und man kann in der Struktur die sich gegenüberstehenden Substituenten gut ausmachen. Die dritte mögliche Stellung des Zweitsubstituenten liegt zwischen *ortho* und *para* und wird mit der griechischen Vorsilbe *meta* für *jenseits* oder *nach* bezeichnet.

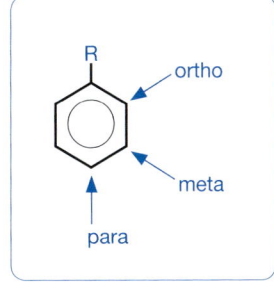

Erst in den 70er-Jahren des 20. Jahrhunderts wurde die Wirkungsweise der Acetylsalicylsäure aufgeklärt. Die Hauptwirkung liegt in der Hemmung der Entstehung von Prostaglandinen. Prostaglandine sind Gewebshormone, die bei Erkrankten gebildet werden, wenn Gewebe verletzt wurde oder Entzündungen vorliegen. Acetylsalicylsäure senkt deren Konzentration im Blut und in den betroffenen Geweben. Der Wirkstoff wird auch zur Vorbeugung vor einem Herzinfarkt oder einem Schlaganfall verschrieben, weil Acetylsalicylsäure auch eine blutverdünnende und gerinnungshemmende Wirkung hat. Die Blutverdünnung erfolgt durch das Vermeiden der Verklebung von Blutplättchen. Diese können dann kein Blutgerinnsel bilden, welches möglicherweise die Adern der Herzmuskelversorgung oder der Gehirnversorgung verstopft hätte. Die Gerinnungshemmung ist wieder auf die Prostaglandine zurückzuführen: Sie fördern normalerweise die Blutgerinnung, und wenn Acetylsalicylsäure die Entstehung von Prostaglandinen hemmt, können diese die Blutgerinnung nicht fördern.

Allerdings besitzt das Medikament auch für manche Menschen unerwünschte Nebenwirkungen, die sich häufig in der Reizung der Magenschleimhaut, in Sodbrennen oder sogar in Magengeschwüren äußern. Das Natriumsalz der Acetylsalicylsäure, das Natriumacetylsalicylat, ist für diese Menschen verträglicher als die reine Säure. Wenn Sie zu dieser Gruppe von Patienten gehören sollten, sollten Sie auf eine Darreichungsform achten, bei der neben dem Wirkstoff noch Natriumhydrogencarbonat und Zitronensäure in ausreichendem Maß zugegeben sind (z. B. in den Brausetabletten; → S. 170 f.). Denn unter diesen Bedingungen reagiert die Acetylsalicylsäure mit Natriumhydrogencarbonat zum Natriumacetylsalicylat. Dieses ist in Wasser besser löslich und bildet deswegen – im Gegensatz zur reinen Säure – im Magen kleinere Kristalle. Und diese reizen die Magenschleimhaut in geringerem Maße als die großen Kristalle der reinen ASS. Das setzt allerdings auch voraus, dass Sie bei der Einnahme genügend Flüssigkeit zuführen. In Problemfällen kann auch auf neutralisierende Mittel (→ S. 140 ff.) zurückgegriffen werden.

Nehmen Sie Ascorbinsäure oder doch lieber Vitamin C?

Nehmen Sie beides! Denn es besteht chemisch gesehen kein Unterschied. Diese Spitzfindigkeit sollte Ihnen auch egal sein, denn es ist wichtig, dass Sie diese Substanz überhaupt aufnehmen. Vitamin C ist essenziell, d. h., der Körper ist nicht in der Lage, Vitamin C selbst zu bilden. Es muss also von außen zugeführt werden. Dabei liegt der Tagesbedarf eines Erwachsenen bei ca. 100 Milligramm. Der Bedarf lässt sich in Mittel- und Westeuropa leicht über die Nahrung decken, denn Vitamin C ist natürlicherweise in vielen Früchten und Gemüsesorten enthalten. Wenn Sie die Wahl haben, dann essen Sie lieber schwarze als rote Johannisbeeren, denn die schwarzen enthalten mehr als fünfmal so viel Vitamin C. Absoluter

Hagebutten

Spitzenreiter im heimischen Raum ist die Hagebutte: In 100 Gramm Frischgewicht sind über 1200 Milligramm enthalten. Bei Zitrusfrüchten – den klassischen Vitamin-C-Lieferanten wie z. B. Orange und Zitrone – liegt der Anteil mit 50 Milligramm Vitamin C auf 100 Gramm relativ niedrig. Die Paprika enthält doppelt so viel. Die Bedeutung der Vitamine im Allgemeinen soll später in diesem Buch erläutert werden.

James Lind

Bei nicht ausreichender Zufuhr von Vitamin C droht die Mangelkrankheit **Skorbut**. Sie war vor allem unter Seefahrern eine berüchtigte Krankheit. Es dauerte bis in die Mitte des 18. Jahrhunderts hinein, bis der englische Schiffsarzt James LIND (1716–94) in einem der ersten gezielten Experimente in der Geschichte der Medizin bewies, dass sich Skorbut durch die rechtzeitige Gabe von Zitrusfrüchten verhindern ließ. Die Seefahrer hatten vorher an Geschwüren im Bereich der Unterschenkel und Füße gelitten, sie bekamen Zahnfleischbluten, später fielen Zähne und Haare aus. Gelenke schwollen an und waren druckempfindlich. Schließlich führten die Bindegewebsschwächen, für die das Fehlen von Vitamin C verantwortlich war, zu Herzschwäche und zum Tod. Nach Linds Entdeckung war nur noch die Frage der Verfügbarkeit von Vitamin C auf den langen Reisen zu klären. Dazu empfahl Lind im Jahre 1768 James COOK für seine erste Weltumsegelung, die Stammwürze von Bier, Sauerkraut und einen Orangen-Zitronen-Sirup mit auf die Reise zu nehmen. 1776 bekam Cook eine Auszeichnung von der Royal Society, weil er keinen seiner Seeleute durch Skorbut verloren hatte. Erst 1933 entdeckte der unga-

James Cook

rische Biochemiker Albert von SZENT-GYÖRGYI NAGYRA-POLT, dass Vitamin C die wirksame Substanz gegen Skorbut ist (1937 erhielt er den Nobelpreis für Medizin). Die Ascorbinsäure hat daher auch ihren Namen: Er leitet sich von *A* für *nicht* und der lateinischen Bezeichnung *scorbutus* für *Skorbut* ab.

Albert Szent-György Nagyrapolt

Die Ascorbinsäure ist ebenfalls optisch aktiv wie die Milchsäure und die Weinsäure. Sie besitzt zwei asymmetrische Kohlenstoffatome und ist auch selbst in der gesamten Molekülstruktur nicht symmetrisch. Das macht die Verhältnisse der Enantiomeren zueinander noch komplizierter als bei der Weinsäure. Hier sei nur so viel gesagt: Auch hier gibt es nur eine Form, die eine biologische Aktivität zeigt, und das ist die L-(+)-Ascorbinsäure.

Die Ascorbinsäure an dieser Stelle zu behandeln, ist gewissermaßen ein Kunstgriff: Wenn Sie sich die Struktur in der Tabelle auf S. 169 anschauen, werden Sie im Gegensatz zu den anderen Carbonsäuren vergeblich eine direkt ins Auge fallende Carboxyl-Gruppe suchen. Aber die Carboxyl-Gruppe ist vorhanden, wenn auch etwas versteckt: Zwischen dem C-Atom mit doppelt gebundenem O-Atom und der Hydroxyl-Gruppe finden Sie eine Doppelbindung eingeschoben. Die Chemiker nennen das eine **vinyloge Carbonsäure**:

vinyloge Carbonsäure

Die Hydroxyl-Gruppen an der Doppelbindung sind in der Lage, ihre Protonen abzugeben. Womit wir wieder beim Thema Säuren wären ... Nicht nur in diesem Bereich zeigt die Ascorbinsäure besondere Reaktionen. Aufgrund ihrer recht komplizierten aber stabilen Struktur ist sie in der Lage, als Radikalfänger und als Antioxidans, also als Antioxidationsmittel, zu reagieren.

Die Wirkung als **Antioxidationsmittel** ist Ihnen aus dem Haushalt bekannt: Der kluge Koch gibt auf den frisch zubereiteten Obstsalat etwas Zitronensaft. Das darin natürlicherweise enthaltene Vitamin C verhindert das Braunwerden von z. B. Apfel- und

Bananenstücken durch Oxidationsprozesse. Deshalb wird die Ascorbinsäure diversen Lebensmitteln als Konservierungsmittel (E 300) zugesetzt. Dies gilt auch für ihre Salze, z. B. Natriumascorbat (E 301) und Calciumascorbat (E 302). Sie werden sie auf der Zutatenliste von z. B. Limonaden, Kondensmilch, Marmeladen und Würstchen finden.

Die Wirkung beruht dabei eigentlich weniger auf einer antioxidativen als vielmehr reduzierenden Eigenschaft: Die Ascorbinsäure ist aufgrund ihrer chemischen Struktur in der Lage, Elektronen vor allen anderen bzw. vor vielen anderen chemischen Substanzen abzugeben. Sie wirkt also als Reduktionsmittel und ist damit selbst leicht oxidierbar. Sie verhilft anderen chemischen Verbindungen zur Reduktion, zur Elektronenaufnahme. Erst wenn ihr Vermögen, Elektronen abzugeben, erschöpft ist, können bzw. müssen die anderen – zu schützenden Verbindungen – ihre Elektronen abgeben. Sie wirkt also so gegen die Oxidation der zu schützenden Stoffe durch den Luftsauerstoff – eben als Antioxidans. Deshalb lässt sich das Braunwerden im Obstsalat auch nicht gänzlich verhindern, sondern nur verzögern.

Die Rolle von Vitamin C als **Radikalfänger** wird meist in einem Atemzug mit der Wirkung als Antioxidationsmittel genannt. Aber die Wirkung als Radikalfänger geht im wahrsten Sinne des Wortes tiefer: Der Ort der Wirkung liegt im Inneren der Zellen, vor allem in ihren Kraftwerken, den sog. **Mitochondrien**, wo die Energiebereitstellung für den Organismus erfolgt. Hier wird der eingeatmete und über das Blut zu den einzelnen Zellen transportierte Sauerstoff benötigt, um mit Protonen und Elektronen letztendlich Wasser zu bilden. Das Verhältnis der drei hier genannten ist aber bei der unendlich großen Zahl an Stoffwechselprozessen nicht immer optimal und so entstehen Oxidationsstoffe, deren Elektronenzahl nicht immer passend ist. Solche Stoffe nennt der Chemiker **Radikale**. Sie zeichnen sich dadurch aus, dass sie eines oder mehrere freie, also nicht gebundene Elektronen besitzen. Diese müssen ergänzt werden, und deshalb versuchen diese Moleküle, anderen Molekülen Elektronen zu entreißen. Diese Radikale sind also auch in ihrem reaktiven Verhalten radikal und deshalb für den Organismus gefährlich. Und hier kommt das Vitamin C ins Spiel: Es ist in der Lage, den radikalischen Oxidationsstoffen fehlende Elektronen zu übertragen und sie dadurch unschädlich zu machen. Somit können die Zelle und ihre Bestandteile dem ständigen Bombardement der Radikale standhalten. In diesem Kampf ist das Vitamin C aber nicht allein: Mit seinen tapferen Mitstreitern Vitamin E und Betacarotin bildet es ein Triumvirat gegen die Radikale. Wenn sie dann noch Unterstützung z. B. durch Selen, Zink und Coenzym Q_{10} erfahren, was durch eine gesunde und abwechslungsreiche Ernährung gewährleistet werden kann, dann sollte das Fangen der Radikale doppelt Spaß bringen.

Mit GHB zur flüssigen Ekstase oder zum K. o.: auf der Schattenseite der Gute-Geister-Säuren

„Sieht doch harmlos aus", werden Sie sagen. In der Tat, es ist eine relativ einfach gebaute Substanz. Bei genauerer Betrachtung kann man erkennen, dass es sich um eine Hydroxycarbonsäure handelt. Und Sie haben ja schon ganz harmlose Vertreter dieser Gruppe der Carbonsäuren kennengelernt: die AHAs, die α-Hydroxycarbonsäuren, mit ihren Lichtgestalten in der Gruppe der Fruchtsäuren, Weinsäure, Milchsäure und Zitronensäure (➔ S. 164 ff.). Was treibt eine solche Substanz auf die Schattenseite der Gute-Geister-Säuren? Zunächst fällt die Stellung der Hydroxyl-Gruppe ins Auge: Sie befindet sich nicht in α-Stellung zur Carboxyl-Gruppe, sondern am γ-C-Atom. Es handelt sich also um eine γ-Hydroxycarbonsäure. Daher leiten sich auch ihr Name und ihre Abkürzung ab. Es ist Buttersäure, die an ihrem γ-C-Atom eine Hydroxyl-Gruppe trägt. Sie wird auch mit dem Trivialnamen γ-Hydroxybuttersäure, also **G**amma-**H**ydro-xy**b**uttersäure, kurz GHB, bezeichnet. Auch ihre fachsprachliche Bezeichnung ändert an der Abkürzung nichts: γ-Hydroxybutansäure. Die Länge der Kohlenstoffkette leitet sich ja von dem Alkan Butan ab (➔ S. 153 ff.).

Aber es ist die Ähnlichkeit zur Buttersäure, die diese Säure auf die Schattenseite der Gute-Geister-Säuren bringt. Denn ein Abkömmling der Buttersäure ist die γ-Aminobuttersäure. Den griechischen Buchstaben ausgeschrieben und für *Säure* die englische Übersetzung *Acid* eingesetzt, erhält man die Abkürzung GABA. GABA ist ein Neurotransmitter im menschlichen Gehirn. Und genau diese enge Verwandtschaft ist es, die diese Säure auf die Schattenseite wandern lässt …

Statt der Hydroxyl-Gruppe befindet sich bei GABA eine Amino-Gruppe in γ-Stellung. Die Amino-Gruppe ist eine weitere funktionelle Gruppe, bei der das Stickstoffatom eine entscheidende Rolle spielt. Die Summenformel der Amino-Gruppe lautet $-NH_2$. Sie gibt einer weiteren großen Gruppe der Carbonsäuren ihren Namen: die **Aminosäuren**. Sie heißen eigentlich Aminocarbonsäuren. Das Augenmerk liegt aber eindeutig auf der Amino-Gruppe und deshalb werden sie einfach kurz Aminosäuren genannt. Das nächste Kapitel wird sich etwas ausführlicher mit ihnen befassen.

GHB und GABA ähneln sich aufgrund der Tatsache, dass bei GHB die Amino-Gruppe der GABA durch eine Hydroxyl-Gruppe ausgetauscht ist. Dieser Austausch erfolgte auf chemischem Wege durch die Entdecker dieser Substanz erstmals zu Beginn der 1960er-Jahre. Bis in die 1970er-Jahre hinein wurde GHB verstärkt in der Medizin als Narkotikum eingesetzt. Die Erklärung für diese Wirkung liegt in der strukturellen Verwandtschaft der beiden Stoffe, die sich auch in der ähnlichen physiologischen Wirksamkeit niederschlägt. GABA wirkt als natürlicher Neurotransmitter an den sog. **Synapsen**, den Verknüpfungsstellen zwischen den Nervenzellen. An diesen Stellen werden die Nervensignale zwischen den Nervenzellen übertragen. Sie sind aber auch die Verrechnungsstellen der Nervensignale.

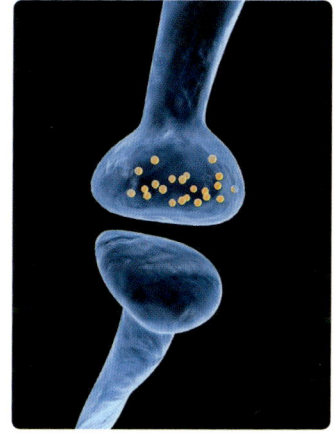

Synapse

Es werden dabei erregende und hemmende Signale verrechnet. Diese Verrechnung ist – stark vereinfacht ausgedrückt – der Grund dafür, wieso wir in der Lage sind, bestimmte Informationen zu filtern. Wir würden sonst in der Flut der auf uns einprasselnden Informationen ertrinken. GABA ist ein Transmitter für die hemmenden Signale. Wird ein Teil dieser hemmenden GABA-Signale durch GHB-Einnahme in geringer Konzentration (0,5 bis 1,5 Gramm) verhindert, dann hat GHB eine euphorisierende Wirkung: Es löst

Ängste, hebt im wahrsten Sinne des Wortes Hemmungen auf und hebt dadurch die Stimmung. Letztlich sorgt es so für eine höhere Lockerheit und Kontaktfreudigkeit, womit der Grund dafür geliefert ist, wieso es unter Jugendlichen und jungen Erwachsenen als Partydroge beliebt ist: GHB und ihre Salze werden als **Liquid Ecstasy** (oder Liquid E, Liquid X, G, Fantasy und anderen Bezeichnungen) konsumiert. Dabei hat diese Partydroge – sowohl chemisch als auch in ihrer Wirkung – nichts mit dem bekannteren *Ecstasy* zu tun. Die Bezeichnung ist von den Herstellern viel mehr ein bewusst eingesetzter marktpolitischer Trick …

In höherer Dosierung (bis ca. 2,5 Gramm) verstärkt GHB die vorhandenen Stimmungen und Antriebe, wirkt aufputschend und verhindert die Empfindung von Müdigkeit, was durchtanzte Nächte möglich macht und wodurch sie dem Ruf der Partydroge gerecht wird. Eine psychische und physische Abhängigkeit kann sich – wie bei den meisten Partydrogen – bei häufiger bzw. regelmäßiger Einnahme einstellen. Dabei äußern sich die Entzugserscheinungen – bestenfalls – in Zittern, Schweißausbrüchen, Schlaflosigkeit, Ängstlichkeit und Übelkeit.

Bei noch höherer (Über-)Dosierung tritt endgültig die Schattenseite hervor: GHB wirkt dann stark einschläfernd. Häufig in Verbindung mit anderen Substanzen (z. B. Schlafmitteln, opiatähnlichen Substanzen und/oder Alkohol) kann ein plötzlicher Schlaf eintreten, der einer Narkose gleicht. Aus diesem Schlaf ist der oder die Betroffene kaum zu wecken. Bei ungünstigen Wirkkonstellationen kann auch der Tod durch Atemstillstand eintreten!

Seit Beginn des neuen Jahrtausends hat diese Substanz auch unter dem Begriff **K.-o.-Tropfen** traurige Berühmtheit erlangt. Opfern wurde und wird die Substanz – meist in Form des Natriumsalzes – in ein Getränk gemischt, um den salzigen Geschmack zu überdecken. Die Schläfrigkeit der Opfer tritt nach etwa 15 bis 30 Minuten ein. Jeglicher Umgang mit dieser Substanz außerhalb des medizinischen Bereichs ist verboten und fällt deshalb unter das Betäubungsmittelgesetz. Da die Substanz meist nur bis 12 Stunden nach der Gabe zu identifizieren ist, da sie im Stoffwechsel des Opfers komplett abgebaut wird, ist ein Nachweis oft mehr als schwierig. Da ist es fraglich, ob es als glücklicher Umstand gelten kann, dass sich die Opfer an die Zeit unter Drogeneinwirkung meist – wenn überhaupt – nur lückenhaft erinnern …

Noch mehr Säuren, noch mehr Besonderheiten: Aminosäuren

Wie bereits im letzten Kapitel ausgeführt, gehört GABA zu den Aminocarbonsäuren. Diese γ-Aminobuttersäure, die als hemmender Neurotransmitter im Gehirn wirkt, besitzt in γ-Stellung zur Carboxyl-Gruppe eine Amino-Gruppe. Die Amino-Gruppe ist die namensgebende funktionelle Gruppe der Aminocarbonsäuren, kurz: Aminosäuren.

Vorab soll der Blick auf Allgemeines zu dieser Gruppe und die allgemeine Struktur der Aminosäuren gerichtet werden. Dann sollen die Aspekte beleuchtet werden, die bestimmte Aminosäuren in Verbindung mit ihrem Vorkommen in Lebensmitteln wichtig erscheinen lassen. Ihre Funktion beim Aufbau der Eiweiße (= Proteine) wird in einem späteren Kapitel zu den Nährstoffen beschrieben (→ S. 323 ff.).

Allgemeines und zur Struktur der Aminosäuren

> Aminosäuren werden dem menschlichen Körper über die Nahrung zugeführt. Unser Organismus ist aus rund zwanzig Aminosäuren aufgebaut. Dabei sind acht Aminosäuren essenziell, d. h., sie müssen über die Nahrung zugeführt werden.

Wenn hier von den Aminosäuren im Plural gesprochen wird, dann liegt es daran, dass es eben viele verschiedene Aminosäuren gibt. Grundsätzlich sind am Aufbau des menschlichen Organismus also rund zwanzig Aminosäuren beteiligt. Der Begriff *Aufbau* bezieht sich vor allem auf die Proteine des Körpers. Man spricht deshalb von **proteinogenen Aminosäuren**. Von den nicht proteinogenen Aminosäuren gibt es noch einmal über 250 verschiedene. Sie sollen nicht Gegenstand dieser Betrachtung sein.

Aminosäuren sind durch die Proteine, die Sie mit der Nahrung zu sich nehmen, ein wesentlicher Bestandteil Ihrer Ernährung. Und aufgrund der Ernährungslage in West- und Mitteleuropa können auch alle Aminosäuren in ausreichender Menge mit der Nahrung zugeführt werden. Dabei ist *ausreichend* ein gutes Stichwort. Denn Ihr

Verdauungssystem zerlegt die Proteine wieder in die Aminosäuren. Diese Aminosäuren werden zwar auch wieder zu körpereigenen Proteinen zusammengebaut. Allerdings ist Ihr Körper in der Lage, auch selbst Aminosäuren zu synthetisieren. Das gelingt ihm aber in den genannten zwanzig Fällen nur bei zwölf. Die anderen acht müssen Sie mit der Nahrung zuführen. Man bezeichnet sie deshalb als essenziell. Ausreichend ist die Ernährungslage deshalb gewiss, aber ist die Ernährung auch ausgewogen? Der Ernährungsbedarf wird überwiegend aus tierischer Kost gedeckt, obwohl die essenziellen Aminosäuren vorwiegend in pflanzlichen Lebensmitteln enthalten sind.

Aminosäuren besitzen zusätzlich zur Carboxyl-Gruppe, die sie als Säure ausweist, noch die **Amino-(NH_2-)Gruppe** als funktionelle Gruppe. Ebenso wie die Hydroxyl-Gruppe der Hydroxycarbonsäuren kann die Amino-Gruppe in α-, β-, γ- und δ-Stellung zur Carboxyl-Gruppe stehen. Analog dazu erfolgt die Namensgebung der α-, β-, γ- und δ-Aminosäuren. Die proteinogenen Aminosäuren sind ausschließlich **α-Aminosäuren**.

Außer Glycin sind alle anderen Aminosäuren optisch aktiv. Proteinogen sind dabei aber jeweils nur die L-Enantiomere. Aminosäuren sind untereinander durch sog. **Peptidbindungen** verknüpft.

Alle Aminosäuren sind demnach aus mindestens einer Carboxyl-Gruppe und mindestens einer Amino-Gruppe aufgebaut. Sitzen diese beiden Gruppen an ein und demselben C-Atom, handelt es sich um eine α-Aminosäure. Die allermeisten Aminosäuren sind optisch aktiv (→ S. 171 ff.). Das setzt voraus, dass an einem C-Atom neben der Carboxyl- und der Hydroxyl-Gruppe zwei weitere, unterschiedliche Bindungspartner (Substituenten) gebunden sind. Bei der einfachsten Aminosäure Glycin ist das nicht der Fall. Neben den beiden Gruppen sind bei ihr noch zwei Wasserstoffatome gebunden. Bei allen anderen proteinogenen Aminosäuren ist aber eines der beiden H-Atome durch verschiedene Substituenten ersetzt, die in der Summe in den allermeisten Darstellungen als *R* für *Rest* abgekürzt sind.

Diese Reste können unterschiedlich komplex sein. Je nach Art und Struktur des Rests lassen sich die proteinogenen Aminosäuren auch noch in unterschiedliche Gruppen einteilen. So gehören all diejenigen Aminosäuren, die in diesem Rest eine weitere Carboxyl-Gruppe tragen, zu den sauren Aminosäuren und diejenigen, die in diesem Rest eine weitere Amino-Gruppen tragen, zu den basischen Aminosäuren. Die Amino-Gruppe ist basisch aufgrund des freien Elektronenpaares am Stickstoffatom. Die Gruppe ist deshalb in der Lage, ein Proton zu binden.

Von den beiden möglichen Enantiomeren der Aminosäuren sind nur die **L**-Aminosäuren auch tatsächlich proteinogen. Alle am Syntheseapparat der Proteine in Ihrem Körper beteiligten Moleküle sind selbst chiral und können deshalb nur das L-Enantiomer erkennen.

Außer der Aminosäure Glycin sind also alle anderen proteinogenen Aminosäuren den α-Aminosäuren zuzuordnen und optisch aktiv. Dies wird im entsprechenden Nährstoffkapitel noch einmal aufgegriffen (→ S. 323 ff.).

Was aber die proteinogenen Aminosäuren und alle anderen Aminosäuren, die nicht am Proteinaufbau beteiligt sind, gemeinsam haben, ist die Tatsache, dass sie sich untereinander verknüpfen lassen. Dabei entstehen sog. **Peptide**, Ketten von hintereinanderliegenden Aminosäuren, deren Länge durch eine Vorsilbe deutlich gemacht wird. Sind zwei Aminosäuren beteiligt, entsteht ein **Dipeptid**, bei drei Aminosäuren ist es ein **Tripeptid** usw. Bis zu einer Länge von zehn Aminosäuren spricht man dann von einem **Oligopeptid**. Proteine wie sie über die Nahrung zugeführt werden, zählt man zu den **Polypeptiden**. Es sind Ketten von mindestens 100 Aminosäuren.

Die Verknüpfung der Aminosäuren erfolgt dabei über die Carboxyl-Gruppe der einen mit der Amino-Gruppe der anderen Aminosäure unter Wasserabspaltung:

Die entstehende charakteristische Bindung wird **Peptidbindung** genannt.

Die Aminosäuren sind aber nicht nur dazu da, körpereigene Proteine aufzubauen. Am Beispiel bestimmter essentieller Aminosäuren soll ihre Bedeutung auch für andere Bereiche des Stoffwechsels im menschlichen Körper deutlich gemacht werden: Zu den essenziellen Aminosäuren zählen Valin, Leucin, Isoleucin, Phenylalanin, Threonin, Tryptophan, Methionin und Lysin (bei Säuglingen auch Arginin und Histidin).

Die Aminosäuren Valin, Leucin, Isoleucin und Phenylalanin sind Lieferanten für zahlreiche Botenstoffe des Nervensystems. Phenylalanin und Tryptophan sind zudem noch wichtige Ausgangssubstanzen für Hormone (wichtige Botenstoffe des Körpers, die über den Blutkreislauf Signale vermitteln). Der Mangel an diesen essenziellen Aminosäuren ist mit einer generell erhöhten Anfälligkeit für Infekte verbunden, denn sie sind direkt oder indirekt am Aufbau und an der Wirkungsweise von Substanzen beteiligt, die die Schlagfähigkeit des Immunsystems maßgeblich beeinflussen.

Dabei muss ein Mangel nicht unbedingt etwas mit einer falschen oder unausgewogenen Ernährung zu tun haben. Krankheiten – physischer wie auch psychischer Natur – zehren an den Aminosäurevorräten: Starker Stress, häufige Diäten und auch Leistungssport beispielsweise lassen die Vorräte dieser essenziellen Aminosäuren schnell schrumpfen. Da dies zum Teil Begleiterscheinungen einer modernen Zivilgesellschaft sind, ist es auch nicht verwunderlich, dass Aminosäurepräparate auf dem Markt der Nahrungsergänzungsmittel zunehmend an Bedeutung gewinnen. Im Bereich des Leistungssports ist ihre muskelaufbauende Wirkung – mit zum Teil auch negativen Begleiterscheinungen – allerdings schon länger bekannt.

Die nachfolgenden Kapitel sollen ein paar weitere Schlaglichter auf die Aminosäuren im Bereich der Lebensmittel werfen.

Achtung: Dieses Kapitel enthält eine Phenylalaninquelle!

Keine Angst, die Kapitelüberschrift klingt gefährlicher, als es gemeint ist. Obwohl sicherlich niemand von Ihnen auf die Idee käme, diese Seiten aufzuessen, so ist dennoch nicht von der Hand zu weisen, dass Ihnen dieser Hinweis auf Packungen von Kaugummis, Kaudragees und auch auf zahlreichen anderen Lebensmitteln und Getränken bekannt vorkommen könnte. Dieser Hinweis („enthält eine Phenylalaninquelle" oder „mit Phenylalanin") muss

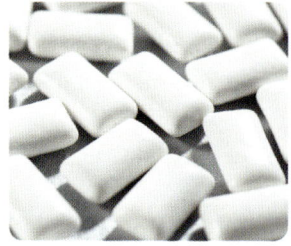

Kaugummi

EU-weit auf den Lebensmittelverpackungen aufgedruckt sein, wenn sie Phenylalanin enthalten. Das liegt daran, dass es für bestimmte Personen sehr entscheidend ist, wie viel Phenylalanin sie zu sich nehmen.

Diese Menschen haben einen seltenen genetisch bedingten Stoffwechseldefekt. Alle Neugeborenen werden wenige Tage nach der Geburt auf diesen Gendefekt getestet. Dazu wird ihnen meist aus der Ferse Blut entnommen. Betroffene Kinder sind nicht in der Lage, mit der Nahrung aufgenommenes Phenylalanin vollständig abzubauen. Da diese Aminosäure bereits in der Muttermilch und Produkten für Milchfläschchen enthalten ist, muss dies möglichst früh abgeklärt werden. Wäre dies nicht geklärt und der Defekt wäre vorhanden, würde sich bei einem Zuviel an dieser Aminosäure das Phenylalanin in zu hoher Konzentration im Blut anreichern und sich negativ auf die Funktionsweise und das Heranreifen des Gehirns auswirken. Die Krankheit heißt **PKU**, **P**henyl**ket**on**u**rie.

Diese Lebensmittel sind tabu!

Eine normale Entwicklung des Gehirns ist gewährleistet, wenn betroffene Kinder mindestens bis zum Ende der Pubertät – die Gehirnentwicklung ist dann weitestgehend abgeschlossen – eine Diät einhalten, die arm an Phenylalanin ist. Das ist aber nur möglich, wenn man zum einen Nahrungsmittel meidet, die von Natur aus reich an Phenylalanin sind (z. B. Fleisch, Wurst, Geflügel, Fisch, Nüsse, Eier, Käse, Milch und Getreideprodukte u. a.), aber vor allem auch Light-Produkten, die den Süßstoff Aspartam enthalten, aus dem Weg geht. (Warum, erfahren Sie gleich!) Sie sehen, die Einschränkungen sind sehr groß. Der Bereich der Lebensmittel, den PKU-Betroffene uneingeschränkt essen dürfen, umfasst verschiedene Obstsorten (z. B. einige Zitrusfrüchte, Kirschen, Weintrauben, Erdbeeren u. a.) sowie Gemüsesorten (z. B. Gurke, Tomate, Karotten, Rote Beete, Sauerkraut). Dieser Bereich ist damit relativ klein.

Diese Dinge können genossen werden!

Aspartam: süßer Stoff oder bittere Pille?

Aspartam ist ein Süßstoff, der etwa 200-mal süßer ist als Zucker. Er könnte Ihnen auch unter den Markennamen NutraSweet und Canderel bekannt sein. Durch die höhere Süßkraft kann Zucker eingespart werden, wodurch sich schon einmal der Einsatz in Light-Produkten und als Süßstofftablette erklärt. Chemisch gesehen ist Aspar-

tam der Methylester des Dipeptids (zum Begriff der Ester → S. 162) aus den beiden α-Amino-säuren L-Asparaginsäure und L-Phenylalanin. Wenn nun dieses Dipeptid seine Schuldigkeit getan hat und an den Geschmacksrezeptoren der Zunge den Geschmackseindruck des Süßen hinterlassen hat, wird es im Verdauungstrakt wieder zu den beiden Aminosäuren zerlegt. Aus dem Methyl-ester wird auch der Alkohol Methanol frei, aller-

Aspartam

dings in so geringen Mengen, dass dies für Ihre Verdauung überhaupt kein Problem darstellt. Jedes Light- oder Diätprodukt, jeder Kaugummi und jedes Kaudragee „enthält eine Phenylalaninquelle" – und ist damit für PKU-Betroffene (nahezu) tabu.

Damit sind diese Produkte zumindest für diese Personengruppe eine bittere Pille. Aber auch für alle anderen Personen wird der Genuss von Aspartam seit den 1980er-Jahren kontrovers diskutiert. Denn für Aspartam gibt es eine erlaubte Tagesdosis der EU von 40 Milligramm pro Kilogramm Körpergewicht pro Tag. Für eine 70 Kilogramm schwere Person hieße das, sie müsste über 250 Süßstofftabletten zu sich nehmen oder über 25 Liter Cola-Light trinken. Aber dem Aspartam wurden Nebenwirkungen zugesprochen, die von leichten Kopfschmerzen und allergischen Erscheinungen über Leukämie bis hin zu hirntumor- und krebsauslösenden Wirkungen reichten. Studien, die im Auftrag der EU bis zum Frühjahr 2009 durchgeführt wurden, um die in der Bevölkerung bestehenden Besorgnisse auszuräumen, sehen in den Ergebnissen keinen Grund, den Wert der erlaubten Tagesdosis zu verändern. Manche Wissenschaftler sprechen in diesem Zusammenhang von einem Mythos, der in einer Studie mit Ratten aus den 1960er-Jahren seine Begründung findet. Die Tagesdosis der Versuchstiere soll damals weit über dem Normalmaß von ca. 4000 Süßstofftabletten gelegen haben.

Durch die Kennzeichnung für die PKU-Betroffenen ist es – wenn Ihre Besorgnis noch nicht ausgeräumt ist – jederzeit möglich, selbst zu entscheiden, ob und in welchem Umfang Sie diesen Stoff zu sich nehmen. Das ist, wie Sie noch sehen werden, nicht bei allen Substanzen möglich.

Süß, sauer, salzig, bitter – umami!

Glutaminsäure: Eine der α-Aminosäuren, die unsere Proteine aufbauen. Glutaminsäure, umami…? Klingelt es? Nein? Dann bilden wir das Salz der Glutaminsäure: Glutamat. Na, jetzt sind Sie aber nahe dran! Natriumglutamat, ein Geschmacksverstärker, nein, <u>der</u> Geschmacksverstärker verbirgt sich dahinter. Denn es

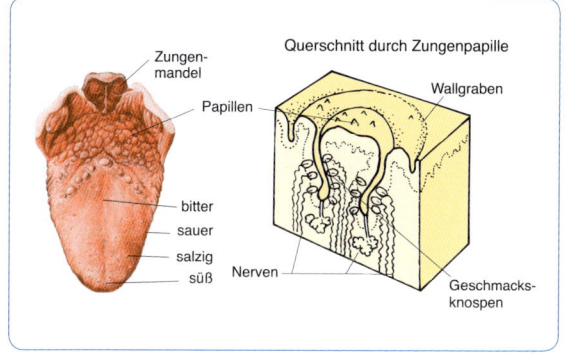

So kommt der Geschmack auf die Zunge.

gibt eine Menge Substanzen, die als geschmacksverstärkende Stoffe eingesetzt werden. Ihnen allen ist gemein, dass sie neben süß, sauer, salzig und bitter einen noch nicht lange bekannten fünften Geschmackssinn ansprechen, der mit *umami* benannt ist, da er aus dem Japanischen von *umai* stammt. Ins Deutsche übersetzt heißt das so viel wie *fleischig und herzhaft* oder *wohlschmeckend*.

Warum werden Geschmacksverstärker eingesetzt? Die Lebensmittelbranche muss auf diese Weise keine teuren geschmacksgebenden Zusatzstoffe einsetzen. Vielleicht liegt es auch daran, dass Natriumglutamat ein anhaltendes Hungergefühl im Magen erzeugt, sodass immer mehr Nahrung aufgenommen wird oder von Ihnen aufgenommen werden will. Dies könnte ein Hinweis darauf sein, warum eine steigende Zahl fettleibiger Personen in der Bevölkerung zu verzeichnen ist. In über 95 % (!) der Fertiggerichte befindet sich Glutamat. Allerdings ist Glutamat kennzeichnungspflichtig und normalerweise an E-Nummern erkennbar, die zwischen 600 und 625 liegen (darunter Mononatriumglutamat, Monokaliumglutamat, Calciumdiglutamat oder Magnesiumdiglutamat). Leider verschwinden kleinere Mengen an Glutamat häufig in der Bezeichnung *Gewürz* oder *Gewürzmischung*.

Wie umami Ihre Lebensmittel nach Ihrer Meinung auch immer sein müssen: Was mögliche Nebenwirkungen angeht, so haben Sie es in der Hand bzw. im Mund, also auf den Geschmackspapillen, wie viel davon Sie zu sich nehmen wollen.

X. Gefahr erkannt – Gefahr gebannt?

Sie sind im Haushalt mit einer Menge Chemikalien konfrontiert. Letztlich sind es in aller Regel keine reinen chemischen Stoffe, sondern Gemische von chemischen Verbindungen mit bestimmten chemischen Eigenschaften und entsprechendem Einsatzbereich. Inspizieren Sie Ihre Garage, Ihre Kellerräume, Ihren Küchenschrank. Schauen Sie auf die Verpackungen. Neben der Angabe der Inhaltsstoffe finden Sie häufig auch Sicherheitsratschläge und/oder Gefahrenhinweise in Kombination mit Gefahrensymbolen.

Sie sehen also, in den nächsten Kapiteln geht es um Ihre Gesundheit: Zunächst lernen Sie, Dinge zu erkennen, die, z. B. durch falschen Umgang oder Nichtbeachtung von Sicherheitsvorschriften, möglicherweise Ihre Gesundheit gefährden. Dann erfahren Sie mehr über die Gesundheitsgefährdung, die von Stoffen ausgeht, die sich in Ihrem Haus und/oder Ihrer Nahrung mehr oder weniger bewusst ansammeln. Dabei bleibt es aber nicht nur bei der Darstellung der Gefährdung, sondern Ihnen werden Tipps an die Hand gegeben, wie Sie der Gefährdung begegnen können.

Schauen Sie der Gefahr ins Zeichen!

Sie sind umgeben von Zeichen: Verkehrszeichen sagen Ihnen, was Sie tun und lassen müssen. Preiszeichen zeigen Ihnen, was Sie kaufen können oder sein lassen müssen (oder sollten?). Es gibt Gebotszeichen, Verbotszeichen, Brandschutzzeichen und Rettungszeichen und viele mehr. Hier ist von Zeichen die Rede, die Ihnen zeigen, was Sie bei Gefahr tun und lassen müssen bzw. wie Sie sich vor Gefahr schützen können. Dabei handelt es sich in aller Regel um sog. **Piktogramme**. Sie sollen mit möglichst wenigen oder gar keinen Worten und mit einfachen stilisierten Bildern auf die entsprechende Sache aufmerksam machen und die entsprechende Information transportieren.

Warnzeichen kennzeichnen Gefahren im Sinne einer Gefährdung, die von Hindernissen und Gefahrstellen ausgehen, dazu gehören z. B. Stolper- und Sturzgefahren:

Hier ein Warnzeichen vor Rutschgefahr. Sie kennen es aus den Bereichen, wo evtl. gerade nass gewischt wurde, z. B. im Supermarkt.

Hier das Warnzeichen vor gefährlicher elektrischer Spannung.

Es begegnet Ihnen an elektrischen Anlagen wie z. B. Stromkästen oder -masten.

Brandschutzzeichen weisen (z. B. in öffentlichen Gebäuden) auf Brandbekämpfungsmittel hin oder auf Stellen, wo ein Brand gemeldet werden kann (Feuermelder oder Brandmeldeeinrichtungen).

Diese beiden Brandschutzzeichen weisen auf einen Feuerlöscher bzw. einen Löschschlauch hin.

Gebotszeichen weisen (im Arbeitsschutz) auf Dinge hin, die zum eigenen Schutz (z. B. vor Lärm) zu beachten sind. Aber auch im Bereich des Straßenverkehrs sind sie zu finden.

Das Bild links weist auf Bereiche hin, die von Fußgängern genutzt werden sollen. Das rechte Schild gebietet das Tragen von Gehörschutz.

Rettungszeichen weisen (z. B. in Hotels) auf Rettungswege, Rettungseinrichtungen oder Rettungsmittel hin.

 Der Rettungsweg führt in diese Richtung.

 Hier befindet sich ein Erste-Hilfe-Kasten.

 Hier der Hinweis auf eine Augendusche.

Verbotszeichen weisen mit einer gewissen Eindringlichkeit auf ein Verhalten hin, durch das eine Gefahr entstehen kann.

 Hier ist das Rauchen verboten.

 Fußgänger dürfen hier nicht entlang.

 Mobilfunk nicht erlaubt (z. B. Tankstelle).

Jedes dieser Zeichen hat eine bestimmte Form und Farbe. Die allermeisten der hier vorgestellten Zeichen sind Ihnen aus den verschiedenen Lebensbereichen sicherlich bekannt, möglicherweise konnten Sie diese bisher nur nicht den einzelnen Gruppen der Sicherheitszeichen zuordnen.

Im Folgenden lernen Sie etwas ausführlicher vor allem die Zeichen kennen, dic sich relativ klein auf Verpackungen wiederfinden.

Lernen Sie das Haushalten mit den Gefahren!

> **Gefahrensymbole** kennzeichnen gefährliche Stoffeigenschaften. Solche Stoffe werden **Gefahrstoffe** genannt. Es geht also nicht um eine Gefährdung, sondern um eine konkrete Gefahr, die von einem chemischen Stoff ausgeht. Ergänzend zu den Gefahrensymbolen gibt es Kennbuchstaben, Gefahrenbezeichnungen, Gefahrenhinweise (R-Sätze) und Sicherheitsratschläge (S-Sätze). Die festgelegten Gefahrenhinweise zeigen auf, welche Gefahren konkret von einem Gefahrstoff ausgehen. Die Sicherheitsratschläge geben Tipps zum sicheren Umgang mit dem Gefahrstoff.

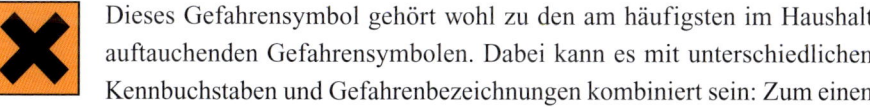 Dieses Gefahrensymbol gehört wohl zu den am häufigsten im Haushalt auftauchenden Gefahrensymbolen. Dabei kann es mit unterschiedlichen Kennbuchstaben und Gefahrenbezeichnungen kombiniert sein: Zum einen mit **Xn** für „Gesundheitsschädlich" oder **Xi** für „Reizend". (Eine dritte Möglichkeit wird unten angeführt.)

Dem **Xi** für „Reizend" können z. B. die R-Sätze R 36; R 37, R 38 und R 41 zugeordnet werden. Die Kombination der einzelnen R-Sätze wird durch Schrägstriche dargestellt. R 36/37/38 bedeutet also: „Reizt die Augen, Atmungsorgane und die Haut". Laut Umweltbundesamt sind dies allgemein „Stoffe und Zubereitungen, die – ohne ätzend zu sein – durch kurzfristige, längere oder wiederholte Berührung mit der Haut oder mit Schleimhäuten eine Entzündung hervorrufen können."

Den Kennbuchstaben **Xn** für die Gefahrenbezeichnung „Gesundheitsschädlich" können z. B. die R-Sätze R 20; R 21; R 22, R 65, R 68 (Aufnahmeweg) und R 48 (Aufnahmeweg) zugeordnet werden. Laut Umweltbundesamt handelt es sich um „Stoffe und Zubereitungen, die beim Einatmen, durch Verschlucken oder durch Hautresorption zum Tode führen oder akute oder chronische Gesundheitsschäden verursachen können."

Mit den R-Sätzen Nr. 42 und 43 kann das gleiche Gefahrensymbol auch mit der Gefahrenbezeichnung „**Sensibilisierend**" (ohne Kennbuchstaben) kombiniert sein. Darunter fallen „Stoffe und Zubereitungen, die bei Einatmen oder Hautresorption eine Über-

empfindlichkeitsreaktion hervorrufen können, sodass bei künftiger Exposition gegenüber dem Stoff oder der Zubereitung charakteristische Störungen auftreten." Das sind
kurzum Stoffe, die allergische Reaktionen auslösen bzw. auslösen können.

 Das ist ein Gefahrensymbol, das ebenfalls relativ häufig auftaucht.
Zum einen bei brennbaren Gasen oder Flüssigkeiten (z. B. Brennspiritus,
Lampenöle, Feuerzeugbenzin o. Ä.), zum anderen in Gemischen, in denen
brennbare Stoffe als Treibgase (z. B. Backofenreiniger, Deos, Haarsprays) eingesetzt
werden. Dabei kann wieder in **F** für „Leichtentzündlich" und **F+** für „Hochentzündlich"
unterteilt werden. In Backofenreinigern wird z. B. Butan (evtl. mit Propan gemischt)
als Treibgas eingesetzt. Es gehört als brennbarer Anteil nicht zu den Stoffen, die die
Reinigung bewirken. Diesen Stoffen ist dann das oben besprochene Gefahrensymbol
(meist mit der Gefahrenbezeichnung „Reizend") zugeordnet. Somit sind hier meist zwei
Gefahrensymbole vertreten.

 Das Gefahrenpotenzial der nun behandelten Gefahrstoffe liegt deutlich
höher. Nebenstehendes Gefahrensymbol ist kombiniert mit dem Kenn-
buchstaben **C** und der Gefahrenbezeichnung „Ätzend". Es schließt die
Gefahren der oben beschriebenen Gefahrstoffe mit ein. Ihre Symbole müssen deshalb
nicht mehr mit angegeben werden! Die ätzende Eigenschaft saurer und alkalischer
Lösungen wurde Ihnen bereits näher gebracht (→ S. 117 ff. und → S. 144 ff.). Dabei
klang in den Ausführungen der Umgang mit Gefahrstoffen und dem Einhalten von
Sicherheitsmaßnahmen bereits an. Im Piktogramm des Gefahrensymbols ist erkennbar,
dass saure und alkalische Lösungen lebendes Gewebe, aber auch zahlreiche andere
Materialien angreifen, wenn nicht sogar auflösen. Um Berührungen mit Haut, Augen
und Kleidung zu vermeiden, gilt es deshalb, entsprechende Sicherheitsmaßnahmen
bei den Anwendungen zu ergreifen. Auch auf den Aspekt des Fremdschutzes („Darf
nicht in die Hände von Kindern gelangen") sollte unbedingt ein besonderes Augenmerk
gerichtet sein.

 Eine besondere Rolle spielt der Aspekt des Fremdschutzes – hier im Sinne
der Umwelt – bei diesem Gefahrensymbol. Ihm sind der Kennbuchstabe
N und die Gefahrenbezeichnung „Umweltgefährlich" zugeordnet. Laut
Umweltbundesamt sind dies „Stoffe und Zubereitungen, die im Fall des Eintritts in die

Umwelt eine sofortige oder spätere Gefahr für eine oder mehrere Umweltkomponenten zur Folge haben oder haben können." Dies gilt für Tiere und Pflanzen in gleichem Maße, wie es das Piktogramm mit dem abgestorbenen Baum und dem verendeten Fisch deutlich machen will.

Bei den Substanzen aus dem Haushalt, die unter die Kategorie „Umweltgefährlich" fallen, dreht es sich vor allem um solche, die in Insektiziden (z. B. in Mitteln zum Schutz vor Motten, Insektensprays etc.), Herbiziden und Fungiziden, aber auch in Mitteln zum Imprägnieren, bei Kettensprays für Fahrräder, bei diversen flüssigen Klebstoffen und Vulkanisierlösungen enthalten sind. Hier sind Sie in der Rolle als Verbraucher im Hinblick auf die Sicherheit gefragt. Vermeiden Sie es generell, die Stoffe in Kanalisation, Boden und Umwelt einzubringen und beachten Sie die besonderen Entsorgungsvorschriften.

 Wenn die Gefahrensymbole als hierarchische Einteilung zu sehen sind, dann sind die so gekennzeichneten Stoffe die Könige unter den Gefahrstoffen. Dem Totenkopf-Piktogramm ist da an Aussagekraft eigentlich nichts mehr hinzuzufügen, trotzdem werden ihm die Kennbuchstaben **T** für „Giftig" und **T+** für „Sehr giftig" zugeordnet. Aufgrund dieser Hierarchie müssen die Gefahren, die von diesen Stoffen unter den Kennbuchstaben **Xn**, **Xi** und **C** ausgehen, nicht zusätzlich angegeben werden. (Ausnahme: Bei giftigen Stoffen bleibt **C** neben **T** und dem Totenkopf-Gefahrensymbol bestehen, wenn der giftige Stoff eine krebserzeugende (**c**ancerogene), erbgutverändernde (**m**utagene) oder leibesfruchtschädigende bzw. fortpflanzungsgefährdende (**r**eproduktionstoxische) Wirkung hat. Diese Substanzen lassen sich zu den **CMR-Stoffen** zusammenfassen.)

Dem Umweltbundesamt zufolge werden Stoffe und Zubereitungen mit **T** oder **T+** gekennzeichnet, „die in (sehr) geringer Menge bei Einatmen, Verschlucken oder Hautresorption zum Tode führen oder akute oder chronische Gesundheitsschäden verursachen." Die Grenze zwischen „gering" (giftig) und „sehr gering" (sehr giftig) liegt bei 25 Milligramm pro Kilogramm Körpergewicht. Zeigt die Substanz eine Giftwirkung bereits unterhalb dieser Grenze, ist sie sehr giftig. Liegt sie darüber – bis 200 Milligramm pro Kilogramm Körpergewicht – ist sie „nur" giftig.

Wie geht man mit diesen Stoffen um? Am besten gar nicht! Als Empfehlung kann man nur den Rat geben: Lassen Sie die Finger von solchen Substanzen. Wenn doch etwas passiert sein sollte, suchen Sie sofort einen Arzt auf! Es wäre allerdings sehr verwunderlich, wenn sich in Ihrem Haushalt giftige oder sehr giftige Substanzen befänden. Da müsste es sich schon um Altlasten handeln, die tief hinter anderen Behältnissen in irgendwelchen Kellerregalen lagern. Als Ottonormalverbraucher kommt man an solche Substanzen nämlich nicht so ohne Weiteres heran. Aber wer weiß, vielleicht sind Sie ja seit Kurzem stolzer Besitzer einer Immobilie, die vorher einem Apotheker oder einem Chemiker gehörte. Oder Sie haben ein Gebäude erworben, in dem sich ein Betrieb befand, der in irgendeiner Weise mit solchen Substanzen gearbeitet hat. In einer solchen Situation sollten Sie auf jeden Fall besondere Vorsicht im Hinblick auf die Entsorgung walten lassen. In Zweifelsfällen sollten Sie einen Fachmann hinzuziehen oder gleich ein Entsorgungsunternehmen beauftragen!

GHS: Spicken im Purple Book

Nachdem Sie nun die Gefahrensymbole kennengelernt haben, müssen Sie sich auch fast schon wieder von ihnen verabschieden.

Warum? Tja, dieses Mal steht eine Neuerung nicht auf Drängen dienstbeflissener Politiker auf europäischer Ebene an. Nein, dieses Mal stehen wir vor einer Neuerung globalen Ausmaßes. Nämlich vor dem *Globally harmonized system of classification and labelling of chemicals*, kurz **GHS**. Es ist also ein *Global harmonisiertes System zur Einstufung und Kennzeichnung von Stoffen und Zubereitungen*. Im Sinne eines globalen Gesundheits- und Umweltschutzes sollen die individuellen, d. h. länderspezifischen, Kategorisierungssysteme vereinheitlicht werden. Ländern, denen ein solches institutionalisiertes System bisher fehlte, bekommen im GHS zumindest eine Handlungsorientierung, einen Leitfaden. Weitere Vorteile sind die Reduzierung von Tierversuchen, die zur Ermittlung von Gefährdungspotenzialen einzelner gefährlicher Substanzen in bestimmten Ländern vorgeschrieben sind, und um die Erleichterung des (globalen) Chemikalienhandels.

Erstmals vereinbart wurden diese Ziele zur globalen Vereinheitlichung des Risikomanagements beim Umgang mit gefährlichen Stoffen 1992 auf der UN-Konferenz für Umwelt und Entwicklung in Rio de Janeiro. Nachdem sich internationale Experten zehn

Jahre lang mit diesem Ziel befasst hatten, wurde auf dem Nachhaltigkeitsgipfel 2002 in Johannesburg das GHS aus der Taufe gehoben. 2003 gab es dann eine erste offizielle Version auf UN-Ebene zu lesen: das **Purple Book**. Der Gültigkeit der bisherigen Gefahrensymbole (und auch der R- und S-Sätze!) ist seit der Veröffentlichung der GHS in einer EU-Verordnung vom 31. Dezember 2008 im Rahmen von Übergangsfristen eine zeitliche Grenze gesetzt: Bis Dezember 2010 müssen Stoffe nach dem GHS gekennzeichnet werden. Bei Gemischen reicht die Frist bis 2015, bei Lagerbeständen bis 2017. Sie müssen sich also darauf einstellen, dass es noch ein Weile dauern wird, bis sich die neuen Gefahrensymbole durchgesetzt haben werden. So lange werden wohl die alten und neuen Symbole parallel auftauchen.

Wie bei allen internationalen Regelwerken ist eine Umsetzung nicht ohne Kompromisse möglich. Es ist im GHS sogar eine nationale Prägung in einzelnen Bereichen erwünscht. Was Sie aber als Endverbraucher vom GHS haben, werden Sie zum einen an den Gefahrensymbolen merken, zum anderen an der Anzahl der Gefährlichkeitsmerkmale. Denn während bisher z. B. unter den Bezeichnungen „leichtentzündlich" und „hochentzündlich" sowohl Gase und Flüssigkeiten als auch Feststoffe unter einem Gefahrenmerkmal zusammengefasst wurden, sind sie im GHS getrennt. Somit wächst die Anzahl der bisher 15 Gefahrenmerkmale auf 28 an.

Auch die neuen Gefahrensymbole sind – in Anlehnung an die Gefahrenzettel und Placards (→ S. 196 ff.) – auf der Spitze stehende Rauten mit rotem Rand, weißer Innenfläche und schwarzen Piktogrammen. Die Piktogramme selbst sind überwiegend bekannt. Das nur in Europa bekannte Andreaskreuz der Gefahrenbezeichnungen „Reizend" und „Gesundheitsschädlich" ist in den niedrigeren Gefahrenniveaus einem Ausrufezeichen gewichen. Ganz neu ist das Piktogramm für die CMR-Stoffe: Hier ist ein Oberkörper mit eingefügtem Stern abgebildet.

Einen Überblick über die neuen Gefahrenmerkmale – eingeteilt in die Bereiche „Physikochemische Gefahren", „Gesundheitsgefahren" und „Umweltgefahren" – und die Gefahrensymbole, die zugeordnet werden können, finden Sie in der nachfolgenden Tabelle.
Eine Gegenüberstellung der alten und neuen Symbole befindet sich am Ende des Buches auf S. 376.

Physikochemische Gefahren

1. Explosives	Explosionsgefahr	
2. Flammable gases	Entzündliche Gase	
3. Flammable aerosols	Entzündliche Aerosole	
4. Oxidizing gases	Brandfördernde Gase	
5. Gases under pressure	Unter Druck stehende Gase	
6. Flammable liquids	Entzündliche Flüssigkeiten	
7. Flammable solids	Entzündliche Feststoffe	
8. Self-reactive substances and mixtures	Selbstreaktive Stoffe und Zubereitungen	
9. Pyrophoric liquids	Pyrophore Flüssigkeiten	
10. Pyrophoric solids	Pyrophore Feststoffe	
11. Self-heating substances and mixtures	Selbsterhitzungsfähige Stoffe und Zubereitungen	
12. Substances and mixtures which, in contact with water, emit flammable gases	Stoffe und Zubereitungen, die bei Kontakt mit Wasser entzündliche Gase entwickeln	
13. Oxidizing liquids	Brandfördernde Flüssigkeiten	
14. Oxidizing solids	Brandfördernde Feststoffe	
15. Organic peroxides	Organische Peroxide	
16. Corrosive to metals	Metallkorrosivität	

Gesundheitsgefahren

17. Acute toxicity	Akute Toxizität (niedrige Gefahrenniveaus)	
	Akute Toxizität (hohe Gefahrenniveaus)	
18. Skin corrosion/irritation	Ätzwirkung auf die Haut	
	Reizwirkung auf die Haut	
19. Serious eye damage/ eye irritation	Ätzwirkung auf die Augen (Gefahr ernster Augenschäden)	
	Reizwirkung auf die Augen	
20. Respiratory or skin Sensitization	Sensibilisierung der Haut	
	Sensibilisierung der Atemwege	
21. Germ cell mutagenicity	Erbgutverändernd	
22. Carcinogenicity	Krebserzeugend	
23. Reproductive toxicity	Fortpflanzungsgefährdend	
24. Specific target organ systemic toxicity – Single exposure	Spezifische Organ-Toxizität nach einmaliger Exposition	
25. Specific target organ systemic toxicity – Repeated exposure	Spezifische Organ-Toxizität nach wiederholter Exposition	
26. Aspiration hazard	Aspirationsgefahr	

Umweltgefahren

27. Hazardous to the aquatic Environment	Aquatische Toxizität	

Zusätzliches Gefährlichkeitsmerkmal für Europa:

28. Hazardous for the ozone layer	Gefährdung der Ozonschicht	

Versteckte Gesundheitsgefährdung in Haus und Hof, aus Topf und Ofen

Wenn Chemie in die Schlagzeilen gerät, dann sind es meist die negativen Seiten, die dort dokumentiert werden. Da wundert es nicht, dass sich das Bild der Verbraucher gegenüber diesem Industriezweig eher kritisch gestaltet. Denn die Probleme, die chemische Produkte und Verbindungen verursachen, haben in den letzten Jahren und Jahrzehnten eher globale Ausmaße angenommen. Zu nennen sind da beispielhaft die Fluor-Chlor-Kohlen-Wasserstoffe (FCKWs) und das Kohlenstoffdioxid.

Das Potenzial für eine Gesundheitsgefährdung ist deshalb „versteckt", weil es meist erst in der jüngeren Vergangenheit entdeckt wurde. Als chemischer Stoff wurde Benzol (→ S. 178 ff.) bereits in der zweiten Hälfte des 17. Jahrhunderts entdeckt und identifiziert. Seine Struktur konnte am Ende des 19. Jahrhunderts zunächst nur postuliert und erst am Ende des 20. Jahrhunderts verifiziert werden. Generationen von Chemikerinnen und Chemikern haben mit dieser Chemikalie über Jahrzehnte – bis ans Ende der 1980er-Jahre – ganze Laboratorien in Industrie und Universität gesäubert, da es sich als geeignetes und probates Lösungsmittel für Rückstände erwies, die bei Synthesen in der Organischen Chemie auf den Fußböden anfielen. Dabei waren Schutzeinrichtungen und Sicherheitsmaßnahmen gleich Null, denn man handelte nicht wider besseres Wissen. Das Gefährdungspotenzial war schlichtweg nicht bekannt. Dabei hätte schon das Tragen lösungsmittelresistenter Handschuhe verhindert, dass das Benzol durch die Haut in die Zellen gelangt (Hautresorption). Atemschutzeinrichtungen oder gut gelüftete Laboratorien hätten das Einatmen der Dämpfe verhindert, wodurch Benzol seine Giftigkeit auf besonders negative Weise entfaltet. Unabhängig davon, auf welchem Weg die Substanz in den Organismus gelangt oder gelangte, Benzol wirkt krebserregend und erbgutschädigend.

Benzol gehört zur Gruppe der Aromaten (→ S. 178 ff.). Dieser Gruppe soll auf den nächsten Seiten besondere Aufmerksamkeit im Bereich Haus und Hof geschenkt werden. Im Bereich Topf und Ofen lernen Sie Substanzen kennen, die in unseren Nahrungsmitteln als solche vorhanden sind bzw. die als Vorläufersubstanzen erst durch Umwandlung in unserem Organismus oder bei der Zubereitung ihr Gefährdungspotenzial entfalten. Doch eines haben die Substanzen aus Haus und Hof bzw. Topf und Ofen gemeinsam: Von ihnen gehen Gefährdungen aus, denen Sie sich kaum noch entziehen können.

Dazu eine kurze kritische Anmerkung des Autors: Dabei ist es sicherlich einfach und legitim, den Standpunkt des Anklägers gegenüber der chemischen Industrie einzunehmen. Dennoch sollte dabei immer hinterfragt werden, ob nicht liebgewonnene Ernährungsweisen und bestimmte Konsumgewohnheiten und -bequemlichkeiten den Belastungen durch diese Substanzen Vorschub leisten. Die in den letzten Jahren zunehmende „Geiz ist geil"-Mentalität der Verbraucher und die Strategie der Gewinnmaximierung der Hersteller hat den Markt für qualitativ minderwertige Produkte bereitet. Das gilt sowohl für den Lebensmittelsektor als auch für den Bereich der Konsumgüter.

Im Pakt mit PAK: „The evil is always and everywhere"

Die im Nachfolgenden besprochenen Substanzen gehören zu verschiedenen Gruppen **aromatischer Verbindungen**. Es handelt sich um **ringförmige organische Verbindungen** (→ S. 178 ff.). Neben einem Grundgerüst aus Kohlenstoff- und Wasserstoffatomen können bei den verschiedenen Abkömmlingen auch Sauerstoff- und Stickstoffatome im Ring vorhanden sein (sog. Heteroaromaten). Am Ring bzw. an den Ringen können verschiedene Gruppen (z. B. Methyl-(CH_3-), Nitro-(NO_2-), Carboxyl-(COOH-) u. a.) gebunden sein.

Hinweis: Auch wenn sich diese Substanzen augenscheinlich ähnlich sehen, sind ihre Entstehung, ihr Vorkommen und ihr Gefährdungspotenzial jeweils sehr unterschiedlich. Ihre Verwandtschaft ist mehr optisch als chemisch bedingt.

Der Hinweis aus dem Kasten gilt in besonderem Maße bei den beiden nun folgenden Gruppen aromatischer Verbindungen:

PAKs gehen in Rauch auf

> PAKs sind **p**olyzyklische **a**romatische **K**ohlenwasserstoffe. Bei ihnen ist ein Merkmal im Hinblick auf die Bezeichnung „polyzyklisch" besonders hervorzuheben: Es sind in der Regel viele, aber mindestens zwei aromatische Ringe am Aufbau dieser Substanzen beteiligt. Einige PAKs sind beim Menschen eindeutig krebserregend.

Einige der über 100 bekannten PAK-Verbindungen wirken krebserregend, da sie nach chemischer Umwandlung im Organismus mit den Erbgutmolekülen (der DNA) eine dauerhafte Verbindung eingehen. Das stört z. B. Zellteilungsprozesse, was den Krebs verursachen kann.

Wo begegnen Ihnen PAKs? Um es kurz zu machen: Eigentlich überall! Und auch, wenn manche Pilze oder Tiere und Pflanzen in der Lage sind, PAKs herzustellen, so ist eben doch der Hauptanteil der uns umgebenden PAKs von Menschen gemacht, also anthropogenen Ursprungs. Sie entstehen bei allen Verbrennungsprozessen, wenn nicht genügend Sauerstoff vorhanden ist. Der Chemiker spricht von unvollständigen Verbrennungen, sog. Pyrolysen. Aufgrund relativ hoher Temperaturen verbinden die Kohlenstoffatome und die Wasserstoffatome, aus denen die PAKs aufgebaut sind, sich eben nicht mit dem gerade nicht vorhandenen Sauerstoff zu CO_2 und H_2O, sondern sie verbinden sich mit sich selbst und bilden größere Moleküle.

Zeche

Beispiele für solche Pyrolysen findet man in der Vergangenheit vor allem in alten Kokereien, in denen aus Steinkohle bei der sog. Verkokung als Abfallprodukt Teer anfiel, der reich an PAK-Verbindungen war. Die Verwendung von Teer im Straßenbau und gepresst (z. B. als Dachpappe) ist in Deutschland seit 1970 verboten. Dennoch sind die Altlasten groß: Die Betriebsgelände ehemaliger Kokereien mussten und müssen teuer saniert werden. Viele durch teerhaltige Mittel impräg-

Heute wird kein Teer mehr verwendet.

nierte und ausrangierte Eisenbahnschwellen haben ihren „Altersruhesitz" z. B. als Begrenzungen von Beeten und als Stufen von Gartentreppen in vielen bundesdeutschen Kleingärten gefunden.

Aber man braucht gar nicht so weit in die Vergangenheit zurückzugehen, denn es gibt weiterhin genügend Quellen für PAKs in der heutigen Zeit. Sie finden sich überall dort, wo organisches Material verbrannt wird: in Kohle-, Holz- und Ölöfen, sowohl im privaten Bereich als auch in Heizanlagen und Kraftwerken im industriellen Bereich. (PAKs stehen im Verdacht, bei Schornsteinfegern Hautkrebs zu verursachen!) Wegen der Verbrennungsprozesse sind PAKs auch beim Grillen und im Zigarettenrauch vor-

handen (Stichworte: Lungenkrebs und Passivrauchen). Neben dem Rauchen ist auch der Straßenverkehr eine Quelle für PAKs: Sie sind zum einen in Autoabgasen und zum anderen im Abrieb der Autoreifen vorhanden, da sie zum Teil den Gummimischungen der Reifen als sog. Weichmacher zugesetzt werden. Darüber hinaus sind sie in Gummigriffen von Werkzeugen (z. B. Hammerstielen), in Blasebälgen von Fahrradhupen, in Badesandalen und in den Bändern von Armbanduhren zu finden. Durch den langen Hautkontakt und die mögliche Schweißbildung wird dem Übertritt in die Haut Vorschub geleistet.

In den 1950er- und 1960er-Jahren wurden teer- und damit PAK-haltige Kleber verwendet, um Massivholzparkett in Wohnräumen zu verkleben. Darunter auch in vielen Wohnräumen und Wohnhäusern der in Deutschland stationierten alliierten Truppen (z. B. in Koblenz und im Rhein-Main-Gebiet). Durch Trocknungs- und Alterungsprozesse der Kleber gelangten die entstehenden Stäube an den Raumrändern und den entstehenden Lücken zwischen den Verlegeeinheiten der Böden in die Räume hinein, was dazu führte, dass diese Wohnungen im Verlaufe der 1990er-Jahre mit hohem finanziellen Aufwand saniert werden mussten, um sie ohne Gefahren durch PAKs wieder bewohnbar zu machen.

Den in naher und weiterer Umwelt und im Übrigen weltweit flächendeckend (!) vorhandenen PAKs können Sie demnach kaum entgehen. Allerdings gibt es zumindest die Möglichkeit, Rauch in jeglicher Form (also auch Zigarettenqualm!) zu meiden oder beim Kauf der oben genannten Produkte auf das GS-Zeichen („Geprüfte Sicherheit") zu achten. Ein Produkt mit diesem Prüfsiegel dokumentiert, dass sich der Hersteller an eine nicht gesetzlich festgelegte und damit freiwillige Richtlinie im Hinblick auf die PAK-Konzentration hält. Sie haben somit die Gewähr, dass in solchen Produkten weitaus geringere Konzentrationen vorhanden sind.

Voll ins Schwarze gestochen: Grillst du noch oder isst du schon?

Benzpyren (oder Benzo[*a*]pyren bzw. Benzo[*def*]chrysen) ist der bekannteste Vertreter der PAK.

Seine Struktur zeigt fünf Benzolringe, die an ihren Kanten in Verbindung stehen.
Für diese Verbindung gelten alle Aussagen aus dem vorherigen Abschnitt, da sie oftmals den Hauptbestandteil der vorhandenen PAKs darstellt.

Diese Verbindung soll hier gesondert behandelt werden, da sie die bekannteste und bestuntersuchte aller PAKs ist. Ihre krebserzeugende Wirkung ist in unabhängigen Studien mehrfach belegt. Sie heizt zudem immer wieder die kontroverse Diskussion auf vielen Grillfesten an, welches denn nun die gesundheitsbewussteste

Zubereitung des Grillguts ist. Benzpyren ist erwiesenermaßen krebserregend und entsteht vor allem, wenn organische Materie (in diesem Fall also Fleisch und/oder Fett) verbrennt.

Benzpyren entsteht hauptsächlich, wenn das Grillgut über der Kohle erhitzt wird (sog. direkte Grillmethode). Fettanteile verflüssigen sich unter der Hitzeeinwirkung und tropfen in die Glut oder in das Feuer. Die aufsteigenden Dämpfe und der Rauch enthalten Benzpyren, das sich auf dem Grillgut ablagert. In den sich bildenden Krusten und/oder Verkohlungen von Fleisch und Wurst stecken besonders viele PAKs, vornehmlich also Benzpyren.

Die Griller und Bruzzler streiten sich zum einen darüber, ob mit Kohle, Gas oder elektrisch gegrillt werden muss oder darf, und, wenn dies ausdiskutiert ist, ob denn nun noch Alufolie und/oder Grillschalen unter das Grillgut zu legen sind. Welcher Partei Sie auch angehören – sind Sie Griller mit „Leib und Seele" oder mit „Herz und Verstand" –, sollten Sie sich ein paar grundsätzliche Fragen stellen: Wie ernst nehmen Sie die Gefahren, wenn sie denn nun schon einmal bekannt sind? Und wenn Sie diese Gefahren (keine mögliche Gefährdung!) ernst nehmen: Welche Maßnahmen ergreifen Sie, um sie möglichst gering zu halten?
Griller mit „Leib und Seele" sind die Verfechter des Holzkohlegrillens. Sie wollen nicht auf den rauchigen Geschmack verzichten und damit ist eine mögliche Diskussion auch schon beendet. Weitere Totschlagargumente sind: „Das haben wir schon immer so gemacht!" und „Da ist noch keiner dran gestorben!" o. Ä.

Leider leben wir in einer (Um-)Welt, aus der viele Stoffe nicht mehr wegzuradieren sind. Wir müssen mit einer grundsätzlichen Belastung durch solche Stoffe leben. Die Industrialisierung und die damit verbundenen industriell bedingten Prozesse in der westlichen Welt haben ihre Spuren und Narben hinterlassen. Man muss diese Belastung – und das kann möglicherweise als Gegenargument auch bei den militanten Verfechtern des Holzkohlegrillens wirken – nicht noch zusätzlich durch ein Handeln wider besseres Wissen erhöhen.

Wenn auch diese Argumentationshilfe nicht wirkt, dann können zumindest folgende Tipps helfen: Benutzen Sie beim Holzkohlegrillen nur gut durchgeglühte Holzkohle oder Holzkohlebriketts und dann auch gegen Widerstände und zumindest auf einem Teil der Grillfläche Alufolie oder eine Aluschale. Es dauert zwar etwas länger, aber Sie verhindern so das direkte Auftropfen der entstehenden Flüssigkeiten in die Glut. Besser ist sogar noch die indirekte Grillmethode: Dazu kann ein Hähnchengrill genutzt werden, der die Hitze seitlich abstrahlt. Das Grillgut wird dann nicht von unten, sondern von der Seite gegrillt. Das Grillgut wird in speziellen Gitterkörben festgehalten. Die Flüssigkeit tropft in eine Auffangschale. Oder – was häufig bei sog. Kugelgrills durch spezielle Einhängekörbe möglich ist – die Glut wird links und rechts von der Grillfläche angesammelt und das Grillgut zwischen die Hitzestellen gelegt. Die abtropfende Flüssigkeit tropft nicht direkt in die Glut, sondern kann ebenfalls durch eine Schale aufgefangen werden.

Dort, wo die indirekte Grillmethode nicht möglich ist, kann sie insofern indirekt erfolgen, als man z. B. einen Backstein nimmt und diesen auf den Grillrost legt. Hat dieser ausreichend Hitze aufgenommen, grillt man auf dem Stein. Damit kann man allerdings nicht gänzlich verhindern, dass vom Stein etwas in die Glut tropft. Allerdings befindet sich das Grillgut nicht direkt im aufsteigenden Rauch. Bei allen anderen Grills ist von der Bauweise her darauf zu achten, dass auch hier die abtropfende Flüssigkeit nicht auf die Heizstäbe des Elektrogrills oder in die Flamme des Gasgrills tropft und dass die abtropfende Flüssigkeit in den Auffangschalen auch während des Grillvorgangs ablaufen kann.

Und sollte trotz aller Vorsichtsmaßnahmen doch einmal ein Stück Fleisch oder ein Würstchen stärker verbrannt oder gar verkohlt sein: Schneiden Sie das entsprechende Stück großzügig ab und verzichten Sie auf den Verzehr!
Auf ein benzpyrenarmes Grillvergnügen!
Guten Appetit!

Das sollten Sie lieber nicht mehr essen!

Top of the POPs oder das Ende vom Dreckigen Dutzend

Wenn Sie bei den PAKs und Benzpyren schon ein flaues Gefühl in der Magengegend beschlichen hat, dann könnte es sein, dass sich das jetzt noch verstärkt. (Allerdings: Es gibt auch Licht am Ende des Tunnels …)

Der unangenehmen Begleiter in Form chemischer Verbindungen gibt es genug und auch diese sind von Menschen gemacht: Dioxine. Sie gehören zu den sog. POPs: *Persistent Organic Pollutants* (englisch für *langlebige organische Schadstoffe*). Zu ihnen sind auch dioxinähnliche PCBs und das **Dreckige Dutzend** zu zählen.

Die POPs umfassen eine – von der chemischen Struktur her betrachtet – uneinheitliche Gruppe mit häufig aromatischem Charakter. Meistens sind zusätzlich Halogenatome gebunden (in der Regel Chlor- und/oder Fluoratome).

Sie zu einer Gruppe zusammenzufassen rührt daher, dass sie sich in bestimmten Umwelteigenschaften sehr ähneln:

- Sie werden in der Natur nur schlecht und wenn, dann nur langsam abgebaut (hohe Persistenz),
- sie wirken als Gifte bzw. Umweltgifte (hohe bis z. T. sehr hohe Toxizität),
- sie reichern sich häufig über die Nahrungskette im Organismus an (Bioakkumulation),
- sie neigen zum Grashopper-Effekt, d. h., sie verteilen sich weiträumig entweder im Wasser oder gebunden an Staub- oder Rußpartikel in der Luft.

Das Dreckige Dutzend wird weltweit geächtet. Allerdings ist diese Ächtung neueren Datums: Erst im neuen Jahrtausend wurde das Verbot in der sog. Stockholmer Konvention festgelegt. Deutschland war eines der ersten Länder, das dieses Übereinkommen ratifizierte, bis zur Mitte des Jahres 2009 waren es bereits 163 Länder. Was verbirgt sich nun hinter diesem Dreckigen Dutzend? Es sind tatsächlich zwölf Verbindungen bzw. Gruppen von Verbindungen. Zu ihnen zählen – neben dem Fungizid Hexachlorbenzol (HCB) – acht Insektizide, darunter **DDT** (**D**ichlor**d**iphenyl**t**richlorethan bzw. 1,1,1-Trichlor-2,2-bis-(4-chlorophenyl)ethan). Die Herstellung und die Verbreitung von DDT wurden in Deutschland bereits 1977 verboten. Die schädliche Wirkung auf Insekten wurde Ende der 1930er-Jahre entdeckt. Kurz darauf trat DDT als Insektenvernichtungsmittel einen breiten Siegeszug an, da es leicht herzustellen war und nur eine

geringe Giftigkeit gegenüber Säugetieren aufwies. Der Einsatz als Pflanzenschutz-
mittel richtete sich gegen Insekten im landwirtschaftlichen Bereich. Aber auch gegen
Forstschädlinge wurde es eingesetzt. Der DDT-Einsatz war vor allem gegen krankheitsübertragende Insekten von durchschlagendem Erfolg. Durch
die Bekämpfung der die Malaria übertragenden Anopheles-
Mücke sank die Zahl der Malaria-Erkrankungen z. B. in Indien
rapide. Die Weltgesundheitsorganisation (WHO) konnte ihr
Ziel, die Malaria weltweit auszurotten, nicht verwirklichen,
da der Umfang der DDT-Resistenzen unter den Schadinsekten enorm zugenommen
hatte.

Anopheles-Mücke

DDT wird heute noch eingesetzt, aber nicht mehr großflächig. Es kommt als Suspension zum Einsatz, die in den betroffenen Gebieten innerhalb der Häuser an die
Wände gesprüht wird. Da die Mücken vor oder nach der Blutmahlzeit häufig an den
nahe liegenden Wänden sitzen, nehmen sie DDT als Kontaktgift auf. Laut Stockhol-
mer Konvention ist der Einsatz von DDT allein gegen krankheitsübertragende Insekten erlaubt. Sein Gebrauch muss in entsprechenden Gremien angezeigt werden.

Was zum Verbot in vielen Ländern führte, war die Tatsache, dass sich DDT bis ans Ende der Nah-
rungskette vorgearbeitet hatte und z. B. auch in höherer Konzentration in der Muttermilch zu finden war (und noch bis heute in natürlich weit-
aus geringerer Konzentration zu finden ist!). Der breiten Öffentlichkeit wurden zuvor die negativen Begleiterscheinungen des DDT-Einsatzes dadurch bekannt, dass die Eierschalen vieler Greifvogelarten durch die DDT-Einwirkung dünner wurden. Einige Greifvogelarten, z. B. der Wanderfalke, standen deshalb kurz vor dem Aussterben.

Wanderfalke

Die verstärkten Bemühungen um ein Verbot des Dreckigen Dutzends sind leider auch
auf Ereignisse zurückzuführen, die hätten vermieden werden können, wenn Gefahren-

potenziale früher erkannt bzw. nicht länger verschwiegen worden wären. Zu diesen Ereignissen gehört der Unfall in einer chemischen Fabrik der Firma ICMESA am 10. Juli 1976: Hier wurden nahe dem Örtchen Seveso große Mengen schädlicher chemischer Substanzen frei, die hauptsächlich aus Dioxinen bestanden. Dieser Unfall führte dazu, dass man sich ernsthaft darüber Gedanken machte, wie Chemikalien sicher herzustellen und zu verwenden seien.

Dioxin ist ein Sammelbegriff für Substanzen, die auf zwei Grundformen, nämlich auf die **Po**ly**c**hlorierten **D**ibenzo**d**ioxine (PCDDs) und auf die **Po**ly**c**hlorierten **D**ibenzofurane (PCDFs), zurückzuführen sind.

Die Grundstruktur der PCDDs, der **Po**ly**c**hlorierten **D**ibenzo**d**ioxine, sieht folgendermaßen aus:

Bei zwei Chloratomen ergibt sich die Möglichkeit, dass eines am Kohlenstoffatom mit der Nummer 1 gebunden ist. Das andere C-Atom kann dann an Position 2, 3, 4, 6, 7, 8 oder 9 gebunden sein usw. „Polychloriert" heißt also, dass die Positionen 1–4 und 6–9 mit mehreren Chloratomen (teilweise auch anderen Halogenatomen) unterschiedlicher Anzahl (maximal acht) besetzt sein können. „Dibenzo" steht für zwei Benzolringe und „dioxi" für die beiden Sauerstoffatome, die quasi als Brücke je eine Seite der beiden Benzolringe miteinander verbinden.

Beispiel:

2,3,7,8-Tetra**c**hlor-**D**ibenzo-p-**d**ioxin (2,3,7,8 TCDD, auch „Seveso-Gift"). Hier befinden sich vier Chloratome (deswegen „Tetrachlor") an den Positionen 2, 3, 7 und 8 an den beiden Benzolringen und diese stehen zu den Sauerstoffbrücken jeweils in „para"-Stellung (deswegen das kleine eingefügte *p*; → S. 181 f.). Und damit haben Sie – nonchalant – **das stärkste jemals von Menschen hergestellte Umweltgift** kennengelernt! Das „Top of the POPs" eben …

Die Grundstruktur der PCDFs, der **P**oly**c**hlorierten **D**ibenzofurane, sieht so aus:

Auch hier sind unterschiedliche Konstellationen der gebundenen Chloratome möglich. Im Unterschied zu den PCDDs ist bei den PCDFs an der Verknüpfung der beiden Benzolringe nur ein Sauerstoffatom beteiligt.

Beispiel:

2,3,7,8-**T**etrachlor-**D**ibenzofuran (2,3,7,8 TCDF). (Hier ohne „p" für „para", da das nicht für alle vier Chloratome bezüglich der einen Sauerstoffbrücke gilt.)

Dioxine entstehen bei allen Verbrennungsprozessen (zwischen ca. 300 und 600°C), bei denen Chlor oder Chlorverbindungen und organische Kohlenstoffverbindungen beteiligt sind. Dioxine werden also nicht gezielt für industrielle Zwecke hergestellt, sondern sind unerwünschte Nebenprodukte z. B. beim Bleichen mit Chlor in der Papierherstellung, bei der Eisen- und Stahlherstellung und bei der Herstellung von Pflanzenschutzmitteln und Chlorphenolen. Letztere werden z. B. zur Herstellung von Desinfektionsmitteln und Farbstoffen eingesetzt. Dioxine sind im Tierversuch (bei Ratten, Mäusen und Hamstern) krebserregend und es gibt Hinweise auf eine die Leibesfrucht schädigende und sogar abtötende Wirkung.

Es ist eigentlich stark untertrieben, von einem Dreckigen Dutzend zu sprechen, wenn man – von den beiden genannten Grundformen ausgehend – über 200 verschiedene Verbindungen zusammenfassen kann, je nachdem, wie die Einzelkomponenten untereinander verknüpft sind bzw. in welcher Stellung ein, zwei, drei (bis zu acht) Chloratome gebunden sind. Es tritt nie ein Dioxin alleine auf, sondern immer eine Gruppe von Dioxinen. Somit liegt ein Gemisch von Einzelverbindungen vor. Wenn also von Dioxinen gesprochen wird, dann fasst man letztendlich verschiedene PCDDs und PCDFs zusammen.

Seveso ist zu einem Synonym für Gefahren geworden, die beim Umgang mit und bei der Herstellung von Chemikalien möglich sind. Dabei kamen zwar keine Menschen, aber Vögel und Kleintiere zu Tode. Der Schaden, den die Menschen davontrugen, bestand in Chlorakne oder chronischer Akne. Was dies allerdings für die betroffenen Menschen bedeutete, konnte man 2004 am ukrainischen Präsidenten Viktor Juschtschenko sehen: Er fiel einem Giftanschlag zum Opfer, bei dem ihm – einer Mitte 2009 veröffentlichten Studie zufolge – das Seveso-Gift (2,3,7,8 TCDD) in großer Reinheit auf unbekanntem Weg verabreicht worden war. Die große Reinheit und die Konzentration verweise auf einen Ursprung, der eine natürliche und zufällige Kontamination ausschließe, so die Studie. Ein Anschlag ist damit mehr als wahrscheinlich. Sein Körper soll dabei einer Konzentration an Dioxin ausgesetzt gewesen sein, die das 50.000-fache des Normalwerts betragen habe. Juschtschenko war dem Tode nur knapp entronnen, sein Gesicht völlig entstellt.

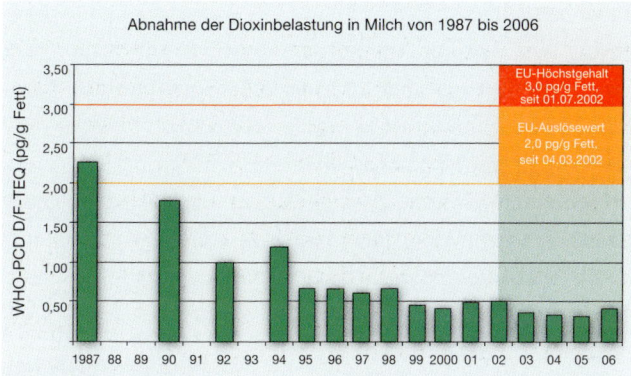

Für das am umfangreichsten untersuchte Lebensmittel Milch ist festzustellen, dass die mittlere Dioxinbelastung zwischen 1987 und 2006 um rund 80 % von 2,3 auf ca. 0,4 Pikogramm Dioxinäquivalente je Gramm Milchfett abgenommen hat. Damit liegt die durchschnittliche Dioxinbelastung weit unter dem europaweit geltenden Auslösewert bzw. Höchstgehalt.

Quelle: Jahresberichte des ehemaligen Bundesgesundheitsamtes sowie des Chemischen und Veterinäruntersuchungsamtes Freiburg, des Chemischen Landes- und des Staatlichen Veterinäruntersuchungsamtes Münster, des Niedersächsischen Landesamtes für Verbraucherschutz und Lebensmittelsicherheit Oldenburg und des Bayerischen Landesamtes für Gesundheit und Lebensmittelsicherheit Oberschleißheim

Der Unfall, der Seveso zu einer traurigen Berühmtheit und dem freigesetzten Gift zu einem Namen verholfen hat, hat aber auch dafür gesorgt, dass eine breite Sensibilisierung gegenüber Dioxinen erfolgte. Obwohl die Mühlen internationaler Gremien langsam mahlen, haben konsequent umgesetzte Verordnungen dazu geführt, dass die Dioxinbelastung seit Ende der 1980er-Jahre um rund 80 % nachgelassen hat.

Die früheren Hauptquellen – Müllver-brennungsanlagen, der Straßenverkehr und Krematorien – wurden mit einer konsequenten Luftreinhaltepolitik bedacht. Nichtsdestotrotz sind die Altlasten immens. Die Umwelteigenschaften der POPs sorgen für eine immer wieder aufkommende Aktualität des Problems: So sind Meldungen neueren Datums zu erklären, die auf mit Dioxinen belastetes Kalbfleisch aus Irland oder der Schweiz hinweisen. Dabei handelt es sich aber immer um Werte, die über einem festgelegten Grenzwert liegen. Wir nehmen vor allem aus Milch und Milchprodukten sowie aus Fleisch- und Wurstwaren, aber auch über die Luft und die darin enthaltenen Stäube ein gewisses „Grundrauschen" an Dioxinen bzw. POPs auf. Seit Mitte des Jahres 2009 steht in Deutschland die Leber von Schafen im Fokus: Hier waren die Grenzwerte so weit überschritten, dass die Leber nach den EU- und bundesrechtlichen Verordnungen nicht in den Handel gelangen durfte. Ursache: unbekannt. Das Bundesinstitut für Risikobewertung warnte deshalb im April 2009 vor dem Verzehr der Schafsleber.

Am Beispiel der Schafsleber wird neben den Dioxinen auch noch ein anderer Stoff genannt, der das Dreckige Dutzend der POPs komplettiert: dioxinähnliche **PCBs**. Auch hier handelt es sich um mehrere Verbindungen in einer Stoffgruppe.

Das Bundesinstitut für Risikobewertung in Berlin.

Die Abkürzung **PCB** steht für **P**oly**c**hlorierte **B**iphenyle. *Polychloriert* ist im Kasten zu den Dioxinen bereits erläutert worden (→ S. 215). *Biphenyl* ist aus der Struktur ersichtlich:

Zwei Benzolringe sind über ein Elektronenpaar miteinander verknüpft. Die Benzolringe werden in diesem Fall wie zwei Substituenten behandelt, was für das Benzol bedeutet, dass es als Phenylrest bezeichnet wird.

Hier können an jedem Ring jeweils fünf Chloratome gebunden sein. In der Strukturformel sind die „gespiegelten" Positionen jeweils mit der gleichen Zahl, aber mit einem Strich versehen: z. B. 2´ und 2. Je nach Anzahl der gebundenen Chloratome und ihrer Stellung zueinander, gibt es auch hier über 200 verschiedene Verbindungen. Dabei zeigen bestimmte Bindungskonstellationen der Chloratome und der sich daraus ergebenden räumlichen Stellung der beiden Benzolringe zueinander Ähnlichkeiten in der Giftigkeit (Toxizität) zu den Dioxinen. Dies sind **dioxinähnliche PCBs**, die an die Giftigkeit und krankmachenden Eigenschaften der Dioxine (u. a. auch an das „Seveso-Gift" 2,3,7,8 TCDF!) heranreichen. Dieser Tatsache wurde man im Jahr 2006 auf europäischer Ebene gerecht, als man Grenzwerte für dioxinähnliche PCBs in Futter- und Lebensmitteln festlegte.

Während Dioxine eher beiläufig, also unabsichtlich im Produktions- oder Verbrennungsprozess anfallen (wodurch man sie zu den **u**POPs zählt; das *u* steht dabei für *unintentionally produced*, also eben unabsichtlich), werden PCBs gezielt hergestellt (sind also POPs im engeren Sinne). Seit dem Ende der 1920er-Jahre werden sie im industriellen Maßstab hergestellt. Dabei machte man sich vor allem ihre Eigenschaften zunutze, schwer entflammbar, elektrisch nicht leitend und plastifizierend zu sein, und setzte sie weltweit in Kondensatoren und Transformatoren, aber auch als Weichmacher in Dichtungsmassen und Kunststoffen (z. B. in Kabelummantelungen) ein.

Seit den 1980er-Jahren ist ihr Inverkehrbringen verboten, die fachgerechte und ordnungs-gemäße Entsorgung der Altlasten (z. B. Elektronikgeräte, Kabelisolierungen, Außerbe-triebnahme PCB-haltiger Transformatoren und Kondensatoren, PCB-haltige Baustoffe aus der Gebäudesanierung wie z. B. Fugendichtungen) stellt aber immer noch ein aktu-elles Problem dar. Neben der Gewährleistung der Trennung und Aussonderung dieser Stoffe vom restlichen Müll, muss die Zuführung zur Sondermüllverbrennung mit geeig-neten Filteranlagen oder in unterirdischen Dauerlagerstätten gesichert sein. Während Letzteres für Deutschland mit ausreichender Kapazität zutrifft, ist Ersteres nicht immer gegeben: Obwohl Deutschland inoffizieller „Weltmeister im Mülltrennen" ist, stellen nicht fachgerecht entsorgte PCB-haltige Abfälle immer wieder eine Quelle für Verun-reinigungen – vor allem aus normalen Müllverbrennungsanlagen – dar. Die Entsorgung PCB-haltiger Abfälle ist aber ein weltweites Problem und meist nur im Rahmen der EU zufriedenstellend gelöst. Es bedarf großer internationaler Anstrengung auf technischer und wirtschaftlicher Ebene, um das auch für alle anderen Staaten zu gewährleisten.

Überblick über die Abkürzungen der gefährlichen Stoffe

CMR-Stoffe
Cancerogen (krebserzeugend),
Mutagen (erbgutverändernd) oder
Reproduktionstoxisch (leibesfruchtschädigend bzw. fortpflanzungsgefährdend)

GHS
Globally
Harmonized
System of classification and labelling of chemicals
(Übersetzung: Global harmonisiertes System zur Einstufung und Kennzeichnung von Stoffen und Zubereitungen)

FCKWs
Fluor-
Chlor-
Kohlen-
Wasserstoffe

PAKs
Polyzyklische
Aromatische
Kohlenwasserstoffe (z. B. Benzpyren)

POPs
Persistent
Organic
Pollutants
(Übersetzung: langlebige organische Schadstoffe)

z. B.

PCBs	**DDT**
Poly-	**D**ichlor-
Chlorierte	**D**iphenyl-
Biphenyle	**T**richlorethan

---

uPOPs
unintentionally produced
(unabsichtlich hergestellte) POPs

z. B. **Dioxine**

PCDDs	**PCDFs**
Poly-	**P**oly-
Chlorierte	**C**hlorierte
Dibenzo	**D**ibenzo
Dioxine	**F**urane
Beispiel:	Beispiel:
2,3,7,8-**T**etra**C**hlor-**D**ibenzo-p-**D**ioxin	2,3,7,8-**T**etra**C**hlor-**D**ibenzo**F**uran
(2,3,7,8-TCDD, auch **Seveso-Gift**)	(2,3,7,8 TCDF)

PFCs
Per
Fluorierte
Chemikalien

z. B. Perfluorcarbonsäuren   oder Perfluorsulfonsäuren
mit z. B.   mit z. B.

    PFOA   **PFOS**
    Per-   **P**er-
    Fluor-   **F**luor-
    Octan-   **O**ktan-
    Acid   **S**ulfonsäure
    (Übersetzung: Perfluoroktansäure)

und

    PFTs   **AFFF**
    Per-   **A**queous
    Fluorierte   **F**ilm
    Tenside   **F**orming
                             Foams
    PTFE   (Beispiel für ein Fluortelomer;
    Poly-   Feuerlöschschäume,
    Tetra-   Übersetzung: wasserfilmbildende
    Fluor-   Feuerlöschschäume)
    Ethen
    (Kunststoff; Markenname Teflon®)

PBT-Stoffe
Persistent (langlebig)
Bioakkumulierbar (sich in der Nahrungskette anreichernd)
Toxisch (giftig)

Man isst, was man isst

In den nächsten Kapiteln werden Sie Stoffe kennenlernen, die im Bereich „Topf und Ofen" Gefährdungen darstellen können. Damit sind zum einen Verbindungen gemeint, die in Lebensmitteln als Rückstände durch die Herstellung oder den Anbau vorkommen, zum anderen sind Verbindungen gemeint, die bei der Zubereitung in „Topf und Pfanne" entstehen bzw. entstehen können. Hierhin gehört eigentlich auch das Benzpyren, das Sie bereits kennengelernt haben, das aber aufgrund seines aromatischen Charakters unter den PAKs abgehandelt wurde (→ S. 210 ff.).

Braun ist ungesund – zu braun ist gefährlich

Überlegen Sie kurz: Wann werden Lebensmittel bei der Zubereitung braun? … Grundsätzlich erst einmal immer dann, wenn sie erhitzt werden. Erhitzt wird beim Backen, Braten, Rösten, Frittieren und Kochen. Während das Kochen in aller Regel in Zusammenhang mit der Flüssigkeit Wasser geschieht und deshalb in einem Temperaturbereich bis 100°C anzusiedeln ist, werden bei den anderen Zubereitungsformen höhere Temperaturen erreicht (120 bis 200°C).

Wasser kocht bei 100°C.

Damit diese höheren Temperaturen erreicht werden können, dient – wenn nicht trocken erhitzt, also geröstet wird – ein Fett als Mittel zum stärkeren Erhitzen: Es ist beim Backen im Teig enthalten, beim Braten wird es in den Topf gegeben, beim Frittieren umgibt es das Nahrungsmittel in flüssiger Form komplett. Die eine Voraussetzung für

eine appetitliche Bräune ist also eine höhere Temperatur. Die andere ist, dass Zucker oder Stärke vorhanden sein müssen. So wird Zucker beim Karamellisieren braun (und wenn man nicht aufpasst, schnell schwarz; er verkohlt), das Toastbrot beim Rösten im Toaster, der Kuchen beim Backen im Ofen, die Pommes frites beim Frittieren in der Fritteuse.

Zucker und Stärke werden zu den Kohlenhydraten zusammengefasst. Sie merken schon an der Namensgebung: In den Kohlenhydraten spielen Kohlenstoff und Wasser eine wichtige Rolle. Sie sind im Verhältnis 1 : 1 enthalten (den Kohlenhydraten ist ein eigenes Kapitel gewidmet; → S. 300 ff.). Für das Verständnis des Bräunungsvorgangs soll hier der Hinweis ausreichen, dass lange Stärkeketten aus ringförmigen Zuckermolekülen aufgebaut sind. Dass Stärke aus Zuckermolekülen aufgebaut ist, können Sie selbst leicht feststellen, wenn Sie ein Stück Weißbrot oder ungeröstetes Toastbrot lange im Mund behalten und kauen. Sie werden nach einer Weile feststellen, dass das Brot süß schmeckt. Das liegt an den im Speichel vorhandenen Enzymen. Das sind Eiweißstoffe, die die Stärke in ihre Bestandteile, also Zucker, zerlegen.

Es gibt für die Bräune – und auch für die Entstehung des charakteristischen Geruchs bzw. Aromas – der zubereiteten Speisen noch eine dritte Voraussetzung: Es müssen Eiweiße (Proteine) vorhanden sein. Eiweiße sind aus Aminosäuren aufgebaut (→ S. 189 ff.). Eiweiße kommen auch und vor allem in Getreide und Kartoffeln vor. Bei diesen Feldfrüchten ist es wie bei allen anderen Früchten auch: Sie dienen biologisch eigentlich der Vermehrung der Pflanzen und sollen

einen optimalen Start für die in ihnen enthaltenen „Pflanzenembryonen" ermöglichen. Neben der Stärke wird dieser Vorrat auch in Eiweißen angelegt. Beim Erhitzen ab einer Temperatur von 120°C bilden sich Stoffe, die aus der Reaktion von Kohlenhydraten mit bestimmten Aminosäuren rühren.

Die **Maillard-Reaktion** ist nach einem französischen Chemiker benannt (Louis Camille MAILLARD, 1878–1936), der diese Reaktion zu Beginn des 20. Jahrhunderts entdeckte. Die Reaktion hier zeigt ein sechseckiges Zuckermolekül (Glucose), das mit einer Aminosäure unter Abspaltung von Wasser reagiert:

Louis Camille Maillard

Das *R* steht für die unterschiedlichen Reste der Aminosäuren (→ S.189 ff.).
Je nachdem, welche Aminosäure mit dem Zucker reagiert, entsteht der charakteristische Geruch bzw. das charakteristische Aroma z. B. nach frischem Brot, nach gebratenem Fleisch, nach Karamell oder nach Zwiebeln. Meistens ist es aber eine Mischung aus sehr vielen dieser Verbindungen, die dann ein ganzes Bukett an Gerüchen zu einem Aroma vereinigen. Auch die charakteristische braune Färbung von Gebackenem, Gebratenem, Frittiertem und Geröstetem ist auf die Maillard-Reaktion zurückzuführen. Ebenfalls in Abhängigkeit von der Aminosäure finden vor allem bei stärkerem und längerem Erhitzen Ringöffnungs- und Ringschließungsreaktionen bzw. Abspaltungen und Veränderungen im Bereich der Aminosäurereste statt. Dabei kann eine sehr große Anzahl unterschiedlicher Verbindungen gebildet werden. (Übrigens: Sie werden diesen Reaktionstyp auch bei der Funktionsweise von Selbstbräunern kennenlernen!)

Bei höheren Temperaturen und bei einer ganz bestimmten Aminosäure, nämlich Asparagin, kann ein Stoff entstehen, der den Genuss der Speisen trübt: **Acrylamid**.
Diese Substanz wurde 2002 von schwedischen Chemikern erstmals nachgewiesen und ist seitdem in allem gefunden worden, was schmeckt: z. B. in Pommes frites, Chips, Salzstangen, Knäckebrot, Keksen, Bratkartoffeln, Toastbrot, Lebkuchen und auch Kaffee. Im Tierversuch ist diese Substanz krebserregend und führt in höheren Dosen zu Nervenschädigungen.

Eine Risikoabschätzung für den Menschen ist seit den Ergebnissen von 2002 weiterhin schwierig. Es fehlen langfristige Versuchsreihen mit konkreten, auf den Menschen übertragbaren Ergebnissen. Deshalb gibt es bisher auch keine konkreten Grenzwerte, sondern es werden jährlich sog. Signalwerte durch Bundesinstitute (z. B. durch das Bundesamt für Verbraucherschutz und Lebensmittelsicherheit, BVL) veröffentlicht. Hersteller in Deutschland haben sich freiwillig verpflichtet, diese Werte einzuhalten.

Nun werden ja nicht erst seit dem neuen Jahrtausend Brote oder Kekse gebacken, Toastbrote geröstet, Kartoffeln gebraten oder frittiert und Kaffee geröstet. Mit großer Wahrscheinlichkeit begleitet Acrylamid die Menschen schon seit sehr langer Zeit. Mindestens so lange, seit das Feuer vom Menschen zur Nahrungszubereitung genutzt wird. Und obwohl die gesundheitliche Beeinträchtigung des Menschen durch diesen Stoff als diffus zu bezeichnen ist, sollte man die Gefährdung nicht unterschätzen. Betreiben Sie die Vermeidungstaktik und verfolgen Sie den Grundsatz *Vergolden statt Verkohlen*. Je geringer der Bräunungsgrad, umso weniger Acrylamid entsteht. Man sollte also die hohen Temperaturen bei der Zubereitung senken bzw. die Zubereitungszeit bei hohen Temperaturen (z. B. beim Frittieren) verringern.

Kartoffeln lieber erst kochen ...

... und dann Bratkartoffeln draus machen

Der Verzehr von gebräunten Fertigprodukten wie Pommes frites, Chips und Kräcker sollte auf ein Minimum reduziert werden. Bei der Wahl eines Knabbersnacks sollten Sie auf Chips verzichten und z. B. auf ungeröstete Nüsse ausweichen. Wenn Sie Bratkartoffeln zubereiten, dann tun Sie dies besser aus gekochten Kartoffeln, denn die enthalten nach der Zubereitung weniger Acrylamid als solche aus rohen Kartoffeln. Am besten wäre, Sie verzichten gänzlich auf hohe Temperaturen und kochen oder dünsten nur noch, denn dann enthält Ihr Essen gar kein Acrylamid.

Spinat ist (meistens) gesund – wieder aufgewärmter Spinat kann gefährlich werden

Sie haben sicherlich schon einmal gehört, dass Sie bereits aufgewärmten Spinat nach dem Abkühlen nicht noch einmal aufwärmen sollen. Wissen Sie auch, warum Sie das nicht tun sollten? Das hat mit den Stoffen, die im Spinat enthalten sind, dem Zeitraum zwischen den beiden Aufwärmphasen und dem Aufwärmen an und für sich zu tun.

Gemüse wie Spinat, Rucola, Rote Bete und Mangold enthalten im Vergleich zu anderen Nahrungsmitteln viel **Nitrat**. Nitrat (NO_3^-) ist das Säurerestion der Salpetersäure (HNO_3; → S. 122 ff.). Dieses Nitrat wird bei längerer Lagerung oder bei längerem Warmhalten von Bakterien in **Nitrit** (NO_2^-) umgewandelt. Nitrit ist das Säurerestion der Salpetrigen Säure (HNO_2) und ist für sich alleine schon giftig für den Organismus. Es besetzt den für den Sauerstofftransport im Blut verantwortlichen Blutfarbstoff Hämoglobin und verhindert die Bindung des Sauerstoffs am Hämoglobin. Gelangt das Nitrit in den Magen, kann es sich aufgrund des sauren Milieus mit den dort vorhandenen Eiweißabbauprodukten, den sog. Aminen, zu den krebserregenden **Nitrosaminen** verbinden.

Rucola

Rote Bete

Die Reaktionskette Nitrat–Nitrit–Nitrosamine gilt es zu unterbrechen. Bei Säuglingen unter sechs Monaten ist die Gefahr besonders groß, wenn diese nicht unterbrochen wird. Säuglinge sollten – auch unabhängig vom erneuten Aufwärmprozess – z. B. keinen Spinat oder Rote Bete bekommen. Bei einem zu hohen Nitritgehalt im Blut kann es beim Säugling zur sog. Säuglingsblausucht kommen. Hier droht akute Atemnot und im Extremfall auch der Tod, da das Schutzsystem, das Nitrit wieder vom Hämoglobin löst, noch nicht ausgereift ist.

Die durchschnittliche Aufnahme von Nitrat in der Bundesrepublik beträgt ca. 130 mg täglich. Von dieser Menge stammen ca. 70 % aus dem Verzehr von Gemüse, 20 % aus dem Trinkwasser und rund 10 % aus gepökeltem Fleisch. Bei Säuglingen ist bei der Zubereitung der Nahrung also ebenfalls darauf zu achten, dass das Trinkwasser keinen zu hohen Gehalt an Nitrat aufweist (der Nitratwert kann beim örtlichen Wasserversorger erfragt werden). Es gibt allerdings auch die Alternative, im Handel Wasser zu erwerben, das mit dem Aufdruck „Für die Zubereitung von Babynahrung geeignet" entsprechend gekennzeichnet ist. Der Nitratgehalt darf hier den Wert von zehn Milligramm pro Liter nicht übersteigen.

Dass das Trinkwasser mit Nitrat belastet ist, liegt unter anderem daran, dass im landwirtschaftlichen Bereich die Böden in einem zu hohen Maß mit Natur- und/oder Kunstdüngern gedüngt werden. Als Bestandteil der Dünger und als Säurerestion ist das Nitrat auch wasserlöslich und gelangt mit dem Oberflächen- und Sickerwasser ins Grundwasser, aus dem das Trinkwasser geschöpft wird. Hier gilt es für die entsprechenden Wasserwerke, bestehende Grenzwerte (50 Milligramm pro Liter) einzuhalten, die bei zu hohen Werten mit speziellen Anlagen – die in vielen Fällen aber noch nicht flächendeckend eingesetzt sind – zu regulieren sind.

Gepökelter Schinken

Gepökeltes Fleisch ist mit Nitrat- oder Nitritpökelsalz behandelt. Das sind vor allem Kaliumnitrat (Salpeter, E 251) bzw. Natriumnitrit (E 250) oder Kaliumnitrit (E 249). Mit dem Pökelsalz soll der Befall von Wurstwaren durch das Bakterium *Clostridium botulinum* verhindert werden. Es handelt sich also eigentlich um eine Konservierungsmethode. Fleisch wurde schon um ca. 2200 v. Chr. durch Salzen mit Meersalz oder reinem Kochsalz haltbar gemacht. Es war die einzige Möglichkeit, Fleisch über einen längeren Zeitraum genießbar zu halten. Das Salzen kam dann durch die zunehmende Elektrifizierung und die damit einhergehenden Kühlmöglichkeiten aus der Mode. Übrigens: Das Bakterium *Clostridium botulinum* ist deshalb so gefährlich, weil es in der Lage ist, das Gift **Botulinustoxin** zu erzeugen, welches zu den stärksten natürlichen Giften zählt und im Vergiftungsfall schon in geringster Dosis zum Erstickungstod führen würde.

Aber nicht nur deshalb sind 90 % (!) aller Wurstsorten in Deutschland gepökelt. Das Pökelsalz gibt der Wurst auch einen guten Geschmack und sorgt durch den sog. **Umrötungsprozess** dafür, dass die Wurstwaren eine gesunde rote Farbe haben und an Licht und Luft nicht grau werden.

An dem verbreiteten Einsatz der Pökelsalze ist also der Verbraucher nicht ganz unschuldig, denn wer greift schon nach einer ergrauten und ungesund aussehenden Salami? Hier sind die lieb gewonnenen Gewohnheiten nicht so leicht zu überwinden. Obwohl also die Aufnahme von Pökelsalzen durch die Nahrung möglichst gering gehalten werden sollte, bleibt das für den Verbraucher schwierig, denn es dürfen auch Fischhalbkonserven (wie z. B. Sprotten und Heringe), frischer Fisch (z. B. Lachs) und Schnittkäse mit Nitritpökelsalz behandelt werden. Lediglich Brat-, Grill- und Weißwürste bzw. Hackfleisch, Fleischklößchen und Fleischfüllungen dürfen kein Pökelsalz enthalten.

Wie können Sie zusätzliche Nitratquellen meiden? Der Hauptnitratlieferant ist Gemüse. Nun sollen Sie nicht gänzlich auf den Verzehr von Gemüse verzichten. Sie können aber eine Menge gegen ein Zuviel tun, wenn Sie ein paar kleinere Tipps beachten: Kaufen Sie Gemüsesorten, die weniger stark zur Einlagerung von Nitrat neigen. Dazu zählen z. B. Möhren, Kartoffeln, Blumenkohl, Brokkoli, Gurken, Paprika, Tomaten und Zwiebeln. Reduzieren Sie bzw. verzichten Sie auf die Nitratsammler, z. B. Spinat, Rote Bete, Kopfsalat, Feldsalat, Radieschen, Rettich, Kohlrabi und Sellerie. Wenn Sie auf die letzte Gruppe nicht verzichten wollen, dann wärmen Sie diese nicht noch einmal auf bzw. reduzieren

Kopfsalat

Sie den Nitratgehalt auf die Hälfte, indem Sie das Gemüse einmal auf 80°C erhitzen (sog. Blanchieren). Beim Kauf sollten Sie das Gemüse aus ökologischem Anbau bevorzugen. Hier wird in aller Regel weniger bis gar kein Dünger eingesetzt, was die Nitratrate senkt. Das gilt natürlich auch für Ihr im Garten selbst gezogenes Gemüse: Seien Sie mit Dünger sparsam(er)!

Wenn Sie in Ihrem Garten Gemüse ernten, dann ernten Sie am späten Nachmittag oder frühen Abend! Warum? Nun ja, das Nitrat wird von den Pflanzen für den Aufbau eigener Eiweiße benötigt. Die Prozesse der pflanzlichen Eiweißsynthese werden von

der Sonne angetrieben. Je länger die Sonne scheint, umso mehr Eiweiß wird in der Pflanze gebildet. Die Pflanze hat also keine Gelegenheit, Nitrat einzulagern. Wenn die Pflanze Nitrat einlagert, dann tut sie dies im Bereich der Stängel (hier wird das Wasser durch die Pflanze geleitet) und z. B. bei Kopfsalat in den äußeren Blättern. Wenn Sie Kopfsalat essen, dann könnten Sie also wenigstens auf diese Pflanzenteile beim Verzehr verzichten. Und: Wenn Sie Kopfsalat kaufen, kaufen Sie ihn im Sommer. Auch hier gilt das eben angeführte Argument der Sonnenscheindauer im Vergleich zum Winter.

Ernten Sie nicht gleich morgens!

Auch in gepökelten Wurst- und Fleischwaren sind Nitrosamine in geringem Anteil enthalten. Allerdings erhöht sich ihr Anteil immens, wenn diese Waren erhitzt werden, denn die Aminbildung aus den in den Eiweißen enthaltenen Aminosäuren ist hier am stärksten. Besonders problematisch sind die Fälle, in denen z. B. gepökelte Wurst zusammen mit Käse erhitzt wird: Das Pökelsalz liefert das Nitrit und der Käse die Amine. Damit kann jede Salamipizza, Pizza Hawaii und jeder Toast Hawaii zur Nitrosaminbombe werden!

Schwermetalle liegen schwer im Magen

Stoffe aus der Umwelt belasten unsere Nahrung. Die bislang genannten waren vor allem organischer Natur. Die letzte Gruppe ist anorganischer Natur, wobei sich auch hier wieder die Grenze zwischen den beiden chemischen Disziplinen auftut (→ S. 57 f.). Es handelt sich um Schwermetalle. Die Unterscheidung von Schwer- und Leichtmetallen über die Dichte ist bereits erwähnt worden (→ S. 11 f. und → S. 13 ff.). Während die gefährdenden organischen Verbindungen meist mehr oder weniger komplizierte Moleküle sind, handelt es sich bei den Schwermetallen in aller Regel um einfache Ionen. Da es Metallionen sind, dürfte Ihnen mittlerweile klar sein, dass diese als positiv geladene Kationen vorliegen (→ S. 43 ff. und → S. 45 ff.). Elementare und damit ungeladene Metallatome aus Metallabrieben spielen nur eine untergeordnete Rolle. Insofern wird hier von den Metallen als Mineralstoffe gesprochen.

Aus ernährungsphysiologischer Sicht spricht man bei bestimmten Schwermetallen auch von **Spurenelementen**: Sie sind für die Funktionsweise z. T. lebenswichtiger am Stoffwechsel beteiligter Enzyme unerlässlich. Sie werden deshalb als **essenziell** bezeichnet (von lateinisch *essentialis* für *wesentlich* oder *hauptsächlich*). Dazu gehören neben Zink, Zinn und Kupfer auch Eisen und Selen. Das Eisen z. B. ist an der Bildung des roten Blutfarbstoffs Hämoglobin beteiligt. Wird Eisen dem Körper nicht in ausreichender Menge zugeführt, droht eine Blutarmut oder ein Blutmangel, was Ärzte als Anämie bezeichnen. Wobei das Blut ja noch vorhanden ist, weshalb man eigentlich von einem Hämoglobinmangel sprechen müsste. Wie auch immer: Der Körper reagiert auf die daraus resultierende Unterversorgung von Sauerstoff mit einem Abfall der Leistung und schneller Ermüdung. Allerdings können die Spurenelemente auch giftig sein, wenn sie in höherer Dosierung als nur in Spuren zugeführt werden. Dazu gehört das Spurenelement Arsen.

> **Schwermetalle**, die auch in geringer Dosierung giftig sind, sind **Quecksilber** (chemisches Element Hg), **Blei** (Pb) und **Cadmium** (Cd). Ähnlich wie die bereits betrachteten organischen Verbindungen, tauchen die Schwermetalle über verschiedene industrielle Prozesse, gebunden an und in Abgasen, Stäuben, Abwässern und Klärschlamm, in unserer Nahrung auf, sind also ebenfalls allgegenwärtig und verhindern einen unbeschwerten Genuss bestimmter Speisen. Sie sind für den Körper ohne Nutzen und belasten die Entgiftungseinheiten Leber und Niere. Häufig reichern sie sich über einen längeren Zeitraum im Organismus an und entfalten ihre Giftwirkung.

Blei gelangt auf verschiedensten Wegen in die Nahrungskette. Zunächst lagern sich z. B. bleihaltige Stäube auf den Blattoberflächen diverser Obst- und Gemüsesorten ab. Für solche Ablagerungen besonders günstig sind große, raue, behaarte und mit Wachs überzogene Blatt- und Fruchtoberflächen. Dazu zählen z. B. diverse Kohl- und Salatsorten, Pfirsiche, Erdbeeren und Stachelbeeren. Im Körper werden die Bleikationen am Hämoglobin gebunden und im gesamten Körper verteilt. Vor allem mit den in Knochen und Zähnen enthaltenen Phosphationen bilden diese Kationen schwer lösliche Verbindungen. So kann sich Blei über Jahre im Organismus anreichern, da sein Abbau nur sehr langsam vonstatten geht: Für die Hälfte der insgesamt aufgenommenen

Bleiionen benötigt der menschlichen Organismus fast drei Jahrzehnte! Erste Symptome einer Bleivergiftung sind diffus: Es beginnt mit Kopfschmerzen, leichtem Schwindel und Übelkeit, man hat zu nichts Lust und neigt zu Depressionen. Vor allem die Römer nutzten Bleirohre für ihr Wasserversorgungssystem, was zu einer chronischen Belastung des Trinkwassers und zu chronischen Bleierkrankungen bei den Bewohnern Roms führte. Auch Kaiser Nero soll darunter gelitten haben. Die Belastung durch Abgase hat seit Anfang der 1970er-Jahre kontinuierlich abgenommen, da die verbleiten Benzinsorten vom Markt genommen wurden. Zusätzlich wurde eine konsequente Luftreinhaltepolitik mittels entsprechender Filter z. B. in Müllverbrennungsanlagen betrieben.

Cadmium reichert sich im Gegensatz zu Blei nicht auf, sondern in den Pflanzen an, da es über die Luft, aber vor allem über den Boden von den Pflanzen aufgenommen wird. Das Waschen z. B. von belasteten Wildpilzen hilft hier deshalb wenig. Die Cadmiumquellen sind wie bei allen Schwermetallen sehr ähnlich, wobei sich das Cadmium über die Nahrungskette in den Meeren besonders leicht anreichert, da das Plankton, von dem sich Muscheln, Krebse und Fische ernähren, Cadmium besonders leicht aufnimmt.

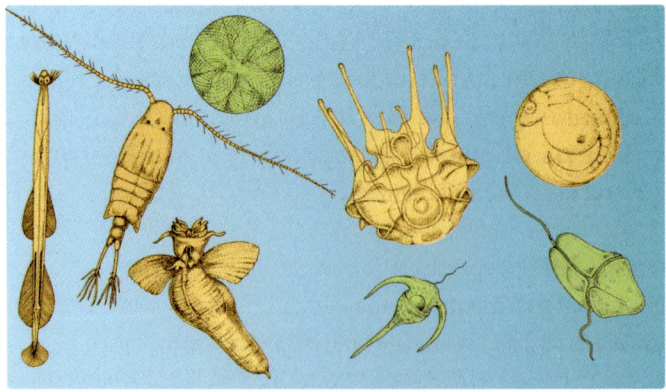

Plankton

Somit sind vor allem Muscheln als Wasserfiltrierer besonders belastet. Bei landlebenden Tieren liegt die Belastung wie beim Blei vor allem auf Leber und Niere. Um die Belastung mit diesem Schwermetall möglichst gering zu halten, sollten deshalb Muscheln, Wildpilze und die eben genannten Innereien in Maßen genossen bzw. vermieden werden. Bei den Wildpilzen sollten die besonders cadmiumreichen Lamellen vor dem Verzehr entfernt werden. Cadmiumvergiftungen äußern sich in der Schädigung von Nieren und Leber, Erbrechen, Durchfall und gelben Ringen an den Zahnhälsen.

Quecksilber wird über Mikroorganismen im Boden und in Gewässern in noch giftigeres Methylquecksilber umgewandelt. Es besitzt mit dem organischen Methylanteil eine unpolare Seite, die ja bekanntlich fettlöslich (lipophil) ist (→ S. 340 ff.). Somit reichert sich ähnlich der dort beschriebenen organischen Verbindungen das Quecksilber im Fettgewebe und damit in der Nahrungskette an, wodurch Fische (besonders Raubfische mit hoher Lebenserwartung wie Thunfisch und Schwertfisch) und auch Eier, Milch und Fleisch besonders belastet sind. Fetthaltiger Fisch sollte gemieden, magerer Fisch bevorzugt werden.

Das Quecksilber verbleibt im Organismus und verursacht beim Menschen Störungen im Zentralnervensystem und bei der körpereigenen Proteinbildung. Hinzu kommen der Verlust der Hörfähigkeit und Sehstörungen. Das Methylquecksilber verursacht höchstwahrscheinlich Reaktionen des Organismus auf das eigene Immunsystem (sog. Autoimmunreaktionen). Diese Verbindung gilt als Auslöser z. B. von Diabetes und Multiple Sklerose. Während Quecksilber früher vor allem in (Fieber-) Thermometern, Quecksilberdampflampen und Desinfektions- und Pflanzenschutzmitteln eingesetzt wurde, ist seine Verwendung vor allem seit dem Ende der 1980er-Jahre deutlich zurückgegangen.  Nichtsdestotrotz wird die Verwendung von Quecksilber in den Energiesparlampen diskutiert.

XI. Chemie macht das Leben leichter 1

Chemische Verbindungen können eine gesundheitliche Belastung sein. Dass es so ist, lässt sich zum allergrößten Teil nicht mehr verhindern, nur noch eindämmen. Die vorangegangenen Seiten haben gezeigt, dass die bereits weltweite Verteilung Dutzender dreckiger Verbindungen wie PAKs, POPs, PFCs, Acrylamid und Nitrosamine ein Faktum ist und nur noch durch einen bewussten Umgang und durch die Vermeidung der Ursachen auf ein Minimum reduziert werden kann. Es bleibt zu hoffen, dass die Lektüre bei Ihnen zu einer Sensibilisierung im Umgang mit diesen Gefährdungen beigetragen hat. Eine große Gruppe von Menschen zeigt sich bezüglich dieser (und auch anderer) Gefährdungen eher uninteressiert, da sie meinen, ja eh nichts dagegen tun zu können. So macht sich eine Form von Fatalismus breit, der zusätzlich meist noch mit einer ordentlichen Portion Bequemlichkeit kombiniert ist. Die weiter steigende Zahl an Allergien und Krebserkrankungen spricht ja eine deutliche Sprache. Und eine „Geiz ist geil"-Mentalität bei den Verbrauchern sorgt nicht unbedingt für eine Qualitätssteigerung bei den Lebensmitteln. Immer billiger produzieren in immer kürzeren Zyklen ist ein Trend, der gegen ökologische Prinzipien und gegen einen nachhaltigen Umgang auch mit den immer rarer werdenden Nahrungsrohstoff-Ressourcen gerichtet ist.

Man kann nur hoffen, dass sich diese Meinungen und Ansichten nicht bei denjenigen verbreitet, von denen wir eigentlich genau das Gegenteil erwarten: Entscheidungsträger in der Politik, die zum Wohle aller Verordnungen und Gesetze erlassen, um die Gefährdungen weiter einzudämmen. Denn wären diese in den vergangenen zwei bis drei Jahrzehnten nicht gewesen, hätte es das geächtete Dreckige Dutzend samt Erweiterung nicht gegeben und die Konzentrationen solcher Verbindungen wären nicht kontinuierlich zurückgegangen.

Aber genug jetzt des Klagens und des Lamentierens: Auf den folgenden Seiten werden Sie eine Menge chemischer Verbindungen kennenlernen, die Sie ganz bewusst im Alltag nutzen können und die Ihr Leben erleichtern und Sie sogar noch einen Tick schöner machen.

Kunststoffe:
eine Kunst, ohne diese Stoffe zu leben!

Die Definition aus einem Lehrbuch könnte lauten: „**Kunststoffe** sind makromolekulare organische Werkstoffe, die durch Umwandlung von Naturprodukten oder aus niedermolekularen Stoffen hergestellt werden."

Die Kunststoffherstellung ist also erst einmal ein Teilgebiet der organischen Chemie. Hauptbestandteil sind die bereits bekannten Elemente SCHON (→ S.100 ff.), wobei der Löwenanteil am Grundgerüst dieser Verbindungen durch den Kohlenstoff gebildet wird. Hinzu kommen aus der Hauptgruppe der Halogene hauptsächlich die Elemente Fluor und Chlor.

Vereinfacht könnte man sagen:

Viele Monomere + noch mehr Monomere = ein **Polymer**

(*mono* aus dem Griechischen für *allein* oder *einzel* und *meros* für *Teil* und *poly* für *viele*). Niedermolekular steht somit für eine organische Verbindung, die aus relativ wenigen (Nichtmetall-)Atomen besteht. Diese Monomere oder Einzelbausteine können durch eine chemische Synthese entstanden oder natürlichen Ursprungs sein. Die natürliche Quelle für diese Monomere ist das Erdöl. Die Kunststoffchemie ist also nahezu untrennbar mit dem Erdöl verknüpft, was Recyclingprozesse noch wichtiger erscheinen lässt. Das so entstehende Polymer ist eine lange Kette von miteinander verknüpften Monomeren. Es entsteht ein Makromolekül, welches als synthetisches Makromolekül bezeichnet wird, wenn die Monomere synthetischen Ursprungs sind. Hierzu zählen die allermeisten Kunststoffe.

Als **Biopolymere** oder **Biomakromoleküle** werden all jene Verbindungen bezeichnet, deren Monomere natürlichen Ursprungs sind, also in der Natur vorkommen. Hierzu zählen z. B. die Kohlenhydrate, die Fette, die Proteine und das Erbgutmolekül, die **D**esoxyribo**n**ucleinsäure, kurz **DNS**. Nichtsdestotrotz zählen zu den Kunststoffen auch Verbindungen, bei denen Biopolymere durch chemische Reaktionen „künstlich" verändert werden.

Die Verknüpfung der einzelnen Monomere ist das Wesen der Kunststoffsynthese (von griechisch *synthesis = Zusammenstellung;* → S. 164 ff.). Nun werden diese Synthesewege zu bestimmten Kunststoffen erläutert. Dabei werden Sie sehen, dass die benötigten Eigenschaften der Kunststoffe vorab durch die Wahl der Monomere und die Wahl der Verknüpfungsart bestimmt werden können.

Die Abgrenzung der einzelnen Kunststoffsorten kann zum einen über die noch nachfolgend zu beschreibenden Synthesewege erfolgen. Zum anderen dienen auch die mechanischen Eigenschaften zur Unterscheidung. Diese Eigenschaften werden durch die Anordnung und Verknüpfung der Polymerketten bestimmt. Da sind zunächst die **Thermoplaste** (*thermos* aus dem Griechischen für *warm* und *plasso* für *bilden* oder *formen*). Die Bezeichnung rührt daher, dass sich thermoplastische Kunststoffe verformen lassen, also plastisch werden, wenn diese erwärmt werden. Daher rührt auch die alte und umgangssprachliche Bezeichnung *Plastik* für die Kunststoffe. Die Erwärmung darf dabei nicht bei zu hohen Temperaturen geschehen, denn das hätte 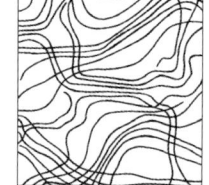 eine Zersetzung des Stoffes zur Folge. Eine Zersetzung bedeutet aber das Lösen der (Atom-)Bindungen zwischen den einzelnen Atomen, die die Polymerketten und damit den Kunststoff bilden, die also innerhalb der Moleküle (intramolekular) liegen. Dies kommt dann einer Verkohlung gleich, denn die Zersetzung setzt Kohlenstoffatome frei, die durch die Schwarzfärbung zu erkennen sind. Die Temperatur darf für ein Erweichen des Kunststoffs zwecks plastischer Verformung daher nur so hoch sein, dass die Polymerketten, die untereinander in lockerer Verbindung stehen, voneinander gelöst werden.

Die geradlinigen (oder auch als *linear* bezeichneten) Ketten, die höchstens an der einen oder anderen Stelle leicht verzweigt sind, können sich bei leichter Temperaturerhöhung gegeneinander verschieben, was die Verformbarkeit der Thermoplaste erklärt. Durch die Temperaturerhöhung werden eben nur die Bindungen, die sich zwischen den (Makro-)Molekülen (also intermolekular) befinden, gelöst.

Bei den Thermoplasten sind amorphe und teilkristalline Thermoplaste zu unterscheiden. Bei den **amorphen Thermoplasten** liegen die Polymerketten mehr oder weniger verknäult und wirr durcheinander. *Amorphos* heißt aus dem Griechischen übersetzt so viel wie *ohne Gestalt* bzw. *gestaltlos*. Die Polymerketten lassen jegliche Ordnung vermissen.

Hier ist das Verschieben der Polymerketten bei relativ niedriger Temperatur möglich. Auch insgesamt sind diese Thermoplaste weniger fest, was sich durch eine geringe mechanische Festigkeit und höhere Flexibilität bemerkbar macht.

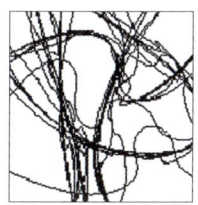 Die **teilkristallinen Thermoplaste** zeichnen sich durch eine größere Härte und eine geringere Flexibilität aus. Das liegt daran, dass die Polymerketten in Teilbereichen eng und parallel aneinander liegen, dadurch größere Verbindungskräfte zwischen den Ketten wirken und somit eine Verschiebung der Ketten – mechanisch wie thermisch – weniger einfach möglich ist. In diesem Zusammenhang von Kristallen zu sprechen, hat auf den ersten Blick nichts mit den Salzkristallen zu tun, die Sie bereits kennengelernt haben (→ S. 51 f.). Wenn sich auch im vorliegenden Beispiel keine entgegengesetzt geladenen Ionen über elektrostatische Kräfte anziehen, so ist aber doch eine solche regelmäßige Anordnung auch für die in diesen Bereichen parallel ausgerichteten Polymerketten energetisch wesentlich günstiger – und damit schwieriger, wieder voneinander zu trennen. Vergleichen können Sie das mit Kugeln (oder auch Erbsen) in einem Glas: Diese werden sich immer regelmäßig in die Lücken der darunterliegenden Kugeln schieben, sodass eine regelmäßige Anordnung entsteht, wie man sie in Kristallgittern oder eben in diesen teilkristallinen Bereichen von Kunststoffen findet.

Welche Thermoplaste nun vorliegen, lässt sich zum einen durch die Auswahl der Monomere und zum anderen durch die Reaktionsbedingungen, unter denen die Monomere miteinander reagieren, steuern.

Erbsen ordnen sich gleichmäßig an.

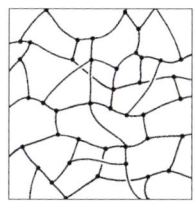 Bei den **Duroplasten** sieht das anders aus: Hier sind die langen Polymerketten stark verzweigt, ja sogar vernetzt. Das heißt, die Ketten sind durch Querverbindungen kürzerer Polymerkettenstücke wie die Maschen eines Netzes miteinander verwoben. Dabei ist noch zu beachten, dass ein Netz ja nur zweidimensional ist. Bei den duroplastischen Kunststoffen sind die Netze der Polymerketten zu einem dreidimensionalen Netz verbunden. Diese Querverbindungen stellen – wie

bei den Polymerketten selbst – auch Atombindungen dar, sodass hier durch die Vielzahl der Verknüpfungen eine Temperaturerhöhung keine Verschiebung der Polymerketten ermöglicht. Es findet dann auch keine Erweichung des Kunststoffs, sondern ab einer Temperatur von 300°C eine Zersetzung statt. Somit sind die Duroplaste unter den Kunststoffen eher zu den härteren Stoffen zu zählen.

Die letzte Gruppe in der Einteilung nach den mechanischen Eigenschaften ist die Gruppe der **Elastomere**. Sie liegen in ihrem Aufbau zwischen den Thermoplasten und den Duroplasten. Es ist zwar eine Vernetzung zwischen den Polymerketten vorhanden, doch ist diese wesentlich weitmaschiger als bei den Duroplasten. Das bedingt eine besondere Eigenschaft, die allgemein als **Gummi-Elastizität** 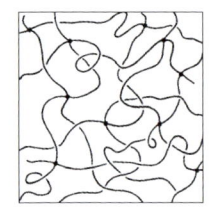 bezeichnet wird: Elastomere lassen sich bis über die Hälfte der Ausgangslänge ausdehnen und gehen beim Nachlassen der dehnenden Kräfte wieder in die ursprüngliche Position zurück. Dabei werden die Maschen des Polymerkettennetzes gestreckt und kehren nach dem Dehnen wieder in ihren ursprünglichen, eher verknäulten aber weiterhin netzförmigen Zustand zurück. Allerdings lassen sich die Maschen, die für die gummielastischen Eigenschaften verantwortlich sind, nun auch nicht so weit dehnen, dass man sie zu den Thermoplasten gruppieren könnte. Tatsächlich gibt es bei der Vielzahl der Kunststoffe nämlich auch fließende Übergänge. Je nachdem, wie stark die Polymerketten bei den Elastomeren miteinander verbunden sind, spricht man bei einer Vernetzung über die stärkeren Atombindungen von echten Elastomeren. Bei einer Vernetzung der Polymerketten über weniger starke zwischenmolekulare Kräfte, wie z. B. über ionische Wechselwirkungen (also gegenseitige Anziehung von positiven und negativen Ladungen), spricht man von **thermoplastischen Elastomeren** oder **Thermoelasten**.

Das kleine Einmaleins der Kunststoffherstellung

> Es gibt drei Königswege der Kunststoffherstellung: die **Polymerisation**, die **Polykondensation** und die **Polyaddition**. Die auf diesen Wegen hergestellten Kunststoffe werden in die Gruppen **Polymerisate**, **Polykondensate** und **Polyaddukte** eingeteilt. Alle Stoffe gehören dann zu den Polymeren, lediglich die Art und Weise der Verknüpfung der Monomere ist eine andere.

Je nachdem, welche Struktur die Monomere aufweisen, können Thermoplaste, Duroplaste oder Elastomere entstehen. Einzelne Gruppen von chemischen Verbindungen eignen sich besonders für bestimmte Verknüpfungsmöglichkeiten. Sie bieten sich für die jeweiligen Synthesewege geradezu an, weil sie bestimmte funktionelle Gruppen aufweisen (z. B. zwei Carboxyl-Gruppen bei den Dicarbonsäuren; → S. 164 ff.) und/ oder Doppelbindungen besitzen.

Doch eins nach dem anderen: Bei der **Polymerisation** werden die Monomere, die in aller Regel **mindestens eine Doppelbindung** enthalten, über eine **Kettenreaktion** miteinander verknüpft.

Polymerisation

Ohne zu sehr auf die Details einer solchen Reaktion eingehen zu wollen, sei hier so viel gesagt, dass die Verknüpfung über Radikale oder Ionen erfolgt. Deshalb spricht man von **radikalischer** bzw. **ionischer** (unterschieden wird hier zwischen **anionischer** und **kationischer**) **Polymerisation**. Bei der ionischen Polymerisation werden durch bestimmte Chemikalien in einer Anfangsreaktion (sog. Initiation oder Kettenstart) Kationen oder Anionen erzeugt, die dann als aktivierte Monomere entweder ihren Überschuss an Elektronen (bei den Anionen) bei den noch nicht aktivierten Monomeren loswerden wollen oder ihren Mangel an Elektronen (bei den Kationen) bei den noch nicht aktivierten Monomeren decken wollen. Mit jeder Verknüpfung eines aktivierten Monomers mit einem noch nicht aktivierten Monomer wird der anionische oder kationische Charakter auf das noch nicht aktivierte Monomer übertragen. Da dann die beiden verknüpften Monomere (ein sog. Dimer) wieder ein aktiviertes Ende besitzen, gehen sie gemeinsam auf die Jagd nach einem Monomer, um den Elektronenüberschuss loszuwerden oder die Elektronenlücke zu decken. So verlängert sich die Kette (sog. Propagation oder Kettenwachstum/Kettenfortpflanzungsreaktion), was letztlich zu den Polymerketten führt. Die Reaktion läuft so lange, bis keine freien Monomere mehr im Reaktionsgefäß zur Verfügung stehen. Oder bis bestimmte chemische Verbindungen hinzugegeben werden, die die Elektronenlücke schließen bzw. überschüssige

Elektronen aufnehmen, ohne dass die Kette fortgepflanzt wird, sondern in diesem Fall beabsichtigt beendet wird (sog. **Termination** oder **Kettenabbruch**).

Auch die radikalische Polymerisation verläuft über die Stationen Initiation, Propagation und Termination. Es werden aber keine geladenen Moleküle in der Initiation erzeugt, sondern Moleküle, die ein ungebundenes (oder ungepaartes) Elektron besitzen. Solche Verbindungen nennt man **Radikale** (→ S. 182 ff.). Einmal gebildet, sorgen die radikalischen Monomere dafür, dass sie das fehlende Elektron ersetzt bekommen. Egal ob radikalisch oder ionisch: Die Polymerisationen laufen kontinuierlich, also ohne Zwischenstufen, und ohne die Bildung von Nebenprodukten ab.

Auch die **Polyaddition** läuft ohne die Bildung von Nebenprodukten ab. In der Addition der Monomere bleibt kein Rest. Allerdings besitzen die Monomere an beiden Seiten funktionelle Gruppen, was dazu führt, dass sich zunächst kleinere Einheiten von bereits verknüpften Monomeren bilden. Diese werden parallel zu den Peptiden (Biopolymer Protein; → S. 189 ff.) als **Oligomere** bezeichnet. Die Polyaddition verläuft also nicht stufenlos bzw. kontinuierlich, sondern über Oligomere als Zwischenstufen und damit diskontinuierlich.

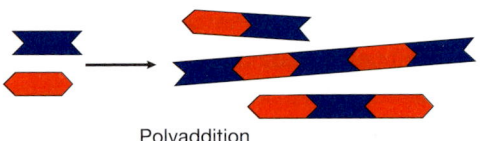

Polyaddition

Das eine Monomer besitzt zwei Ösen, das andere zwei Haken. Auf diese Art und Weise hakt jedes Hakenmonomer auf jeder Seite ein Ösenmonomer unter und diese jeweils wieder ein Hakenmonomer. So wächst die Kette, was chemisch betrachtet natürlich nichts mit Haken und Ösen zu tun hat, sondern mit Elektronenpaaren, die je nach dem Charakter der funktionellen Gruppe eher gebender oder nehmender Natur sind. Auch hier greift wieder das Donator-Akzeptor-Prinzip (→ S. 43 ff. und → S. 117 ff.).

Die **Polykondensation** ist der einzige der hier vorgestellten Synthesewege, bei dem Nebenprodukte entstehen. Es werden kleinere Moleküle bei der sich bildenden Verbindung zwischen den Monomeren abgespalten. Häufig handelt es sich bei den abgespaltenen Molekülen z. B. um Wasser oder auch um ein Halogenwasserstoffmolekül, z. B. Chlorwasserstoff.

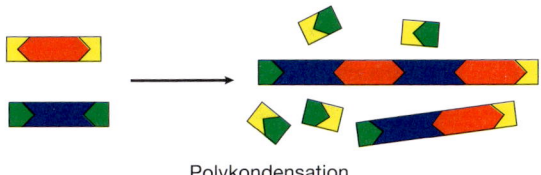

Polykondensation

Wie man dem Schema entnehmen kann, setzen sich die abgespalteten Moleküle aus Atomen zusammen, die sowohl aus dem einen als auch aus dem anderen Monomer entstammen. So werden z. B. Dicarbonsäuren und Diole, also Moleküle, die zwei Carboxyl-(COOH-)Gruppen bzw. zwei Hydroxyl-(OH-)Gruppen besitzen, durch die Abspaltung von Wasser miteinander verknüpft. Es handelt sich also um eine Reaktion zur **Esterbildung** (→ S. 189 ff.). Während bei diesem Beispiel aber nur zwei Moleküle miteinander verknüpft werden konnten, da keine weiteren funktionellen Gruppen vorhanden waren, sind es bei den Dicarbonsäuren und den Diolen pro Molekül jeweils zwei. Durch die Vorsilbe *Di* wird dieser Tatsache bei der Benennung Rechnung getragen. Somit kann es zu einem Kettenwachstum kommen, da immer wieder funktionelle Gruppen frei sind und für die Verknüpfung zur Verfügung stehen. Dabei kann es sich entweder um einzelne Monomere oder um Monomerketten unterschiedlicher Länge handeln. Deswegen kann das Kettenwachstum wie bei den Polyaddukten auch nicht stufenlos bzw. kontinuierlich verlaufen, sondern nur in Stufen, also diskontinuierlich. Diese Gruppe bei den Polykondensaten wird aufgrund der Bildung vieler Esterbindungen als **Polyester** bezeichnet.

Über eine mögliche Unterscheidung nach Herstellungsverfahren und/oder mechanischen Eigenschaften lässt sich vielleicht erahnen, wie groß die Vielfalt der Kunststoffe tatsächlich ist. Sie können sich mithilfe der nachfolgenden Tabelle einen Überblick über die Vielfalt der bekanntesten Kunststoffe verschaffen. Auch dies stellt nur einen Ausschnitt der tatsächlich zur Anwendung kommenden Kunststoffe dar.
Bevor aus dieser Tabelle einige Kunststoffe noch einmal näher erläutert werden, sollen das Rad der Geschichte noch einmal kurz zurück gedreht und die Anfänge der Kunststoffe beleuchtet werden.

Synthese-weg	Monomer/e	Polymer	Abkürzung/ Bezeichnung/ Handelsname	Verwendung	Recyc-ling-Code	mech. Eigenschaf-ten
POLYMERISATION	$H_2C=CH_2$	Polyethylen	PE	Rohre		überwiegend Thermoplaste
		Polyethylen unter hohem Druck u. Temp. bis 300°C	LD-PE (**Low D**ensity **P**oly**e**thylen)	Flaschen, Folien Tragetaschen	04 PE-LD	
		Polyethylen unter Normaldruck u. Temp. von 60–120°C	HD-PE (**H**igh **D**ensity **P**oly**e**thylen)	Mülltonnen, Schutzhelme, Bodenbeläge	02 PE-HD	
	$H_2C=CH-CH_3$	Poly**p**ropylen	PP	Küchengeräte, KFZ-Teile	05 PP	
	$H_2C=CHCl$	Poly**v**inyl**c**hlorid	PVC	Fußböden, Rohre, Kunstleder	03 PVC	
		Herstellung ähnlich HD-PE	Hart-PVC	Platten, Hähne, Ventile, allg. hohe Chemikalien-beständigkeit		
		Zusatz von Weich-machern	Weich-PVC	Kunstleder, Folien, Schläuche, Fuß-bodenbeläge		
	$H_2C=CHC_6H_5$	Poly**s**tyrol	PS Styropor	Verpackungen Dämmstoffe	06 PS	
	$H_2C=CHCN$	Poly**a**cryl**n**itril	PAN Dralon, Orlon	Textilfasern		
	$H_2C=C(CH_3)COOCH_3$	Poly**m**ethyl-**m**eth**a**crylat	PMMA Plexiglas	Gebrauchs-gegenstände	07 O	
	$CH_2=CH-CH=CH_2$	Polybutadien („Buna") (Synthesekautschuk)	BR (**B**utadien **R**ubber)	Auto-, Fahrrad-, Gartenschläuche, Kabelisolierungen		Elastomer
	$CH_2=C(CH_3)-CH=CH_2$	Polyisopren (Naturkautschuk)	IR (**I**sopren **R**ubber)	Reifen, OP-Handschuhe, Gummibänder		
	$F_2C=CF_2$	Poly**t**etra**f**luor**e**thylen	PTFE Teflon	Beschichtungen, Rohre, Folien		Thermoplast mit duroplastischen Eigenschaften
	Acrylnitril, 1,3-Butadien Styrol	**A**crylnitril-**B**utadien-**S**tyrol	ABS	Schlagzähe Gehäuse z. B. für Handys, Taschenrechner, Bohrmaschinen, Lego-Steine	07 O	amorpher Thermoplast

POLYKONDENSATION	Terephthalsäure (1,4 Benzoldicarbonsäure), Ethylenglykol (1,2-Ethandiol)	**Poly**e**thylen-T**erephthalat	PET	Polyester (PES)	Getränkeflaschen, Folien, Polyesterfasern	♳ 01 PET	Thermoplaste
	s. o. und Aluminium	**M**etallisiertes **P**oly-e**thylen-T**erephthalat	MPET		Rettungsdecken (z. B. im Fahrzeugverbandkasten)		
	Phosgen (bzw. Kohlensäurederivate), Bisphenol A (bzw. andere Monomere vom Bisphenol-Typ)	**Poly**c**arbonate**	PC		CDs und DVDs, Brillengläser, optische Linsen, Flugzeugfenster, Sicherheitsverglasungen, Sturzhelme		Thermoplaste
	Hexamethylendiamin, und 1,6-Hexandisäure (Adipinsäure) oder ε-Caprolactam oder Phenylendiamin und Terephthalsäure	**Poly**a**mide** (bzw. Polyamidfasern)	PA Nylon, Perlon, Kevlar		Synthesefasern für Textilien (z. B. BHs, Dessous), Mähfaden für Rasentrimmer, Tennissaiten, Trampoline, Dübel, Kabelbinder, Borsten für Zahnbürsten	♹ 07 O	Thermoplaste
	Formaldehyd, Harnstoff	Formaldehydharze	Melaminharze (Aminoplaste; Resopal)		Klebstoff in Spanplatten		Duroplast
	Phenol, Formaldehyd		Phenoplaste, Bakelit		Schleifscheiben, Isolationsmaterial, Brems- u. Kupplungsscheiben, Billard- u. Kegelkugeln		
	Silicium, Monochlormethan, Wasser oder Methanol	Silikone	Silikonflüssigkeiten		Hydraulikflüssigkeiten, Imprägniermittel für Textilien		Elastomere
			Silikonfette		Dichtungspasten, Schmiermittel		
			Silikonharze		Konservierungsstoff bei Plastination, Rostschutz für Auspuffrohre		
			Silikonkautschuk (Silikonelastomere)		Babyschnuller, elastische Backformen, Dichtstoffe zur Füllung von Fugen, Brustprothesen, Schläuche in der Medizin		

POLYADDITION	Dialkohole (oder Polyether) und Diisocyanate	**Pol**yure**than**e	PUR (PUE = **P**olyurethan **E**lastisch => Elastan bzw. Lycra®)	sehr häufig als Schaum: Bauschaum zur Wärmedämmung, Teppichbeschichtungen, Matratzen, Schwämme; zur Herstellung von Rollen und Walzen; Bündchen von Pullovern, Socken, Wollstrumpfhosen, Badekleidung	Thermoplaste und Elastomere (seltener auch Duroplaste)
	Epoxide, Epichlorhydrin, Diole (z. B. Bisphenol A)	**Ep**oxidharze	EP	Konstruktions-Klebstoffe im Bootsbau, Haushalt, Modellbau („UHU plus"), Korrosionsschutz im Schiffsbau und Stahlkonstruktionen	Duroplast

Kurze Geschichte der Kunststoffgeschichte

Auch die aus natürlichen Biopolymeren umgewandelten Stoffe zählen zu den Kunststoffen. Dabei wurden zunächst meist aus der Natur bekannte Stoffe chemisch bearbeitet und zu Werkstoffen umgewandelt. Notwendig wurde diese Entwicklung durch die fortschreitende Industrialisierung in der zweiten Hälfte des 19. Jahrhunderts, die den Bedarf an Alternativen zu den bekannten Werkstoffen stark erhöhte. Zu den ältesten Kunststoffen, deren Erfindung und Entdeckung in dieser Zeit liegt, gehören Vulkanfiber, Celluloid, Galalith (Kunsthorn), Gummi und Ebonit.

Der Rohstoff für **Vulkanfiber** ist die Cellulose (auch Zellulose). Dieses Biopolymer gehört zu den Kohlenhydraten und baut Holz und Baumwolle auf. Holz wird zur Papierherstellung genutzt und so ist das Ausgangsmaterial für die Vulkanfibererzeugung Papier.

Baumwolle

Dieses wird in Zinkchloridlösung oder Schwefelsäure eingelegt, wodurch die Cellulosefasern angeweicht und angelöst werden. Mehrere Papierbahnen, die an ihrer Oberfläche durch die Lösevorgänge das sog. Cellulosehydrat gebildet haben, werden nach dem Einweichen durch Auspressen der Zinkchlorid- bzw. Schwefelsäureflüssigkeit miteinander verpresst. Je nach Qualität der Cellulose bzw. des Papiers und der Dauer des Anlösevorgangs (dem sog. Pergamentieren) entsteht Vulkanfiber unterschiedlicher Qualität, welches nach der Trocknung gefräst, geschnitten, gebohrt, gebogen und gestanzt werden kann. So entsteht ein zähes, aber auch gleichzeitig hartes und hornartiges Verbundmaterial, das früher anstelle von Gummi oder Leder z. B. bei der Herstellung von Koffern oder Riemen oder auch von Knöpfen Verwendung fand und heute noch unter anderem als Trägerstoff für Schleifmittel, in Material für Dichtungsringe oder in Bauteilen für die Elektroinstallation eingesetzt wird.

Das **Celluloid** gehört zu den ersten Thermoplasten. Seine industrielle Fertigung in der zweiten Hälfte des 19. Jahrhunderts hängt eng mit dem Billardspiel zusammen: Sein Erfinder John Wesley HYATT (1837–1920) suchte nach einem günstigen Ersatz für das Elfenbein, aus dem die Billardkugeln hergestellt wurden. Das Elfenbein

Billardkugeln von J. W. Hyatt

war nicht nur teuer, sondern nutzte sich nach einer gewissen Zeit auch ungleichmäßig ab, was die Rolleigenschaften der Kugeln machte. Hyatt nahm als Grundstoff ebenfalls Cellulose. Diese behandelte er aber mit **Nitriersäure**, einer Mischung aus Salpetersäure und Schwefelsäure. Sie wird auch heute noch genutzt, um in organische Verbindungen Nitro-(NO_2-)Gruppen einzuführen ($\rightarrow$ S. 124 ff. unter Salpetersäure). So entstand **Cellulosenitrat**, welches bereits seit Mitte der 1840er-Jahre – je nach Dauer der Nitrierung – entweder als **Schießbaumwolle** oder als **Kollodium** oder **Kollodiumwolle** bekannt war. Die Schießbaumwolle hat die Eigenschaft, bei Entzündung blitzschnell zu verbrennen. Sie wird deshalb in der Pyrotechnik als Hauptanteil von Treibladungspulvern verwendet. Sie hat einen höheren Stickstoffanteil durch längere Nitrierung in Form von Cellulose**tri**nitrat. Das Kollodium bzw. die Kollodiumwolle ist heute z. B. in Warzen- oder Hühneraugentinkturen enthalten bzw. wird in der Medizin als Verschlussmittel für kleinere Wunden eingesetzt. Es besitzt in Form von Cellulose**di**nitrat einen geringeren Stickstoffanteil als die Schießbaumwolle, da es der Nitriersäure eine kürzere Zeit ausgesetzt war. Neben diesem Cellulosedinitrat verwendete Hyatt noch **Kampfer**, ebenfalls ein Naturstoff, welcher in ätherischen Ölen und verschiedenen Pflanzen (z. B. Lorbeer), aber vor allem im Harz des Kampferbaums vorkommt. Er hatte damit den ersten **Weichmacher** für Kunststoffe eingesetzt. Mehr über diese Weichmacher erfahren Sie auf S. 271 ff. Die aus Celluloid hergestellten Billardkugeln waren im Verhältnis zum Elfenbein deutlich günstiger und nutzten sich nicht so schnell ab. Heute werden Billardkugeln überwiegend aus Phenol-Formaldehydharzen gefertigt, die zu den Phenoplasten gehören.

Kampferbaum

Kamera für frühe Rollfilme

Im Verlaufe der 80er-Jahre des 19. Jahrhunderts wurden fotografische Rollfilme entwickelt, die durchsichtiges Celluloid als Trägerstoff enthielten. Neben den Filmen offenbarten aus diesem Kunststoff hergestelltes Spielzeug (z. B. Puppen), Kämme und Brillengestelle einen besonderen Nachteil: Sie waren allesamt wie die Schießbaumwolle und das Kollodium sehr leicht entflammbar. Und obwohl die Filme bis in die 50er-Jahre des 20. Jahrhunderts Verwendung fanden, sind sie aufgrund dieser Eigenschaft bis heute eine reelle Gefahr für Archive und Sammlungen alter Fotografien, denn sie verbrennen rasend schnell, fast wie in einer Explosion. Deshalb fallen sie heute unter das Bundessprengstoffgesetz! Wenn der Film in der Projektionsmaschine hängen blieb und dann durch die heiße Lampe entzündet wurde, waren Brände in Kinos in der damaligen Zeit keine Seltenheit. Dem Celluloid wurde seine Gefährlichkeit durch die Einführung von sog. Sicherheitsfilmen aus Celluloseacetat genommen. Heute bestehen die Filme, die in den Kinohäusern gezeigt werden, aus PET-Folien (→ S. 260 ff. und S. 262 ff.). Anderen Gegenständen, die auch heute noch aus Celluloidmasse hergestellt werden,

Tischtennisbälle

werden Zusatzstoffe beigemischt, die es schwerer entflammbar machen. Tischtennisbälle werden in aller Regel aus Celluloid gefertigt, genauso wie z. B. Plektren (Spiel-
blättchen) zum Anschlagen der Gitarrensaiten. Auch Trommeln werden mit celluloid-
haltigen Häuten bespannt.

Galalith oder **Kunsthorn** wurde aus Milch hergestellt. Als Rohstoff stand demnach
kein Kohlenhydrat als Biopolymer zur Verfügung, sondern **Casein**, ein Protein (lateinisch *caseus* für Käse). Dieser Proteinanteil der Kuh-, Schaf- oder Ziegenmilch dient
nämlich eigentlich zur Herstellung von Käse, kann aber für die Kunststoffherstellung
durch Ausflockung mit Säure gewonnen werden. Ist der pH-Wert zu niedrig, also im
sauren Bereich (→ S. 137 f.), lösen sich die Wechselwirkungen zwischen den einzel-

nen Aminosäuren innerhalb der Polypeptidkette (nicht
die Peptidbindungen selbst! → S. 189 ff.). Die Folge ist,
dass die Milchproteine verklumpen oder denaturieren,
wie die Chemiker und Biologen sagen. Das Milcheiweiß
wird fest, was übrigens auch beim Erhitzen passiert, z. B.
wenn Sie sich ein Ei in der Pfanne braten.

Das Verklumpen, Ausflocken oder Denaturieren geschieht übrigens auch, wenn die
Milch sauer geworden ist. Die durch die Milchsäurebakterien hergestellte Milchsäure
senkt den pH-Wert der Milch so weit ab, dass die Milchproteine fest werden. Auch
wenn Sie beim Kaffeetrinken mit Milch und Süßstofftabletten zunächst die Milch und
dann die Süßstofftabletten hinzugeben, lässt sich dieses Ausflocken beobachten: Der
Süßstoff ist in fester Zitronensäure eingepresst, die beim Lösevorgang im Kaffee frei
wird (→ S. 170 f.). Um die Süßstofftablette herum ist dann während des Auflösens
durch die frei werdende Zitronensäure der pH-Wert so niedrig, dass auch dort die in
der Milch enthaltenen Milchproteine denaturieren und auf dem Kaffee als kleine weiße
Flöckchen zu sehen sind.

Hat man zur Galalith-Herstellung durch Ansäuerung das Casein ausgeflockt und nach
Neutralisierung mit einer Lauge abgetrennt (→ S. 131 ff.), wird es mit Formaldehyd
versetzt. Dieses reagiert über eine Polykondensation zu Galalith, was Wilhelm
KRISCHE und Adolf SPITTELER erstmals 1897 herstellen konnten. Dieses Kunsthorn hatte alle Eigenschaften eines Duroplastes und musste deshalb vor dem Aushärten geformt oder nach dem Aushärten geschliffen oder gedrechselt und poliert

werden. Dies war allerdings nicht so einfach, denn der Werkstoff splitterte leicht. Galalith wurde vor allem zur Herstellung von Knöpfen, Regenschirmgriffen, Schmuck- dosen und Schmuckgegenständen genutzt und erst nach dem Ende des Zweiten Welt- kriegs durch vollsynthetische Kunststoffe mit günstigeren Eigenschaften abgelöst. Günstiger wurden auch die Herstellungskosten, denn Verwendung fand statt der teuren Milch nun das billigere Erdöl. In der heutigen Zeit scheint sich allerdings der Trend wieder umzukehren …

Gummi ist ein Werkstoff, dem Sie wahrscheinlich vor dem Studium dieser Seiten die Zugehörigkeit zu den Kunststoffen abgesprochen hätten. Die unter den Kunst- stoffen eher unterrepräsentierten Elastomere besitzen im Gummi aber den Namensgeber für die gummi- elastischen Eigenschaften dieser Gruppe. Damit ist Gummi auch gleichzeitig ein Synonym für Elastizität. Sie kennen diese Eigenschaft aus dem Radiergummi, von Luftballons, Gummibändern, Einweghandschuhen, von den Bällen vieler Ballsportarten, Gymnastikbändern

Alte Autoreifen

und Reifen aller Art, aber vor allem vom Autoreifen. Umgangssprachlich hat das Gummi im Gummibärchen und im Fruchtgummi Ein- zug gehalten, chemisch gesehen besteht aber keinerlei Bezug. Manchmal werden Silikonkautschuke, Weich- PVCs und Polyurethane als Gummis bezeichnet. Che- misch gesehen müssen diese Polymere aber voneinander abgegrenzt werden. Dazu später mehr.

Radiergummis

Von Gummi im engeren Sinne spricht man im Zusammenhang mit **Naturkautschuk**. Damit ist vor allem der milchige Pflanzensaft (Milchsaft) des Kautschukbaums gemeint (aus dem Indianischen *cao* für *Baum* und *ochu* für *Träne*; was übersetzt so viel bedeutet wie *weinendes Holz*). Dieser milchige Pflanzensaft wird auch als **Latex** bezeichnet. Für die Latexgewinnung wird die Rinde des mindestens fünf bis sechs Jahre alten Baums gewindeförmig um den Stamm herum mit einem speziellen Mes- ser eingeritzt. Am unteren Ende der so entstandenen spiralförmigen Rinne wird ein

kleines Gefäß aufgehängt, das den langsam tropfenden Milchsaft auffängt. Nach weiterer Verarbeitung und Stabilisierung kann
der Latex als Flüssigkeit, als feste 100-kg-Ballen oder seltener
als Pulver in den Handel kommen. Die weltweit größten Latex-
lieferanten für Naturkautschuk sind heute Thailand, Indonesien
und Malaysia.

Kautschukgewinnung

Aus Mangel an Naturkautschuk im Verlauf der beiden Weltkriege wurden vor allem
während des Zweiten Weltkrieges neue Wege zur Herstellung eines synthetischen
Kautschuks beschritten. Während der Naturkautschuk aus polymerisiertem Isopren
(2-Methyl-1,3-butadien; Struktur: $CH_2{=}C(CH_3){-}CH{=}CH_2$) und anderen Monomeren
mit Doppelbindungen besteht, wird der **Synthesekautschuk** aus Styrol ($H_2C{=}CHC_6H_5$)
und 1,3-Butadien (Struktur: $CH_2{=}CH{-}CH{=}CH_2$) polymerisiert. Der Anteil an Synthesekautschuk macht aktuell ca. 60 % des Gesamtbedarfs an Kautschuk aus. Nimmt man
Natur- und Synthesekautschuk zusammen, dann gehen heute etwa zwei Drittel des
gesamten Kautschuks in die Produktion von Autoreifen.

In diesem Zusammenhang ist die Geschichte der Autoreifen und des Gummis, wie wir
ihn heute kennen, untrennbar mit dem Namen Charles GOODYEAR (1800–60) verbunden. Es ist eine beispielhafte Geschichte dafür, dass wissenschaftliche Erkenntnis
und Fortschritt häufig mit Zufällen verbunden sind und dass man bei allem persönlichen
Einsatz nicht unbedingt die Lorbeeren für seine Arbeit erntet. Doch der Reihe nach:
Goodyear war in erster Linie ein Tüftler und ein Unternehmer und weniger ein Chemiker. Die elastischen und die wasserabweisenden Eigenschaften des Naturkautschuks
kannte er aber. Gegenstände aus Kautschuk waren bekannt und reichten bis weit über
1000 Jahre vor Christus zurück. Sie waren bereits bei den Mayas und den Azteken im
alltäglichen Gebrauch. Erste Informationen über die Eigenschaften von Naturkautschuk nahm man in Europa erst im Verlaufe des 17. und 18. Jahrhunderts über Bücher

Squash

bewusst zur Kenntnis. Aufmerksamkeit erregten Berichte
über Indianer, die Gegenstände mithilfe von Naturkautschuk wasserabweisend machten und außerdem Berichte
über Ballspiele bei den Azteken und den Maya. In den
Ruinenstädten Mesoamerikas wurden bisher rund 1500
Ballspielplätze entdeckt. Diese sind mit senkrechten oder
leicht angeschrägten Mauern allseitig umfasst und Ziel

des Spiels war es wohl, einen Ball aus Naturkautschuk durch senkrecht an den Mauern befestigte Steinringe zu befördern. Diese alten Ballspiele (z. B. Ulama oder Pok-ta-Pok bzw. auch Pelota) gelten als Vorläufer von Squash und des Pelota, des Basketball- und des Fußballspiels.

Experimente mit Naturkautschuk als Werkstoff führten am Ende des 18. Jahrhunderts zur Erfindung des Radiergummis. In Terpentin gelöster Kautschuk wurde auf Stoff aufgetragen, was zu Beginn des 19. Jahrhunderts dann zur Herstellung der ersten Regenmäntel führte. In dieser Zeit wuchs Goodyear auf. In seiner Eigenschaft als Unternehmer und Tüftler war er bestrebt, die nachteiligen Eigenschaften des Naturkautschuks zu verbessern. Naturkautschuk wird bei hohen Temperaturen weich und klebrig und bei niedrigen Temperaturen fest und brüchig. Zudem kehrt der Naturkautschuk beim Ausdehnen nicht komplett in den Ausgangszustand zurück. Er hatte also noch nicht die Elastizität, die man vom heutigen Gummi kennt. Während Goodyear mit verschiedenen Chemikalien hantierte und verschiedene Kombinationen testete, hängte er einen mit Naturkautschuk bestrichenen Stofflappen, an dem Schwefelreste hafteten, zum Trocknen über einen Herd. Der Lappen fiel unbemerkt auf den heißen Herd und der Naturkautschuk hatte genügend Zeit, mit dem Schwefel zu reagieren. Andere Quellen berichten von der Anekdote, dass seine Gattin von seiner Experimentiererei ziemlich angenervt war und er den Lappen, um ihn vor seiner Frau zu verbergen, mit den Schwefelresten in den Ofen hineinwarf. Wie auch immer: Es war eine elastische schwarze Masse auf dem Stofflappen entstanden: Gummi. Goodyear hatte durch einen Zufall die **Vulkanisation** entdeckt. Chemisch gesehen werden dabei über die erhöhte Temperatur die Polymerketten des Naturkautschuks, die überwiegend aus dem Monomer Isopren bestehen, durch **Schwefelbrücken** miteinander verknüpft. Diese Schwefelbrücken bestehen aus zwei miteinander verbundenen Schwefelatomen und werden deshalb auch als **Disulfidbrücken** bezeichnet.

Der jetzt vorliegende Gummi ist gegenüber dem Naturkautschuk dauerelastisch, kehrt also bei Dehnung wieder komplett in den Ausgangszustand zurück. Der Stoff geht also von einem plastischen in einen elastischen Zustand über. Außerdem ist Gummi reißfester, kann stärker gedehnt werden und altert nicht so schnell. Je mehr Schwefelbrücken eingebaut werden, was über die Dauer der Vulkanisation und die Schwefelmenge gesteuert werden kann, desto härter wird der Gummi. Goodyear gilt in diesem Zusammenhang als Erfinder des Hartgummis. Obwohl er zahlreiche Patente erwarb, bekamen diese aber erst nach Goodyears Tod mit der aufkommenden Autoindustrie zum Ausgang des 19. Jahrhunderts enorme Bedeutung, sodass er arm und mittellos kurz vor seinem 60. Geburtstag verstarb.

Dass sein Name nun schon über 110 Jahre auf den Reifen vieler Serienmodelle und auch Formel-1-Rennwagen steht, und Goodyear damit posthum noch Bedeutung im wahrsten Sinne des Wortes erfährt, ist dem Umstand zu verdanken, dass 1898 zwei deutsche Auswanderer, Frank und Charles SEIBERLING, zum Gedenken und zu Ehren des Erfinders der Vulkanisation ihre Fabrik *Goodyear Tire & Rubber Company* nannten. Sie begannen mit 13 Mitarbeitern mit der Fertigung von Reifen für Fahrräder und Kut-

Tin Lizzy

schen. Ab 1908 stattete die Firma dann das erste durch Serienfertigung am Fließband hergestellte Fahrzeug, den **Ford Modell T**, mit Reifen aus. Es war auch als „Tin Lizzy" (Blechliesel) bekannt und das meistverkaufte Auto der Welt – bis ihm dieser Rang erst 1972 durch den VW Käfer abgelaufen wurde.

Heute fertigt die Firma *Goodyear* nicht nur Reifen für die Automobilindustrie und für Flugzeuge, sondern auch Golf- und Tennisbälle, Spielzeug, Förderbänder und Transportschläuche weltweit mit über 100.000 Mitarbeitern an. Sie gehört neben den Herstellern Bridgestone, Michelin und Pirelli zu den weltweit größten Reifenherstellern.

Dass diese ungeheure Menge an Reifen nicht alleine über Naturkautschuk hergestellt werden kann, liegt auf der Hand. Deshalb liegt der Anteil des Synthesekautschuks am Gesamtkautschukmarkt bei ca. 60 %. Synthesekautschuk wird aus Styrol und 1,3-Butadien polymerisiert. Somit liegt nicht nur ein Monomer vor, sondern zwei. Die Herstellung mit zwei Monomeren bezeichnet man als **Copolymerisation**, das Produkt ist ein

Copolymer. Das Copolymer aus Styrol und 1,3-Butadien wird mit **SBR** abgekürzt, was aus dem Englischen stammt und für *Styrene Butadien Rubber* steht. Es ist der meistverwendete Synthesekautschuk zur Herstellung von Dichtungen, Transportbändern und eben Reifen.

Ein anderer Synthesekautschuk ist aus dem Monomer Chloropren (CH_2=C(Cl)–CH=CH_2) aufgebaut und besitzt das Kurzzeichen **CR** für *Chloroprene Rubber*. Bekannter ist der Markenname der Firma DuPont für CR, nämlich **Neopren®**. Das Chloropren-Polymerisat lässt sich beim Vulkanisieren mit Zink- oder Magnesiumoxid über zugesetzte Treibmittel aufschäumen, wodurch viele kleine Gasbläschen entstehen, die im Polymer eingeschlossen bleiben und Neopren® neben der ohnehin bereits vorhandenen Elastizität gute Isolationseigenschaften zukommen lassen. Hieraus lässt sich ableiten, dass dieser Stoff besonders geeignet ist, um daraus z. B. Taucher- und Surfanzüge herzustellen.

Klebriger Kaugummi

Auch **Kaugummi** wird heute unter anderem aus synthetischem Kautschuk hergestellt, wobei ursprünglich schon von den Maya der Naturkautschuk als Kaugummi verwendet wurde. Das, was auf der Verpackung als Gum Base oder Kaugummibase bezeichnet wird, sind in der Regel unverdauliche und wasserunlösliche thermoplastische Polymere, die als Rohmasse für die Kaugummiherstellung dienen. Letztlich ist es das, was Sie nach dem Kaugenuss – am besten eingepackt in ein Papier – in den Abfalleimer entsorgen bzw. nach dem versehentlichen Verschlucken unverändert wieder ausscheiden. Mögliche synthetische Kandidaten für die Gum Base sind neben Polyisobutylen (auch Polyisobuten), Polyethylen und Polyvinylethylether auch Polyvinylacetat. Sie dienen als Trägerstoffe für Zucker und/oder Zuckeraustauschstoffe, Süßstoffe und Aromen. Wie exakt die Gum Base der einzelnen Hersteller zusammengesetzt ist, muss lebensmittelrechtlich auf der Verpackung nicht weiter aufgeschlüsselt werden. Meist handelt es sich bei den Rezepturen um Mischungen der synthetischen Polymere mit Zugaben von Paraffinen und/oder Wachsen, was die Hersteller vertraulich behandeln. Mit der Mischung der Polymere und der Zugabe z. B. von Bienenwachs verändert sich die Plastizität der Kaugummis. Das ist wichtig für die Art und Weise der Verpackung und die Verpackungsform (z. B. weichere Streifen oder härtere Kugeln). Und es entscheidet darüber, welche Weichheit und Fülle die Kaumasse im Mund annimmt bzw. ob man mit der Kaumasse Blasen machen kann (sog. Bubble Gums) oder ob die Kaumasse schon nach kurzer Zeit fest wird.

Interessanterweise ist das oben erwähnte **P**olyvinyl**ac**etat (Kurzzeichen PVA oder PVAc) unter anderem Bestandteil von Klebern. Im Alleskleber **UHU**® ist Polyvinylacetat im Lösungsmittel Aceton/Methylacetat gelöst. Beim Trocknen des Klebers verdunstet das Lösungsmittel und die PVA-Polymerketten verbinden die verklebten Komponenten miteinander. Nun haben Sie den Zusammenhang zwischen den kaugummiartigen Tropfen, die meist an einer nicht richtig verschlossenen UHU®-Tube hängen und Kaugummi. Aber kommen Sie jetzt bitte nicht auf die Idee, statt Kaugummi UHU®-Kügelchen zu kauen!

Während die eben beschriebenen Synthesekautschuke modern und aktuellen Datums sind, soll hier als letzter „historischer" Kunststoff noch das **Ebonit** erwähnt werden. Es besteht ebenfalls aus Kautschuk, denn es ist letztendlich ein besonders harter Gummi, der einer besonders langen Vulkanisation mit entsprechend hohem Schwefelanteil ausgesetzt war. Nach dem Schmelzen und der Versetzung mit Schwefel wird die Masse in eine Metallform gegossen. Die Masse wird nach dem Aushärten und dem Entfernen der Form nochmals für ca. 36 Stunden erhitzt. Dabei ist genügend Zeit und genügend Schwefel vorhanden, um möglichst viele Schwefelbrücken zwischen möglichst vielen Naturkautschukpolymeren zu bilden. Das macht den entstehenden Kunststoff besonders hart und auch chemisch widerstandsfähig. Die Namensgebung Ebonit ist eine Anspielung auf das Ebenholz (englisch *ebony*). Denn ursprünglich wurden die schwarzen Klaviertasten aus Ebenholz gefertigt – was heute nur noch bei sehr hochwertigen Instrumenten passiert. Eine kostengünstigere Alternative bietet da das Ebonit.

Die weißen Klaviertasten wurden früher überwiegend aus Elfenbein (englisch *ivory*), zum Teil aber auch aus Knochen oder Holz gefertigt. Heute ist das Elfenbein wie bei den Billardkugeln entweder durch Celluloid (beschichtet mit PMMA, Polymethylmethacrylat, Plexiglas®) ersetzt oder durch andere speziell entwickelte Tastenbeläge (wie z. B. NEOTEX® von Kawai oder diverse WPCs (Wood-Plastic-Composites), d. h. Holz-Kunststoff-Verbundwerkstoffe).

Häufige Helfer und Lebenserleichterer aus dem Alltag

Der tabellarische Überblick über die Kunststoffe macht deutlich, dass nicht auf jeden einzelnen Kunststofftyp eingegangen werden kann. Das würde den Rahmen dieses Buches sprengen. Aber die Auswahl fällt gar nicht so schwer: Wählt man die relativen Häufigkeiten, mit denen Sie bestimmte Kunststoffe im Alltag antreffen und nimmt man als Auswahlkriterium noch hinzu, dass alle mechanischen Unterscheidungsmerkmale (Thermoplaste, Duroplaste, Elastomere) und alle Synthesewege (Polymerisate, Polyaddukte, Polykondensate) beispielhaft vertreten sein sollen, dann reduziert sich die Zahl auf die nun folgenden Verbindungen: **ABS, LD-PE** und **HD-PE, PET** und **PUR**. Sie werden ergänzt durch einen kurzen Blick auf die **Kunststoffverarbeitung**, die **Chemiefasern** und auf eine Gruppe von Verbindungen, die das Gesamtbild der Kunststoffe etwas trübt: die sog. **Weichmacher**. Außerdem werden Sie sich noch über das **Kunststoffrecycling** informieren können.

Lego®-Steine: Unkaputtbar wegen ABS

„ABS? Das kenne ich doch aus dem Auto!", werden Sie denken. Das mittlerweile in nahezu allen Fahrzeugen serienmäßig verfügbare **A**nti-**B**lockier-**S**ystem verhindert das Blockieren der Räder und das Ausbrechen des Fahrzeugs bei einer Vollbremsung und macht das Fahrzeug beherrschbar, sprich lenkbar. Dies wird durch eine elektronisch gesteuerte Stotterbremsung möglich. Es kann allerdings nicht gänzlich verhindern, dass es letztlich vielleicht doch zu einem Aufprall des Wagens kommt und dass das eine oder andere  dabei kaputtgeht. ABS im Bereich der Kunststoffe steht aber dafür, nahezu „unkaputtbar" zu sein.

ABS ist ein Copolymerisat, das aus drei Monomeren aufgebaut ist: **A**crylnitril, (1,3-)**B**utadien und **S**tyrol.

Von einem **Copolymer** spricht man, wenn mindestens zwei Monomere miteinander polymerisiert werden. Obwohl ABS zu den amorphen Thermoplasten zählt, ist es dennoch ein gutes Beispiel dafür, wie durch die Form der Verknüpfung der Monomere und die damit verbundenen Wechselwirkungen der Polymerketten ein Stoff entsteht, der es mit der Schlagfestigkeit, Härte und Kratzfestigkeit von Duroplasten aufnehmen kann.

Entscheidend für die Eigenschaften ist aber auch das Verhältnis der drei Monomere zueinander: Während ABS ca. zur Hälfte aus Styrol und zu jeweils einem Viertel aus Acrylnitril und Butadien besteht, wird beim **SBR** (dem *Styrene Butadien Rubber*, → S. 248 ff. unter Gummi) das Acrylnitril komplett weggelassen und man polymerisiert einen sehr hohen Anteil (bis zu 90 %) von Butadien mit Styrol. Man erhält so einen vollelastischen Gummi. Lässt man hingegen das Butadien komplett weg und kombiniert einen Anteil von ca. 30 % Acrylnitril mit dem Styrol, erhält man das sog. SAN-Copolymer, wobei **SAN** für **S**tyrol-**A**cryl**n**itril steht. Es ist transparent und temperaturbeständig und wird deshalb im Haushalt für Messbecher und Salatschüsseln bzw. als Duschkabinenwände und Lichtreflektoren eingesetzt. Styrol lässt sich so mit etwa zehn unterschiedlichen Monomeren zu unterschiedlich leistungsfähigen Kunststoffen über die Polymerisation verbinden.

Haben Sie schon einmal einen kaputten Lego®-Stein gesehen? Wenn er nicht gerade mit Hammer, Bohrer oder Säge traktiert wird, geht ein solcher Stein wirklich nicht kaputt. Selbst wenn man darauf tritt (was nicht selten des Nachts passiert, wenn man noch einmal nach den lieben Kleinen schauen will!), bleiben diese Spielsteine

Haartrockner

formstabil (im Gegensatz zum darauf abgestellten Fuß!).
Die vielfältige Form der Lego®-Steine setzt sich in den
Anwendungen von ABS fort: Aus ABS werden Gehäuse
für Taschenrechner, Telefone, Handys, Monitore, Com-
puter, Staubsauger, Kaffeemaschinen, Radios, Lampen
und Haartrockner hergestellt. Ferner Kofferschalen und
Sturzhelme und im Bereich des Autos beispielsweise die
Innenverkleidung der Lenksäule oder das Armaturen-
brett bzw. auch Radkappen und der Kühlergrill. ABS hat
zudem noch den Vorteil, dass es mit Metallen beschichtet
werden kann, sodass z. B. verchromte Kunststoffe für die
oben angeführten Anwendungen entstehen.
Die große Formenvielfalt kommt allerdings nur deshalb
zustande, weil sich ABS wie alle anderen Thermoplaste
hervorragend verarbeiten lässt, was uns zum nachfolgenden Exkurs führt:

Sturzhelm

Exkurs: Kunststoffverarbeitung – häufig eine Kunststoffformgebung

Es ist vorwegzuschicken, dass die Kunststoffhersteller in aller Regel nicht gleichzeitig auch zu den Firmen gehören, die den Kunststoff verarbeiten. Ein und derselbe
Kunststoff trägt bei unterschiedlichen Herstellern auch unterschiedliche Namen. ABS
wird z. B. als „Terluran", „Lustran"oder „Novodur" vertrieben. Die Kunststofftypen
für die verarbeitende Industrie kommen in Form von einem **Granulat** in den Handel.
Der Hersteller hat zuvor die entsprechende Kunststoffschmelze – die zudem meist noch
wunschgemäß eingefärbt wurde – durch Düsen gedrückt. Dabei entstehen Stränge, die
in einem Wasserbad abgekühlt werden und anschließend in wenige Millimeter lange
Stücke geschnitten werden. Dieses sog. Schüttgut kann dann leicht in Säcken oder
Fässern transportiert werden.
Ist das Granulat so beim verarbeitenden Betrieb angekommen, stehen verschiedene
Maschinen bereit, um den Kunststoff in Form zu bringen. Auch hier muss die Betrachtung auf die Gruppe der Thermoplaste beschränkt werden, obwohl die weiter unten
aufgeführten Verarbeitungsverfahren prinzipiell auch auf Duroplaste und Elastomere
übertragbar sind. Es ist lediglich eine andere Temperaturverteilung in den entsprechenden Maschinen einzuhalten.

Das Granulat wird im sog. **Extruder** erwärmt. Das ist ein langes beheizbares Rohr, in dem sich eine schneckenförmige Spindel dreht. Auf der einen Seite wird das Granulat von oben über eine trichterförmige Einfüllöffnung zugeführt, auf der anderen Seite wird die im Rohr zunehmend erwärmte und später zähflüssige Masse über die schneckenförmige Spindel mit hohem Druck über besondere Düsen herausgepresst. Diese Auslassöffnungen variieren je nachdem, welches Produkt hergestellt werden soll. Die Masse läuft durch ein sog. **Werkzeug** aus Metall, das mit Kanälen durchzogen ist, in denen zur Kühlung Wasser fließt:

a) Extrusion: Das Werkzeug, durch welches die Kunststoffmasse kontinuierlich gepresst wird, besitzt als Öffnung eine Ringdüse (für Schläuche und Rohre) oder eine schlitzförmige Düse (für Kunststoffbänder, die später z. B. einem Stanzprozess zugeführt werden). Wird gleichzeitig noch ein Kupferdraht durch das Werkzeug geführt, erhält man z. B. mit Kunststoff ummantelte, also mit einer Isolation versehene Kabel.

b) Spritzgießen: Das Spritzgießen ist ein cyclischer Prozess, bei dem das Werkzeug (meist pneumatisch) geöffnet und geschlossen werden muss. In geschlossenem Zustand wird die Kunststoffmasse in das Werkzeug eingepresst. Das meist aus zwei oder drei Teilen bestehende Werkzeug spart dabei eine Negativform des zu erstellenden Kunststoffteils aus. Die Kunststoffmasse wird in diesen Hohlraum eingespritzt und erhärtet durch die im Werkzeug befindliche Kühlung. Danach öffnet sich das Werkzeug wieder und das fertige Kunststoffteil wird meist automatisch aus der Form herausgepresst. Für einen erneuten Spritzvorgang muss sich das Werkzeug erneut schließen.

Für PET-Flaschen werden zunächst im Spritzgussverfahren sog. Preforms („Vorformlinge" oder PET-Rohling) hergestellt.

c) Hohlkörperblasen und Spritzblasen: Diese beiden Verfahren werden hier zusammengefasst, weil sie sich sehr ähneln. Bei beiden Verfahren entstehen Hohlkörper wie Flaschen, Kanister und Fässer und bei beiden Verfahren wird in den noch warmen und vorgeformten Hohlkörper Druckluft eingeblasen. Diese presst die noch warme Kunststoffmasse von innen gegen das geschlossene und Form gebende Werkzeug.

Beim **Hohlkörperblasen** (auch als Extrusionsblasen oder Blasformen bezeichnet) wird durch den Extruder ein meist nach unten hängender Schlauch aus heißer Kunststoffmasse erzeugt, welcher sich dann zwischen den zwei geöffneten Werkzeugteilen befindet. Dann fährt ein Dorn in den Hohlraum ein, gleichzeitig schließt sich das Werkzeug und über den Dorn wird die Druckluft eingeblasen.

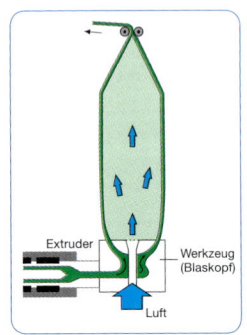

Beim **Spritzblasen** wird die PET-Preform erwärmt. So wird sie auf den späteren Blasvorgang vorbereitet.

Dann wird die Preform in das dreiteilige Werkzeug eingespannt. Der gewölbte und besonders strukturierte Flaschenboden der PET-Flasche wird durch ein besonderes Werkzeugteil geformt, das quasi einem drei bis vier Zentimeter tiefen Hohlzylinder entspricht. Die Flaschenwände werden durch zwei darüber sitzende Zylinderhälften geformt. Schließen sich die drei Werkzeugteile der Flasche, wird die erwärmte Preform durch Druckluft an die Wände der Hohlform gedrückt. Die beiden Seitenwände öffnen sich, das Werkzeugteil, das den Flaschenboden geformt hat, wird meist nach unten weggezogen und die fertige PET-Flasche wird ausgeworfen.

d) Folienblasen: Dieses Verarbeitungsverfahren ist – wie der Name schon sagt – dazu da, Folien (und auch Tüten) herzustellen. Die warme Kunststoffmasse wird aus dem bereits bekannten Extruder über eine Ringdüse in ein Werkzeug gedrückt, das in diesem Fall als Blaskopf bezeichnet wird.

Über verschiedene Walzen wird die entstehende Folienbahn dann umgelenkt und meist auf Rollen zur weiteren Verarbeitung aufgewickelt. Damit die einzelnen Folienbahnenschichten nicht verkleben, werden die Bahnen zur Erhärtung zuvor über einen Kühlring abgekühlt.

e) Pressen: Beim Pressen wird die im Extruder erwärmte verformbare Kunststoffmasse (besonders bei den Thermoplasten) in ein geöffnetes Werkzeug gespritzt. Ein zweites Werkzeugteil schließt sich und presst die Kunststoffmasse unter hohem Druck in die Form. Auf diese Weise werden vor allem sog. **Faser-Matrix-Halbzeuge** gefertigt: Verstärkungsfasern, wie z. B. Glasfasern, werden in eine meist thermoplastische Matrix (also die Kunststoffmasse) eingebettet. Oder umgekehrt betrachtet: Die Fasern werden von der Kunststoffmasse durchdrungen bzw. die Fasern sind mit der Kunststoffmasse getränkt. In beiden Fällen entsteht ein sog. **Faser-Kunststoff-Verbund**, auch FKV genannt. Die Fasern können Glasfasern sein, was man dann als **Glasfaserverstärkte Kunststoffe** (sog. GFKs, auch umgangssprachlich **Fiberglas** genannt) bezeichnet. Sie werden beim Bau von Kleinflugzeugen eingesetzt. Auch Rotorblätter für Hubschrauber und die Flügel von Windkraftanlagen werden daraus gefertigt.

A 380

Nutzt man statt der Glasfasern teurere Kohlenstofffasern, erhält man einen Werkstoff, der unter anderem beim Bau von Verkehrsflugzeugen – auch z. B. beim neuen Airbus A380 – eingesetzt wird. Ferner werden sie als sog. Vorbauklappen an der Front von LKWs oder im Motorsport in Form von Spoilern eingesetzt.

Je nachdem, wie lange die in den Kunststoff eingepressten Fasern sind, unterscheidet man Kurzfasern (0,1 bis 1 mm), Langfasern (1 bis 50 mm) und Endlosfasern (über 50 mm). Aus den Kurz- und Langfasern werden sog. **Compounds** gefertigt, bei denen Polyester- oder Vinylesterharze die Matrix bilden. Aus den Endlosfasern fertigt man die sog. **Prepregs** mit einer nahezu ausnahmslos duroplastischen Kunststoffmatrix. Durch die Fasern werden die Steifigkeit, die Festigkeit und auch das Verhalten gegenüber höheren Temperaturen verbessert und je nach geplantem Einsatz individuell angepasst. Gerade GFKs, in denen Endlosfasern eingesetzt sind, werden für den Leichtbau im Rahmen des Fahrzeugbaus, des Flugzeugbaus und in der Raumfahrt verwendet und helfen so, den Verbrauch an Treibstoffen einzusparen. Vergleichbar sind diese Konstruktionen mit der Herstellung von Stahlbeton: Hier entspricht der Beton der Matrix und die eingelegten Stahlgitter den Endlosfasern in Form von Geweben oder Matten.

Compounds und Prepregs stellen ebenfalls Halbzeuge für die Endfertigung dar. Der vielleicht etwas merkwürdige Begriff des **Halbzeugs** ist noch zu erläutern: Aus etwas Halbem wäre also noch etwas Ganzes zu machen. Halbzeuge, die es vor allem auch bei den Metallen gibt, sind rohe Formen, die noch bearbeitet werden müssen. Genormte Formen und Größen bei den Halbzeugen sorgen dafür, dass sie zur weiteren Bearbeitung bei der Endfertigung von den jeweiligen Herstellern bestellt werden können. Im Falle der Kunststoffhalbzeuge sind es in der Regel Platten, Matten und Folien aus einem bestimmten Faser-Kunststoff-Verbund. Die Matten und Platten können dann, wenn thermoplastische Kunststoffe verwendet wurden, unter Wärmezufuhr erneut gepresst werden (sog. Thermoformen) oder aber als Folien verschweißt und als teigige Massen auch verpresst werden.

f) Thermoformen: Dieses Verfahren wird auch Warmformen oder veraltet Tiefziehen bzw. Vakuum-Tiefziehen genannt. *Thermos* stammt aus dem Griechischen und bedeutet *warm* oder *heiß*. Dieses Verarbeitungsverfahren ist dem Pressen sehr ähnlich.
Mit dem Thermoformen werden Verpackungseinlagen hergestellt, die Sie z. B. von diversen Brettspielen her kennen oder auch von Kekspackungen und Pralinenschachteln, ebenso wie von Schokokuss- und Konfektschachteln, aber auch von Joghurt- und Margarinebechern.

Nun haben Sie einen Überblick über die Kunststoffverarbeitungstechniken erhalten. Sie sehen, diese sind so vielfältig, wie die Kunststoffe selbst. Später wird noch das Schäumen vorgestellt werden (→ S. 268 ff.), nun sollen aber wieder die zu Beginn des Abschnitts genannten Kunststoffe im Mittelpunkt stehen.

Massenweise Polyethylen

Mit fast einem Drittel Marktanteil ist Polyethylen (PE) der am meisten produzierte Kunststoff. Der Massenanteil liegt in Deutschland bei fast zwei Millionen Tonnen jährlich. Im Jahre 2007 wurden rund 60 % aller auf dem Markt befindlichen Kunststoffverpackungen aus Polyethylen gefertigt. Polyethylen bietet sich an, weil sich Lebensmittel geruchs- und geschmacksneutral, also lebensmittelecht verpacken lassen. Zudem lässt sich dieser Kunststoff leicht verarbeiten und verschweißen, er hat eine hohe Transparenz, ist langlebig, belastbar, reißfest, dehnbar und recycelbar und zeigt eine gute Umweltverträglichkeit.

PE, **P**olyethylen, wird aus dem Monomer Ethen (veraltet Ethylen; Struktur: $\overset{H}{\underset{H}{}}C = C\overset{H}{\underset{H}{}}$) über eine radikalische Polymerisation ($\rightarrow$ S. 238 ff.) hergestellt. Ein Blick auf den Ausschnitt eines Polyethylen-Makromoleküls $\left(\overset{H\ H}{\underset{H\ H}{C-C}}\right)_n$ zeigt deutlich, dass eine lange Kohlenwasserstoffkette entsteht. (Das n ist ein Platzhalter für eine beliebig große natürliche Zahl.) Je nachdem, welche Reaktionsbedingungen herrschen, lassen sich das HDPE und LDPE unterscheiden:

LDPE steht für *low density polyethylene* und bedeutet, dass dieses Polyethylen von geringerer Dichte ist. **HDPE** heißt *high density polethylene* und ist ein Polyethlyen von höherer Dichte ($\rightarrow$ S. 13 ff.). Die unterschiedlichen Dichten werden dadurch erreicht, dass bei der Herstellung des jeweiligen Polyethylens unterschiedliche Temperaturen und unterschiedliche Drücke herrschen. So findet die LDPE-Herstellung bei hohen Drücken und hohen Temperaturen statt, wodurch stark verzweigte Polymerketten entstehen, die sich wegen der Verzweigungen nicht so dicht packen können, was für ein vorgegebenes Volumen einen geringeren Anteil an Atomen, also eine geringere Dichte bedeutet. Die höhere Dichte des HDPE wird durch einen geringeren Druck und niedrigere Temperaturen bewerkstelligt. Die Polymerketten sind dann nicht so stark verzweigt und können sich demnach wesentlich enger zusammenlagern. (Stellen Sie sich das Stapeln von Holzstämmen vor, die im ersten Fall noch die Äste tragen und im zweiten Fall ohne Äste sind. Die Äste verhindern ein enges Stapeln, während die Stämme ohne Äste einen ordentlichen Holzstoß bilden.)

LDPE ist Ihnen aus dem Haushalt vor allem als Frischhaltebeutel oder Frischhaltefolie und von vielen Lebensmittelverpackungen bekannt. Häufig wird nur Polyethylen (PE) angegeben, aber Sie sollten sich als Kunde und Anwender darüber bewusst sein, dass die Beutel aus LDPE hergestellt sind. Letztlich ist es aber der gleiche chemische Stoff. Häufig werden transparente Beutel aus LDPE-Folie als Verpackungen für diverse Kleinteile verwendet. Für Gegenstände, die nach und nach entnommen werden sollen, werden auch sog. Druckverschlussbeutel eingesetzt, wenn die Beutel wiederverwendet werden sollen. Ansonsten ist LDPE eher im Bereich der Folien bekannt. Dazu gehören neben Tragetaschen auch Müllbeutel und Folien mit vielfältigen Einsatzbereichen, z. B. in der Landwirtschaft. Deshalb ist die bevorzugte Herstellungstechnik auch das Folienblasen.

HDPE wird vor allem im Hohlkörperblasen und im Spritzgussverfahren eingesetzt. Dabei entstehen kleinere Flaschen für Haushaltsreiniger genauso wie große Tanks mit einem Fassungsvermögen von mehreren Tausend Litern, z. B. zur Regenwassernutzung. Ein breites Einsatzfeld bieten auch die durch Extrusion hergestellten Rohre für die Gas- und Trinkwasserversorgung. Insgesamt sind die Unterschiede zwischen LDPE und HDPE so groß, dass sie – trotz gleichen Ausgangsstoffs – unterschiedliche Recyclingzeichen tragen.

Nicht nur was für Flaschen: PET

Aus PET werden über sog. Preforms vor allem Flaschen hergestellt (→ S. 257 unter Spritzgießen und Spritzblasen). Aber das ist noch nicht alles.

PET steht für **P**oly**e**thylen**t**erephthalat. Der **thermoplastische Kunststoff** wird über eine **Polykondensation** (→ S. 238 ff.) hergestellt.

| Terephthalsäure | Ethandiol (Glycol) | | Polyethylenterephthalat |

Die Monomere sind Terephthalsäure (eigentlich 1,4-Benzoldicarbonsäure) und Glykol (oder Glycol; genauer 1,2-Ethandiol). Beide **Monomere** sind **bifunktionell**, d. h., sie besitzen auf beiden Seiten des Moleküls jeweils eine funktionelle Gruppe: Im Falle der Terephthalsäure zwei Carboxyl-(COOH-) Gruppen; im Falle des Ethandiols zwei Hydroxyl-(OH-)Gruppen. Diese beiden Gruppen reagieren unter Abspaltung von Wasser miteinander. Die Abspaltung einer niedermolekularen Verbindung, also eines kleinen Moleküls, ist ja das Wesen einer Kondensationsreaktion. Diese läuft zwischen den Monomeren jeweils vielfach ab, sodass man deshalb von einer Polykondensation spricht. Die entstehende Gruppe ist eine charakteristische R-OCO-R'-Gruppe,

sie wird als **Esterbindung** bezeichnet: (Wobei R bzw. R' jeweils für einen organischen Rest stehen. Für PET sind das der Benzolring (aus der Terephthalsäure) bzw. die CH_2-CH_2-Gruppe (aus dem Glykol)). Diese Veresterung ist Ihnen bereits bei der Buttersäure begegnet (→ S. 153 ff.). PET zählt deshalb zu den **Polyestern**.

Weitere Einsatzgebiete von PET sind neben den PET-Flaschen noch Folien und Fasern. Die Folien werden in Lebensmittelverpackungen eingesetzt, aber auch für Tonträger und als fotografische Schichten. So bestehen beispielsweise Filmkopien für Kinos in der Mehrheit der Fälle aus PET-Folien. Fertige PET-Folien werden häufig noch mit anderen Folien oder auch mit Metallen verklebt. So bestehen die Rettungsdecken in Ihrem Autoverbandkasten aus einer gelblich eingefärbten Schicht einer PET-Folie und diese ist mit einer Schicht aus einer dünnen Aluminiumfolie verklebt.

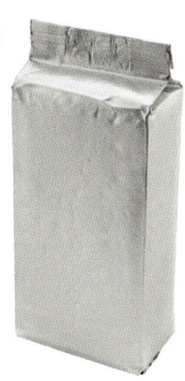

Auf der Seite der Aluminiumfolie erscheint die Rettungsdecke silbrig. Auf der anderen Seite wirkt sie goldfarben. Auf dieser Seite befindet sich aber die PET-Folie, die durch die gelbe Einfärbung die silbrige Aluminiumfolie goldfarben erscheinen lässt. Dies gilt übrigens auch für aromadichte Verpackungen, z. B. bei Kaffee.

Heute werden bereits weltweit mehr **Chemiefasern** als Baumwolle produziert. Chemiefasern, die umgangssprachlich als **Kunstfasern** bezeichnet werden, lassen sich in **Cellulosefasern** und **Synthesefasern** unterscheiden. Beiden ist gemein, dass es Fasern für Textilien sind, die auf chemischem Weg hergestellt sind und die aus natürlichen oder synthetischen Polymeren bestehen. Bei den Fasern, die aus Naturstoffen hergestellt sind, handelt es sich hauptsächlich um chemisch abgeänderte Fasern aus Cellulose. Die Cellulose wird dabei meist aus Holz, seltener aus Baumwolle gewonnen. Cellulose gehört zu den Biopolymeren und wird in ihrem chemischen Bau an anderer Stelle erläutert werden. Verschiedene Verfahren stehen zur Verfügung, um die Cellulose in eine Flüssigkeit umzuwandeln, aus der ein Faden gezogen wird, den man spinnen kann. Die Cellulosefasern werden chemisch weiter abgewandelt und es entstehen Produkte mit unterschiedlichen Eigenschaften und Namen, wie z. B. Viskose, Acetat, Cupro, Modal.

Die Kunststoffe Polyacryl, Polyester, Polyamid und Polyurethan bilden die Grundlage für die synthetischen Chemiefasern. Die Herstellungsverfahren sind unterschiedlich. Beim **Trockenspinnverfahren** entstehen die festen Fasern durch Verdunstung des Lösungsmittels, in dem der Ausgangsstoff gelöst war, beim **Nassspinnverfahren** entstehen sie durch Ausfällen in einem Fällbad und beim **Schmelzspinnverfahren** durch Abkühlung der im geschmolzenen Zustand versponnenen Fasermasse. Eine wichtige Funktion kommt dem sog. **Texturieren** zu. Hier werden durch verschiedene Veredlungsverfahren die Eigenschaften der Chemiefasen den vielfältigen Anforderungen angepasst. So werden die Elastizität und die Dehnbarkeit, das Volumen, das Vermögen der Faser, Wärme zurückzuhalten oder Feuchtigkeit aufzunehmen, gezielt verbessert.

Polyesterfasern (PES) sind die vielseitigsten und als synthetische Fasern am weitesten verbreitet. Sie werden als reine Chemiefasern oder in Mischung mit Cellulosefasern oder Wolle eingesetzt. So entstehen Stoffe für Oberbekleidung, Unterwäsche, Heim- und Haustextilien und Nähfäden. Polyesterfasern zeichnen sich durch eine sehr hohe Reißfestigkeit und Formbeständigkeit, durch gute Scheuerfestigkeit und hohe Elastizität aus. Textilien aus Polyester sind nahezu unempfindlich gegen Knittern, sie sind säurefest und strapazierfähig, haben eine gute Licht- und Wetterbeständigkeit und nehmen nur sehr wenig Feuchtigkeit auf. Sie werden für Gardinen, Hauswäsche, Möbel- und Dekostoffe sowie Teppichböden (vor allem bei sog. hochflorigen Böden) und vieles mehr eingesetzt.
Die Verarbeitung des Kunststoffs zur PES-Faser erfolgt nach dem Schmelzspinnverfahren. Die Firma, die die Fasern herstellen möchte, kauft PES als Granulat. Dann wird der Kunststoff in einem beheizten Gefäß geschmolzen und durch Spinndüsen gepresst. Im sog. Spinnschacht werden die erstarrenden Fäden zu parallelen Fasern gebündelt. Die Reißfestigkeit der gebildeten Fasern wird noch durch die **Verstreckung** erhöht. Die Fäden werden dabei im warmen Zustand durch Zug verlängert, wodurch sich die Polymerketten beim Abkühlen sehr dicht parallel anordnen und in Wechselwirkung treten. Worin diese Wechselwirkungen bestehen, können Sie dem nachfolgenden Exkurs entnehmen.

Exkurs: Was den Kunststoff zur Faser macht

Manche Kunststoffe lassen sich zu Fasern spinnen, andere nicht. Dies hängt bei genauerer Betrachtung mit ihrer chemischen Struktur zusammen. Aufgrund der Elastizität von Chemiefasern sind schon einmal diejenigen Ausgangsstoffe ausgeschlossen, die eine Vernetzung der Polymerketten ermöglichen, was ja auf duroplastische Eigenschaften hinausliefe und eben für die zu erzeugenden Stoffe und Textilien eher nachteilig wäre.

Die Ausgangsstoffe für Chemiefasern zeichnen sich dadurch aus, dass sich aus ihnen Polymerketten bilden lassen, die sich parallel ausrichten. Verzweigungen sind im Großen und Ganzen unerwünscht. Wechselwirkungen zwischen den Ketten in Form von Wasserstoffbrückenbindungen sind aber für die Eigenschaften sehr vorteilhaft. Letztendlich entstehen langgestreckte Kristalle, die nicht wie bei den Salzkristallen als starre Gebilde zu verstehen sind (→ S. 237 unter teilkristalline Thermoplaste). Dies lässt sich an der **Polyamidfaser Nylon** gut darstellen.

Nylonstrümpfe sind sehr elastisch, was aber nicht mit der Nylonfaser selbst zusammenhängt, sondern mit der Art und Weise, wie die Fasern im Strumpf miteinander verwoben sind. Die Fasern bilden ein weitmaschiges Netz, bei dem sich die Maschen gegeneinander verschieben lassen und so für die Elastizität sorgen. Die Nylonfaser selbst ist aber sehr stabil, das kennen Sie von Nylonseilen. Um die Festigkeit noch zu erhöhen, werden die Fasern zunächst „verstreckt", danach sehr viele Fasern zu einem Seil und dann die entstehenden dünnen Seile wiederum zu dicken Seilen miteinander verdreht (so verfährt man beispielsweise auch bei Stahlseilen). Die Festigkeit liegt an Kräften, die zwischen den Ketten, also zwischen den Molekülen, d. h. intermolekular wirken. Das sind beim Nylon überwiegend Wasserstoffbrückenbindungen. Sie stellen sich im Nylon folgendermaßen dar: Aus den Polymerketten, die hauptsächlich aus Kohlenstoff- und Wasserstoffatomen bestehen, ragen doppelt gebundene Sauerstoffatome und jeweils an ein Stickstoffatom einfach gebundene Wasserstoffatome heraus – beide Bestandteil der Peptidbindungen (siehe unten). Die Sauerstoffatome besitzen eine höhere Elektronegativität als das an ihnen gebundene Kohlenstoffatom und erhalten deshalb eine negative Teilladung (→ S. 102 ff.). Aufgrund der höheren Elektronegativität der Stickstoffatome ziehen diese die Bindungselektronen zum Wasserstoffatom näher zu sich und sorgen dafür, dass die Wasserstoffatome an Bindungselektronen und damit an negativer Ladung verarmen. Somit erhalten die Wasserstoffatome

Anordnung der Molekülketten in einer Nylonfaser

eine positive Teilladung und zwischen diesen positiv teilgeladenen Wasserstoffatomen und den negativ teilgeladenen Sauerstoffatomen entstehen zwischen den Molekülketten Wasserstoffbrückenbindungen (→ S. 108 ff.). Eine optimale Ausrichtung der Polymerketten zueinander erfolgt durch die „Verstreckung" der Fasern. Somit können die Wasserstoffbrückenbindungen optimal wechselwirken.

Übrigens: Die Bausteine oder besser Monomere, die Nylon aufbauen, sind zum einen die **Adipinsäure** (oder besser Hexandisäure, $\text{HO}\!\!\overset{O}{\diagdown}\!\!\diagup\!\!\diagdown\!\!\diagup\!\!\overset{OH}{\diagup}\!\!\underset{O}{\ }$; → S. 164 ff.). Zum anderen ist es **Diaminohexan**, ebenfalls aus sechs Kohlenstoffatomen aufgebaut, aber statt Carboxyl-Gruppen trägt diese Verbindung Amino-(NH_2-)Gruppen an ihren Enden: $\text{H}_2\text{N}\diagdown\!\!\diagup\!\!\diagdown\!\!\diagup\!\!\diagdown\!\!\diagup\!\!^{\text{NH}_2}$. Es sind also jeweils auch zwei bifunktionelle Moleküle, die sich ebenfalls in einer Polykondensation unter Wasserabspaltung miteinander verbinden. Die entstehende Bindung ist aber keine Esterbindung, sondern eine **Peptidbindung** (→ S. 189 ff.). Diese Bindung wird bei den Kunststoffen auch als **Amidbindung** bezeichnet, was erklärt, warum Nylon zu den **Polyamiden** gezählt wird. Gerade diese Bindungen sind es, die dann in der Nylonfaser die Ausbildung von Wasserstoffbrückenbindungen zulassen und so in der Summe über die gesamte Faser hinweg für die hohe Reißfestigkeit des Nylons sorgen.

... und noch ein Exkurs: Zum „An-die-Decke-Gehen" – Van-der-Waals-Kräfte

Nicht alle Chemiefasern besitzen solche polaren Gruppen wie Amid- oder Ester-Gruppen, sodass Wasserstoffbrückenbindungen als intermolekulare Kräfte nicht infrage kommen. Bei Fasern aus Polyethylen beispielsweise können diese Kräfte nicht wirken, da keinerlei Atome vorhanden sind, die polare Atombindungen ausbilden. Im Polyethylen sind eben nur unpolare Atombindungen zwischen Kohlenstoff- und Wasserstoffatomen vorhanden. Aber auch beim Polyethylen ist eine parallele Ausrichtung der Polymerketten möglich, wobei eine solche Zusammen-

Johannes Diderik van der Waals

lagerung auch mit intermolekularen Kräften zusammenhängt. Diese Kräfte werden nach ihrem Entdecker **Van-der-Waals-Kräfte** genannt (Johannes Diderik VAN DER WAALS, 1837–1923, niederländischer Physiker).

Während man z. B. Wasser als echten (oder auch permanenten) Dipol bezeichnet (→ S. 104 ff.), ist das Zustandekommen der Van-der-Waals-Kräfte auf das Vorhandensein von unechten (oder auch temporären) Dipolen zurückzuführen. Sie werden vor allem bei sehr großen Molekülen wirksam. Denn bei **permanenten Dipolen** wie Wasser ist es die unterschiedliche Elektronegativität der Atome, die die Bindungselektronen in der Nähe des elektronegativeren Elements fixiert, was das Wassermolekül zu einem permanenten Dipol macht. Bei großen Molekülen sind insgesamt so viele Elektronen vorhanden, dass sich diese zufällig auch kurzzeitig auf einer Seite des Moleküls aufhalten können. Somit befindet sich kurzzeitig ein Überschuss an negativer Ladung auf der einen Seite des Moleküls, während die andere Molekülseite an Elektronen verarmt und dort positiver ist. So ergibt sich kurzzeitig, also temporär, eine Ungleichverteilung der Elektronen im Molekül. Ein solcher **temporärer Dipol** tritt natürlich mit seinen ihn umgebenden Molekülen ebenfalls in Wechselwirkung und sorgt dabei für eine Ver-

Ist der Prozess erstmal in Gang gesetzt, hält ihn so leicht nichts mehr auf.

schiebung von dessen Elektronen. Der temporäre Dipol nimmt also mit seinen ungleich verteilten Elektronen Einfluss auf ein benachbartes Molekül – gleiche Ladungen stoßen sich ab. Dieses Phänomen wird als **elektrostatische Induktion** oder besser (d. h. physikalisch korrekter) als **Influenz** bezeichnet und der aus dieser Wechselwirkung entstandene Dipol wird in Lehrbüchern allgemein als **induzierter Dipol** bezeichnet (treffender wäre allerdings „influierter" Dipol. Dieses Adjektiv bzw. die Verbform von Influenz findet sich allerdings in keinem Wörterbuch …). Nichtsdestotrotz findet dann eine elektrostatische Wechselwirkung in Form einer Anziehung zwischen dem temporären und dem induzierten Dipol statt, welche eben als Van-der-Waals-Kraft bezeichnet wird. Selbstverständlich bringt der temporäre Dipol nur den Stein ins Rollen: Ein induzierter

Dipol gibt diese Beeinflussung (die Influenz) natürlich ebenfalls an ein benachbartes Molekül weiter und dieser wieder an ein benachbartes Molekül usw. – ein intermolekularer Dominoeffekt. Dabei wirken dann Anziehungskräfte zwischen benachbarten induzierten Dipolen. Die Van-der-Waals-Kräfte gehören somit zu den intermolekularen Wechselwirkungen.

Die Van-der-Waals-Kräfte haben nicht die Stärke wie z. B. die anderen intermolekularen Wechselwirkungen zwischen Dipolen und die Wasserstoffbrückenbindungen. Eine Polyethylenfaser gleichen Durchmessers ist deshalb nicht so reißfest wie eine Nylonfaser. Dass Van-der-Waals-Kräfte in der Summe sehr wohl sehr stark sein können, beweist der Gecko. Dieses Reptil findet auch an senkrechten Flächen sicheren Halt. Dies funktioniert, weil Geckos unter ihren Zehen dichte Polster aus mikroskopisch kleinen Borsten tragen. Diese Borsten wiederum spalten sich in Hunderte von Härchen auf. Jedes Härchen trägt seinerseits am Ende eine kleine Scheibe. Jede Zehe trägt Millionen solcher Härchen und Millionen dieser kleinen Scheiben treten über Van-der-Waals-Kräfte in elektrostatische Wechselwirkung mit den Molekülen des Untergrunds, auf dem das Reptil läuft. Jede einzelne dieser schwachen elektrostatischen Anziehungskräfte summiert sich zu einer starken Klebekraft, sodass der Gecko senkrechte Wände erklimmen oder kopfüber an der Decke hängen kann – und das alles nur wegen Herrn van der Waals …

Polyurethan: ein echter Schaumschläger

Polyurethane werden vor allem als Schäume verwendet, z. B. zur Rückenbeschichtung von Teppichen, in Polstermöbeln und Matratzen, als Schwämme, in Winterbekleidung und als Bauschaum zur Wärmedämmung. Außerdem werden Polyurethane als Lacke und Klebstoffe, als thermoplastische Kunststoffe zur Herstellung von Rollen oder Walzen, als Elastomere und als Fasern, z. B. als Elastan, eingesetzt.

Polyurethane (**PU** bzw. **PUR**) werden über die **Polyaddition** hergestellt. Ausgangsstoffe für die Reaktion sind z. B. Dialkohole und Diisocyanate. **Dialkohole** sind Alkohole mit jeweils einer Hydroxyl-(OH-)Gruppe am gegenüberliegenden Ende (z. B. 1,4-Butandiol, Struktur: $HO—(CH_2)_4—OH$) und die **Diisocyanate** tragen jeweils am gegenüberliegenden Ende eine Isocyanat-(NCO-)Gruppe (z. B. Hexamethylendiisocyanat, Struktur: $\overline{O}=C=\overline{N}—(CH_2)_6-\overline{N}=C=\overline{O}$). Die Reaktion der hier als Beispiele aufgeführten Ausgangsstoffe führt zu einem Polymer mit nachfolgendem Molekülausschnitt:

$$-----\overline{O}—(CH_2)_4—\overline{O}—\underset{\underset{|O|}{\|}}{C}—\underset{H}{\overset{H}{N}}—(CH_2)_6—\underset{H}{\overset{|O|}{N}}—\underset{\overset{\|}{|O|}}{C}—\overline{O}—(CH_2)_4—\overline{O}-----$$

Dabei wandert das Wasserstoffatom, das zuvor an der Hydroxyl-Gruppe des Alkohols saß, an das Stickstoffatom der Isocyanat-Gruppe. Auch hier entsteht eine charakteristische Bindung, die den Polyurethanen den Namen gab, die sog. **Urethanbindung**. Die Polyaddition verläuft mehrstufig und ohne Abspaltung von Nebenprodukten (→ S. 238 ff.). Neben bifunktionellen Monomeren werden auch tri- und höherfunktionelle Poly(alkoh)ole bzw. Polyisocyanate eingesetzt, je nachdem, welche mechanischen Eigenschaften das Produkt haben soll, also ob es z. B. hart und spröde oder weich und elastisch sein soll.

Urethanbindung

Polyurethane sind beispielsweise aus dem modernen Skisport nicht mehr wegzudenken. So besteht nicht nur der Kern des Skis aus Polyurethanschaumstoff, ummantelt mit anderen Kunststoffen, sondern sowohl der Innenschuh als auch der Außenschuh des Skischuhs bestehen aus Polyurethanderivaten. Ferner sind auch die Rennanzüge sowie die Helme zumindest teilweise aus Polyurethankomponenten aufgebaut.

Je nach der Wahl der Monomere und den Reaktionsbedingungen lassen sich Schaumstoffe aus Polyurethan mit sehr unterschiedlichen Eigenschaften herstellen. Man erhält weiche, sehr elastische oder harte Kunstschäume. Bade-

schwämme und Schuhsohlen benötigen den Einsatz von elastischen Schäumen und in der Möbelindustrie findet zur Polsterung vor allem der Weichschaum seine Verwendung, wenn langkettige Poly(alkoh)ole eingesetzt werden. Isoliermaterialien sind wiederum aus Hartschaum. Hier kommen kurzkettige Polyole zum Einsatz. Vor allem die Polyolkomponente bestimmt dabei die Eigenschaften. Die Formgebung der Schäume z. B. in der Automobilindustrie erfolgt dabei im Prinzip so, wie bei den Thermoplasten vorgestellt. So spricht man hier vom Extrusions- und Spritzgussschäumen.

Sehr interessant ist in diesem Zusammenhang die Betrachtung der Polyurethanfaser **Elastan**. Diese Faser ist ein Elastomer und erhält deshalb das Kurzzeichen **PUE** für **P**oly-**u**rethan **e**lastisch. Diese Elastizität schätzen Sie z. B. bei der hohen Passform von Miederwaren, Badehosen und Bikinis, bei aerodynamischer Sportbekleidung und Strumpfhosen. Auch in den Bündchen von Pullovern, Jacken und Strümpfen ist es häufig als Beimischung zu z. B. Polyamidfasern enthalten.

Die Elastizität ist – wie sollte es anders sein – auf den chemischen Bau der Fasern zurückzuführen. In der Faser gibt es Bereiche, die teilkristalline Strukturen ausbilden, die als **Hartsegmente** bezeichnet werden. Hier befinden sich die ursprünglichen MDI-Monomere, die in einem ersten Reaktionsschritt (ebenfalls über eine Polyaddition) zunächst mit Diaminen unter der Ausbildung von Harnstoffbindungen miteinander verknüpft werden. In diesem Bereich sorgen intermolekulare Wechselwirkungen dafür, dass sich die Polymerketten aneinanderlagern und damit die Hartsegmente begründen. Über die typischen Urethanbindungen werden diese Hartsegmente dann in einem zweiten Reaktionsschritt über **P**oly-**e**thylen**g**lykol-(**PEG**-)Gruppen (wiederum über eine Polyaddition) miteinander vernetzt. (Die Polyethylenglykol-(PEG-)Gruppen sind Polyether, die für sich genommen wiederum Polymere des Glykols, also des 1,2-Ethandiols sind. Allgemein hat ein Ether die Struktur R_1—O—R_2, wobei R wieder für organische Reste steht.) Diese Bereiche sind es, die als **Weichsegmente** bezeichnet werden und quasi wie Gummibänder die Hartsegmente miteinander verbinden. Im ungedehnten Zustand liegen die Weichsegmente verknäult vor. Bei Dehnung können sie sich strecken und bewirken eine Verlängerung der Faser von bis zu 800 %. Selbstverständlich kann diese Dehnung wieder vollständig rückgängig gemacht werden, wenn die Dehnung nachlässt, was eben die hohe Elastizität und Strapazierfähigkeit des Elastans ausmacht.

PVC: ein Härtefall wird weich gemacht

Chemisch gesehen ist das Polyvinylchlorid nicht der spannendste Kandidat unter den Kunststoffen. Nichtsdestotrotz zählt PVC zu einem der bekanntesten Vertreter. Allerdings erlangt es aufgrund der Substanzen, die ihm zugesetzt werden, häufig eher traurige Berühmtheit. Man benutzt **Weichmacher**, um es hinsichtlich seiner Eigenschaften gefügiger zu machen.

PVC, **P**oly**v**inyl**c**hlorid, ist ein Polymerisat aus dem Monomer Vinylchlorid (Chlorethen): Solche Monomere werden mit einer Doppelbindung über eine radikalische oder ionische Polymerisation miteinander verknüpft ($\rightarrow$ S. 238 ff.). Die Polymerkette zeigt einen relativ regelmäßigen Aufbau:

Das erinnert sehr an die Struktur des Polyethylens ($\rightarrow$ S. 260 ff.), auch hier steht n für eine beliebig große natürliche Zahl. Im Gegensatz zum Polyethylen sind in den Polymerketten des PVC aber Chloratome vorhanden, die aufgrund ihrer Elektronegativität eine negative Teilladung tragen. Diese können also mit den Wasserstoffatomen der anderen Polymerketten wechselwirken und die zwischenmolekularen Kräfte sorgen dafür, dass PVC wesentlich härter und spröder ist als PE – aber in dieser Form deshalb technisch nur in einem eingeschränkten Spektrum nutzbar ist. An dieser Stelle kommen die Weichmacher ins Spiel: Sie machen aus dem harten und spröden PVC einen weichen plastischen Kunststoff. Hierin liegt der Unterschied zwischen **Hart-PVC** und **Weich-PVC**.

Weich-PVC (oder *PVC-weich*, mit dem Kurzzeichen **PVC-P**, wobei das *P* für das aus dem Englischen stammende *plasticized*, d. h. *formbar gemacht* oder *plastifiziert*, steht) wird vor allem in der Bauindustrie (für Kabel, Schläuche, Fußbodenbeläge, Folien, Tapeten), in der Elektro- und Kabelindustrie (für Ummantelungen von Kabeln und Leitungen) und im Automobilbau (für Unterbodenschutz, Innenraumverkleidungen und Dichtungen) oder auch in Form von Kunstleder eingesetzt. In Weich-PVC sind bis zu 40 % Weichmacher enthalten.

Aus Hart-PVC, der keinen Weichmacher enthält, werden Rohre und Profile, z. B. für Fenster, hergestellt oder auch Verpackungen für Tabletten, Pralinen und Lebensmittel. Das Hart-PVC wird auch als *PVC-hart* bezeichnet und hat das Kurzzeichen **PVC-U**, wobei das *U* für das Englische *unplasticized* steht.

Im PVC-Makromolekül sind die Chloratome also jeweils stark polar. Sie verstärken die Anziehung zwischen den Polymerketten. Diese Anziehungskraft nimmt mit zunehmendem Abstand der Polymerketten ab. Die Wirkung der Weichmacher beruht also darauf, dass die zwischenmolekularen Kräfte dadurch geschwächt werden, dass die Abstände zwischen den Polymerketten vergrößert werden.

Ein wirksamer Weichmacher muss also eine gewisse Polarität aufweisen, damit er in der Lage ist, die zwischenmolekularen Kräfte des Polymerisats zu schwächen. Gleichzeitig müssen an der Stelle der direkten zwischenmolekularen Kräfte nun Wechselwirkungen zwischen Polymerkette und Weichmacher hergestellt werden.

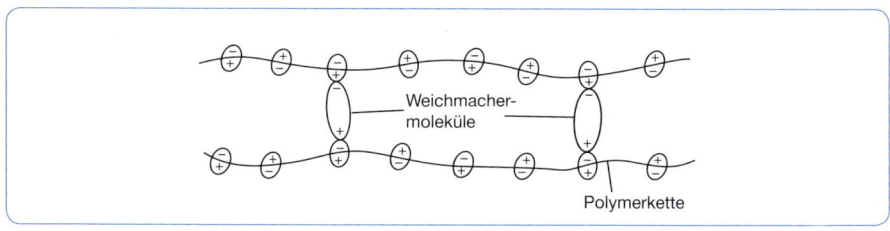

Bei den polaren Gruppen der PVC-Weichmacher handelt es sich in den meisten Fällen um Estergruppen, denn es sind **Phthalsäureester**, also Verbindungen der Phthalsäure (1,2-Benzoldicarbonsäure) mit verschiedenen Alkoholen. Deshalb spricht man von den Weichmachern – meist mit etwas feuchter Aussprache – auch allgemein als **Phthalate**. Achtung: Das Polymer Polyethylenterephthalat (PET) enthält ja auch die Endung „-phthalat", was dazu führen könnte, diese Verbindung ebenfalls zu den Weichmachern zu stellen. Allerdings rührt die Endung ja erstens vom Monomer Terephthalsäure her, weshalb die Endung entsprechend komplett „-terephthalat" lautet (→ S. 262 ff.). Und zweitens spricht man von PET als Polyester, mit einer sehr großen Zahl an Esterbindungen, während die hier beschriebenen Phthalate maximal zwei solcher Bindungen aufweisen.

Wenn man die Weichmachermoleküle also als Abstandhalter zwischen den Polymerketten betrachtet, wird mit zunehmender Länge der Kohlenstoff-Wasserstoff-Kette auch der Abstand zwischen den Polymerketten größer. Der PVC-Kunststoff wird damit weniger fest, was wiederum den Einsatzbereich und die Anwendung bestimmt. Auch die möglichen Wechselwirkungen zwischen dem Weichmacher und den Polymerketten hängen von seiner chemischen Struktur ab. Die Stärke der Bindung ist mitunter so gering, dass sich die Weichmacher ohne große äußere Einflüsse aus dem Kunststoff herauslösen.

Welcher dieser Weichmacher in welchen Produkten eingesetzt wird, hängt mit den jeweiligen Eigenschaften und den Anforderungen an das Produkt zusammen:

Phthalat	PVC						Sonstige					
	Bodenbeläge	Rohre und Kabel	Teppichböden	Wandbeläge	Schuhsohlen	KFZ-Bauteile	(Lebensmittel-)Verpackungen	Dispersionen	Farben/Lacke	Emulgatoren	Kunstleder	Parfums/Deos
DEHP	X	X	X	X	X	X	X	X	X	X		
DINP	X	X	X	X	X	X	X	X	X	X		
DIDP	X	X	X	X			X	X	X	X		
BBP	X	X	X	X			X				X	
DBP							X	X	X			X

DBP wird zudem noch in sog. time-release Medikamenten und magensaftresistenten Verpackungen eingesetzt. Hier erfolgt die Wirkstofffreisetzung verzögert über einen längeren Zeitraum, da die Verkapselung nicht sofort durch den Magensaft aufgelöst wird. Aus diesen Kapseln wird aber nicht nur das Medikament freigesetzt. Unter Einfluss der Magensäure lösen sich auch DBP-Moleküle aus der Kapsel. In Parfums und Deodorants dienen sie als Trägersubstanzen für Duftstoffe, außerdem sind sie Komponenten in Nagellacken und Haarsprays.

Unbeachtet der chemischen Struktur und Anwendungsbereiche der Phthalate lässt sich für alle Phthalate feststellen, dass sie aufgrund ihrer nicht sehr festen chemischen Bindung im Polymer aus den jeweiligen PVC-Kunststoffen ausbluten, sich also verflüchtigen. In den Medien kursieren deshalb seit Ende der 1990er-Jahre bis heute immer wieder Berichte, dass z. B. in Kinderspielzeug und Babyschnullern Phthalate enthalten seien. Da die Dinge in der für diese Altersgruppe (bis 3 Jahre) typischen Manier von

den Kindern und Babys in den Mund genommen werden (neudeutsch „*mouthing*"
genannt), können die Phthalate durch den Speichel und die mechanische Bearbeitung
herausgelöst werden und in den Organismus gelangen.

Über das Gefährdungspotenzial ist man sich aber im Allgemeinen weiterhin sehr uneinig. Fest steht, dass mittlerweile bestimmte Phthalate für bestimmte Anwendungen
(gerade für Kinderspielzeug und Babyschnuller) verboten
sind. DEHP beeinträchtigt die Fortpflanzungsfähigkeit.
Auch DBP und BBP stehen in diesem Verdacht. Alle drei
können bei Schwangeren die Entwicklung des Kindes

*Gesundheitsgefahr oder
Beruhigungsmittel?*

im Mutterleib schädigen. Außerdem sind DBP und BBP umweltschädlich bzw. BBP
bewirkt in Gewässern langfristige Schäden. Eine krebserzeugende Wirkung konnte
diesen Verbindungen bislang nicht eindeutig nachgewiesen werden. Aufgrund eines
Herstellungsvolumens von ca. einer Million Tonnen im Jahr in Westeuropa und der
breiten Anwendung von Weich-PVC in Gegenständen des täglichen Gebrauchs, befinden sich Phthalate in unserer Nahrung, dem Trinkwasser und in der Luft – und das
bereits weltweit.

Kunststoffrecycling: Da läuft (manchmal) was im Kreis – manches für immer

Die Begriffe Recycling und Verwertung werden im Allgemeinen und häufig auch
im fachwissenschaftlichen Sprachgebrauch gleichbedeutend benutzt, obwohl man
sie trennen sollte.

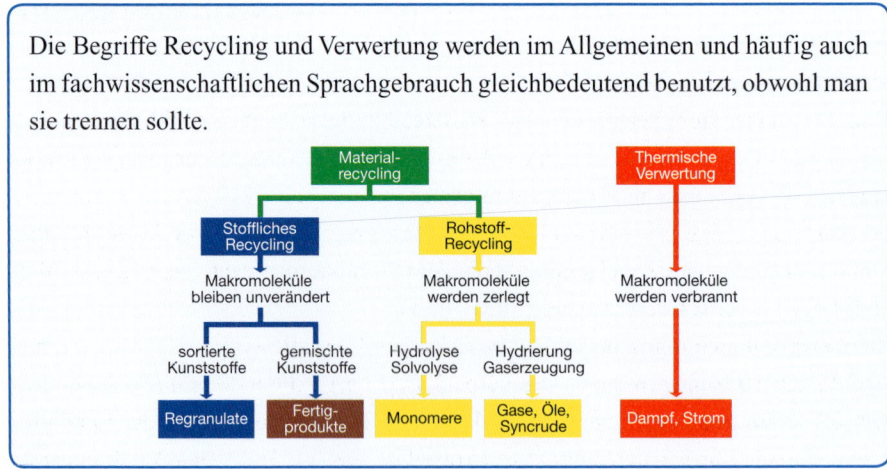

Der Begriff *Recycling* stammt aus dem Englischen und steht für *Rückführung*. Hier gibt es zwei grundsätzliche Verfahren, die unter dem Begriff des Materialrecyclings zusammengefasst werden: Das **stoffliche** (oder auch werkstoffliche) **Recycling** und das **rohstoffliche Recycling**. Bei beiden Verfahren können am Ende wieder Kunststoffprodukte stehen. Deshalb ist hier der Begriff *Rückführung* auch angebracht und natürlich wird der Kunststoffabfall im gewissen Sinne auch verwertet. Bei der **thermischen Verwertung** kann man aber nicht von Rückführung sprechen, da der Kunststoffmüll lediglich verbrannt wird und am Ende auf keinen Fall Kunststoffprodukte stehen. Hier hat der Kunststoff als Brennstoff einen gewissen Wert. Insofern kann über alle drei Verfahren der Begriff *Verwertung* gesetzt werden. Genaueres zu den Verfahren werden Sie weiter unten erfahren.

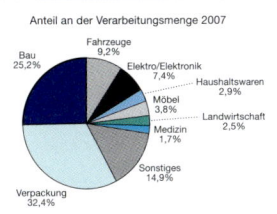

Im Jahre 2007 wurden in Deutschland insgesamt 12,5 Millionen Tonnen Kunststoffe verarbeitet. Den Löwenanteil der Verarbeitungsmenge trugen die Bereiche, in denen Kunststoffe zu Verpackungen verarbeitet wurden bzw. im Bauwesen gebraucht wurden. Zwischen 1994 und 2007 verdoppelte sich die Abfallmenge der gebrauchten und verbrauchten Kunststoffe nahezu, nämlich von 2,8 auf knapp 4,9 Millionen Tonnen. (Das entspricht einem Abfallaufkommen pro Kopf von 46 Kilogramm pro Jahr.) Man spricht hier vom sog. Post-Consumer-Bereich, d. h., es handelt sich um Abfälle, die Sie als Verbraucher hinterlassen.

Dem gegenüber steht der Pre-Consumer-Bereich. Hier entstehen Abfälle im Produktions- und Verarbeitungsbereich, bevor der Kunststoff zum Verbraucher gelangt. Obwohl auch die Produktions- und Verarbeitungsmengen von Kunststoffen ganz allgemein gestiegen sind, sind die entsprechenden Prozesse so optimiert, dass die anfallenden Abfallmengen in aller Regel sofort wieder dem Produktionsprozess zugeführt werden. Hier liegt die Verwertungsrate bei vollen 100 %.

Im oben genannten Zeitraum ist der Verpackungsmüll im Bereich des Post-Consumer-Abfalls um 80 % angestiegen. Die Verpackungen erreichten 2007 einen Anteil von fast 60 % am gesamten Kunststoffmüll. Auch im Bauwesen und in der Landwirtschaft sind die Zuwachsraten hoch. Von Vorteil ist, dass die Deutschen Weltmeister im

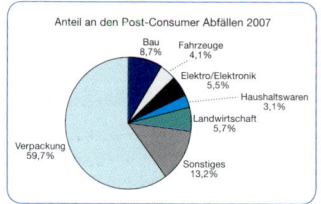

Anteil an den Post-Consumer Abfällen 2007

Mülltrennen sind. Das lässt sich an den Verwertungszahlen ablesen: Rund 96 % der Kunststoffabfälle der Verbraucher werden der Verwertung zugeführt. Nur 4 % sind Kunststoffabfälle, die auf der Deponie landen. Die Müllberge wachsen, Deponieraum ist Mangelware und der Kunststoffmüll verrottet über sehr lange Zeiträume nicht. So ist es nicht verwunderlich, dass man sich in Deutschland schon relativ früh Gedanken darüber gemacht hat, was mit bestimmten Abfallsorten passieren soll, denn neben der Kunststoffverwertung gibt es ja noch weitere Stoffströme – wie Altpapier, Altglas, Elektronikschrott, Altmetall etc. –, die ebenfalls einer Verwertung zugeführt werden. Die Zahlen schauen auf den ersten Blick gut aus, doch die steigenden Zahlen der Abfallmengen zeigen, dass von Abfallvermeidung als umweltschonendste Methode kaum die Rede sein kann. Da scheint der *Grüne Punkt* – 1990 durch das Duale System Deutschland (DSD) auf Verpackungen eingeführt – diesem wachsenden Trend Vorschub zu leisten, denn die allermeisten Unternehmen, die ihre Produkte mit dem Grünen Punkt versehen wollen, müssen an das DSD (oder auch an einen der acht anderen Anbieter zugelassener dualer Systeme in Deutschland) Lizenzgebühren bezahlen. Diese werden natürlich an den Endverbraucher – also auch an Sie – weitergegeben und so zahlen Sie bei jedem Einkauf einer solchen Verpackung auch Geld für die Entsorgung bzw. die Wiederverwertung (z. B. ca. 0,7 Cent pro Joghurtbecher). Daraus leitet man offensichtlich sowohl auf Hersteller- als auch auf Verbraucherseite ein gewisses Recht ab, das Abfallvolumen steigen lassen zu können.

Die Verwertung der Kunststoffabfälle ist in den letzten Jahren kontinuierlich gestiegen – was allerdings auch mit dem gestiegenen Abfallvolumen zusammenhängt. Die Art der Verwertung sollte aber genauer unter die Lupe genommen werden: Im gleichen Maße wie das Abfallvolumen von 1994 bis 2007 gestiegen ist, ist auch die sog. energetische Verwertung gestiegen. Während die werkstoffliche Verwertung leicht stieg, sank die rohstoffliche Verwertung in spiegelbildlicher Weise. Auf die Verwertungsverfahren sollten wir deshalb einen genaueren Blick werfen.

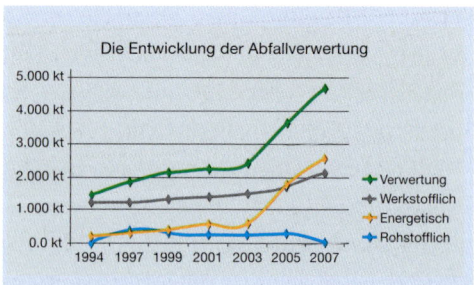

Stoffliches bzw. werkstoffliches Recycling

Hierbei bleibt das Kunststoffmaterial als solches erhalten. Die Makromoleküle, aus denen der Kunststoff aufgebaut ist, bleiben bestehen. Voraussetzung für eine Verwertung in Form von **Regranulaten** (oder auch Recyclaten bzw. eingedeutscht Rezyklaten) ist die Sortenreinheit des Kunststoffs. Das heißt, es darf nur eine Kunststoffsorte vorhanden sein, was diese Methode für den Pre-Consumer-Bereich prädestiniert, denn im Post-Consumer-Bereich besteht die große Masse an Kunststoffabfällen aus kleinteiligen Kunststoffgemischen. Und diese müssten, um eine gewisse Sortenreinheit zu erreichen, erst kostspielig sortiert werden, was zum Teil per Hand oder mithilfe entsprechender Maschinen auch passiert. Ein automatisiertes Verfahren ist die Dichtetrennung. Hier werden z. B. PVC, Polystyrol und Polyethen zerkleinert und anschließend in eine Salzlösung gegeben. Polyethen hat die geringste Dichte und schwimmt auf der Lösung. PVC und Polystyrol sinken aufgrund ihrer unterschiedlichen Dichten unterschiedlich schnell in der Salzlösung ab (→ S. 13 ff.). Wenn gemischte Kunststoffabfälle vorliegen und nicht sortiert werden, lassen sich als Fertigprodukte z. B. nur minderwertige Gartenbänke oder Dämmplatten für den Hausbau herstellen (sog. **Downcycling**). Der Kunststoff wird also umgeschmolzen. Der Einsatz von Rohstoffen und Energie und damit von Kosten wird vermindert.

Für das werkstoffliche Recycling gibt es im Post-Consumer-Bereich Einsatzmöglichkeiten für Kunststoffe, die von vornherein sortenrein gesammelt werden. Das ist in Deutschland vor allem für PET-Flaschen verwirklicht, da es neben dem Einsatz als dickwandige Mehrwegflaschen auch den Einsatz als dünnwandige Einwegflaschen gibt (→ S. 262 ff.).

Auch im Einwegbereich gibt es ein Pfandrücknahmesystem, welches eine hohe Sortenreinheit gewährleistet. Während verschmutzte PET-Flaschen überwiegend der thermischen, zum geringeren Teil auch der rohstofflichen Verwertung zugeführt werden, werden saubere PET-Abfälle geschreddert und eben dem werkstofflichen Recycling zugeführt. Dieses Material wird zum einen wieder aufgeschmolzen und in der Textilindustrie zu Fasern verarbeitet (z. B. für Füllmaterial von Anoraks und Schlafsäcken oder auch für Fleece-Jacken) und zum anderem werden PET-Rezyklate zur Hälfte dem frisch hergestellten PET-Granulat für die Herstellung neuer Flaschen zugegeben (sog. *bottle to bottle*-Verfahren).

Exkurs: Einweg? Zweiweg? Mehrweg?

Der Vorteil der Mehrweg-PET-Flasche gegenüber der Mehrweg-Glas-Flasche ist mittlerweile gut untersucht. Bei verschiedenen Kriterien – von der Flaschenherstellung über die Distribution bis hin zur Entsorgung – schneidet die Mehrweg-PET-Flasche durchweg besser ab als ihr Glaspendant, auch wenn sich die Glasflasche doppelt so häufig befüllen lässt wie die PET-Flasche (nämlich rund 50-mal). Die günstigere Ökobilanz der Mehrweg-PET hängt vor allem mit dem geringeren Materialeinsatz und dem damit verbundenen wesentlich geringeren Gewicht des PET zusammen. Nachteilig für den Verbraucher ist die geringere Gasdichte. Sie macht sich in der um 40 % geringeren Haltbarkeit kohlensäurehaltiger Getränke bemerkbar.

Können Sie sich noch an die ziemlich holprige Einführung des sog. Dosenpfands zum 1. Januar 2003 erinnern? Eigentlich sollte dadurch verhindert werden, dass der ökologisch vorteilhafte Mehrweganteil bei den Getränkeverpackungen unter 72 % fällt bzw. bei einem Anteil von 80 % gestützt wird und Getränkedosen nicht mehr unachtsam weggeworfen werden.  Letzteres hat man erreicht, denn das sog. Littering ist durch das Dosenpfand stark eingeschränkt worden – obwohl man in vielen Mülleimern in der Summe wahre Pfandschätze (meist in Form von PET-Einwegflaschen) findet. Die Stützung des Mehrweganteils ist nicht geglückt, denn der Anteil der Mehrweggetränkeverpackungen liegt bei den alkoholfreien Getränken seit Ende 2007 unter 30 %. Was ist passiert? Obwohl die Rücknahmeautomaten in den Discountern nach dem Einwurf und dem Scannen der leeren Einweg-PET-Flasche häufig ein hässliches knitterndes Geräusch von sich geben – was schon alleine deutlich machen sollte, dass die gerade abgegebene Flasche nicht mehr befüllt in die Regale zurückkehren wird – scheint die Grenze zwischen der Pfand-Einweg- und der Pfand-Mehrwegflasche so stark verwischt, dass das Umweltbewusstsein der Verbraucher seine positive Verstärkung bereits aus der Rückgabe der Flasche an sich zieht. Nachdem zum 1. Mai 2006 alle Insellösungen bezüglich der Rücknahme bestimmter Getränkemarken vom Tisch waren und alle Getränkehändler zur Rücknahme jeglicher Pfandsorten verpflichtet wurden, wurden bei den einschlägigen Discountern alsbald gar keine Mehrwegflaschen mehr angeboten. Stattdessen, könnte man argwöhnen, hat sich aus den nicht zurückgegebenen Einweg-PET-Pfandflaschen (die eigentlich als Zweiwegflaschen bezeichnet werden müssten, da der erste Weg zum

Verbraucher und der zweite Weg zur Verwertung führt) ein eigener Markt entwickelt, der zum einen vielen Pfandsammlern einen kleinen Extraverdienst, aber vor allem den Marktbetreibern einen großen Zuverdienst beschert. Ein Schelm, der Böses dabei dächte, dass in den Märkten durch diesen Pfandschlupf der Mineralwasserpreis häufig unter dem des Pfandes für die Flasche liegt. Kein Wunder, dass bereits jede zweite Mineralwasserflasche (als Einweg-PET) beim Discounter gekauft wird. Leider läuft wie in vielen Bereichen offensichtlich das Umweltbewusstsein der Verbraucher über den Geldbeutel, aber eigentlich sollte das über andere Zahlen gehen: Das Deutsche Verpackungsinstitut hat berechnet, dass bei alkoholfreien Getränken Einwegflaschen aus Plastik einen Ausstoß an klimaschädigendem Kohlenstoffdioxid von 122 Kilogramm je 1000 Liter verursachen, Mehrwegflaschen aus Glas dagegen 71 Kilogramm und Mehrwegflaschen aus Plastik 62 Kilogramm.

Rohstoffliches Recycling

Hier werden die Bindungen zwischen den Monomeren, die bei der Herstellung geknüpft wurden, wieder getrennt. Dazu muss allerdings eine Menge Energie aufgewendet werden und auch die Verfahren zur Trennung der Monomere sind sehr aufwendig. Bei der **Pyrolyse** oder **Thermolyse** werden die Bindungen durch hohe Temperaturen (zwischen 600 und 900°C) getrennt. In diesem Temperaturbereich findet unter entsprechendem Druck und durch den Ausschluss von Sauerstoff keine Verbrennung der Kunststoffe statt. Bei der **Hydrolyse** oder **Solvolyse** wird das bei der Herstellung der Polymere abgespaltene Wasser wieder zugeführt. Dies gilt demnach für alle Polykondensate (→ S. 238 ff.), genauer also z. B. für die Esterbindungen der Polyester oder die Amid- bzw. Peptidbindungen der Polyamide. Da die Bindungsbildung exotherm ist, muss bei der Hydrolyse diese

Mit Erdöl sollten wir sparsam umgehen.

Energie wieder zugeführt werden: Pyrolyse und Hydrolyse sind also endotherme Reaktionen (→ S. 31 f.). Bei diesen Verfahren entfällt die kostspielige Sortierung der unterschiedlichen Kunststoffe des Mülls. Die entstehenden organischen Stoffe können für neue Synthesen verwendet werden. Somit wird die Ressource Erdöl geschont.
Außerdem können diesen Verfahren stark vermischte und verschmutzte Kunststoffabfälle sowie Kunststoffverbunde zugeführt werden. Allerdings erfordern die endothermen Prozesse einen hohen und kostspieligen

Energieeinsatz. Zudem müssen die erhaltenen organischen Verbindungen aufwendig getrennt werden, um weiterverarbeitet werden zu können.

Beim Verfahren der **Hydrierung** werden die Kunststoffe unter hohem Wasserstoffdruck und 500°C (also einer geringeren Temperatur als bei der Pyrolyse) mit Wasserstoff zur Reaktion gebracht. Die Makromoleküle der verschiedensten Kunststoffe werden zu flüssigen und auch gasförmigen Zwischenprodukten gespalten. Die Bruchstellen reagieren dabei mit den zugeführten Wasserstoffatomen. Als Recyclingprodukt bleibt eine Flüssigkeit zurück, die als **Syncrude** bezeichnet wird. Syncrude steht dabei für *synthetic crude oil*, was so viel heißt wie synthetisches Erdöl, da die Zusammensetzung dem Erdöl gleicht. Auch die in den Kunststoffen enthaltenen Atome Chlor (z. B. aus PVC), Stickstoff (z. B. aus Polyamid), Sauerstoff (z. B. aus Polyester) und Schwefel (z. B. aus vulkanisierten Kunststoffen; → S. 244 ff.) werden zum größten Teil abgespalten und in ihre Wasserstoffverbindungen überführt. Die Ähnlichkeit mit dem Erdöl macht man sich auch im **Hochofenprozess** bei der Stahlerzeugung zunutze. Hier ersetzen die Kunststoffe den Rohstoff Schweröl. Die Kunststoffe liefern dabei zum einen die für den Prozess notwendige Energie, zum anderen das für die Reduktion des Eisenoxids zum Eisen erforderliche Kohlenstoffmonooxid.

Thermische Verwertung

Die im Kunststoff enthaltenen Bindungen besitzen eine ähnliche energetische Ausstattung wie das Erdöl. Somit ist es nicht verwunderlich, dass die Kunststoffe auch einfach verbrannt werden, um die daraus frei werdende Energie in Hochdruckdampf umzuwandeln. Dieser Dampf wird wiederum zur Strom- und Fernwärmeversorgung genutzt.

Ort des Geschehens sind sog. **M**üll**h**eiz**k**raft**w**erke (MHKWs) oder auch einfach **M**üll**v**erbrennungs**a**nlagen (MVAs). Das Müllvolumen wird dabei um rund 90 % reduziert. Die übrigen 10 % bestehen aus Asche und Schlacke, die dann z. B. in Salzbergwerken deponiert werden. Seit dem 1. Juni 2005 dürfen nach der sog. Technischen Anleitung Siedlungsabfall keine (thermisch) unvorbehandelten Abfälle mehr deponiert werden. 2007 wurden deshalb über 60 % der Kunststoffabfälle einer energetischen Verwertung zugeführt (was besser klingt, als würde man sagen, sie wurden einfach verbrannt ...).

Moderne Müllverbrennungsanlage

Der Anteil der energetischen Verwertung von Kunststoffabfällen lag 2007 gegenüber dem Jahr 1994 25-mal höher. Und wenn weiter oben davon die Rede war, dass 96 % der Kunststoffabfälle einer Verwertung zugeführt wurden, dann klingt das ebenfalls besser, als wenn man konstatieren muss, dass die eigentliche Recyclingrate (also Recycling im engeren Sinne, siehe Kasten oben) nur bei einem guten Drittel liegt. Das rohstoffliche Recycling versinkt mittlerweile in der Bedeutungslosigkeit, da sein Anteil bei nur noch etwa 6 % liegt.

Da muss man als Verbraucher schon etwas schlucken, wenn man letztendlich feststellen muss, dass ein Großteil des getrennten Abfalls dann doch verbrannt wird. Und das, obwohl wir ein ausgeklügeltes und kostenintensives Rücknahmesystem von Kunststoffabfällen haben, dafür bei jeder Verpackung auch einen Obolus zahlen und zudem glauben, den eigenen Kindern auch ein gewisses Umweltbewusstsein beizubringen, indem man sie zur Mülltrennung anhält. Bleibt zu hoffen, dass die Betreiber der MHKWs und MVAs die Bildung von Schadstoffen mit der eingesetzten Verbrennungs- und Filtertechnik im Griff haben. PAKs und Dioxine lassen grüßen! (→ S. 207)

Ferner sollte man sich darüber im Klaren sein, dass weltweit nicht alle Kunststoffabfälle einer wie auch immer gearteten Verwertung zugeführt werden. Vielmehr mehren sich Anzeichen, dass die riesigen Mengen die Menschheit zukünftig noch mehr beschäftigen werden, als ihr lieb ist. So sind es vor allem unsere Meere, die zeigen, dass der meiste Kunststoffmüll nicht durch die Schornsteine von MHKWs und MVAs verschwindet, sondern seine Langlebigkeit dadurch beweist, dass er sich in den Mägen vieler toter Seevögel, Meeressäuger und Seeschildkröten wiederfindet.

Angeschwemmter Plastikmüll

Dieser Kunststoffmüll stammt von Kreuzfahrt- oder Frachtschiffen, die entweder ihren Müll illegal entsorgen oder auch bei starkem Seegang den einen oder anderen mit Spielzeug oder Turnschuhen gefüllten Container verlieren. Oder der Müll wird von den Flüssen ins Meer gespült bzw. an Stränden von Unachtsamen und Unbelehrbaren ins Wasser geworfen. Wenn Sie nun glauben, das sei ein eher marginales Problem, dann sollte Ihnen folgendes Beispiel die Dimensionen aufzeigen, in denen sich große Müllmengen auf unserem Planeten tatsächlich im Kreis bewegen – obwohl hier von Recycling wirklich nicht gesprochen werden kann: Es handelt sich um einen gigantischen **Müllstrudel** im Nordpazifik, der mittlerweile von *North Pacific Gyre* (= Nordpazifikwirbel) in *Great Pacific Garbage Patch* (= mächtiges pazifisches Müllfeld) umgetauft wurde. Hier hat sich – angetrieben von Winden und Meeresströmungen – der Zivilisationsmüll auf einer Meeresoberfläche von ca. 1,4 Millionen Quadratkilometern angesammelt. Das entspricht der vierfachen Fläche Deutschlands. Wenn man nun davon ausgeht, dass nicht nur Kunststoffdinge im Meer landen, die eine geringere Dichte als Meerwasser haben, schätzt man, dass sich etwas mehr als zwei Drittel dieses Mülls auf dem Meeresboden ansammeln. Natürlich wird dieser Müll auch zersetzt – Sonne, Regen, Meeresbewegungen und der im Wasser enthaltene Sand zermahlen den Plastikmüll. Das hat zweierlei Folgen: Erstens werden Moleküle frei, die toxisch sind

und sich in der Nahrungskette anreichern (z. B. DDT und polychlorierte Biphenyle; → S. 213 ff.), und zweitens werden die Kunststoffteilchen auf eine so geringe Größe zermahlen, dass man sie von Sandkörnern nicht mehr unterscheiden kann. Experten schätzen, dass der Sand an manchen Stränden bis zu 25 % aus Kunststoffpartikeln besteht.

Sand oder Plastik?

Was ist also zu tun? Die oberste Prämisse lautet: Vermeiden Sie Plastikmüll! Wenn Sie ihn nicht vermeiden können, trennen Sie ihn (weiterhin)! Nutzen Sie vermehrt Mehrwegsysteme! Gebrauchen Sie zukünftig biologisch abbaubare Kunststoffe!

XII. Chemie macht Leben

Während bisher von Polymeren immer im Sinne von Kunststoffen die Rede war, können Sie sich auf den nachfolgenden Seiten davon überzeugen, dass die Natur häufig der bessere Chemiker war und ist. Die sog. Biopolymere werden mit einem ganz anderen energetischen Aufwand aufgebaut und sie werden nach entsprechender Nutzung mit niedrigstem Energieeinsatz auch wieder einem „Naturrecycling" unterzogen. Insofern werden Ihnen die nächsten Seiten einen Blick auf die Struktur und den chemischen Aufbau der Biopolymere gewähren, die „unser Leben machen", und Sie werden einen Blick auf diejenigen Biopolymere richten können, die möglicherweise die Antwort auf die Müllprobleme sind (→ S. 274 ff.).

Ein Blick in den Chemie-Baukasten des Lebens: Biopolymere

Für die **Biopolymere** gilt das Gleiche wie für die „Kunst"-Polymere (→ S. 235 im Kasten): Auch bei den Biopolymeren befinden wir uns in einem Teilgebiet der organischen Chemie, auch die Biopolymere sind aus Monomeren aufgebaut, die Hauptelemente können ebenfalls mit dem Wort SCHON zusammengefasst werden und es entstehen wie bei den Kunststoffen Makromoleküle, die als **Biomakromoleküle** bezeichnet werden. Der einzige Unterschied besteht darin, dass der Rohstoff, aus dem die Monomere für die Kunststoffsynthese stammen, das Erdöl ist, während es sich bei den Biopolymeren um natürliche oder nachwachsende Rohstoffe handelt.

Biopolymere sind in der Natur vorkommende Polymere, die die Grundbausteine lebender Organismen darstellen.

Als Beispiele gelten:

1. Proteine (Eiweiße): Ihre Monomere sind die **Aminosäuren** (→ S. 189 ff.). Die Aminosäuren werden über **Peptid-** bzw. **Amidbindungen** miteinander verknüpft (→ S. 264 ff.). Proteine sind demnach **Biopolyamide bzw. Polypeptide**.

2. Lipide (Fette): Als Monomere dienen diverse **Carbonsäuren** und **Alkohole**. Die Carbonsäuren, die Fette aufbauen, werden als **Fettsäuren** bezeichnet (→ S. 162 ff.). Die Verknüpfung der Alkohole mit den Fettsäuren verläuft über die **Veresterung**, es werden **Esterbindungen** ausgebildet (→ S. 160 ff. unter Buttersäure und → S. 262 ff.). Lipide sind das natürliche Pendant zu den Polyestern, also **Biopolyester**.

3. Polysaccharide (Mehrfachzucker, die zu den Kohlenhydraten gehören): Ihre Monomere sind **Einfachzucker** (Monosaccharide, z. B. Glucose in Form von Traubenzucker) und **Zweifachzucker** (Disaccharide, z. B. Saccharose in Zuckerrüben und Zuckerrohr, also Rüben- bzw. Rohrzucker). Die Einfachzuckermonomere werden über sog. **glycosidische Bindungen** (auch Glycosidbindungen) miteinander verknüpft.

Die wichtigsten Vertreter der Polysaccharide sind die pflanzliche **Stärke** (z. B. in Kartoffeln und im Getreide), die tierische Stärke **Glykogen** (Energiereservestoff in der Leber und in den Muskeln der Tiere) und die **Cellulose** (z. B. in Form von Holz und allgemein als Gerüstsubstanz für die Zellwände der Pflanzen).

Chemisch sehr eng verwandt ist auch das **Chitin**, welches als Gerüstsubstanz das Außenskelett von Insekten und Krebstieren aufbaut und auch Bestandteil in den Zellwänden von Pilzen ist.

Dieser Panzer besteht aus Chitin.

4. Nucleinsäuren (als Erbinformation in Form der **DNA** und als ausführende Moleküle der Proteinbiosynthese in Form der **RNA**): Monomere stellen in diesem Fall die **Nucleotide** dar. Diese sind wiederum aufgebaut aus dem Zuckermolekül Desoxyribose bzw. Ribose, einem Phosphorsäurerest und einer organischen Base. DNA und RNA sind demnach **Polynucleotide**, bei denen die einzelnen Nucleotide über die Phosphorsäurereste miteinander verknüpft werden. Diese bilden nach beiden Seiten Esterbindungen aus und werden deshalb als **Phospho-di-Esterbindungen** bezeichnet.

Es ist bemerkenswert, dass alle Bindungen bei den Biopolymeren über eine (Poly-) **Kondensationsreaktion** zustande kommen (→ S. 238 ff.). In allen Fällen sind funktionelle Gruppen beteiligt, die in ihrer Summe die Abspaltung von Wassermolekülen zulassen. Dabei ist außerdem festzuhalten, dass diese Reaktionen in aller Regel unter den Reaktionsbedingungen ablaufen, die der tierische Körper oder der pflanzliche Organismus zur Verfügung stellt. Dies gilt auch für die Umkehrung dieser Reaktionen: Sie und alle Tiere nehmen über die Nahrung genau diese Biopolymere (z. B. in Form der sog. Nährstoffe) zu sich und Ihr Körper muss sie, um eine Verdauung der Riesenmoleküle bewerkstelligen zu können, zunächst in die Monomere zerlegen können. Dies geschieht unter anderem durch die Zufuhr von Wasser. Der Chemiker bezeichnet die Umkehrreaktion der Kondensationsreaktion als **Hydrolyse**, also als Lösung der Bindung durch Wasserzufuhr.

Auf den nachfolgenden Seiten sollen diese Biopolymere genauer betrachtet werden.

Von Fetten, Ölen, fetten Ölen und öligen Fetten

> Fette sind Ester des dreiwertigen Alkohols Glycerin mit verschiedenen Fett-
> säuren.

Alles klar? Sicherlich erst einmal nicht, denn wenn Sie an Fette denken, dann vielleicht deshalb, weil das Fleisch des letzten Sonntagbratens doch etwas sehr durchwachsen war oder die letzte Diät schon etwas länger zurückliegt.

Das Körperfett hat, auch wenn es auf den Hüften oft störend wirkt, rein biologisch gesehen seine Existenzberechtigung: Es polstert uns, um Stöße abzufedern, es isoliert gut und hält uns deshalb

Da läuft einem das Wasser im Munde zusammen.

bei Kälte warm. Es ist am Bau jeder Zellmembran in jeder einzelnen Zelle unseres Körpers (in Form von sog. Phospholipiden) beteiligt. Unsere Nervenzellen isoliert es voneinander, wie die Isolierung eines Stromkabels, um den ungestörten Transport der elektrischen Signale in den Nerven zu gewährleisten.

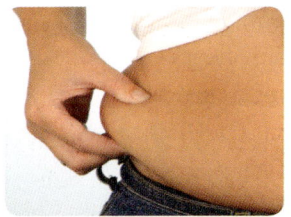

Auch wenn seine Verbrennung bei körperlicher Anstrengung erst einsetzt, wenn alle anderen Energiereserven in Form von Zuckern und anderen Kohlenhydraten aufgebraucht sind, ist es

Wenn es erstmal so weit ist ... doch ein sehr energiereicher

Brennstoff unseres Körpers. Diese Eigenschaft zeigt sich auch in der Tatsache, dass schon sehr früh in der Menschheitsgeschichte Fette als Brennstoffe z. B. in Lampen eingesetzt wurden.

... hilft nur noch viel Bewegung.

In diesem Zusammenhang dürften allerdings die Öle bekannter sein. Sie werden auch als fette Öle bezeichnet und die Unterscheidung in Fette und Öle begründet sich letztlich über ihren Zustand bei Raumtemperatur: Sind sie bei dieser Temperatur fest, spricht man von Fetten, sind sie flüssig, von Ölen.

Was alle Fette und Öle gemeinsam haben ist, dass sie in organischen Lösungsmitteln wie Benzin und Petrolether gut löslich, in Wasser aber nahezu unlöslich sind (→ S. 340 ff.). Deshalb schwimmen sie als Fettaugen auf der Suppe oder das Salatöl und der Essig (der ja auch eine wässrige Lösung ist) vermischen sich beim Herstellen einer Vinaigrette nicht so recht. Ihre Salatsoße stellt als Stoffgemisch deshalb eine Emulsion dar (→ S. 23 ff.).
Der Ausspruch „Fett schwimmt oben" weist auf die Dichte hin: Fette und Öle haben in der Regel eine geringere Dichte als Wasser (→ S. 13 ff.).

Glycerin und Fettsäuren: die Stoffe, aus denen die Fette sind

Fette sind chemisch gesehen sehr unterschiedlich im Aufbau. Allerdings lassen sie sich auf einen Grundtyp zurückführen: Sie bestehen aus zwei Bausteinen: aus dem Alkohol Glycerin (auch Glyzerol oder Glyzerin) und den Fettsäuren.

Der **Alkohol Glycerin** hat wie alle anderen Alkohole als charakteristische Gruppe im Molekül eine **OH-** oder **Hydroxyl-Gruppe**. Ethanol, der in den Trinkalkoholika enthalten ist, hat eine dieser Gruppen, er ist demnach einwertig. Die zwei C-Atome lassen erkennen, dass sich dieser Alkohol vom Gas Ethan ableitet (→ S. 154 ff. unter Alkane).

Ethanol ist ein einwertiger Alkohol, da er eine OH-Gruppen besitzt.

$$H-\underset{\underset{H}{|}}{\overset{\overset{H}{|}}{C}}-\underset{\underset{H}{|}}{\overset{\overset{H}{|}}{C}}-\overline{\underline{O}}-H$$

Die OH-Gruppe wird als Hydroxyl-Gruppe bezeichnet.

Der Alkohol Glycerin besitzt drei dieser Gruppen und ist somit dreiwertig. Er gehörte deshalb chemisch gesehen zu den Triolen: Die Endung -ol von Alkohol und die Vorsilbe *tri-* für die Zahl drei.

Glycerin (Propantriol) ist ein dreiwertiger Alkohol, da er drei OH-Gruppen besitzt.

$$H_2C-OH$$
$$HC-OH$$
$$H_2C-OH$$

Chemisch exakt heißt er 1,2,3-Propantriol, da er aus einer Kette von drei Kohlenstoffatomen aufgebaut ist, die sich vom Gas Propan ableiten lässt, und weil an jedem Kohlenstoff eine Hydroxyl-Gruppe hängt. Vielleicht kennen Sie das Glycerin auch aus dem Haushalt, denn es verhindert, aufgebracht auf die Türgummis im Auto, das Zufrieren der Türen im Winter. Es wird wegen dieser Eigenschaft auch z. B. als Frostschutzmittel in der Scheibenwaschanlage und im Kühlwasser eingesetzt.

Kühlwasserbehälter

Weil es süß schmeckt, ist es auch ein beliebtes Süßungsmittel. Eine zweifelhafte Berühmtheit erlangt Glycerin beim Weinpanschen: Weil es diejenigen auf den Plan ruft, die mit dem herben oder trockenen Geschmack ihres Rebensaftes nicht zufrieden sind, wird Glycerin illegal Wein oder Sekt zugegeben.

Die **Fettsäuren** wurden Ihnen bereits vorgestellt (→ S.162 ff.), weshalb hier die direkte Hinwendung zu den Fetten selbst erfolgen kann, den **Estern** aus **Glycerin** und **Fettsäuren**:

Das in der Mitte stehende Glycerinmolekül (senkrechter Balken/Strich bzw. senkrecht stehende Kohlenstoffkette) ist hier mit drei verschiedenen Fettsäuren (Stearinsäure, Linolsäure und Ölsäure) verestert.

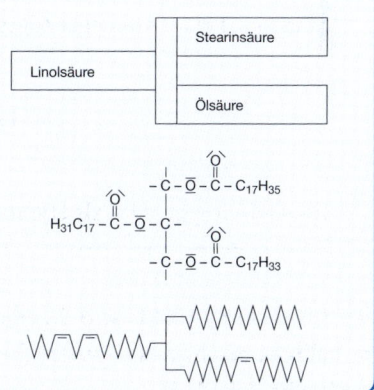

In der organischen Chemie wird eine Stoffgruppe als **Ester** bezeichnet, bei der eine Kohlenwasserstoffkette über eine -COO-Gruppe mit einer weiteren Kohlenwasserstoffkette verknüpft wird (→ S. 160 f. unter Buttersäure und → S. 262 ff.). Bei den Fetten und Ölen werden – wie im Kasten oben zu sehen – vom Alkohol Glycerin alle drei OH-Gruppen mit den entsprechenden -COOH-Gruppen der Fettsäuren (insgesamt pro Fettmolekül drei Fettsäuren) verknüpft. Fettmoleküle werden deshalb auch als Triglyceride bezeichnet. Die Verknüpfung geschieht unter Abspaltung von Wasser, es ist also eine

Kondensationsreaktion. Es entsteht die typische Estergruppe R-COO-R':

Eines der beiden R ist eines der Kohlenstoffatome im Alkohol (hier Glycerin), das andere R (hier R') ist die Kohlenwasserstoffkette der jeweiligen Fettsäure. Die Reaktion wird als **Esterbildung** oder **Veresterung** bezeichnet. Hier zur Wiederholung die Reaktionsgleichung (→ S. 162 unter Buttersäure):

Carbonsäure + Alkohol   Ester   Wasser

Die Rückreaktion, also die Umwandlung eines Fettes in den Alkohol Glycerin und die entsprechenden Carbon- bzw. Fettsäuren, ist die **Esterspaltung**. Sie ist chemisch gesehen eine **Hydrolyse** (→ S. 284) und wird im speziellen Fall der Fette auch Esterhydrolyse oder **Verseifung** genannt (→ S. 162, S. 291 f. und S. 292 f.).

Jetzt müsste Ihnen eigentlich der Kasten auf S. 285 mehr sagen. Lesen Sie ihn doch noch einmal …

Warum die Butter im Kühlschrank hart wird

Die Unterschiede in den chemischen und physikalischen Eigenschaften der Fette und Öle kommen durch die unterschiedlichen Anteile der Fettsäuren zustande. Sie erkennen in der Abbildung oben, dass es in einem Fettmolekül nicht immer die gleiche Fettsäure sein muss, die mit Glycerin verbunden (sprich: verestert) ist.

So hat Kokosfett einen fast 50%igen Anteil an der gesättigten Fettsäure Laurinsäure. Butter hingegen besitzt an dieser Säure nur einen verschwindend geringen Anteil. Dafür ist bei Butter der Anteil an Ölsäure und Palmitinsäure wesentlich höher. Olivenöl z. B. hat einen 75%igen Anteil von (der einfach ungesättigten) Ölsäure an den im Olivenöl enthaltenen Fettsäuren. Der Hauptanteil (knapp 60 %) an den Fettsäuren des Sonnenblumenöls trägt die (zweifach ungesättigte) Linolsäure.

Dass die Butter im Kühlschrank hart wird und sich wehrt, auf das Sonntagsbrötchen gestrichen zu werden, hängt mit dem Anteil der gesättigten und ungesättigten Fettsäuren zusammen (→ S. 162 ff.): Je höher der Anteil der gesättigten Fettsäuren, desto härter und fester wird das Fett bei niedrigen Temperaturen. Olivenöl und Sonnenblumenöl werden im Kühlschrank nicht fest, denn ihr Anteil an den  ungesättigten Fettsäuren ist wesentlich höher. Und da deren Erstarrungstemperaturen bei wesentlich niedrigeren Temperaturen liegen, bleibt das Öl im Kühlschrank flüssig. Ersparen Sie sich den Ärger mit der harten Butter: Steigen Sie um auf Margarine, denn diese wird aufgrund des hohen Anteils an ungesättigten Fettsäuren im Kühlschrank garantiert nicht hart. Das hat aber andere Nachteile …

Warum Nickelallergiker Margarine meiden sollten

Margarine wird meist aus Pflanzenölen hergestellt. Das alleine erklärt schon, warum sie aus dem Kühlschrank kommend streichfähig ist: Ihr Anteil an ungesättigten Fettsäuren  ist wesentlich höher als bei der Butter. Allerdings ist sie aber auch nicht so flüssig wie z. B. das Sonnenblumenöl, aus dem Margarine unter anderem hergestellt wird. Im Herstellungsprozess der Margarine aus Sonnenblumenöl wird der Anteil an gesättigten Fettsäuren in diesem Sonnenblumenöl erhöht. Dies geschieht

Margarine ist gleich streichfähig. dadurch, dass der Anteil der ungesättigten Fettsäuren abnimmt, weil man den Doppelbindungen in den ungesättigten Fettsäuren Wasserstoff zuführt, sie also mit Wasserstoffatomen satt macht bzw. sie mit Wasserstoff sättigt. Diese Reaktion wird als **Hydrierung** bezeichnet. (→ S. 279 f. unter Rohstoffliches Recycling)

Diese Hydrierung geschieht mithilfe von Katalysatoren. Die Katalysatoren ermöglichen eine Reaktion des Wasserstoffs mit den Doppelbindungen der ungesättigten Fettsäuren bei relativ niedrigen Temperaturen. Das schont das Öl vor zu hohen Temperaturen. Allerdings setzt die metallische Oberfläche der Katalysatoren beim Herstellungsprozess der Margarine immer Spuren von Nickel frei. Nickelallergiker sollten deshalb nicht zu viel Margarine essen bzw. sie ganz von ihrem Speiseplan streichen und lieber Butter essen. Dann sollten Sie die Butter aber rechtzeitig vor der Mahlzeit aus dem Kühlschrank nehmen – damit es wirklich ein Genuss ohne Hindernisse wird!

Analogkäse, Plastikkäse, Kunstkäse – alles Käse?!

Käse ist nicht immer wirklich Käse. Meist denkt man, der Käse stamme von (zugegeben) nicht mehr ganz so glücklichen Kühen – was für einen gewissen Realitätssinn spricht–, aber immerhin von Kühen. Doch das muss nicht zwangsläufig so sein.

Normalerweise erfolgt die Käsezubereitung in folgenden Schritten:

1. Gerinnen lassen (= „Dicklegen") der Milch mithilfe von Lab-Enzymen und/oder Milchsäurebakterien

2. Verarbeiten und Formen des sog. Käsebruchs (= feste Milchbestandteile wie Eiweiße und Fette; → S. 247 f. unter Galalith und Kunsthorn) inklusive der Abtrennung der flüssigen Bestandteile (= Molke)

3. Salzen, Waschen und Beimpfen (einlegen in ein Salzbad und evtl. beimpfen mit Edelpilzkulturen z. B. zur Erzeugung von Blauschimmel)

4. Reifung (von wenigen Tagen bis zu Jahren)

Natürlicherweise vergeht dabei eine Menge Zeit und weil Zeit bekanntlich Geld kostet, tauschen findige Hersteller das Milchfett kurzerhand gegen Pflanzenfett aus, geben Eiweißpulver, Wasser, Aromen, Stärke und Geschmacksverstärker hinzu, rühren und kneten kräftig durch und schon ist in wenigen Minuten das Käseimitat fertig. Der Verbraucher schmeckt es meist noch nicht einmal. Nur was die Bezeichnung „Käse" trägt, muss auch echter (100%-Milchfett-)Käse sein. In vielen Back-Shops und Fastfood-Restaurants isst man nur vermeintlich Käse auf dem „Käse"-Brötchen oder dem „Käse"-Burger. „Käse"-Brötchen oder -Stangen sind dann auch nicht mehr „mit Käse überbacken" sondern einfach „überbacken". Die Hersteller und Vertreiber bedienen sich bei „streufähigem

Hier reift Käse heran.

Pizza mit Käse oder mit „Käse"?

Backbelag für Pizza" oder beim sog. Gastro- oder Pizza-Mix, wie das Käseimitat im Handel genannt wird, sparen 40 bis 50 % beim Einkauf gegenüber herkömmlichem Käse, können bei höheren Temperaturen und damit schneller Tiefkühlpizza fertigen (echter Käse brennt bei ca. 200°C an, das Käseimitat hält aufgrund des höheren Anteils an ungesättigten Fettsäuren 400°C locker aus) und ersparen sich so eine Menge Kosten – auf Kosten der Verbraucher und vor allem der nun auch nicht mehr ganz so glücklichen Milchbauern, die so einen weiteren Absatzmarkt für ihre Milch verlieren. Häufig wird auf Lebensmittelverpackungen mit Bildern von echtem Käse geworben, obwohl auf der Zutatenliste nicht von Käse, sondern von „Lebensmittelzubereitung mit Pflanzenfett" die Rede ist. Oder man schreibt „mit Käse" auf die Packung, obwohl der echte Milchfettkäse mit einem hohen Anteil an Käseimitat gestreckt ist. Na ja, wer würde auch schon ein Lebensmittel essen, auf dem „mit Käseimitat" oder „Brötchen mit Belag aus Pflanzenfett" steht …

Herstellung von Seifen aus Fetten: die Verseifung

Die Rückreaktion der Veresterung ist die Verseifung. Hierbei werden Fette (meist pflanzliche Öle, aber auch tierische Fette) mit alkalischen Lösungen (z. B. Natronlauge oder Kalilauge) und Wasser bis zum Sieden erhitzt (**Seifensiederei**). Die Wassermoleküle, die bei der Veresterung zwischen den OH-Gruppen des Glycerins und den -COOH-Gruppen der Fettsäuren abgespalten wurden, werden nun wieder zugeführt und die Esterbindung wird gespalten. Der Alkohol Glycerin wird wieder frei.

Da die Fettsäuren eben Säuren sind, liegen sie in der alkalischen Lösung als Säureanionen (in diesem Fall als sog. Carboxylationen) vor. Diese Säureanionen bilden mit den Kationen der Natron- und Kalilauge, also den Natrium- und Kaliumionen (Na^+ und K^+), die **Seifensalze**, die eben auch Seifen genannt werden.

$$
\begin{array}{l}
R_1\text{—COO—}CH_2 + NaOH \quad\quad HO\text{—}CH_2 \\
\quad\quad\quad\quad | \\
R_2\text{—COO—}CH \;+ NaOH \rightarrow HO\text{—}CH \;+\; R_3\text{—COONa} + R_2\text{—COONa} + R_1\text{—COONa} \\
\quad\quad\quad\quad | \\
R_3\text{—COO—}CH_2 + NaOH \quad\quad HO\text{—}CH_2 \\
\quad\quad\text{Fett} \quad\quad\quad \text{Natron-} \quad\; \text{Glycerin} \quad\quad\quad\quad\quad\quad \text{Seifensalze} \\
\;(R_1, R_2, R_3 = \quad\;\; \text{lauge} \\
\;\text{Fettsäuren})
\end{array}
$$

Hier lassen sich je nach verwendeter alkalischer Lösung die **Kernseife** (Verwendung von Natronlauge) und die **Schmierseife** (Verwendung von Kalilauge) unterscheiden. Übrigens gibt es viele einfache Rezepte, wie man Seife leicht selbst herstellen kann. Beachtet man entsprechende Schutzmaßnahmen (die alkalischen Lösungen sind ätzend!), sind durch Zugabe von Duft- und Farbstoffen den Kreationen eigener Naturseifen keine Grenzen gesetzt. Neben dem hier kurz beschriebenen Heißverfahren gibt es auch noch das **Kaltverfahren**, welches bei geringerer Temperatur (bis 60°C), aber wesentlich längerer Verseifungszeit (4 bis 6 Wochen) stattfindet. Allerdings liefert dieses Verfahren hochwertige, glycerinhaltige Leimseifen. Zur Waschwirkung von Seifen im Allgemeinen später mehr (→ S. 340 ff.).

Die Verseifung und der Fettbrand

Die Unfälle mit Fetten in der Küche sind relativ häufig – aber eigentlich vermeidbar. Wenn sich allerdings das heiße Fett in der unbeaufsichtigten und meist in solchen Fällen vergessenen Bratpfanne entzündet, ist guter Rat teuer und der Gedanke, mit Wasser zu löschen, nah – aber fatal. Der erste Gedanke ist hier der schlechteste: Kommt das heiße Fett mit dem Wasser in Berührung, dann verdampft das Wasser schlagartig, reißt feinste Fetttröpfchen mit, die dann zu allem Überfluss noch brennen. Eine **Fettexplosion** ist die Folge.

Womit dann löschen? Wenn Sie wirklich meinen, in solchen Fällen alle sieben Sinne beieinander zu haben, dann liegt das offene Fenster nahe. Die praktische Umsetzung lässt aber meist zu wünschen übrig: Sie werden – sofern Sie nicht ohnehin verletzt sind – in dieser Situation Ihre sieben Sinne nicht beieinander haben. Und das Fenster ist dann doch weiter entfernt als gedacht … Die Flamme muss erstickt werden. Einen Eimer Sand hat wohl niemand einfach so in Reichweite in der Küche stehen. Löschdecken waren einmal das Mittel der Wahl, denn mittlerweile haben Untersuchungen gezeigt, dass die allermeisten Decken diesen hohen Temperaturen nicht standhalten.

Sie mögen von einem Fettbrand verschont bleiben, aber sollte es doch einmal passieren, dann wäre es das Beste, Sie hätten einen **Fettbrandlöscher** zur Hand. Diese enthalten ein spezielles Löschmittel der sog. Brandklasse F, das für das Löschen von Speisefett und -ölbränden in haushaltsüblichen Töpfen und Pfannen, Frittier- und Fettbackgeräten konzipiert ist.

Zunächst hat dieses Löschmittel einen Abkühleffekt auf die brennende Flüssigkeit. Der eigentliche Löscheffekt besteht aber darin, dass das Löschmittel Stoffe enthält, die die Verseifung auslösen: Bei Betätigung des Löschers reagiert das Löschmittel mit dem heißen Fett, es bildet sich sofort eine zentimeterdicke Schicht aus Seifensalzen, die die Flamme erstickt. Dadurch wird auch eine Rückentzündung des Fettes verhindert.

Das A und O der Fettsäuren: von Alpha-Linolensäure bis Omega-Fettsäuren

Kaum ein Nahrungsmittel, das in jüngster Zeit ohne den Zusatz „Reich an Omega-Fettsäuren" oder „Enthält Omega-Fettsäuren" auskommt.

Die Omega-Fettsäuren gehören zur Gruppe der ungesättigten Fettsäuren (→ S. 162 ff.), d. h., im Molekül befinden sich neben der typischen funktionellen Gruppe der Carbonsäuren noch Doppelbindungen in der Kette der Kohlenstoff- und Wasserstoffatome. **Omega-Fettsäuren** sind meist mehrfach ungesättigt, enthalten also mehrere Doppelbindungen in der Kohlenstoff-Wasserstoff-Kette. Das Omega steht dabei ganz allgemein für das letzte Kohlenstoffatom in dieser Kette, unabhängig davon, wie lang diese Kette ist (der griechische Buchstabe Omega [Ω] ist der letzte Buchstabe im griechischen Alphabet). So nummeriert man vom Kettenende, also vom gegenüberliegenden Ende der Carboxyl-Gruppe her, die Kohlenstoffatome durch.

Zu den **Omega-3-Fettsäuren** gehört z. B. die **Linolensäure**. Sie ist eine dreifach ungesättigte Fettsäure, da sie jeweils an den Kohlenstoffatomen 9, 12 und 15 – vom Kettenanfang, also von der COOH-Gruppe aus gezählt – eine Doppelbindung trägt.

Es handelt sich hier um eine Omega-3-Fettsäure, weil das dritte C-Atom – vom Kettenende, also von Kohlenstoffatom 18 her gesehen – dasjenige ist, das eine Doppelbindung trägt.

Zu den **Omega-6-Fettsäuren** gehören z. B. die **Linolsäure** und die **Arachidonsäure** (→ S. 163 Kasten). Vom entgegengesetzten Ende – also nicht aus der Richtung der COOH-Gruppe – gezählt, sitzt hier jeweils die erste Doppelbindung am sechsten Kohlenstoffatom, deshalb Omega-6-Fettsäure. Ingesamt besitzt die Arachidonsäure vier Doppelbindungen, ist also eine vierfach ungesättigte Fettsäure, die Linolsäure besitzt zwei Doppelbindungen und ist eine zweifach ungesättigte Fettsäure.

Allgemein gehören die Omega-Fettsäuren zu den **essenziellen Fettsäuren**, d. h., sie können vom Körper nicht selbst hergestellt, sondern müssen ihm von außen zugeführt werden. Dazu gehören für den Menschen die **Linolsäure** und die **Linolensäure**.

Die Linolensäure wird auch häufig nach einer älteren Bezeichnung als **Alpha-** oder **α-Linolensäure** bezeichnet (Kurzform **ALA**, wobei das hintere *A* wieder für das englische *Acid* steht), da das erste Kohlenstoffatom der Kohlenstoff-Wasserstoff-Kette die COOH-Gruppe trägt (was allerdings für viele andere Fettsäuren auch gilt, aber da vernachlässigt wird). Das erste C-Atom nach der COOH-Gruppe wird demnach als α-C-Atom bezeichnet (ist aber bei normaler Zählweise das C-Atom mit der Nummer zwei). Die Alpha-Linolensäure und die Linolsäure sind als essenzielle und damit wichtige Fettsäuren in jüngster Vergangenheit in Mode gekommen. Obwohl viele Nahrungsmittel reich an diesen essenziellen Fettsäuren sind (Linolsäure kommt z. B. in Sonnenblumenöl, Sojaöl und Maiskeimöl vor, Linolensäure in Perillaöl – Perilla ist eine krautige Pflanze, die auch Schwarznessel genannt wird –, Leinöl, Hanföl und Walnussöl), konnten ihnen bislang keine direkten positiven Wirkungen für den Organismus nachgewiesen werden. Allerdings sind beide (lebenswichtige) Ausgangsstoffe für weitere wichtige Zwischenstoffe des Organismus: ALA z. B. ist der Ausgangsstoff für zwei weitere wichtige Omega-3-Fettsäuren in unserem Organismus, denn ALA wird über den menschlichen Stoffwechsel (zu einem Anteil von etwa 5–10 % der aufgenommenen ALA-Menge) in **Eicosapentaensäure** (EPA) bzw. **Docosahexaensäure** (DHA) umgewandelt.

Beide Namen klingen kompliziert, sind es aber im Grunde genommen nicht: *Eicosa* stammt aus dem Griechischen und steht für die Zahl Zwanzig, *docosa* steht dementsprechend für die Zahl Zweiundzwanzig. Diese Wörter beschreiben die Anzahl

der Kohlenstoffatome in den jeweiligen Molekülen. *Pentaen* und *hexaen* sagen aus, dass EPA
fünf Doppelbindungen und DHA sechs Doppelbindungen enthält, man es also hier mit fünffach
bzw. sechsfach ungesättigten Fettsäuren zu tun hat.
Beide können als Omega-3-Fettsäuren benannt werden, weil die letzte Doppelbindung im Molekül bei
beiden Fettsäuren am dritten C-Atom liegt – wenn
man zur COOH-Gruppe hin zählt.

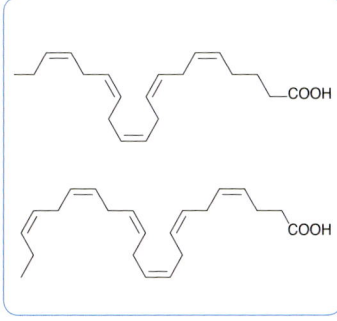

Beide Omega-3-Fettsäuren spielen zum einen als Umwandlungsprodukte der Alpha-
Linolensäure eine wichtige Rolle, zum anderen aber auch als **Nahrungsergänzungsmit-**

*Thunfisch ist ein bekannter Lieferant
von Omega-3-Fettsäuren.*

tel, da sowohl DHA als auch EPA in fetten See-
fischen wie Thunfisch, Makrele, Ölsardine,
Hering, Sardelle oder Lachs vorkommen und
die Ausbeute der beiden Fettsäuren im Organismus eben nur ca. 5–10 % beträgt (sofern die
Zufuhr an ALA als ausreichend vorausgesetzt
werden kann). Die Fische produzieren allerdings DHA nicht selbst, sondern reichern sie
durch das Fressen von DHA-produzierenden

Algen und Plankton in ihrem Fettgewebe an.

Auf DHA ist man stärker aufmerksam geworden, weil diese Fettsäure vor allem in
der Entwicklung des Säuglingsgehirns in den ersten sechs Lebensmonaten eine herausragende Rolle spielt. Dies steht im Zusammenhang mit der immer wieder heiß diskutier-
ten Frage, ob gestillte Kinder einen besseren Start erhalten als Kinder, die die Flasche
bekommen. Man geht mittlerweile davon aus, dass sich bei Fütterung mit industriell
gefertigter Säuglingsnahrung und damit fehlender zusätzlicher DHA im Gehirn nur
etwa die Hälfte an DHA anreichert wie bei gestillten Kindern – im Körperfett der
Säuglinge von Geburt an enthaltenes DHA wird abgebaut und dem Gehirn zugeführt.
Ähnliches gilt für die Netzhaut der Kinder. In beiden Fällen führt die stillende Mutter
über die Muttermilch ausreichend DHA zu. Dementsprechend sollten Schwangere
natürlich ebenfalls für eine ausreichende Zufuhr an DHA sorgen. Insofern ist DHA eine
Fettsäure, die die zu Beginn des Abschnitts „Von Fetten, Ölen, fetten Ölen und öligen

Fetten" (→ S. 285 f.) fehlende Unterscheidung zwischen **Struktur- und Depotfetten** deutlich macht: DHA unterstützt die Bildung lebensnotwendiger Strukturfette, z. B. in Form von Membranbausteinen besonders der Nervenzellen. Zu viel Fett – besonders in Form der gesättigten Fettsäuren – führt vom Mund ohne Umwege direkt als Depotfett auf die Hüften …

Als zusätzliche Quellen von DHA – für alle anderen außer unseren Säuglingen – stehen zum einen **Fischöl** aus Fischabfällen fetter Seefische (zum Teil auch in Form von Krill- oder Robbenöl) und zum anderen die Züchtung DHA-produzierender Algen in Form von sog. **Algenöl** zur Verfügung. Gerade aber die aktuelle Überfischung der Meere steht einer weiter zunehmenden Nachfrage nach DHA entgegen, weswegen sich der Verzehr von Algenöl zukünftig als der Königsweg herausstellen könnte. Mittlerweile gibt es nämlich sogar experimentelle Hinweise, dass DHA möglicherweise unterstützend in der Krebstherapie wirkt, denn es hat in Versuchen mit Mäusen eine direkte tumorhem- mende Wirkung gezeigt und bei gleichzeitiger Anwendung zusätzlich den Effekt von chemotherapeutischen Mitteln steigern können.

Das andere Umwandlungsprodukt der Alpha-Linolensäure (ALA) im menschlichen Organismus ist die Eicosapentaensäure (EPA). An dieser Fettsäure lässt sich der eigent- liche Hype um die Omega-3-Fettsäuren festmachen, denn EPA wird alles zugetraut, was das Verhindern von Schäden im Bereich des Herzens und des Blutgefäßsystems (sog. **K**oronare **H**erz**k**rankheit, KHK) angeht. So soll der regelmäßige Verzehr von EPA z. B. Herzrhythmusstörungen, einem zu hohen Blutdruck und einem erhöhten Cholesterin- spiegel vorbeugen. Cholesterin? Was ist denn das?

Exkurs: Kann Omega-3 um den Aufstieg in die Lipid-Liga mitspielen?

Die Formel für einen „gesicherten" Weg zu Koronaren Herzkrankheiten war lange Zeit eine sehr einfache: Je mehr Cholesterin im Blut, desto höher das Risiko, einen Schlag- anfall oder einen Herzinfarkt zu erleiden. Die magische Grenze für das Cholesterin liegt dabei bei 200 Milligramm pro Deziliter (mg/dl) Blut, diese Grenze wurde von einer Expertengruppe 1990 festgelegt. Der Cholesterinspiegel wird auch häufig als Blut- fettwert bezeichnet, wobei es sich beim Cholesterinwert, der z. B. beim Arzt gemessen wird, gar nicht um einen Fettwert im engeren Sinne handelt: Cholesterin selbst ist einem Fett entsprechend lipophil (und somit gleichzeitig hydrophob) und löst sich deshalb im wässrigen Medium des Blutes schlecht (→ S. 340 ff.). Somit muss ein Weg im Körper gefunden werden, das Fett im Blut zu transportieren. Und hier vermitteln sog. **Lipoproteine** zwischen dem hydrophilen Blutlösungsmittel Wasser und dem lipophilen Cholesterin. Diese Lipoproteine übernehmen als Transportmoleküle die Aufgabe, das Cholesterin zu den Körperzellen zu bringen. Wenn also der Cholesterinwert bei Ihnen bestimmt wird, dann das Blutfett zusammen mit seinen Transportproteinen. Je nach Sorte dieser Transportmoleküle unterscheidet man zwischen **HDL-, LDL-** und **VLDL-Cholesterin.** Es sind natürlich wieder Abkürzungen und wenn Sie sich an das Polyethylen erinnern (→ S. 260 ff.), dann war da doch schon einmal etwas mit HD und LD, oder? Richtig! *HD* steht für *High Density* und *LD* für *Low Density* – was für die Kunststoffe recht ist, scheint für die Biopolymere nur billig. Das *L* steht für das entsprechende Lipoprotein und somit kann man festhalten, dass es Lipoproteine mit „hoher Dichte" und solche mit „niedriger Dichte" gibt. Und VLD-Lipoproteine? Das steht für *Very Low Density*, also für sehr niedrige Dichte.

Und die Aufgaben dieser unterschiedlichen Lipoproteine? VLDL transportiert Cholesterin und andere Nahrungsfette von der Leber zu den Geweben. Auf diesem Weg kann es sich von VLDL in LDL umwandeln. LDL nimmt den umgekehrten Weg, denn es transportiert Cholesterin von der Leber zu den Körpergeweben zurück. Das Cholesterin wird in den Körpergeweben benötigt, um z. B. verschiedene Hormone oder auch Vitamin D herzustellen.

Wenn zu viel Cholesterin im Blut vorhanden ist, welches der Körper nicht verwerten kann, kann das LDL das Cholesterin auch ins Blut abgeben. Deshalb wird in diesem Zusammenhang vom LDL als „bösem" Cholesterintransport-Lipoprotein gesprochen, weil sich das abgegebene Cholesterin dann in Form einer sog. **Arteriosklerose** an den Gefäßwänden ablagern kann. Diese Ablagerungen werden auch als **Plaques** bezeichnet, welche sich von der Gefäßwand wieder ablösen können und als Pfropf im zirkulierenden Blut mitgerissen werden. So können sich diese Pfropfen an Engstellen der Herzkranzgefäße oder in den Blutgefäßen des Gehirns festsetzen (sog. Thrombosen) und einen Herzinfarkt oder auch einen Hirninfarkt (auch Schlaganfall genannt) auslösen.

Das HDL hingegen nimmt überschüssiges Cholesterin auf und transportiert es von den Körpergeweben zur Leber zurück. Da HDL dabei auch Cholesterin aus diesen arteriosklerotischen Plaques aufnehmen und so Gefäßablagerungen verringern kann, spricht man vom HDL auch landläufig als „gutem" Cholesterintransport-Lipoprotein.

Einige Mediziner sind nun allerdings der Meinung, dass das Absenken des „bösen" LDL-Wertes um (fast) jeden Preis nicht mehr zeitgemäß ist, denn einige Pharmafirmen verdienen an diesen Cholesterinsenkern (sog. Statine) weltweit Milliarden. Nicht ohne freilich dafür zu sorgen, dass sich die einfache Formel vom Beginn dieses Exkurses als Legende zäh in den Köpfen möglicher Betroffener und ihrer behandelnden Ärzte hält. Möglicherweise auch zu diesem Zweck wurde die sog. Lipid-Liga gegründet, hinter der sich eigentlich die „Deutsche Gesellschaft zur Bekämpfung von Fettstoffwechselstörungen und ihren Folgeerkrankungen" DGFF e.V. verbirgt und die von großen Herstellern der Cholesterinsenker ideell, materiell und personell unterstützt wird – ein Schelm, der Böses dabei denkt. Omega-3-Fettsäuren wie EPA wird wohl der Aufstieg in diese Lipid-Liga aufgrund ihrer cholesterinsenkenden Wirkung verwehrt bleiben – weil sie ja an den Pharmafirmen vorbei rezeptfrei zu haben sind. Übrigens genauso wie eine generell gesunde Ernährung und genügend Bewegung …

Omega-3 versus Omega-6: Sieger Omega-3 – aber nur, wenn nicht höher als 4 : 1 verloren wird!

Auch wenn sowohl die Linolen- als auch die Linolsäure essenzielle Fettsäuren sind, so ist doch nicht gesagt, dass ihre Funktion für den menschlichen Organismus gleichermaßen vorteilhaft sein muss. Im Hinblick auf die Zwischenstufen der beiden Omega-Fettsäuren geht es sogar so weit, dass bei einer Zwischenstufe der Omega-6-Fettsäure Linolsäure von einem Gegenspieler zu den Zwischenstufen der Omega-3-Fettsäure Linolensäure gesprochen werden muss. Aber der Reihe nach: Ebenso wie die Linolensäure innerhalb des menschlichen Organismus in DHA und EPA umgewandelt wird, wird die Linolsäure zunächst in die Zwischenstu-  fen **Gamma-(λ)-Linolensäure (GLA)**, dann in **Dihomo-λ-Linolensäure (DGLA)** und schließlich in die **Arachidonsäure** umgewandelt. Alle Zwischenstufen sind – wie die Ausgangssubstanz Linolsäure auch – Omega-6-Fettsäuren und alle bestehen aus zwanzig Kohlenstoffatomen. Aus ihnen werden deshalb im menschlichen Organismus ähnliche Substanzen, die sog. **Eicosanoiden**, hergestellt. Es sind Verbindungen, die sich dem Namen nach aufgrund der zwanzig Kohlenstoffatome ähnlich sind und die allesamt an Entzündungsprozessen im Körper beteiligt sind: Da gibt es zum einen Eicosanoide, die entzündungshemmend wirken und zum anderen Eicosanoide, die entzündungsfördernd wirken. Was die Entzündungen in Ihrem Körper angeht, kann man also bei den Eicosanoiden (wie auch beim  Cholesterin) von „guten" und „bösen" sprechen. Die „guten" Eicosanoide werden aus der EPA-Fettsäure der Linolensäure und der DGLA-Fettsäure der Linolsäure gebildet. Die „bösen" Eicosanoide werden ausschließlich aus der Arachidonsäure der Linolsäure hergestellt. Somit sollte dem Körper möglichst wenig an Arachidonsäure zugeführt werden, was sich mit der Vermeidung von arachidonsäurehaltigen Lebensmitteln wie z. B. Schweineschmalz, Schweineleber, Eigelb und Leberwurst bewerkstelligen lässt.

Das gilt letztlich auch für die oben erwähnte λ-Linolensäure, welche eine Vorstufe der Arachidonsäure darstellt. Sie ist aber auch gleichzeitig die Vorstufe für DGLA, welche „gute" Eicosanoide herstellt, womit die Tatsache, dass Linolsäure als essenzielle Fettsäure dem Körper zugeführt werden muss, begründet wäre. Und hier greift das Prinzip der Gegenspieler: Es kommt auf das Verhältnis der Aufnahme von Omega-3- und Omega-6-Fettsäuren zueinander an. Dieses liegt natürlicherweise überwiegend auf der Seite der Omega-6-Fettsäuren, da ihr natürliches Vorkommen in den Nahrungsmitteln wesentlich höher liegt als das der Omega-3-Fettsäuren. Das Verhältnis der aufgenommenen Omega-6-Fettsäuren zu den Omega-3-Fettsäuren liegt aktuell in Deutschland bei durchschnittlich 15 bis 20 : 1, d. h., der Anteil an Omega-6-Fettsäuren liegt viel zu hoch und sollte – wie in der Überschrift zu diesem Abschnitt angedeutet – auf ein günstigeres Verhältnis von etwa 4 : 1 verschoben werden. Dieses Verhältnis lässt sich verschieben, indem man den Anteil an Omega-6-Fettsäuren verringert und/oder gleichzeitig den Anteil der Omega-3-Fettsäuren an der Ernährung erhöht. So können Sie z. B. das Sonnenblumenöl oder Distelöl in Ihrer Küche (welche jeweils Verhältnisse Omega-6- : Omega-3-Fettsäuren von 120 : 1 bzw. 150 : 1 (!) aufweisen) leicht durch Hanföl (3 : 1), Rapsöl (2 : 1) oder Walnussöl (6 : 1) ersetzen. Dies wirkt sich z. B. günstig auf Entzündungsprozesse von Gelenkerkrankungen wie Arthrose, Arthritis und auch Rheuma aus. Die Umwandlung der „guten" DGLA in die „böse" Arachidonsäure im menschlichen Körper lässt sich z. B. auch durch die Zufuhr von Vitamin E und in dringenden Fällen durch Kortison verhindern.

Die häufigsten Bausteine im Baukasten des Lebens: Kohlenhydrate

Die Kohlenhydrate begegnen Ihnen meist als Fette und Proteine und das nicht nur als Nährstoffe in diversen Lebensmitteln, sondern auch in der freien Natur, denn Kohlenhydrate machen einen Großteil der sog. **Biomasse** aus. Das ist das gesamte organische Material, das auf der Erde kreucht und fleucht, wächst und gedeiht.

Die **Kohlenhydrate** werden aus historischen Gründen als „Kohlen-Hydrate" bezeichnet, weil man früh erkannte, dass die Kohlenstoffatome in diesen Verbindungen zu den Wassermolekülen das gleiche Anzahlverhältnis haben (→ S. 223 ff.). Dies soll aber nicht heißen, dass an den Kohlenstoffatomen wirklich Wassermoleküle gebunden wären. Später erkannte man, dass es hier nur um das Anzahlverhältnis aller im Molekül gebundenen Atome (die sog. Bruttoformel) geht und dass in den Kohlenhydraten außer Wasserstoff, Kohlenstoff und Sauerstoff noch weitere Atome gebunden sein können, wie z. B. Stickstoff und Schwefel (womit wir wieder bei SCHON wären …).

Zu Beginn des Abschnitts über die Biopolymere wurde ausgeführt, dass die Monomere der Kohlenhydrate die sog. **Monosaccharide** sind (→ S. 283). Sie bestehen aus fünf oder sechs Kohlenstoffatomen, die unter Einbeziehung eines Sauerstoffatoms Ringe bilden.

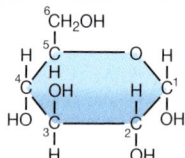

Als Beispiel dient hier das bekannteste Monosaccharid, die **Glucose**, welche auch als **Traubenzucker** bekannt ist. An jedem der Kohlenstoffatome des Rings ist ein Wasserstoffatom und eine OH-Gruppe gebunden (formal und in der Summe also ein Wassermolekül). Da die Kohlenstoffatome und das Sauerstoffatom des Rings in einer Ebene liegen, stehen die gebundenen Wasserstoffatome und OH-Gruppen nach oben oder unten aus der Ebene des Rings heraus. Die Zählung der Kohlenstoffatome erfolgt im Uhrzeigersinn und beginnt rechts neben dem im Ring gebundenen Sauerstoffatom. Eines der Kohlenstoffatome ist in der Regel nicht mit in die Ringbildung eingeschlossen. An diesem sind zwei Wasserstoffatome und eine OH-Gruppe gebunden. Es steht in den Darstellungen der Monosaccharide meist nach oben links (als eine Art „Fähnchen")

aus der Ringebene heraus und trägt die Nummer 5 bei einem Fünfring bzw. die Nummer 6 bei einem Sechsring.

Glucose ist aber leider nicht gleich Glucose, denn es gibt zwei verschiedene Glucosemoleküle, die sich nur in einer Kleinigkeit unterscheiden: Während bei der **α-Glucose** die am Kohlenstoffatom 1 gebundene OH-Gruppe nach <u>unten</u> aus der Ringebene heraussteht, steht sie bei der **β-Glucose** nach <u>oben</u> aus der Ringebene heraus:

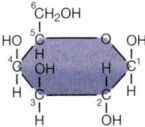

α- und β-Glucose kommen als freie Monosaccharide in süßen Früchten und in Honig vor. Diese Namensgebung mit α und β in Bezug auf die Stellung ober- oder unterhalb der Ringebene gilt für alle Monosaccharide und spielt bei der Verknüpfung der Monosaccharidmonomere in den sich bildenden Biopolymeren eine entscheidende Rolle.

Weitere wichtige Monosaccharide sind:

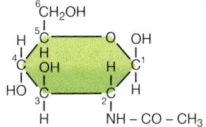

β-Fructose   β-Galactose   β-N-Acetyl-Glucosamin

Nur die **β-Fructose** kommt als freies Monosaccharid noch in süßen Früchten und in Honig vor und wird auch als **Fruchtzucker** bezeichnet. Die anderen Monosaccharide finden Sie bei den nächstgrößeren Einheiten wieder.

Die Monosaccharide werden zu diesen nächstgrößeren Einheiten, nämlich den **Disacchariden,** über **glykosidische Bindungen** verknüpft. Diese Bindungen kommen ganz allgemein dadurch zustande, dass sich die OH-Gruppe eines Kohlenstoffatoms des einen Monosaccharidrings und ein H-Atom aus der OH-Gruppe eines Kohlenstoffatoms eines anderen Monosaccharidrings unter Bildung eines Wassermoleküls miteinander verbinden.

Das Zustandekommen einer solchen glykosidischen Bindung ist also demnach wiederum eine **Kondensationsreaktion**. Im Falle der beiden unterschiedlichen Glucosemoleküle ergeben sich bei der Ausbildung einer solchen Bindung ebenfalls unterschiedliche Möglichkeiten: Verbinden sich zwei α-Glucosemoleküle, dann wird die Bindung zwischen dem Kohlenstoffatom Nummer 1 des einen Moleküls und dem Kohlenstoffatom Nummer 4 des anderen Moleküls geknüpft. Bei beiden Kohlenstoffatomen zeigen die OH-Gruppen, zwischen denen die Bindung durch Wasserabspaltung geknüpft wurde, nach unten. So ist eine **α-1 → 4-glycosidische Bindung** entstanden:

α-1 → 4-glycosidische Bindung

β-1 → 4-glycosidische Bindung

Verbinden sich hingegen zwei β-Glucosemoleküle, steht die OH-Gruppe des Kohlenstoffatoms Nummer 1 des einen Moleküls nach oben und die OH-Gruppe des Kohlenstoffatoms Nummer 4 des anderen Moleküls nach unten. In diesem Fall ist eine **β-1 → 4-glycosidische Bindung** entstanden. So kommt zwar die gleiche Bindungsart zustande – denn auch hier wird aus den beiden OH-Gruppen wieder ein Wassermolekül abgespalten – aber es hat Konsequenzen für die räumliche Anordnung der Glucosemoleküle im Disaccharid. Denn während die beiden ursprünglichen α-Glucosemoleküle ihre Orientierung im Raum beim Disaccharid beibehalten (die Sauerstoffatome stehen jeweils oben rechts im Sechsring), dreht sich eines der beiden ursprünglichen β-Glucosemoleküle 180° um seine Längsachse (ein Sauerstoffatom ist oben rechts, ein Sauerstoffatom ist jetzt unten rechts):

α-1 → 4-glycosidische Bindung

<u>Maltose</u> als Monomer der <u>Stärke</u>

β-1 → 4-glycosidische Bindung

<u>Cellobiose</u> als Monomer der <u>Cellulose</u>

Die beiden Disaccharide, die entstanden sind, sind wiederum Bausteine für zwei lebenswichtige Polysaccharide: Die **Maltose** (auch **Malzzucker** genannt) aus zwei α-Glucosemolekülen ist das Disaccharid-„Monomer" für die **Stärke** und die **Cellobiose** aus zwei β-Glucosemolekülen ist das Disaccharid-„Monomer" für die **Cellulose**. (Mit Bezug auf die Kunststoffe kann die Stärke deshalb als Poly-α-Glucose und die Cellulose als Poly-β-Glucose bezeichnet werden.) Eine ebenfalls β-1 → 4-glycosidische Bindung bilden zwei β-N-Acetyl-Glucosaminmoleküle aus, welche dann als **Chitobiose** das Disaccharid-„Monomer" des **Chitins** bilden. Zu diesen Polysacchariden unten mehr.

Andere Kohlenhydrate bleiben auf der Ebene der Disaccharide stehen: So wird das Disaccharid **Saccharose** (besser bekannt als **Rüben-** oder **Rohrzucker** bzw. Kristallzucker im Haushalt) aus einem Molekül α-Glucose und einem Molekül β-Fructose (unter Ausbildung einer α-1 → β-2-glycosidischen Bindung) gebildet. Das Disaccharid **Lactose** (besser bekannt als **Milchzucker** in der Milch von Säugetieren) wird hingegen aus einem Molekül β-Glucose und einem Molekül β-Galactose (unter Ausbildung einer β-1 → 4-glycosidischen Bindung) gebildet.

Im Unterschied zu den Mono- und Disacchariden, die süß schmecken und in Wasser löslich sind, sind die Polysaccharide in aller Regel geschmacksneutral und sind in Wasser schlecht oder gar nicht löslich.

Die „Einer-Bausteine" (Monosaccharide) im Kohlenhydrat-Chemie-Baukasten sind also allesamt ringförmig und lassen sich unter Wasserabspaltung zu „Zweier-Bausteinen" (Disaccharide) zusammenfügen. Die „Zweier-Bausteine" Maltose, Cellobiose und Chitobiose lassen sich nun wiederum zu langen Baustein- (= Polysaccharid)-Ketten der Stärke (inklusive dem Glykogen), Cellulose und dem Chitin zusammenbauen.

Die häufigsten Polysaccharide der Erde ...

... sind Cellulose, pflanzliche Stärke und Chitin. Bei der Cellulose spricht man sogar davon, dass es überhaupt die häufigste organische Verbindung auf der Erde sei. Sie macht etwa die Hälfte aller auf der Erde vorkommenden organischen Kohlenstoffverbindungen aus. Fest steht, dass die Cellulose und die pflanzliche Stärke die dominierenden Verbindungen bei den Pflanzen und Chitin die dominierende Verbindung bei den (Glieder-)Tieren ist. Die Cellulose ist der Hauptbestandteil der pflanzlichen **Zellwände** und hat somit vor allem Stützfunktion. Wenn im Herbst viele krautige Pflanzen und Gräser verblüht sind, dann bleibt häufig eben nur noch das Skelett der meist bräunlichen Cellulose stehen. Der pflanzlichen Stärke ist ein eigenes Kapitel gewidmet (→ S. 307 ff.).

Auch das Chitin hat Stützfunktion, denn es baut zusammen mit anderen Substanzen (Proteinen und/oder Calciumcarbonat) das sog. **Exoskelett** bei den Gliedertieren (Arthropoden) auf. Zu den Gliedertieren gehören Insekten, Spinnentiere, Tausendfüßer und Krebstiere. Bei den Krebstieren kommt Chitin mengenmäßig am häufigsten vor, hier vor allem in den Schalen von Krabben

Panzer aus Chitin

und in Speisekrebsen wie z. B. dem Hummer. Der Name Chitin leitet sich vom griechischen *chiton* ab, was so viel bedeutet wie *Hülle* oder *Panzer*.

Cellulose und Chitin sind sich chemisch sehr ähnlich. Wie bereits im Kasten oben beschrieben, sind die beiden Polysaccharide aus Disaccharid-Einheiten aufgebaut, die jeweils über eine β-1 → 4-glycosidische Bindung miteinander verknüpft sind. Die β-Glucosemoleküle der Cellobiose, welche die Cellulose aufbauen, und die β-N-Acetyl-Glucosaminmoleküle der Chitobiose, welche das Chitin aufbauen, unterscheiden sich lediglich darin, dass die OH-Gruppe an C-Atom 2 der Glucose durch eine Acetylamin-Gruppe bei den β-N-Acetyl-Glucosaminmolekülen ersetzt ist. Diese Ersetzung sorgt chemisch gesehen dafür, dass zwischen den Polymerketten des Chitins stärkere Wasserstoffbrückenbindungen wirken können, was dem Chitin im Vergleich zur Cellulose eine größere Härte verleiht. Allerdings rührt die Härte des Chitins bei den Gliedertieren nicht vom Chitin allein her, denn das Chitin steuert vor allem im Bereich der Gelenke des Exoskeletts eine eher plastische und somit bewegliche Komponente bei, sondern es ist die Einlagerung des Proteins Arthropodin, welches sich in das Protein Sklerotin umwandelt. Dieses Sklerotin ist auch für die Farbgebung der Insekten verantwortlich, denn das Chitin ist farblos, was man z. B. bei frisch aus der Puppe geschlüpften Käfern oder Ameisen sehen kann. Diese dunkeln nach, bis hin zu einer Braun- bis Schwarzfärbung, was durch die zunehmende Einlagerung des Sklerotins bewirkt wird, weshalb dieser Verdunkelungs- und Erhärtungsprozess der sog. Cuticula auch als **Sklerotisierung** bezeichnet wird. Bei den Krebsen wird zusätzlich noch Kalk (Calciumcarbonat) eingelagert: Ein klassischer Fall von Compound oder Prepreg (→ S. 258 ff. unter Pressen).

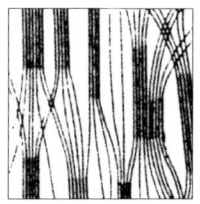 Bei der Cellulose ergibt sich eine weitere Parallele zu den Kunststoffen. So wie auf S. 235 ff. zu den Eigenschaften der Kunststoffe im Bereich der teilkristallinen Thermoplaste ausgeführt, verhält es sich beim Aufbau der Zellwand: Die fadenförmigen Cellulosemoleküle – man spricht von **Elementarfibrillen** – lagern sich wie in den teilkristallinen Bereichen der Kunststoffe parallel zueinander an. Diese parallelen Bereiche werden **Micellen** genannt. Diese Micellen sind auch wieder durch Elementarfibrillen miteinander vernetzt. 15 bis 20 Elementarfibrillen lagern sich wiederum mit ihren Micellen zu Bündeln zusammen und bilden sog. **Mikrofibrillen**. Diese bilden – wiederum zu Bündeln von sog. **Makrofibrillen** zusammengefasst – ein Cellulosegerüst, das nun – wie beim Chitin – in eine Substanz eingelagert wird, die bei nicht verholzten Pflanzen entweder auch aus Proteinen besteht oder aus quellbaren Polysacchariden (z. B. Pektine; dazu später mehr!).

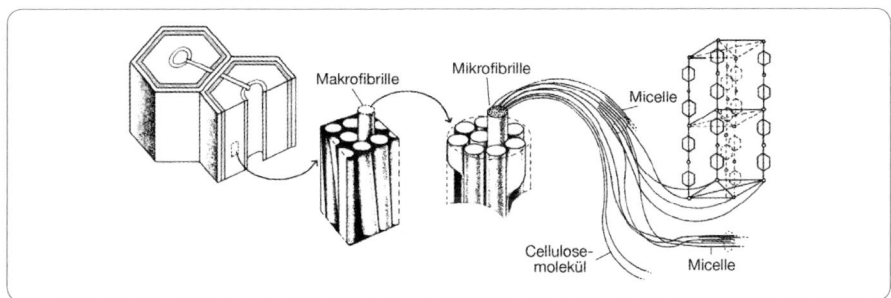

Makrofibrille Mikrofibrille Micelle Cellulose-molekül Micelle

Dies erinnert alles sehr stark an Stahlbeton.

Neben der Cellulose ist das **Lignin** noch ein wichtiges Biopolymer im pflanzlichen Bereich. Damit wäre auch der Drittplazierte auf der Hitliste der häufigsten organischen Verbindungen erwähnt – bei den pflanzlichen Biopolymeren liegt es somit auf dem zweiten Platz. Ohne Lignin wäre **Holz** nicht Holz (denn *lignum* kommt aus dem Lateinischen und bedeutet *Holz*). Es sorgt vor allem durch den Prozess der Verholzung für die Druckfestigkeit des Holzes, während die langen Cellulosefasern für die Zugfestigkeit sorgen. Das Lignin ist ein dreidimensionales Makromolekül, welches aus Phenylpropaneinheiten aufgebaut ist und an das Netzwerk eines Duroplasten erinnert (→ S. 235 ff.). Das Lignin hält wie der Beton im Stahlbeton mit einem Anteil von 20–30 % an der Holztrockenmasse die Cellulosefasern also eher in Richtung des Stammes zusammen. Das erfahren Sie vor allem, wenn Sie

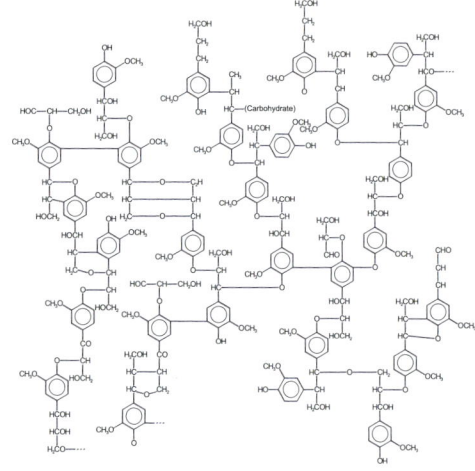

versuchen, Holz in Querrichtung zum Stamm zu spalten. Das Spalten des Holzes gelingt demnach viel besser, wenn man längs, also in Stammrichtung spaltet. Man trennt beim Holzspalten vor allem die Wechselwirkungen zwischen den Cellulosefasern, die durch das Wachstum des Baumes ja auch in Längsrichtung aufgebaut wurden. Diese Wechselwirkungen bestehen vor allem aus Wasserstoffbrückenbindungen, die sich zwischen den OH-Gruppen der Cellulose-Biopolymerketten ausbilden (als weitere Parallele zu den Kunststoffen → S. 264 ff. unter Polyesterfaser).

Erfahrene Kaminholzverarbeiter unter Ihnen wissen, dass sich frisches, also noch feuchtes Holz besser spalten lässt als schon länger geschlagenes und demnach trockeneres Holz. Das liegt daran, dass das Wasser aufgrund seiner Polarität beim noch feuchten Holz zwischen den Cellulosefasern eingelagert ist und für einen größeren

Abstand zwischen den Fasern sorgt. Ist – wie bei trockenem Holz – das Wasser nicht zugegen, können die Wechselwirkungen zwischen den Cellulosefasern in Form der Wasserstoffbrückenbindungen stärker und direkter wirken. Das erinnert Sie ebenfalls an etwas aus dem Kunststoffbereich? Richtig! Denn wenn man möchte, kann das Wasser als der „Weichmacher des Holzes" bezeichnet werden! (zu Weichmachern → S. 271 ff.)

Die Cellulose im Holz ist ein wichtiger Rohstoff für die Papier- und Textilindustrie. Durch das Kochen von Holzschnitzeln mit alkalischen Schwefelsalzlösungen wird das Lignin von der Cellulose abgetrennt. Man erhält braunen sog. **Zellstoff**, der z. B. bei der Herstellung von Packpapier Verwendung findet oder der mit Chlor oder (besser) mit Sauerstoff gebleicht, in Wasser suspendiert und mit verschiedenen Mineralstoffen versetzt zu weißem Kopier- und Druckerpapier verarbeitet wird. Zellstoff ist außerdem noch Ausgangsstoff für die Herstellung von Papiertaschentüchern, Watte, Hygieneartikeln (z. B. Binden und Tampons), Filtertüten und Kartonagen.

Hier ist überall Zellstoff drin.

Die Stärke stärken!

Nicht genug der Superlative, was die Biopolymere angeht: Betrachtet man nur die Masse, dann ist die Stärke das mengenmäßig zweitbedeutsamste Biopolymer auf der Erde – nach der Cellulose versteht sich. Im Gegensatz zu den bisher besprochenen Biopolymeren ist die Stärke keine Struktur- oder Stützsubstanz, sondern ein Polysaccharid, das einen – zunächst einmal in erster Linie pflanzlichen – Reservestoff darstellt. Dieser Stoff ist vor allem als Energiereserve gedacht. Nur Pflanzen und Algen sind über den Prozess der **Fotosynthese** in der Lage, mithilfe der sog. **Chloroplasten** und mit dem Sonnenlicht als Energiequelle, Kohlenstoffdioxid und Wasser

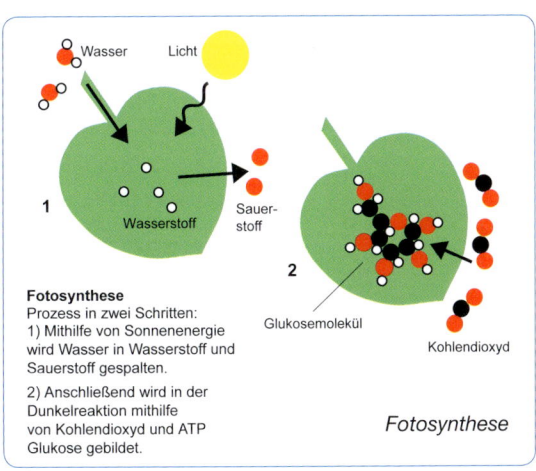

Fotosynthese
Prozess in zwei Schritten:
1) Mithilfe von Sonnenenergie wird Wasser in Wasserstoff und Sauerstoff gespalten.
2) Anschließend wird in der Dunkelreaktion mithilfe von Kohlendioxid und ATP Glukose gebildet.

Fotosynthese

zu Glucose und Sauerstoff umzuwandeln. Die Glucose wird dann zum Teil in den Samen oder unterirdischen Pflanzenteilen (z. B. Knollen) als Stärke abgespeichert. Eigentlich nicht in erster Linie, um uns Menschen zu ernähren, sondern um den eigenen Fortbestand der Art zu sichern.

Neben den Fetten und den Proteinen sind die Kohlenhydrate aber ein wesentlicher Bestandteil der menschlichen Ernährung. Die Stärke stellt dabei das wichtigste Kohlenhydrat dar. Grundnahrungsmittel, die einen hohen Anteil an Stärke aufweisen, sind die verschiedenen Getreidesorten Reis, Weizen, Mais, Hirse, Roggen und Hafer. Stärkehaltige Getreideprodukte sind z. B. Brot, alle Arten von Gebäck und Nudeln. Auch die Wurzelknollen der Kartoffeln und Erbsen, Bohnen und Linsen weisen einen hohen Kohlenhydrat- und damit hohen Stärkeanteil auf.

Bemerkenswert an der Stärke ist ihre Struktur. Als pflanzliche Stärke ist die Struktur nicht einheitlich und fadenförmig aufgebaut wie die Cellulose oder das Chitin, sondern besteht aus zwei verschiedenen Varianten von Biopolymeren: Zu 20–30 % besteht die pflanzliche Stärke aus **Amylose** und zu 70–80 % aus **Amylopektin**. Beiden Varianten ist gemein, dass sie aus α-Glucosemonomeren bzw. den Maltose-Disaccharid-„Monomeren" aufgebaut sind. Die Amylose ist demnach aus langen und unverzweigten Glucoseketten aus jeweils 250–500 Glucosemolekülen aufgebaut, die über jeweils α-1 → 4-glycosidische Bindungen miteinander verknüpft sind. Diese Glucoseketten sind in sich spiralförmig aufgewunden (sog. Helixstruktur). Auch das Amylopektin ist grundsätzlich ebenso aufgebaut, aber mit einer höheren Zahl von α-Glucosemonomeren (mehr als 2000) und noch zusätzlichen Verzweigungen in den Glucoseketten. Diese Verzweigungen kommen dadurch zustande, dass kürzere Glucoseketten über α-1 → <u>6</u>-glycosidische Bindungen an den längeren Ketten gebunden sind. Die Verknüpfungsstelle zwischen den Verzweigungen und der Hauptkette sind also die C-Atome Nummer 6, die Bestandteil des „Fähnchens" sind.

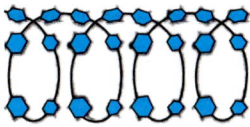

Struktur der Amylose

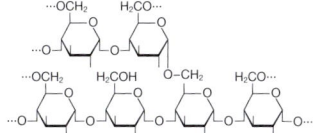

Struktur des Amylopektin

Die tierische Stärke, das **Glykogen**, die z. B. beim Menschen als Reservestoff vor allem in der Leber und in den Muskeln vorkommt, ist im Prinzip so aufgebaut wie das Amylopektin, nur mit dem Unterschied, dass es eine Steigerung auf bis zu 100.000 Monomere mit einem noch höheren Verzweigungsgrad gibt.

Es lohnt sich ein weiterer Blick auf den Vergleich der Struktur der Amylose und der Cellulose: Letztendlich bestehen beide aus einem nahezu identischen Monomer – α-Glucose bzw. β-Glucose –, aber während bei der Amylose die Sauerstoffbrücken und das schon erwähnte „Fähnchen" des C-Atoms Nummer 6 jeweils in die gleiche Richtung zeigen, müssen bei der Cellulose die Sauerstoffbrücken und die „Fähnchen" permanent die Seite wechseln. Dies lässt sich auf die bereits erwähnte Drehung des β-Glucosemoleküls um 180° bei der Bildung der β-1 → 4-glycosidische Bindungen zurückführen.

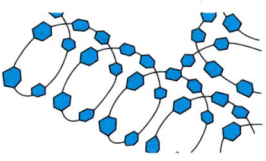

Struktur der Amylose (Poly-α-Glucose)   *Struktur der Cellulose (Poly-β-Glucose)*

Und damit lässt sich festhalten, dass alleine die räumliche Orientierung der Glucosemoleküle in den jeweiligen Polysacchariden darüber entscheidet, ob Sie in ein schmackhaftes Brötchen oder in ein Stück Holz beißen – meistens spielt der Bäcker dabei aber auch noch eine gewisse Rolle.

In der Nahrungsmittelindustrie wird die Stärke häufig in Form von modifizierter Stärke als sog. Verdickungsmittel verwendet. Sie ist das wichtigste Verdickungsmittel in der Lebensmittelindustrie und wird z. B. in Fertiggerichten aller Art eingesetzt. Grund genug, den Verdickungsmitteln einen eigenen Abschnitt zu widmen:

Gelobt sei, was hart macht – Hydrokolloide

Was als Fachbegriff möglicherweise etwas abschreckend wirkt, ist Ihnen aus Ihrem Umfeld bestens bekannt: **Hydrokolloide** sind – um nur wenige Beispiele zu nennen – beim Abbinden der Soße, beim Anrühren des Tapetenkleisters, beim Kochen von Gelee oder beim Auftragen des Haargels beteiligt. Meistens sind es verschie-

denste Polysaccharide, die als **Verdickungs-, Binde-** oder **Geliermittel** eingesetzt werden, allerdings finden auch Proteine in Form der **Gelatine** Verwendung. Dazu aber später mehr (→ S. 312 f.).

Hydrokolloide werden überall dort eingesetzt, wo ein hohes **Wasserbindungsvermögen** gefragt ist. In die Gerüstsubstanz der Biopolymerketten der Polysaccharide (→ S. 303 ff.) können sich Wassermoleküle einlagern. Man spricht von **Verkleisterung**.

Beispiel: Die in der **Stärke** enthaltenen Amylose- und Amylopektinketten (→ S. 307 ff.) lassen sich in kaltem Wasser nicht lösen, sondern nur suspendieren (→ S. 23 ff.). Wenn diese Suspension erhitzt wird (um die 50°C), dann beginnt die Stärke zu quellen. Das heißt vor allem, dass sich die Wassermoleküle zwischen die Amylose- und Amylopektinketten einlagern. Aufgrund der vielen Hydroxyl-(OH-) Gruppen dieser Ketten, die ja selbst eine Polarität wegen der unterschiedlichen Elektronegativitätswerte von Sauerstoff- und Wasserstoffatom aufweisen, drängen sich die Wassermoleküle als Dipole zwischen die Ketten und bilden Wasserstoffbrückenbindungen aus (→ S. 102 ff. und → S. 104 ff. und → S. 108 ff.). Die Stärke wird auf diese Art und Weise ähnlich weich gemacht, wie Sie es vom Lignin bereits kennen (→ S. 300 ff.; siehe auch die Verweise zu den Kunststoff-Weichmachern dort). Bei weiterer Erwärmung des Stärkekleisters (auf bis zu 85°C) – dessen Bildung zunächst vor allem auf die Quellung der Amylose zurückzuführen ist – löst sich verstärkt das Amylopektin. Dabei hängen unterschiedliche Verkleisterungs-temperaturen unter anderem mit den unterschiedlichen Gehalten an Amylose und Amylopektin der Stärkequelle zusammen. Es macht also einen Unterschied, ob Sie Stärke z. B. aus Mais oder Weizen verkleistern. In dem Moment, wenn sich einzelne Polymerketten aus der Stärke herauslösen – man sagt, die Stärke „tritt aus" –, verändert sich die sog. **Viskosität**: Aus der zunächst reinen Suspension ist durch das Erhitzen der Stärke zunehmend eine **kolloidale Suspension** bzw. eine **kolloidale Lösung** geworden, die sich ebenfalls zunehmend verdickt und zähflüssiger wird. Damit hat eine **Gelbildung** eingesetzt.

Der Begriff *Viskosität* leitet sich von der Mistel ab. Die Beeren dieser Pflanzengattung mit dem lateinischen Namen *Viscum* enthalten einen zähflüssigen Saft, aus dem früher Vogelleim hergestellt wurde. Dieser wurde auf Leimruten aufgetragen, um damit (Sing-)Vögel zu fangen. Die Vögel verfingen sich in den netzartig aufgestellten und klebrigen Leimruten. Je viskoser eine Lösung, desto dick- bzw. zähflüssiger ist sie. *Kolloid* kommt aus dem Griechischen von *kolla* für *Leim* und *eidos* für *Form* und *Aussehen*. Hier handelt es sich um Tröpfchen oder Teilchen, die in einem anderen Medium – in diesem Fall in den Polymerketten der Stärke – fein verteilt sind. Speziell die Hydrokolloide, mit fein verteilten Tröpfchen des Lösungsmittels Wasser, zeigen eine starke Neigung zur Gelbildung. Der Begriff *Gel* stammt ebenfalls aus dem Lateinischen, er leitet sich von *gelidus* für *frostig* oder *erstarrt* ab. Sie kennen ihn zum einen aus dem Italienischen *gelati* für *Eis*. Die Bezeichnung für die Gelatine stammt ebenfalls aus diesem Zusammenhang.

Warum Mehl schwitzen muss

Um Soßen zu binden, nutzt man ein altes Hausmittel, die **Mehlschwitze**. Hier spielt die oben erläuterte Verkleisterung eine wesentliche Rolle: Erst wenn über 65°C erhitzt wird – das Mehl also ins Schwitzen kommt –, tritt die Stärke aus, d. h., dass sich vor allem die Amylopektin-Polymerketten lösen. Die Soße wird sämig, weil sie verkleistert und Wasser bindet. Je länger Sie erhitzen, desto mehr Wasser wird gebunden, desto sämiger wird die Soße. Da die Verkleisterung Zeit braucht, sollten Sie sich mit dem Abbinden der Soße Zeit nehmen und der Soße auch Zeit geben. Sonst wird bei einem Zuviel an Mehl die Soße zu dick und bildet Klumpen. Die Mehlschwitze alleine aus Wasser und Mehl bringt noch keinen Geschmack. Im Gegenteil: Hier ist Butter notwendig, die verhindert, dass die Soße nach Mehl schmeckt, und die zudem der hellen Soße die Farbe gibt: Das liegt daran, dass sich die Stärke unter der Zugabe von Butter in Dextrine umwandelt.

Dextrine sind Abbauprodukte der Stärke. Hier werden nicht nur die zwischenmolekularen Kräfte zwischen den Amylose- und Amylopektin-Polymerketten aufgehoben, sondern die langen Polymerketten selbst werden in kürzere Ketten unterschiedlichster Länge zerlegt (demnach ergibt sich nicht nur eine Trennung der Dipol-Dipol-Wechsel-

wirkungen, sondern eine Trennung von Atombindungen). Teilweise bilden sich durch Neuknüpfung von Atombindungen auch ringförmige Moleküle, die z. B. als Cyclodextrine oder Cycloamylosen bezeichnet werden. Letztendlich gibt es also kein einzelnes Dextrin, sondern nur ein Gemisch von Abbauprodukten, eben Dextrine. Sie sind beispielsweise auch in der dunklen Brotkruste enthalten und geben ihr den typischen Geschmack und das typische Aroma.

Die Dextrine gehören in den Bereich der **modifizierten Stärke**. Sie finden diesen Begriff sehr häufig in der Liste der Inhaltsstoffe von Lebensmitteln. Die Modifizierung (im Sinne von Abwandlung oder Umformung) der aus Mais, Kartoffeln oder Weizen gewonnenen Stärke geschieht chemisch durch Hitze oder Enzyme und/oder über die Behandlung mit Säuren oder Laugen. Ziel der Modifizierung ist es z. B., die Hitzestabilität der Stärke zu gewährleisten oder das Gefrier- und Auftauverhalten (z. B. bei Fertiggerichten) zu verbessern. Wenn keine Enzyme für die Umwandlung benutzt wurden, tragen die modifizierten Stärken als Lebensmittelzusatzstoffe E-Nummern im Bereich von 1400 bis 1451.

Wollen Sie eine braune Soße, dann nehmen Sie anstatt Butter Pflanzenöle. Diese lassen sich aufgrund des hohen Anteils an ungesättigten Fettsäuren stärker erhitzen als die Butter (→ S. 288 f.). Dann entstehen mit den Eiweißen aus dem zuvor angebratenen Fleisch und den Polysacchariden der Mehlschwitze über die **Maillard-Reaktion** (→ S. 223 ff.) letztendlich die braune Farbe, das Aroma und der Geschmack. Wenn Sie in einem Extratopf z. B. Zucker mit Sojasoße erhitzen, dann können Sie mit noch mehr

Maillard-Reaktionen für noch mehr Aroma und Geschmack in der Soße sorgen. Damit die heiße Schwitze zur Soße wird, wird mit kaltem Wasser, mit Brühe oder einem Bratenfond abgelöscht.

Alternativen zur Stärke aus (Weizen-)Mehl gibt es viele: Manche nehmen Reismehl oder Milchreis, auch Brot bindet gut (z. B. ein Stück Brot ins Gulasch, das beim Mitkochen zerfällt). Auch eine gekochte Kartoffel, z. B. in Gemüsesuppen, reicht als Bindung aus.

Während die Mehlschwitze in der Regel am Beginn der Soßenbildung anzufertigen ist, können auch Schritte am Ende der Soßenherstellung die Soße noch retten. Dazu kann beispielsweise Eigelb und Sahne oder auch ein Instant-Soßenbinder dienen. Es ist wichtig, dass ein Emulgator seine Dienste tut (→ S. 340 ff.). In der Variante Eigelb und Sahne ist es das Eigelb, das diese Funktion übernimmt, denn es ist reich an Eiweiß – auch wenn es Eigelb heißt – und eben auch an Fett. Instant-Soßenbinder enthalten neben Stärke auch Emulgatoren, letztere natürlich in trockener Form.

Was beim Gelieren von Gelee geliert ... äh ... passiert

Der Inbegriff des Gels mag für Sie im fruchtig-süßen Brotaufstrich in Form des Gelees liegen. Es eignen sich nahezu alle Beerenobstsorten zur Herstellung eines Gelees und die Herstellungsschritte sind ohnehin immer die gleichen: Zunächst muss dem Obst der Saft entzogen werden, was man häufig mit einem Dampfentsafter, aber natürlich auch mit anderen Methoden erreicht. Dann wird das Gelee gekocht. Entscheidend ist dabei das Mengenverhältnis zwischen den eingesetzten Früchten und dem hinzugefügten **Gelierzucker**. Bei einem Verhältnis von 1 : 1 bereitet man eine Konfitüre zu. Beim Verhältnis von 2 : 1 bzw. 3 : 1 nimmt man nur die Hälfte bzw. ein Drittel des Zuckers (also z. B. 500 Gramm Gelierzucker auf 1 Kilogramm bzw. 1,5 Kilogramm Früchte). Für diese unterschiedlichen Mengenverhältnisse sind jeweils auch unterschiedliche Gelierzuckersorten nötig, denn es muss ja das Gelieren bei einem geringeren Zuckeranteil gewährleistet werden. Und hier kommt das eigentliche Geliermittel ins Spiel: **Pektin**.

Ähnlich wie bei den Dextrinen gibt es ebenfalls nicht das eine Pektin, sondern verschiedene Pektine. Denn die Zusammensetzung dieser pflanzlichen Polysaccharide, die als Bausteine α-1 → 4-glycosidisch gebundene Galacturonsäuremoleküle besitzen und in allen festeren Pflanzenteilen nahezu aller Landpflanzen vorkommen, variiert je nach Zelltyp und Entwicklungsstand der Pflanze. Die unterschiedlichen Gelierzuckersorten enthalten also jeweils ein anderes Pektin oder andere Pektine. So muss der Fruchtanteil dem entsprechenden Gelierzucker angepasst werden. Die Galacturonsäurebausteine der Pektine sind der Glucose recht ähnlich, aber wie die Bezeichnung Säure ja bereits vermuten lässt, befinden sich – wie es sich für eine organische Säure gehört – noch Carboxyl-(COOH-)Gruppen im Molekül. Sie verleihen diesem Polysaccharid im Vergleich zur Stärke und zur Cellulose eine noch stärkere Polarität. Denn diese COOH-Gruppen geben in wässriger Lösung ihr Proton säuretypisch ab und es entstehen negativ geladene COO⁻-Gruppen (→ S. 117 ff. und → S. 153 ff.). Da sich diese Gruppen nahezu überall in der Polymerkette befinden, werden sie als „Riesenanion" vom Wasser hydratisiert (→ S. 114 f. unter Lösungsmittel Wasser).

So gehen im wässrigen Beerensaft die Pektin-Polysaccharid-Ketten in Lösung und sie bleiben zunächst auch in Lösung, da die riesigen Hydrathüllen den Kontakt zwischen den Ketten verhindern. Auch die gegenseitige Abstoßung der Ketten durch die allseits vorhandene negative Ladung der COO⁻-Gruppen und die starken Teilchenbewegungen aufgrund der Hitze verhindern eine Annäherung. Um nun aus dem Beerensaft ein Gel zu bilden, müssen also die Hydrathüllen, die negativen Ladungen und die hohen Temperaturen verschwinden. Aus dem Gelierzucker kommt nach den Pektinen der (Rohr-)

Zucker, der im Gelierzucker enthalten ist, ins Spiel: Da man beim Gelieren nicht noch Flüssigkeit z. B. in Form von Wasser hinzugibt, bindet der Rohrzucker (genauer: die Saccharosemoleküle) ebenfalls Wasser. Diese Wassermoleküle, die dann die Saccharosemoleküle hydratisieren, stammen deshalb zu einem erheblichen Anteil aus den Hydrathüllen der Pektine, was zum Schwinden eben dieser Hydrathüllen um die Pektine herum beiträgt.

Neben dem Abkühleffekt, der einsetzt, nachdem das weitere Erhitzen nicht mehr notwendig ist, da sich sämtlicher Gelierzucker gelöst hat, spielt eine weitere Zutat im Gelierzucker eine wesentliche Rolle: Zitronensäure. Sie kann auch in fester Form, wie hier im Gelierzucker, vorliegen (→ S. 164 ff.). Nachdem sich die Zitronensäure nach Zugabe des Gelierzuckers ebenfalls im Beerensaft gelöst hat, besteht ihre Aufgabe als etwas stärkere Säure als die Galacturonsäure darin, den COO^--Gruppen der Galacturonsäuremoleküle ihr abhanden gekommenes Proton wieder zurückzugeben. Das hat den Effekt, dass nun wieder ungeladene COOH-Gruppen vorliegen, welche nach außen hin elektrisch neutral sind und somit die zuvor vorhandene elektrostatische Abstoßung zwischen den Pektinmolekülen aufheben. Alle Effekte – sinkende Temperatur, Wasser bindende Wirkung des Rohrzuckers und Neutralisierung der zuvor negativen COO^--Gruppen – führen zur Gel- bzw. Gelee-Bildung: Die nun stattfindende Annäherung der Pektinmoleküle unter Ausbildung von Wasserstoffbrückenbindungen und unter Vermittlung der Saccharosemoleküle führt zur Entstehung eines dreidimensionalen Netzes aus diesen Molekülen, in dessen Maschen der Beerensaft hängengeblieben ist. Es ist ein typisches Hydrokolloid entstanden. Und so ist hoffentlich das eingetreten, was die Begriffsherkunft für Pektin verspricht, denn es stammt aus dem Griechischen *pektos* für *fest* oder *geronnen* ab. Ob dies nun wirklich gelingt, ist natürlich auch von der Fruchtsorte selbst abhängig. So bringen reife und sehr süße Früchte selbst eine Menge Fruchtzucker mit. Selbstverständlich spielt auch der natürliche Pektingehalt der Früchte eine wesentliche Rolle. So besitzen Äpfel, Citrusfrüchte und auch Rüben einen hohen natürlichen Gehalt an Pektinen, was diese Früchte auch als Quellen für die Gewinnung von Pektinen für die Lebensmittelindustrie prädestiniert. Oder es sind selbst recht saure Früchte mit einem relativ hohen Eigenanteil an Zitronensäure am Gelierprozess beteiligt. Einige Köche schwören darauf, der Bildung des Gel(ee)s durch die Extrazugabe von Zitronensäure Vorschub zu leisten. Denn je niedriger der pH-Wert bei der Gelbildung, umso mehr COO^--Gruppen können neutralisiert vorliegen (→ S. 137 f.).

Weshalb eine lange Liste von Polysacchariden in der Lebensmittelherstellung nicht beliebig lang sein kann

Das Gelbildungsvermögen der sog. Hydrokolloide ist nicht nur in der Küche bei Soßen und Gelees gefragt, sondern vor allem auch in der Lebensmittelherstellung. Hier sind der Vielzahl der eingesetzten Polysaccharide kaum Grenzen gesetzt. Gerade bei den industriell hergestellten Konfitüren, Gelees und Soßen sind die Hydrokolloide Zusatzstoffe, die als Gelier- und Verdickungsmittel eingesetzt werden, unter anderem, um die sog. **Textur** zu beeinflussen. Es ist vom Mundgefühl die Rede, die ein solches Lebensmittel beim ersten Kontakt mit dem Gaumen verursacht, vom Gefühl, das beim Zerkauen und beim Schlucken entsteht, bis hin zur Frage, ob nach dem Schlucken z. B. ein fader Nachgeschmack bleibt. Dabei spielt der gesamtgeschmackliche Eindruck eine Rolle, aber auch der rein sensorische Eindruck im Mund. Je nachdem, wie das Lebensmittel zusammengesetzt ist, übernehmen die Hydrokolloide auch die Aufgaben von **Stabilisatoren**, d. h., die Textur soll auch während der Verarbeitung und der Lagerung erhalten bleiben und nach dem Öffnen der Lebensmittelverpackung durch den Kontakt mit dem Luftsauerstoff auch nicht sofort verschwinden. Das Aufgabenspektrum der Hydrokolloide geht sogar so weit, dass, wenn es sich bei den zu stabilisierenden Mischungen um Fette und Wasser, also Emulsionen handelt, sie auch als Emulgatoren fungieren (→ S. 340 ff.). Da ist es nicht weiter verwunderlich, dass die Hydrokolloide ihren Einsatz auch in anderen eher technisch geprägten Bereichen, z. B. in Wand- und Deckenfarben, in Reinigungsmitteln bzw. in Putzen und Zementmörteln, haben.

Die folgenden speziellen, aber vielfach eingesetzten Polysaccharide werden in der Lebensmittelherstellung häufig in speziellen Kombinationen eingesetzt, da sie sich in ihren Wirkungen gegenseitig verstärken (sog. Synergien):

Ein typisches Verdickungsmittel in der Lebensmittelherstellung ist das **Guarkernmehl**. Es wird aus dem Samen der Guarbohne gewonnen. Der Hauptbestandteil dieses Mehls ist Guaran. Der Hauptbaustein dieses Polysaccharids ist die Mannose, die der Glucose sehr ähnlich ist und sich von ihr nur in der Abfolge der Hydroxyl-(OH-)Gruppen unterscheidet. Ein weiterer Unterschied

des Guarans zur Stärke liegt in der stärkeren Verzweigung der Polymerketten. Guaran wird auch als Stabilisator (bzw. Emulgator) in Salatsoßen und in Eiscreme eingesetzt. Aber auch in der Papier-, Kosmetik- und Arzneimittelindustrie kommt es zum Einsatz.

Johannisbrotkernmehl (auch Karubenmehl oder Carubin) wird aus den Samen des Johannisbrot- oder Karubenbaums gewonnen. Dieses Polysaccharid besteht zu etwa vier Fünfteln aus Mannose und einem Fünftel aus Galactose und ist fünfmal so quellfähig wie Stärke. Es kann Emulsionen stabilisieren und kommt in Süßwaren, Soßen, Suppen, Puddings und Speiseeis vor. Die Kerne des Johannisbrotbaums sind Ihnen in diesem Buch schon an einer anderen Stelle begegnet, und zwar als Wägeeinheit „Karat" für Diamanten (→ S. 33 ff.).

Xanthan hat seinen Namen von der Bakteriengattung *Xanthomonas*. Die Bakterien bilden, wenn ihnen Zucker zur Ernährung angeboten wird, dieses Polysaccharid, welches aus vielfach und kompliziert verzweigten Polymerketten aufgebaut ist, die in der Hauptsache aus Glucose- und Mannosebausteinen bestehen. Aufgrund seiner Eigenschaft, in Wasser zu quellen, wird es als Verdickungsmittel in Tomatenketchup, Mayonnaise, Senf, Soßen und Milchprodukten verwendet.

Carrageen ist ein Polysaccharid, das aus bestimmten Rotalgenarten gewonnen wird. Es gibt unterschiedliche Carrageentypen, die sich unter anderem in ihrem Anteil an Galaktoseeinheiten und in der Anzahl an Sulfat-(SO_4^{2-}-)Gruppen und damit auch in ihren allgemeinen Eigenschaften unterscheiden (→ S. 126 f. unter Schwefelsäure). Da die Sulfatgruppen negative Ladungen tragen, handelt es sich wie beim Pektin um ein anionisches Hydrokolloid (→ S. 313 ff.). Mit unterschiedlichen Kationen wie Natrium (Na^+), Kalium (K^+) und Calcium (Ca^{2+}) lassen sich auch unterschiedliche Gele (einmal fest und spröde, ein anderes Mal fest und elastisch) herstellen. Aufgrund seiner negativen Ladungen kann das Hydrokolloid des Carrageens auch mit bestimmten Bereichen des Milchproteins Casein in Wechselwirkung treten. So können mit kleinsten Carrageenmengen z. B. Kakaogetränke stabilisiert werden. Es verhindert das Absetzen der Kakaopartikel im Getränk. Weiterhin wird es als Geliermittel in Milchshakes, Eiscreme, Babynahrung und Desserts verwendet.

Auch **Algin** (bzw. Alginsäure) wird aus Algen, in diesem Fall aber aus Braunalgen gewonnen. Als typische Säuren können die Protonen durch Metallkationen ersetzt werden, was zu Salzen führt, die hier als Alginate bezeichnet werden (→ S. 131 ff.). So findet vor allem Natriumalginat, aber auch Kalium- oder Calciumalginat Verwendung als Verdickungs- und Geliermittel. Die Carboxyl-(COOH-)Gruppen sind Bestandteil von sog. Uronsäuren in den Alginat-Polysacchariden. Diese Uronsäuren leiten sich im Falle des Algins von Glucose und Mannose ab und bilden als Glucuronsäure und Mannuronsäure die Monosaccharidbausteine dieses Polysaccharids. Häufig finden die Alginate z. B. in Speiseeis, Salatsoßen, Diät- und Lightprodukten, verschiedenen Tiefkühlprodukten, Backwaren, Mayonnaisen und in Fleisch- und Gemüsekonserven Verwendung.

Die Liste ließe sich (fast) beliebig weiter führen, soll aber hier ihr Ende finden, um den Rahmen des Buches nicht zu sprengen.

Auf einigen Lebensmittelverpackungen sind die hier aufgelisteten Polysaccharide für den Aufdruck „**Kann bei übermäßigem Verzehr abführend wirken**" verantwortlich. Grundsätzlich wirken die Polysaccharide als Ballaststoffe, d. h., sie können durch die für die Verdauung zuständigen Enzyme des Dünndarms nicht zerlegt werden, sind also unverdaulich. Nach den chemischen Veränderungen durch den niedrigen pH-Wert im Magen und dem Herauslösen und Zerlegen der verdaulichen Bestandteile haben sich die Polysaccharidketten so dicht aneinander gelagert, dass sie faserartige Strukturen besitzen.

Warum altbackenes Brot die Verdauung fördert

Bei den Hydrokolloiden war bereits von der Verkleisterung die Rede (→ S. 310 ff.). Sie setzt auch während des Backvorgangs bei Getreideprodukten ein. Es gibt auch die **Rückverkleisterung** oder **Retrogradation** (aus dem Lateinischen *retro* für *zurück* oder *rückwärts* und *gradus* für *Schritt*). Die verkleisterte Stärke macht also einen „Schritt zurück", was so viel bedeutet wie die „Entquellung" der Stärke, vor allem der Amylose. Das wiederum bedeutet, dass die beim Quellen eingelagerten Wassermoleküle ihre Funktion als Weichmacher nicht mehr wahrnehmen, die Polymerketten der Stärke – vor allem die der Amylose – sich enger zusammenlagern und die Polymerketten eine eher kristalline Struktur annehmen. Das führt zum Hartwerden des Brotes. Zuvor spielen

Brot aus hellem Mehl

allerdings noch Prozesse eine Rolle, die die allgemeine Feuchtigkeit der Backwaren betreffen. Eine Brotkruste, die nach dem Backen knusprig war, wird mit der Zeit feuchter und weicher, weil das Wasser aus dem Inneren des Brotes (der Krume) in die Kruste wandert. Von der Kruste aus verdunstet das Wasser. Dies sind Prozesse, die unmittelbar einsetzen, wenn der Backvorgang beendet ist. Erst wenn diese Verdunstungsprozesse abgeschlossen sind, setzt die Retrogradation ein. Der Zeitpunkt der Retrogradation ist von verschiedenen Bedingungen abhängig. So spielen die Temperatur, die Luftfeuchtigkeit, das verwendete Mehl – dunkle Mehle nehmen schon im Teig mehr Wasser auf als helle Mehle – und die Form der Zubereitung, aber auch die Lagerbedingungen eine entscheidende Rolle. Zwischen

$-8°C$ und $+8°C$ verdreifacht sich die Retrogradation der Stärke im Verhältnis zur Normaltemperatur. Man sollte also Brot nicht im Kühlschrank lagern, wenn es nicht zu schnell altbacken werden soll. Einpacken wirkt dem allgemeinen Austrocknen durch Verdunstung entgegen, die eigentliche Retrogradation kann aber nur durch schnelles Einfrieren gestoppt werden. Altbackenes Brot hat – auch

Und eine dunklere Sorte

wenn es nicht mehr so gut schmeckt – doch noch einen Vorteil: Es fördert die Verdauung, weil die Stärke bereits in eine mehr faserige Struktur übergegangen ist, die sich im Verdauungssystem nicht weiter zerlegen lässt.

Was Glucosesirup mit Gentechnik zu tun hat

Ob Süßwaren oder Backwaren aller Art, ob Pralinen oder Marzipan, Karamellbonbons oder Gummibärchen, Limonade, Lebkuchen oder Marmelade, Obst- oder Gemüsekonserven, Speiseeis oder Tomatenketchup: In sehr vielen Lebensmitteln hat der Glucosesirup ganz oder teilweise den (Rohr- oder Rüben-)Zucker ersetzt. In Glucosesirup ist Glucose, aber auch Fructose enthalten (→ S. 300 ff.). Glucosesirup hat eine etwas geringere Süßkraft als der sog. Haushaltszucker, kristallisiert jedoch nicht so schnell. Die Stärke ist ein Polymer aus Glucosebausteinen und wird für die Gewinnung des Glucosesirups aus Stärke – die sog. Stärkeverzuckerung – aus Mais, Kartoffeln und Weizen genutzt. Somit ist die Zuckergewinnung nicht mehr allein auf Zuckerrohr und Zuckerrüben beschränkt. Ein entscheidender Schritt in Richtung der Nutzung der Stärke als Zuckerquelle, war die Verfügbarkeit von **Enzymen**. Ihren Bau und ihre Bedeutung werden Sie noch genauer kennenlernen (→ S. 328 ff. und S. 345). Ihre Verfügbarkeit ist auf die neu gewonnenen Erkenntnisse der **Gentechnik** zurückzuführen, die es ermöglicht, maßgeschneiderte Enzyme in ausreichender Menge für die Zerlegung der Stärke in die Zuckerbausteine zur Verfügung zu stellen. Enzyme sind im Allgemeinen (und im Falle der Stärkeverzuckerung im Besonderen) in der Lage, wie molekulare Scheren die Stärkeketten an bestimmten Stellen zu schneiden. So lassen sich aus maßgeschneiderten Enzymen maßgeschneiderte Süßungsmittel herstellen, je nachdem, welches Enzym welche Zuckerbausteine vorwiegend aus der Stärke herausschneidet. Die Enzyme stammen von gentechnisch veränderten Mikroorganismen, in erster Linie Bakterien. Sie sind aber Mittel zum Zweck und tauchen im eigentlichen Glucosesirup nicht mehr auf und müssen demnach als Inhaltsstoffe nicht deklariert werden. Anders sieht es beim Rohstoff Stärke aus, wenn diese aus gentechnisch verändertem Mais stammt, was vor allem auf Importe aus den USA und Argentinien zutreffen kann. Kennzeichnungspflichtig sind Zutaten, die unmittelbar auf der Grundlage von Stärkemais hergestellt wurden, welche aus gentechnisch veränderten Maispflanzen stammen. Wie viele Verarbeitungsschritte zwischen der Stärke und der Zutat und dem Zusatzstoff liegen müssen bzw. dürfen, ist noch nicht eindeutig geklärt. So existiert in den USA ein „High Fructose Corn Sirup", der aus gentechnisch verändertem Mais hergestellt wird und bei dem der Anteil an Fructose enorm gesteigert wurde, weil mithilfe von gentechnisch veränderten Enzymen die Fructose aus Glucose umgewandelt wurde. Dadurch hat dieser Sirup eine wesentlich höhere Süßkraft als normaler Glucosesirup. Mittlerweile hat dieser Sirup in den USA – vor allem im Bereich von Limonaden und Erfrischungsgetränken – einen höheren Pro-Kopf-Verbrauch als herkömmlicher Rohr- oder Rübenzucker.

Warum Rheologen gerne Ketchup essen

Die Rheologie (von griechisch *rhei* für *fließen* und *logos* für *die Lehre*) beschäftigt sich mit dem Verformungs- und Fließverhalten von Materie. Die Rheologen beschäftigen sich – neben anderen Teilgebieten der Physik – mit der Strömungslehre und dort vor allem mit **nicht newtonschen Flüssigkeiten**. Als bestes Beispiel für eine nicht newtonsche Flüssigkeit lässt sich **Ketchup** nennen. Ketchup gehört zur Gruppe der thixotropen Flüssigkeiten, d. h., diese Flüssigkeit verändert bei Berührung ihre Eigenschaften (*thixis* kommt aus dem Griechischem und steht für *berühren* und *trepo* steht

für *ich ändere*). Und das ist genau der Grund, wieso Ketchup in der Regel nicht das macht, was Sie möchten. Nämlich, dass es aus der Flasche herauskommt, wenn Sie es wollen. Meistens passiert genau das Umgekehrte: Es kommt schwallartig und dünnflüssig eben dann heraus, wenn Sie es nicht erwarten, z. B. dann, wenn Sie bei umgedrehter und geöffneter Flasche auf den Flaschenboden schlagen. Dann begräbt das Ketchup das Würstchen unter sich.

Aber genau das ist das Erstaunliche an solchen Flüssigkeiten: Die Viskosität sinkt durch das Schlagen, Schütteln oder Rühren stark, d. h., es wird dünnflüssiger. Wird Ketchup nicht geschlagen, geschüttelt oder gerührt, wird seine Viskosität wieder höher, d. h., es wird wieder dickflüssig. Diese Eigenschaft wird z. B. auch bei Lasuren genutzt: Dadurch kann die Lasur auf den Pinsel genommen werden, ohne dass sie tropft. Erst bei Streichbewegungen wird sie flüssiger und kann auf dem Objekt verteilt werden. Ähnliches gilt auch für Margarine, die man natürlich mit dem Messer auf das Brot streicht und nicht mit dem Pinsel.

Was ist nun die chemische Erklärung für dieses ungewöhnliche Verhalten des Ketchups? Wird Ketchup nicht mechanisch bearbeitet, dann bildet sich die typische gelartige Struktur aus, die bei den Hydrokolloiden schon mehrfach beschrieben wurde. Egal welche Makromoleküle Verwendung finden – ob Glucosesirup, Xanthan oder ein anderes Polysaccharid – es bildet sich ein makromolekulares Netz aus, das in sich und gegenüber der Wand der Ketchupflasche das Fließverhalten in Richtung einer hohen Viskosität, also einer starken Dickflüssigkeit beeinflusst. Dieses makromolekulare Netz wird durch Schlagen, Schütteln und Rühren so weit zerstört, dass die Makromoleküle keine Zeit mehr haben, ein neues Netz auszubilden. Die Polymerketten können sich nicht mehr gegenseitig festhalten und gleiten aneinander vorbei. Meist ist es so, dass man schon nach kurzer Zeit auf dem eigenen Teller wieder eine höhere Viskosität feststellen kann.

Was haben Ihr Auge, eine Qualle und eine Windel gemeinsam? – Ein Sammelsurium weiterer interessanter Hydrokolloide

Schließen Sie ein Auge und betasten Sie leicht durch das Lid hindurch Ihren Augapfel. Sie empfinden ihn als ziemlich fest? Das hängt zum einen damit zusammen, dass Ihr Auge außen von der sog. harten Augenhaut oder auch Lederhaut seine Festigkeit erhält. Zum anderen ist der Augapfel innen mit einem Polysaccharid gefüllt, das ebenfalls als Hydrokolloid anzusehen ist und dem Auge seine Festigkeit durch Wassereinlage-

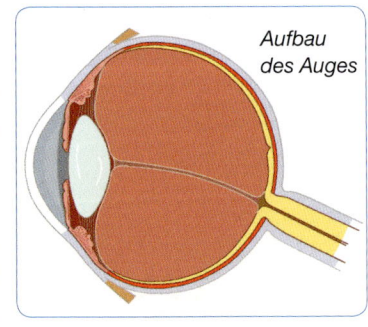

Aufbau des Auges

rung von innen verleiht. Dabei besteht der hier beschriebene **Glaskörper** zu 98 % aus Wasser. Diese Polysaccharide sind sog. Mucopolysaccharide (*mucosus* stammt aus dem Lateinischen und bedeutet so viel wie *schleimig*), die in aller Regel noch mit Eiweißen in Verbindung stehen. Zu den Mucopolysacchariden gehörend und im Glaskörper vorkommend ist die Hyaluronsäure. Sie ist im **Knorpel** (z. B. in der Ohrmuschel), in der

Gelenkschmiere und auch in der **Nabelschnur** enthalten. Andere Mucopolysaccharide des Körpers sind z. B. Bestandteile des Bindegewebes, der Sehnen, der Haut, der Blutgefäße und der Bandscheiben. Auch im Tierreich sind die Mucopolysaccharide weit verbreitet, sie bilden z. B. bei den **Quallen** die Hauptgerüstsubstanz neben ebenfalls ca. 98 % Wasser und verleihen auch diesen eine gewisse Härte.

Die wasseraufnehmende Wirkung haben die sog. **Superabsorber** bis zur Perfektion gebracht. Sie sind Ihnen z. B. aus Windeln bekannt. Chemisch gesehen handelt es

$$\begin{array}{c} CH_2 \\ \| \\ CH \\ | \\ COOH \end{array} \qquad \begin{array}{cccc} CH_2 & CH_2 & CH_2 & CH_2 \\ & & & \\ CH & CH & CH & CH \\ | & | & | & | \\ COO^- & COO^- & COO^- & COO^- \\ Na^+ & Na^+ & Na^+ & Na^+ \end{array}$$

sich um Natriumpolyacrylat. Das Monomer ist die Acrylsäure.

Hier liegt ähnlich dem Carrageen und dem Pektin – nur eben auf synthetischem Wege hergestellt – ein Polyanion vor. Anstelle der Natriumionen treten Wassermoleküle mit den negativen Ladungen der COO^--Gruppen in Wechselwirkung. Die Struktur ist so wirkungsvoll, dass sich selbst mit Wasser gefüllte Superabsorber trocken anfühlen – was bei Windeln ja auch kein unwillkommener Effekt ist.

Proteine: Das Erste

Bei Proteinen handelt es sich um die landläufig auch als Eiweiße bezeichneten Bio-polymere. Dem Begriff „Eiweiß" soll der wissenschaftlichere Fachbegriff „Protein"

vorgezogen werden, denn Proteine sind nicht nur auf das Eiweiß beschränkt, sondern auch im Eigelb enthalten. Auf historisch bedingte Unklarheiten von Wissenschaftlern ist die Annahme zurück-zuführen, dass die unterschiedlichen Eiweiße auf einem „Grundstoff" basierten und somit als „das Erste" die Grundlage für viele andere Verbin-dungen seien. Auch wenn der chemische Aufbau grundsätzlich einheitlich ist (→ S. 189 ff.), gibt es keine einheitliche Grundsubstanz, auf der alle

Proteine sind nicht nur im Eiweiß enthalten.

Proteine aufgebaut wären, aber das mehrfach betonte „Baukastenprinzip" ist auf jeden Fall auch hier verwirklicht. Vor allem im biologischen Bereich werden die Proteine als „Grundstoffe des Lebens" bezeichnet, was in seiner biologischen Bedeutung durchaus Sinn macht.

Der Begriff **Protein** leitet sich aus dem Griechischen von *proteios* für *grundlegend* oder von *protos* für *Erster* ab. Die Verknüpfung der **Aminosäuren** als „Bausteine" der Proteine erfolgt über die **Peptidbindung** (→ S. 189 ff. und → S. 264 ff.). Proteine sind demnach (Bio-)**Polypeptide**.

Die rund 20 verschiedenen Aminosäuren las-sen sich – ähnlich wie sich die 26 Buchstaben unseres Alphabets zu ganz unterschiedlichen Wörtern kombinieren lassen – zu Poly-peptiden mit unterschiedlicher Anzahl und Abfolge verknüpfen. Man spricht von einer **Aminosäuresequenz**, die die Primärstruktur der **Polypeptidkette** bildet. Proteine, die in einem lebenden Organismus unterschied-lichste biologische Aufgaben übernehmen,

benötigen für ihre Arbeit eine räumliche Form. Dieser dreidimensionale Aufbau wird durch Faltungen der Aminosäurekette und durch Wechselwirkungen zwischen einzelnen Bereichen und einzelnen Aminosäuren in dieser Kette gewährleistet. Die erste Ebene dieses Aufbaus betreffen Wechselwirkungen in Form von Wasserstoffbrückenbindungen, die zwischen den polaren CO- und NH-Gruppen der Peptidbindungen entstehen. So wird die **Sekundärstruktur** ausgebildet. Dazu gehören die sog. **Helix** (Mehrzahl Helices), die aus einer einzelnen fadenförmigen und in sich gewundenen Aminosäurenkette besteht, und die **Faltblattstruktur**, die durch mehrere parallel ausgerichtete Aminosäureketten aufgebaut ist. Ein Protein aus einer Polypeptidkette kann in bestimmten Bereichen Helices und in anderen Faltblattstrukturen ausbilden. Welche dieser beiden Formen entstehen, hängt von der Beteiligung und Abfolge der vorhandenen Aminosäuren ab.

Helices aus dem einen und Faltblätter aus einem anderen, aber benachbarten Bereich des Proteins können wiederum in Wechselwirkung treten. Sie bilden die **Tertiärstruktur** aus. Welche Wechselwirkungen dies sind, ist ebenfalls von den beteiligten Aminosäuren abhängig. Diese können über Van-der-Waals-Kräfte ($\rightarrow$ S. 266 ff.), ionische Wechselwirkungen zwischen sauren COO^--Gruppen (nach Protonenabgabe von COOH-Gruppen) und basischen NH_3^+-Gruppen (nach Protonenaufnahme von NH_2-Gruppen) in Wechselwirkung treten oder sogar Atombindungen in Form von **Disulfidbrücken** ausbilden (-S--S-; $\rightarrow$ S. 248 ff. unter Gummi), wenn jeweils zwei bestimmte Aminosäuren (mit Namen Cystein und jeweils einer SH-Gruppe) miteinander reagieren.

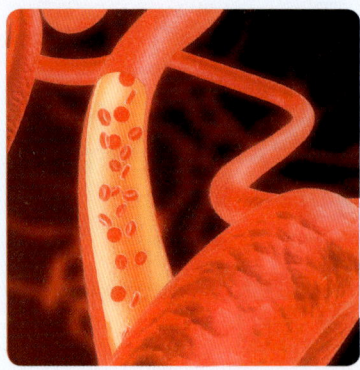

Letztlich ist es so, dass sich sogar unterschiedliche Polypeptidketten zusammenlagern müssen, damit ein funktionsfähiges Protein entsteht. Man spricht von der **Quartärstruktur**. Dies ist z. B. bei unserem roten Blutfarbstoff, dem Hämoglobin, der Fall. Dieses Protein muss aus vier Polypeptidketten – zwei sog. α- und zwei β-Ketten – bestehen, sonst kann kein Sauerstoff im Blut transportiert werden.

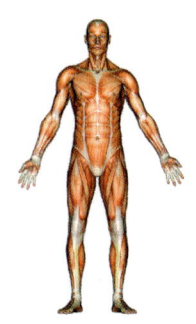

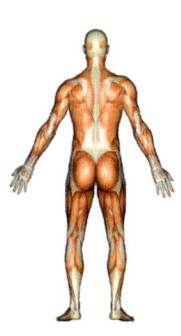

Grundsätzlich kann man in Bezug zur Form zwischen globulären und fibrillären Proteinen unterscheiden. **Globuläre Proteine** sind eher rundlich bis kugelförmig und in der Regel in Wasser gut löslich. Dies bedeutet nicht, dass sie sich auflösen, sondern dass sie aufgrund von eher polaren Aminosäure-Gruppen gut in Wechselwirkung mit dem polaren Lösungsmittel Wasser treten können, was sie als **Transportproteine** prädestiniert. Hierzu gehören z. B. das eben erwähnte Hämoglobin, verschiedene Hormone (z. B. das Insulin) und auch die im Dienste der Immunabwehr stehenden Antikörper. Der Schwerpunkt der nachfolgenden Betrachtungen soll aber auf den **fibrillären Proteinen** liegen. Sie gehören zu den **Strukturproteinen** und übernehmen Funktionen als Stütz- oder Gerüstsubstanzen. Im Gegensatz zu den globulären Proteinen sind sie in Wasser nahezu unlöslich. Zu den meist in Form von Fasern oder Fäden vorliegenden Strukturproteinen gehören das **Actin** und **Myosin** der Muskeln – welche eine geordnete Muskelbewegung und -kontraktion ermöglichen –, die **Kollagene** der Haut, des Bindegewebes und der Knochen und das **Keratin** der Haare und Fingernägel.

Kollagen: der Leimbildner

Kollagen, zusammengesetzt aus griechisch *kolla* für *Leim* und der aus *genesis* abgeleiteten Endsilbe *-gen* für *entstehen* oder *hervorbringen*, könnte als *Leimbildner* übersetzt werden. Das Strukturprotein Kollagen ist für die scheinbar gegensätzlichen Eigenschaften des Bindegewebes – Flexibilität und Festigkeit – verantwortlich. Es macht ein Viertel bis knapp ein Drittel der Proteine von Menschen und Tieren aus. Flexibilität und Festigkeit sind allerdings sehr gefragt z. B. im **Knorpel** der Ohren, in den **Bändern**, die über die Gelenke hinweg die Knochen miteinander verbinden, und in den **Sehnen**, die in der Regel über die Gelenke hinweg Knochen und Muskeln miteinander verbinden.

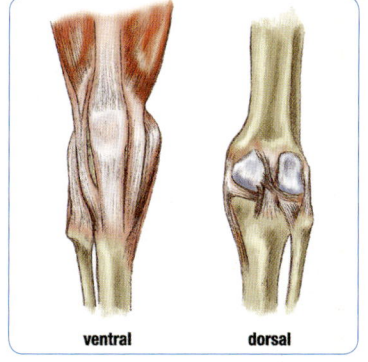

ventral   dorsal

Bänder und Sehnen des Knies.

Auch wenn gerade Sehnen und Bänder bei extremer sportlicher Belastung häufig reißen, zeichnen sie sich doch durch eine sehr hohe Zugfestigkeit aus. Diese rührt aus der Kollagenstruktur, denn in diesem Protein sind drei Peptidketten-Helices miteinander und umeinander verwunden und diese Helices sind untereinander wiederum durch Wasserstoffbrückenbindungen stabilisiert. Kollagen kommt außer in der **Haut** noch in den **Zähnen** und in den **Knochen** vor. Bei Letzteren sind in die Kollagenfasern Mineralstoffe eingelagert. Die früheste Verwendung des Kollagens steht mit den Knochen in enger Verbindung, denn aus den Knochen wurde **Knochenleim** hergestellt. Dazu wurden die Knochen entfettet, zerkleinert. Anschließend wurde das Kollagen durch Auskochen in Wasser herausgelöst. Der Knochenleim wurde schon bei den alten Ägyptern in der Holzverarbeitung eingesetzt. Bis ins 20. Jahrhundert hinein fand er Anwendung zum Binden von Büchern. Bis in die heutige Zeit wird er beim Geigenbau verwendet. Spezielle Leime wurden (und werden zum Teil heute noch) aus relativ exotischen Kollagenquellen gewonnen, z. B. der Hasenleim aus Hasenfellen oder der Fischblasenleim aus den Schwimmblasen bestimmter Fische.

Industrielle Verwendung findet das Kollagen heute als **Gelatine**. Bereits im Abschnitt „Gelobt sei, was hart macht: Hydrokolloide" (→ S. 310 ff.) wurde auf die Wortherkunft hingewiesen. Die sehr häufig gebrauchte Schreib- und Ausdrucksweise „Gelantine" verbietet sich vor allem wegen dieser Herkunft.) Sie wird vor allem aus Schweine- und zum Teil aus Rinderhäuten (sog. Schweineschwarte und Rinderspalt) gewonnen. Die Gelatine ist demnach das tierische Pendant zu den zahlreichen pflanzlichen Verdickungsmitteln. Aufgrund der BSE-Problematik und der damit verbundenen Angst der Verbraucher ist man seit dem Ende des letzten Jahrtausends dazu übergegangen, den Rinderspalt auszuklammern, um – neben den Schweineschwarten – auf das Bindegewebe von Fischen und Geflügel zurückzugreifen bzw. ganz auf Gelatine zu verzichten, um gleich die pflanzlichen Verdickungsmittel zu verwenden (vor allem Carrageen und/oder Johannisbrotkernmehl bzw. Xanthan).

Aber auch die Gelatine bildet Hydrokolloide. Sie kennen die im wahrsten Sinne des Wortes schmackhaften Gels: Wackelpudding bzw. Götterspeise und Tortenguss. Die Gelatine muss durch Erwärmen ähnlich wie die Stärke erst quellbar gemacht werden. Durch die erhöhte Temperatur (ab ca. 50°C) rücken die ineinander umschlungenen Helices voneinander ab (d. h. Lockerung der Wasserstoffbrückenbindungen) und sie geben den Raum für die Wassermoleküle zur Einlagerung zwischen die Helices frei, was aufgrund identischer Wechselwirkungen wie bei der Stärke ermöglicht wird, nämlich den Dipol-Dipol-Wechselwirkungen zwischen den Wassermolekülen und den Hydroxyl-(OH-)Gruppen bestimmter Aminosäuren. Gelatineprodukte sind im Gegensatz zu Stärkeprodukten aber temperaturempfindlich. Während die Stärkeprodukte „verbacken" und feste Strukturen ausbilden, geben Gelatineprodukte ihr Wasser wieder ab. Das ist der Grund, warum z. B. Gummibärchen im Mund schmelzen. Was an Wasser beim mechanischen Bearbeiten im Mund aus dem Hydrokolloid nicht ausgetreten ist, wird im sauren Magensaft zum Austreten „genötigt", denn die Struktur des Gels bricht endgültig zusammen und nach einem Zuviel an Gummibärchen oder Wackelpudding kommt das flaue Gefühl im Magen wohl eher durch ein Zuviel an Wasser zustande.

Exkurs: die Denaturierung – „Das Ei kocht schon eine viertel Stunde und ist immer noch hart!"

Diesen blöden Spruch haben Sie sicherlich schon einmal gehört, zeigt er doch, dass man ab einer höheren Temperatur die Proteine – und damit auch die Gelatine – ebenso wie die Stärkeprodukte dann doch fest werden lassen kann. Dieser Prozess lässt sich bei einem Spiegelei bestens beobachten: Das zunächst klare Eiweiß wird mit zunehmender Temperatur immer trüber und fester. Aus chemischer Sicht spricht man von einer **Denaturierung**.

Zunächst werden bis auf die Atombindungen in Form der Peptidbindungen zwischen den Aminosäuren (Primärstruktur) und der Disulfidbrücken (Tertiärstruktur) alle anderen Wechselwirkungen (Dipol-Dipol-Wechselwirkungen, Van-der-Waals-Kräfte, Wasserstoffbrückenbindungen) durch die hohen Temperaturen gelöst. Diese Abstandhalter können ihre Funktion nicht mehr ausüben, die Proteine verklumpen, d. h., die Sekundär- und Tertiärstruktur bricht zusammen. Den gleichen Effekt erzielt ein niedriger pH-Wert, also eine Säure. Mit Milch, die sauer wird, passiert auch nichts anderes. Eine Denaturierung ist in aller Regel nicht wieder rückgängig zu machen, also irreversibel (→ S. 247 f. unter Galalith).

Nehmen Sie Vitamin C!

Den kompletten Bereich der **Vitamine** und **Enzyme** abhandeln zu wollen, wäre ein aussichtsloses Unterfangen und sollte einem möglichen Buch „Biologie für jedermann" vorbehalten bleiben. An dieser Stelle lässt sich aber die grundlegende Funktionsweise beider Gruppen gut darlegen. Enzyme werden auch als **Biokatalysatoren** bezeichnet. Katalysatoren sind im chemischen Sinne Stoffe, die eine chemische Reaktion beschleunigen, aber aus der Reaktion unverändert hervorgehen. Der Nickelkatalysator wurde bereits erwähnt (→ S. 289 f.). Er sorgt durch seine große Oberfläche dafür, dass die ungesättigten Fettsäuren bei einer möglichst niedrigen Temperatur – und damit schonend – Wasserstoff anlagern, also hydriert werden. Eine solche Funktion übernehmen die Enzyme im lebenden Organismus. Um chemische Reaktionen herkömmlich zu beschleunigen, erhöht man die Temperatur. Das macht Ihr Körper beispielsweise bei Fieber. Aber das zeigt im menschlichen Organismus gerade die temperatur- und naturgemäße Beschränkung, denn wir bewegen uns mit unserer Körpertemperatur zwischen 37°C Normaltemperatur und 40 bis 41°C bei hohem Fieber. Ab 42°C wird es gefährlich, denn dann können Enzyme und andere Proteine (z. B. Transportproteine im Blut) bereits – irreversibel! – denaturieren und ihre Funktion lebensbedrohend einstellen.

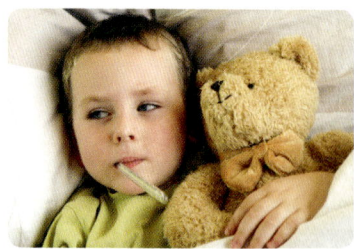

Im nicht vom Fieber geschüttelten Organismus sorgen die Enzyme dafür, dass die chemischen Reaktionen im komplexen Stoffwechsel gerade trotz der niedrigen Temperatur ablaufen. Sie schaffen es, dass komplizierte chemische Umsetzungen in unserem Körper bereits durch einen kleinen Schubs ablaufen (siehe den Vergleich mit dem Schlitten am Abhang → S. 31). Für diese Fähigkeit verantwortlich ist in den meist globulären Enzymen ein Bereich, den man **aktives Zentrum** nennt. Es ist eine

Vertiefung – ähnlich einer Delle in einem platten Ball – in die ein Stoff (Biologen nennen ihn Substrat) hineinpasst, wie der Schlüssel in ein Schloss (Schlüssel-Schloss-Prinzip). Diese Passung zwischen Substrat und Enzym bewirkt zwei Dinge: Erstens ist sie sehr spezifisch, was bedeutet, dass es häufig für ein Substrat nur ein Enzym gibt. Verkompliziert wird die Sache noch, da dieses Enzym in aller Regel nur eine bestimmte chemische Reaktion oder Umsetzung mit dem Substrat vollführen kann (das Enzym ist reaktions- oder wirkungsspezifisch). Zweitens ermöglicht diese Passung auch nur die Umsetzung eines Substrats, das auch wirklich von seiner Struktur her umgesetzt werden kann. Diese Wechselwirkungen zwischen Substrat und aktivem Zentrum sind wesentlich durch die räumliche Struktur des aktiven Zentrums bestimmt. Verändert sich diese räumliche Struktur z. B. im Extremfall bei hohem Fieber, dann kann das Enzym seine Funktion nicht mehr ausüben.

Beim Kollagen spielt für seine Bildung durch Enzyme noch etwas anderes eine wichtige Rolle. Es gibt zwei Aminosäuren, die eine herausragende Funktion im Hinblick auf die Funktionsfähigkeit des Kollagens haben. Dies sind die Aminosäuren Prolin und Lysin. Ihre Struktur tut hier nichts zur Sache. Damit beide ihre Funktion im Kollagen ausüben können (Wasserstoffbrückenbindungen zwischen den Helices stärken und mehrere Kollagenfasern miteinander verbinden), müssen diese Aminosäuren über jeweils ein Enzym eine Hydroxyl-(OH-)Gruppe erhalten. Diese Reaktion wird als Hydroxylierung bezeichnet. So erhält Prolin von einem Enzym eine Hydroxyl-Gruppe und das Lysin von einem anderen Enzym. Als Produkte entstehen jeweils Hydroxy-Prolin und Hydroxy-Lysin. Die Enzyme werden nun – und das gilt für alle Enzyme – nach ihrem Substrat, nach der ausgeführten Reaktion und mit der Endung „-ase" benannt: Prolyl-Hydroxyl-ase bzw. Lysyl-Hydroxyl-ase. (Wie bei der Benennung von chemischen Stoffen, so gibt es auch in diesem Bereich genügend Ausnahmen von der Regel, da die einheitliche Benennung zu einem Zeitpunkt eingeführt wurde, als sich Trivialnamen schon längst in den Köpfen der Wissenschaftler und in der Wissenschaftsliteratur festgesetzt hatten.)

Und was hat das jetzt mit Vitamin C zu tun? Von der Mangelkrankheit **Skorbut** war bereits die Rede, deren Symptome sich allesamt auf eine Bindegewebsschwäche zurückführen lassen (➜ S. 182 ff.). Die oben genannten Enzyme können die Hydroxylierung der Aminosäuren nur vornehmen, wenn **Vitamin C** zugegen ist. Man nennt solche Stoffe **Coenzyme** oder **Cofaktoren**. Diese Aufgabe können auch Ionen übernehmen. In aller Regel sind es Metallkationen, die zusammengefasst als Mineralstoffe oder sog.

Spurenelemente dem Organismus zugeführt werden müssen. Für die Kollagenbildung ist z. B. auch Zink notwendig. Weitere Beispiele sind Kupfer, Mangan, Selen und Eisen – natürlich jeweils als Kationen und nicht elementar … Die Vorsilbe *Co-* (auch *Ko-*, *Kon-*, *Kol-*), vom lateinischen *cum* für *zusammen*, weist darauf hin, dass alle Faktoren stimmen müssen, um funktionsfähiges Kollagen bilden zu können. Ohne Vitamin C keine Hydroxylierung der Aminosäuren Prolin und Lysin und damit auch keine Stabilisierung der Helices bzw. der Kollagenfasern. Die Folge: Bindegewebsschwächen, die in Form einer Vitamin-C-Mangelerscheinung als Skorbut bezeichnet werden.

Eine haarige Angelegenheit: Keratin

Das Keratin gehört wie das Kollagen zu den Strukturproteinen. Es gibt verschiedene Keratintypen, die beispielsweise auch am Aufbau von inneren Zellstrukturen beteiligt sind. Die kommenden Ausführungen beschränken sich allerdings auf die Keratine, die der Organismus über die Haut – je nachdem, ob es sich um Mensch oder Tier handelt – beispielsweise in Form von Federn, Hörnern, Schuppen, Haaren oder Nägeln an die Körperoberflä-

che abgibt. So lassen sich bestimmte Keratintypen ganz bestimmten Wirbeltierklassen zuordnen, denn nur Vögel z. B. sind in der Lage, Federn zu bilden. Gleiches gilt für die Schuppen bei den Reptilien und für die Haare bei den Säugetieren.

Andere Keratintypen sind auf verschiedenste Wirbeltierklassen verteilt. Dazu gehört beispielsweise die Hornsubstanz, welche sowohl Finger- und Zehennägel der Säugetiere als auch die Schnäbel der Vögel, die Hufe der Huftiere und die Hörner der Hornträger aufbaut. Daher haben die Keratine auch ihren Namen, denn es kommt aus dem Griechischen *keratos* für *Horn* bzw. genauer *des Hornes*, was relativ frei ausgelegt so viel bedeutet, dass Keratin das Horn aufbaut und deshalb synonym auch als Hornsubstanz bezeichnet wird.

Die Unterschiede bestehen in der Festigkeit und der Elastizität, die sich aus den unterschiedlichen Zusammensetzungen der Grundsubstanzen und den unterschiedlichen Verknüpfungsmöglichkeiten dieser Substanzen untereinander ergeben. Das **Haar** der Säugetiere besteht aus ca. 80 % Proteinen, aus 10 bis 15 % Wasser und weiteren 5 bis 10 % Farbpigmenten, Mineralstoffen und Fetten. Einen sehr großen Anteil an der Struktur der Haare hat bei den Proteinen, also den Keratinen, die Aminosäure Cystein. Diese Aminosäuren sind aufgrund ihrer SH-Gruppe in der Lage, Disulfidbrücken zu bilden (→ S. 324).

Zunächst ergeben sich aber vom allgemeinen Aufbau eines Haares erstaunliche Parallelitäten zur Faserstruktur von Biopolymeren. Denn beim Aufbau z. B. einer Zellwand ist typisch, dass gleich aufgebaute kleinere Einheiten zu größeren Einheiten zusammengefasst werden (→ S. 303 ff.). Beim Haar sind die Keratin-Polypeptide ähnlich wie beim Kollagen zu sog. Helices aufgewunden. Zwei dieser Keratin-Helices bilden ineinander gewunden eine Superhelix. Zwei solcher Superhelices bilden wiederum – ebenfalls umeinander gewunden – eine Protofibrille. Mehrere dieser Protofibrillen bilden als Bündel zusammengelagert dann eine Mikrofibrille. Mit diesen verhält es sich wie mit den Protofibrillen: Mehrere Mikrofibrillen ergeben gebündelt eine Makrofibrille. Um die Haarmitte, die als Medulla (aus dem Lateinischen für *das Mark*) bezeichnet wird, lagern sich sehr viele Makrofibrillen herum an und bilden die sog. Haarrinde.

Die innen liegende, vom Durchmesser im Verhältnis zur Haarrinde eher gering dimensionierte Medulla und die darum herumliegende Haarrinde sind nach außen hin von einer Cuticula (von lateinisch *cutis* für *Haut* bzw. *Häutchen*) umgeben. Sie wird durch mehrere dachziegelartig übereinander gelagerte Zellen gebildet, die das Innere des Haares schützen. Die Beschaffenheit der Cuticulazellen entscheidet darüber, ob das Haar z. B. glänzt oder nicht. Je nach Haardicke kann ein einzelnes Haar zwischen 90 und 100 Gramm Zugkraft aushalten – was man nicht an Haaren testen sollte, die noch in der Kopfhaut stecken.

Die Disulfidbrücken sind zum einen maßgeblich daran beteiligt, ob ein Haar glatt oder gelockt ist, und zum anderen ist ihre Anzahl entscheidend dafür, ob eine Hornsubstanz steif oder flexibel ist: Das Horn eines Nashorns enthält grundsätzlich mehr Disulfidbrücken als die Klauen eines Tigers.

Auch unter den Proteinfasern machen die Disulfidbrücken den Unterschied: So enthält die z. B. durch das Scheren von Schafen oder Kamelen gewonnene Wolle wesentlich mehr Disulfidbrücken als Seide. Deswegen kräuselt sich Wolle leicht und ist ein wenig

elastisch, während der Seidenfaden eine hohe Festigkeit besitzt. Hinweis: Wolle und Seide sind tierische Produkte. Hingegen ist die Baumwolle eine rein pflanzliche Cellulosefaser.

Die Seidenfaser besteht aus den beiden Proteinen Fibroin (70 bis 80 %) und Sericin (Seidenbast; 20 bis 30 %). Das Fibroin besteht aus fadenförmigen Polypeptidketten, die hauptsächlich aus der sich immer wiederholenden Aminosäuren-Abfolge „Gly-Ser-Gly-Ala-Gly-Ala" bestehen, wodurch das Fibroin als natürliches Polyamid bezeichnet werden kann (→ S. 264 ff.). Neben einem geringeren Anteil an Helices sind es vor allem Faltblätter, die für teilkristalline Bereiche sorgen und so – ähnlich wie beim Nylon – durch Übereinanderlagerung der Faltblätter und einer großen Anzahl an Wasserstoffbrückenbindungen die Festigkeit der Faser bedingen. Das Sericin umgibt als Hülle das Fibroin. Durch seine besondere Struktur verleiht es der Seide den im wahrsten Sinne des Wortes seidigen Glanz. Die Chemie versucht ja immer, die Natur nachzubauen, und auch wenn Nylon als „Kunstseide" bezeichnet werden kann, so ist es Chemikern bisher nicht gelungen, die besondere Struktur der **Spinnenseide** nachzubauen. Der Aufbau sämtlicher Strukturebenen dieses Proteins ist so besonders, dass alle bisher erfolgten Versuche fast scheitern mussten, denn nimmt man das Gewicht als Grundlage, ist die Spinnenseide vier Mal belastbarer als Stahl und dabei noch auf das Dreifache dehnbar. Die Physik und die Chemie der Proteine sind weit davon entfernt, verstanden zu sein. Die Natur ist eben doch der bessere Chemiker!

Biokunststoffe: Entsorgen ohne Sorgen

Kompostierbare Kunststoffe könnten zukünftig eine Lösung des weltweiten Müllproblems darstellen (→ S. 274 ff.). Allerdings liegt der Anteil an Biokunststoffen im Verhältnis zu den konventionellen Kunststoffen bei weit unter einem Prozent. Unternehmen, die sich auf europäischer Ebene zusammengeschlossen haben, um diesen Anteil zu erhöhen, gehen davon aus, dass dieser bis zum Jahr 2020 allerdings auf 10 % steigen kann. Im Bereich der Biokunststoffe wird es also – bei einem ohnehin auf Wachstum ausgerichteten Markt – möglicherweise zu einem wesentlich umfangreicheren Einsatz kommen.

Biokunststoffe (auch Bio-Plastics genannt) gliedern sich vor allem in zwei Bereiche:

1. Polymere, die biologisch abbaubar sind, und die aus diesen Polymeren hergestellten Kunststoffprodukte, die kompostierbar sind.

Bei diesen Polymeren steht die Kompostierbarkeit im Vordergrund. Die Kompostierbarkeit muss nach in Europa anerkannten Prüfnormen und unabhängig vom Hersteller nachgewiesen und zertifiziert werden. Über ein geschütztes Kennzeichen für Kompostierbarkeit (Keimling) wird diese Prüfnorm als solche gekennzeichnet.

Die Kennzeichnung dient Verbrauchern und Entsorgern dazu, die Produkte zu identifizieren und sie möglicherweise der biologischen Verwertung zuzuführen. Die Kunststoffprodukte, die so gekennzeichnet sind, enthalten einen hohen Anteil an nachwachsenden Rohstoffen. Allerdings gibt es auch synthetische Polymere (z. B. bestimmte Polyester), die zwar aus fossilen Rohstoffen hergestellt werden, aber nachweislich kompostierbar sind.

Zur Gruppe der kompostierbaren Biokunststoffe zählen:

a) Werkstoffe aus Stärke (sog. Stärkeblends),

b) fermentativ hergestellte Polymilchsäure PLA (auch Polylactid genannt),

c) Polyester vom Typ PHA (Polyhydroxyalkanoate), z. B. PHB, PHV

d) Werkstoffe aus chemisch veränderter Cellulose und

e) bestimmte synthetische Polyester aus Rohöl oder Erdgas.

2. Polymere, die auf der Basis nachwachsender Rohstoffe hergestellt werden, sog. biobasierte Kunststoffprodukte

Hier steht im Vordergrund, ob die Kunststoffprodukte aus den üblichen fossilen Kohlenstoffquellen – wie bei den herkömmlichen Kunststoffen üblich – hergestellt werden, oder ob zur Herstellung dieser biobasierten Polymere nicht fossile Kohlenstoffquellen wie Zucker, Stärke, Pflanzenöle oder Cellulose als nachwachsende Rohstoffe genutzt werden. Die breiteste Nutzung geht von Mais, Kartoffeln, Getreide oder Zuckerrohr aus. Auch wenn es sich um biobasierte Kunststoffe handelt, müssen diese nicht notwendigerweise biologisch abbaubar und kompostierbar sein.

Zu den in aller Regel nicht kompostierbaren biobasierten Biokunststoffen zählen:

a) Polyester z. B. auf Basis von Biopropandiol (PDO),

b) spezielle Polyamide, beispielsweise aus Rizinusöl,

c) zukünftig möglicherweise auch z. B. Polyethylen (PE) oder Polyvinylchlorid (PVC) auf der Basis von Bioethanol (z. B. aus Zuckerrohr).

Hinweis: Abgrenzung der Begriffe „biologisch abbaubar", „kompostierbar" und „oxo-abbaubar":

Als **biologisch abbaubar** gilt ein Stoff, der unter der Einwirkung von Mikroorganismen und deren Enzymen einen natürlichen Abbauprozess durchläuft. Dieser endet mit der biologischen Aufnahme von Abbauprodukten in den Mikroorganismus (Aufnahme der Abbauprodukte und Einbau in den zelleigenen Stoffwechsel = Bioassimilation). Als Endprodukte dieses Abbaus bilden sich Wasser, CO_2 und/oder CH_4 (Methan) sowie eventuell umweltunschädliche Rückstände und neue Biomasse. Im Verhältnis zur Kompostierung ist hier ein längerer Zeitraum von höchstens 12 Monaten bei einer niedrigeren Temperatur von 28°C festgelegt.

Kompostierbare Stoffe durchlaufen bei der Kompostierung einen Zersetzungsprozess, der einem biologischen Abbau entspricht, weshalb die Begriffe häufig synonym gebraucht werden. Denn es entstehen CO_2 und/oder CH_4, Wasser sowie Biomasse, aber auch anorganische Verbindungen, jedoch keine sichtbaren oder erkennbar toxischen Rückstände. Dabei spielt aber der Zeitraum eine entscheidende Rolle, denn er soll anderen bekannten kompostierbaren Stoffen entsprechen. Maßgeblich ist hier die Kompostierung in industriellen Kompostieranlagen. Die Kompostierung soll nicht länger als sechs Monate bei ca. 58°C betragen. Ergo: Biokunststoffe, die kompostierbar sind, müssen noch lange nicht biologisch abbaubar sein, aber Biokunststoffe, die biologisch abbaubar sind, sind auf jeden Fall kompostierbar.

Stoffe werden fälschlicherweise als **oxo-abbaubar**, hydroxy-abbaubar oder chemisch abbaubar bezeichnet, denn es handelt sich eigentlich um **fragmentierbare Stoffe**. Diese Stoffe zerfallen durch verschiedene physikalische, chemische und/oder biologische Einflüsse in Fragmente, die für das bloße Auge nicht mehr sichtbar sind. Diese verbleiben jedoch persistent (beharrlich) in der Umwelt. Traurige Berühmtheit erlangten dabei Plastiktüten aus Polyethylen, die sich angeblich in Nichts auflösen und nach Angaben des Herstellers sogar biologisch abbaubar und kompostierbar sein sollten. Allerdings werden diesem Polyethylen Additive zugesetzt, die eine Abbaubarkeit dieses sonst stabilen Kunststoffs erst ermöglichen sollen. Zu diesen Verbindungen zählen Schwermetallsalze, die als solche langlebig z. B. als feine Stäube in der Natur akkumulieren.

Entscheidend für den zukünftigen Erfolg der Biokunststoffe wird aber auch sein, wie groß die Akzeptanz des Verbrauchers sein wird. Im Nachfolgenden sollen mögliche Anwendungsbereiche vorgestellt werden, bevor auf einzelne Biokunststoffe noch einmal näher eingegangen wird. Folgende Produkte können in den nächsten Jahren für höhere Wachstumsraten bei den Biokunststoffen sorgen:

a) kompostierbare Bioabfallsäcke oder Tragetaschen: Durchschnittlich 65 Plastiktragetaschen könnte jeder Deutsche im Jahr mit nach Hause nehmen. Denn in Deutschland werden rund fünf Milliarden Plastiktüten im Jahr produziert. Andere Zahlen gehen davon aus, dass jeder Mensch auf der Erde rund 13.000 Plastiktüten in seinem Leben verbraucht – natürlich mit verheerenden Folgen für die Umwelt, vor allem vor dem Hintergrund, dass es bis zu 1000 Jahre dauern kann, bis eine Tüte – nicht korrekt entsorgt oder der Verwertung zugeführt – abgebaut ist. Biobasierte, kompostierbare Tragetaschen könnten deshalb in Zukunft der Absatzmarkt für Biokunststoffe überhaupt werden. In einzelnen Städten der USA und in China wurden nämlich schon Plastiktüten gänzlich verboten. In Großbritannien hat sich durch entsprechende Maßnahmen der Regierung die Zahl der Kunststofftragetaschen von 870 auf immerhin 450 Millionen nahezu halbiert.

Durch die Verwendung von Biokunststoff-Abfallsäcken kann sich die Menge des gesammelten Bioabfalls erhöhen, was zur Entlastung von Mülldeponien beitragen würde und helfen würde, den Kompostierungsprozess und die Kompostqualität zu verbessern.

b) biologisch abbaubare Mulchfolien: Diese können nach Gebrauch auf dem Feld einfach untergepflügt werden, was zur Einsparung von Arbeits- und Entsorgungskosten führen würde.

c) Cateringprodukte für Großveranstaltungen oder Serviceverpackungen für Imbissverkäufe: Becher, Teller, Besteck usw. können direkt nach dem Gebrauch mit den anhaftenden Lebensmittelresten kompostiert werden.

d) Folienverpackungen für kurzlebige Lebensmittel: Dazu zählen z. B. kompostierbare Beutel und Netze für (momentan überwiegend ökologisch erzeugtes) Obst und Gemüse, z. T. auch Frischfleisch. Diese können, weil atmungsaktiv, eine längere Haltbarkeit der Produkte ermöglichen. Dadurch kann im Handel länger abverkauft werden. Durch die Kompostierung lassen sich die Produkte einfacher entsorgen, denn die Lebensmittel können, wenn sie einmal verdorben sind, im Handel ohne kostspielige Trennung von Verpackung und Inhalt durch Kompostierung direkt verwertet werden.

e) Verpackungen wie etwa Container oder Flaschen: Biokunststoffflaschen aus PLA für kohlensäurefreie Getränke und Milchprodukte könnten zum Teil das PET ersetzen.

f) in der Medizintechnik: Spezielle bioabbaubare Biokunststoffe werden seit Längerem als Nahtmaterial sowie für Schrauben oder Implantate eingesetzt. Derzeit handelt sich zwar noch um extrem teure Produkte, aber den Patienten bleibt meist ein zweiter Eingriff erspart.

g) im Bereich der Consumer-Elektronik: Noch ganz am Anfang steht allerdings die Entwicklung langlebiger Biokunststoff-Produkte wie z. B. Laptopgehäuse oder Handyschalen, Sportschuhe oder Skischuhe und Innenraumverkleidungen oder Reserveradabdeckungen in der Automobilindustrie.

Beispiele für aufgehende Sterne am Kunststoffhimmel

Die Geschichte wiederholt sich oft – möglicherweise auch die Kunststoffgeschichte. Die ersten Kunststoffe, die letztendlich Abwandlungen natürlicher Biopolymere waren (→ S. 244 ff.), sind wieder modern und erleben eine Renaissance, da man sich den nicht endlichen Ressourcen zuwendet. Exemplarisch soll hier nur auf einzelne Beispiele eingegangen werden.

Bei den Polysacchariden sind es vor allem die Stärke und die Cellulose, die Verwendung finden. Die Stärke wird als Stärkepolymer in Form der **Thermoplastischen Stärke** (TPS) genutzt. Dazu wird der in Europa aus Weizen, Mais und Kartoffeln gewonnene nachwachsende Rohstoff zunächst gereinigt und dann im Extruder (→ S. 256 ff.) unter Zugabe von Wasser destrukturiert. Durch die Erwärmung und die mechanische Bearbeitung verliert die Stärke ihre natürliche Struktur (→ S. 303 ff.). Damit die so behandelte Stärke unter Erwärmung formbar, also thermoplastisch wird (→ S. 235 ff.) und den angestrebten Anforderungen genügt, wird als natürlicher Weichmacher Glycerin hinzugegeben (Glycerin → S. 286 ff.; Weichmacher → S. 271 ff.). Letztlich werden wie beim PVC durch das Glycerin die Abstände zwischen den Amylose- und Amylopektinketten vergrößert, um die Verschiebbarkeit der Polymerketten zu gewährleisten. Häufig wird die so bearbeitete Stärke noch mit anderen ebenfalls biologisch abbaubaren Kunststoffen (z. B. Polyester) zusammen verarbeitet (es entstehen sog. Stärkeblends), sodass die Stärke im Endprodukt ihre Fähigkeit verliert, Wasser aufzunehmen. Der Marktanteil der Thermoplastischen Stärke liegt bei den Biokunststoffen bei 80 % und ist damit ihr bedeutendster Vertreter. Die Thermoplastische Stärke kann z. B. zu Folien, Spritzgussartikeln oder Beschichtungen verarbeitet werden. Beispielsweise zu Tragetaschen, Joghurtbechern, Pflanztöpfen, zu Besteck, Suppentellern, Kaffeetassen und Trinkbechern im Cateringbereich, zu Windelfolien und beschichteten (Foto-)Papieren. In geschäumter Form findet sie auch als Verpackungschips und in diversen Lebensmittelverpackungen Verwendung.

Die **Cellulose** wird zu **Celluloseacetat** (CA) verestert (→ S. 286 ff.). Vielleicht haben Sie sich bei der Endung „-acetat" an das Salz der Essigsäure erinnert (→ S. 153 ff.). Dort tauchte auch der Begriff des Eisessigs für 100%ige Essigsäure auf. Bei der Veresterung zum Celluloseacetat reagieren nicht die OH-Gruppen des Alkohols Glycerin mit den COOH-Gruppen der Fettsäuren unter Abspaltung von Wasser miteinander, sondern die OH-Gruppen liefert hier die Cellulose und die COOH-Gruppen der Eisessig. Je nachdem, ob alle drei OH-Gruppen der Cellulosebausteine verestert werden oder ob ein Teil der OH-Gruppen – je nach Verfahren – erhalten bleiben, spricht man von Cellulosetriacetat (CTA oder Primäracetat) oder 2 ½-Acetat (oder Sekundäracetat). Die Sekundäracetatmoleküle lassen sich zu Textilfasern und Geweben verarbeiten. Da die Textilien aus einer solchen Acetatfaser wie Naturseide aussehen, bezeichnet man sie auch als **Kunstseide**. Es werden beispielsweise Blusen, Hemden, Kleider und Krawatten hergestellt. Sehr häufig finden die Acetatfasern auch zur Herstellung von Zigarettenfiltern Verwendung.

 Triacetat- oder TAC-Filme werden als Folien in Computerflachbildschirmen oder Handydisplays eingesetzt. Auch die Ummantelung Ihrer Schnürsenkelenden ist meist aus Celluloseacetat. Da Celluloseacetat eine sehr hohe Schlagzähigkeit zeigt, wird es häufig zur Herstellung von Werkzeuggriffen eingesetzt.

Ein wirklich aufgehender Star am Biokunststoff-Himmel sind die **Polymilchsäuren** (auch Polylactide oder kurz PLA aus dem Englischen von **P**olylactid **A**cid). Dieser durchsichtige Biokunststoff zeigt ähnliche Eigenschaften wie PET (er besitzt als Nachteil aber eine noch geringere Gasdichte bei Flaschenbefüllungen mit kohlensäurehaltigen Getränken), PE und PP – womit die anteilsstärksten Kunststoffe aus fossilen Rohstoffen genannt wären. Hinzu kommt, dass PLA wie die eben genannten Kunststoffe verarbeitet werden kann (z. B. Spritzguss, Thermoformen und Extrusion; → S. 256 ff.) und unter den Bedingungen einer industriellen Kompostieranlage kompostierbar ist. (Der Grad der Kompostierbarkeit ist allerdings davon abhängig, welche anderen (Bio-)Kunststoffe unter Bildung von PLA-Blends mit verarbeitet wurden.) Da ist es nicht verwunderlich, dass PLA zur Herstellung von (Verpackungs-)Folien, Dosen, Bechern, Flaschen, Obst-, Gemüse- und Fleischschalen und sonstigen Gebrauchsgegenständen verwendet wird. Zusätzlich bietet auch der medizinische und pharmazeutische Bereich ein weites Einsatzfeld: Schrauben, Nägel und Platten werden zur Stabilisierung z. B. von Knochenbrüchen verwendet und durch den Körper des Patienten resorbiert. Ein Nachteil ist, dass die Erweichungstemperatur des PLA als Thermoplasten mit ca. 50°C so niedrig liegt, dass man in die Becher und Teller aus PLA im Catering-Bereich keine heißen Getränke und Speisen einfüllen sollte. Ein weiterer Nachteil sind die bislang im Vergleich zu den herkömmlichen Kunststoffen relativ hohen Kosten, die vor allem auch mit der Herstellung des Lactids zusammenhängen. Denn Lactid wird biochemisch mithilfe von Bakterien in sog. Bioreaktoren durch Vergärung von Glucose hergestellt. Nichtsdestotrotz könnte PLA ein Hoffnungsträger im Hinblick auf die Müllproblematik sein.

Wir befinden uns möglicherweise an einem notwendigen Scheidepunkt, da die Nachhaltigkeit eine zentrale Bedeutung gewinnen muss. Die Milchpreise sind im Keller und die Erdölpreise steigen unaufhörlich. Da lohnt sich der Gedanke, sich zunehmend unabhängig von den fossilen Energieträgern zu machen und im Nebeneffekt möglicherweise den

Milchbauern einen neuen Absatzmarkt zu bieten. Bei diesen Überlegungen müssen die Gedanken aber auch in Richtung ethischer Wertmaßstäbe wandern, wenn nämlich Nahrungsmittel produziert werden, um eine stetig wachsende Konsumhaltung vornehmlich in den Industrieländern zu befriedigen, obwohl in vielen anderen Teilen der Erde Hunger herrscht. Es sind aber vor allem Weizen, Kartoffeln, Mais und Zuckerrohr, die als pflanzliche Rohstofflieferanten vorwiegend für die Verwendung in chemischen Produktionsprozessen zur Herstellung der Biokunststoffe angebaut werden. Gerade beim Zuckerrohr werden in Entwicklungs- und Schwellenländern Waldflächen unwiederbringlich gerodet, um als Ackerflächen zu dienen, was mit Nachhaltigkeit nicht mehr viel zu tun hat.

XIII. Chemie macht das Leben leichter 2

Dieses Kapitel ist den Dingen gewidmet, die aus chemischer Sicht betrachtet in Ihrem Leben erleichternd wirken. Im Kapitel „Chemie macht das Leben leichter 1" war es ausschließlich der Kunststoff, dem diese Lebenserleichterung zukam (→ S. 234 ff.). In anderen Abschnitten klang diese Komponente aber auch immer mal wieder an. Jetzt wird das Hauptaugenmerk auf den Bereichen liegen, die mehr oder weniger zum Alltag gehören und bei denen die chemische Seite vielleicht gar nicht so direkt ins Auge fällt.

Waschen, putzen, reinigen

Die Herren Leser sollten durch die Überschrift nicht erschreckt werden, es ist keine Aufforderung oder gar ein Befehl … Alle drei Verben klingen irgendwie gleich, sie haben auch das gleiche Ziel: Es soll sauber werden. Beim näheren Betrachten fallen aber schon Unterschiede auf, denn man wäscht natürlich den Boden nicht, sondern putzt ihn, genauso wie die Kartoffeln in der Küche, denn die werden eben nicht gereinigt. Dafür bringt man den teuren Anzug in die Reinigung und nicht in die Wäscherei. Hinter dem Putzen steckt irgendwie eine ganze Menge Anstrengung: Da wird z. B. gerieben,

Hier wird ein Boden geputzt.

geschrubbt oder poliert. Das Reinigen ist möglicherweise etwas eleganter und es schwingt eine chemische Note mit. Beim Waschen hingegen steht eindeutig das Wasser im Vordergrund. Egal wie Sie etwas reinigen, putzen oder waschen: Zumindest ein wenig Chemie – auch wenn sie leicht physikalisch angehaucht ist – ist überall dabei.

Gleiches löst sich in Gleichem

Similia similibus solvuntur lautet die Überschrift auf Latein. Es ist ein Grundsatz, der für viele der nachstehenden Probleme gilt und den Sie mehr oder weniger bewusst beherzigen, z. B. beim Abwaschen von Ölresten von Ihren Fingern, weil Ihnen mal wieder die Fahrradkette vom Ritzel gesprungen ist: Alleine mit Wasser bekommen Sie diesen Öl- oder Fettfilm nicht runter von Ihrer Haut.

Gegen diesen Schmutz kann Wasser allein wenig ausrichten.

„Gleiches löst sich in Gleichem" bezieht sich vor allem auf das Lösungsmittel und den zu lösenden Stoff. Dabei wird der zu lösende Stoff durch das Lösungsmittel auf- bzw. abgelöst (vom Untergrund). In aller Regel handelt es sich beim Lösen um einen physikalischen Vorgang, nicht um eine chemische Reaktion.

Man unterscheidet polare Lösungsmittel (z. B. Wasser) und unpolare Lösungsmittel (z. B. Benzin). Je nachdem, welcher Natur der auf- oder abzulösende Stoff ist, also ob es sich um einen polaren oder unpolaren Stoff handelt, muss ein zu ihm passendes (gleiches) Lösungsmittel gewählt werden. Polare Lösungsmittel sind hydrophil (lipophob), unpolare Lösungsmittel sind lipophil (hydrophob).

Dass Sie das Kettenfett oder -öl mit Wasser nicht von Ihren Händen abbekommen, liegt daran, dass hier ein polares Lösungsmittel (Wasser) auf eine unpolare Verschmutzung (Kettenöl) trifft. (Gleiches löst eben Ungleiches nicht!) Sie helfen sich möglicherweise mit der Alternative Seife oder Waschbenzin. Bei beiden haben Sie überwiegend oder zum Teil <u>un</u>polare Lösungsmittelmoleküle, die den ebenfalls <u>un</u>polaren Schmutz lösen können. Während es sich bei Benzin um Alkane handelt (→ S. 153 ff.), sind es bei der **Seife** Fettsäuremoleküle bzw. deren Salze. Wie die Fettsäuremoleküle in die Seife kommen, haben Sie bereits an anderer Stelle erfahren (→ S. 286 ff. und → S. 292 f.; zur

Verseifung auch → S. 160 f. unter Buttersäure). Hier nur kurz zur Wiederholung: Seifen entstehen, wenn Fette mit Natronlauge oder Kalilauge gekocht werden. Es entstehen die Natrium- bzw. Kaliumsalze der entsprechenden Fettsäuren, welche sich als Seifen in wässriger Lösung befinden.

Wenn nun Öl und Wasser miteinander in Kontakt treten, bildet sich eine Grenze aus. Diese Grenze ist sichtbar, wenn Sie z. B. Wasser in einem engen Glas mit Salatöl überschichten. Da die beiden Stoffe sich nicht mischen, spricht der Chemiker von **Phasen**. Die beiden Phasen stehen an der Grenzfläche wegen der strukturbedingten Abstoßungskräfte unter Spannung. Man spricht von einer **Grenzflächenspannung**, wenn es sich wie hier um zwei nicht mischbare Flüssigkeiten handelt. Von **Oberflächenspannung** spricht man, wenn eine Flüssigkeit (z. B. Wasser) an Luft grenzt. Diese Spannungen sind die Ursache für die auf S. 108 ff. beschriebenen Phänomene.

Die Kopf-Schwanz-Moleküle sind in der Lage, diese Grenzflächenspannungen bzw. Oberflächenspannungen herabzusetzen. Sie können also einer Büroklammer (und auch einem Wasserläufer) den Boden unter den Füßen wegziehen und sie untergehen lassen, wenn Sie Seife oder Spülmittel hinzugeben. Woran liegt das?

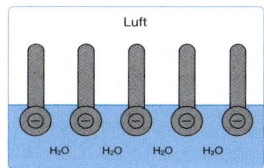

In der Skizze können Sie erkennen, dass die schematisch dargestellten Kopf-Schwanz-Moleküle mit ihrem polaren Kopf zum polaren Wasser und mit ihrem unpolaren Schwanz in die Luft zeigen. So entsteht an der Wasseroberfläche eine Schicht, die verhindert, dass die Wassermoleküle zum Erhalt der Oberflächenspannung untereinander Wasserstoffbrückenbindungen eingehen (→ S. 108 ff.).

Beim Herabsetzen der Grenzflächenspannung zwischen zwei nicht mischbaren (polaren und unpolaren) Flüssigkeiten sieht das ähnlich aus: Der polare Kopf des Kopf-Schwanz-Moleküls ragt in die polare Flüssigkeit (z. B. Wasser) und der unpolare Schwanz ragt in die unpolare Flüssigkeit (z. B. Öl). Schüttelt man die nun entstehende Emulsion (→ S. 23 ff.), bleibt das Gemisch bei ausreichender Menge an Kopf-Schwanz-Molekülen bestehen. Es sind nun sehr viele Grenzflächen an einer großen Anzahl an Tröpfchen entstanden, die als kleinste Wasser- bzw. Öltröpfchen bestehen bleiben, da die Kopf-Schwanz-Moleküle die Vermittlung an den Grenzflächen übernehmen.

Fachlich müssen hier Begriffspaare ergänzt werden, die den Bezug zur Löslichkeit der unterschiedlichen Strukturen (polar und unpolar) deutlich machen. Einen polaren Stoff, der sich im polaren Lösungsmittel Wasser löst, bezeichnet man als **hydrophil** *(wasserliebend*, von griechisch *hydro* für *Wasser* und *philos* für *Freund)*. Gleichzeitig ist dieser polare Stoff aber nicht im unpolaren Fett oder Öl löslich. Man bezeichnet ihn gleichzeitig als **lipophob** *(fettfeindlich*, von griechisch *lipos* für *Fett* und *phobos* für *Furcht)*. Hydrophile Stoffe sind also in aller Regel gleichzeitig lipophob und entsprechend umgekehrt sind **hydrophobe** *(wasserfeindliche)* Stoffe meist gleichzeitig **lipophil** *(fettliebend)*.

Stoffe, die die Fähigkeit haben, in Sachen Grenzflächenspannungen zwischen zwei sonst nicht mischbaren Flüssigkeiten zu vermitteln, nennt man **Emulgatoren**. Sie finden ihren Einsatz z. B. in Lebensmitteln und Kosmetika. Auf dem gleichen Prinzip beruht die Waschwirkung der Kopf-Schwanz-Moleküle. In diesem Fall spricht man von **Detergenzien** (Einzahl *Detergens*; aus dem Lateinischen *detergere* für *abwischen)*. Hier wird in Sachen Grenzflächenspannung gleich in drei Fällen vermittelt: zwischen Schmutz und zu reinigender Oberfläche, zwischen Schmutz und Lösungsmittel (meist Wasser) und zwischen Lösungsmittel und zu reinigender Oberfläche. Damit fallen unter Detergenzien im Prinzip alle Stoffe, die mit Waschen, Reinigen und Putzen im weiteren und engeren Sinne zu tun haben, ob im Haushalt oder bei der Körperpflege.
Nur die Oberfläche und das Lösungsmittel betreffen die sog. **Netzmittel**. Sie sorgen beispielsweise dafür, dass Flüssigkeiten auf einer Oberfläche keine Tropfen bilden, besser von der Oberfläche abfließen und deshalb beim Trocknen auch keine Tropfenränder zu sehen sind. Ein Einsatzgebiet ist z. B. das Fotolabor: Netzmittel verhindern hier auf dem Fotomaterial die Fleckenbildung durch trocknende Tropfen.

Emulgatoren, Netzmittel und Detergenzien sorgen letztlich alle dafür, Spannung zwischen Grenzflächen und an Oberflächen herauszunehmen. *Gespannt* heißt auf Latein *tensus*. Daraus leitet sich der Überbegriff für diese Kopf-Schwanz-Moleküle ab, es sind allesamt **Tenside**. Man unterscheidet nichtionische, anionische, kationische und amphotere Tenside. Ihre Unterschiede werden Sie noch bei den waschaktiven Substanzen näher kennenlernen. Alle haben aber eines gemeinsam: Da sie zwischen den polaren (hydrophilen/lipophoben) und unpolaren (lipophilen/hydrophoben) Stoffen vermitteln können, können sie beides. Sie sind lipophil und hydrophil in einem. Diese Fähigkeit bezeichnet man als **amphiphil** (von griechisch *amphi* für *beides* und *philos* für *Freund*). Der Kopf dieser Kopf-Schwanz-Moleküle ist polar, also hydrophil, und der Schwanz ist unpolar, also lipophil. So schaffen sie die Vermittlung zwischen den Phasen.

Man unterscheidet **anionische, kationische, amphotere** und **nichtionische Tenside**. Die Unterscheidung erfolgt hier vom Kopf her, denn den Schwanz – in Form der unpolaren Kohlenstoff-Wasserstoff-Kette – haben alle gemeinsam.

Anionische Tenside haben einen negativ geladenen Kopf, meist in Form einer Carboxylat-(COO^-)Gruppe, aber auch Sulfonat-($-SO_3^-$-)bzw. Sulfat-(SO_4^{2-}-) Gruppen kommen vor. Carboxylat-Gruppen besitzen auch die **Seifen**. Sie sind somit die ältesten Tenside, da das Kochen von Tierfetten mit Kali- oder Natronlauge ja die Seifensalze ergab (→ S. 291 f.). Werden moderne anionische Tenside als Detergenzien und nicht als Emulgatoren genutzt (z. B. bei einem Reinigungsmittel), dann besteht die Gefahr, dass die Tenside mit den Calciumionen aus dem natürlichen Kalkgehalt des Wassers (→ S. 147 ff.) sog. **Kalkseifen** bilden, die unlöslich sind und die dann als waschaktive Tenside nicht mehr zur Verfügung stehen. Also müssen für den Waschvorgang entweder mehr Tenside (d. h. mehr Waschmittel) hinzugegeben werden oder es muss für eine Wasserenthärtung gesorgt werden. (Dazu später mehr.) Letztlich geht die Tendenz der Hersteller aufgrund der Nachteile stark in Richtung der nichtionischen Tenside.

Der Kopf der **kationischen Tenside** ist positiv geladen. Er wird durch eine Ammonium-(NH_4^+-)Gruppe gebildet.

Amphotere Tenside besitzen beides: z. B. eine Carboxylat-(COO^-)Gruppe und eine Ammonium-(NH_4^+-)Gruppe. Zum Einsatz kommt hier häufig das sog. Betain-Tensid.

Nichtionische Tenside (oder Niotenside) sind eben nicht ionisch, d. h., sie besitzen am Kopf keine der bisher genannten Gruppen. Hier sind es Gruppen, die keine echten Ladungen, sondern Teilladungen aufgrund von Polarisierungen besitzen. Dazu gehören beispielsweise die Hydroxyl-(OH-)Gruppen. Ein Beispiel für Niotenside sind **Fett-Alkohol-Eth**oxylate (FAEOs).

Tenside finden als die eigentlich waschaktiven Substanzen Verwendung in Waschmitteln, Spülmitteln, Shampoos und Duschgelen. Als Emulgatoren haben sie aber auch ein breites Einsatzgebiet bei den Kosmetika.

Voll das Waschmittel

Moderne Vollwaschmittel – und nur um diese soll es sich zunächst einmal drehen – enthalten eine ganze Menge an Substanzen, die allerdings nur z. T. etwas mit dem eigentlichen Waschvorgang zu tun haben. Es sind **Farbstoffe** enthalten, die dem Pulver, der Flüssigkeit, dem Gel oder dem Tab eine Farbe verleihen, die das Waschmittel nicht besser oder schlechter waschen lässt, sondern dem

Verbraucher optisch attraktiv erscheinen lassen soll. Gleiches möchte man auch über zugesetzte **Duftstoffe** erreichen. Man bedient nur einen anderen Sinneskanal. Der Verbraucher fühlt sich angesprochen – und bezahlt dies möglicherweise mit allergischen Reaktionen. Beliebt waren früher auch **Füllstoffe**, die in größerer Menge der Packung zugeführt wurden und den Eindruck vermittelten, dass man besonders günstig besonders viel Waschmittel eingekauft hätte. Letztlich waren sie häufig nur dazu da, das meist pulverförmige Angebot auch pulverförmig und rieselfähig zu halten.

Kommen wir zu den Inhaltsstoffen, die wirklich wichtig für den Waschprozess sind: Da sind zunächst die **Tenside**, die bereits oben besprochen wurden und die in ihrer

ganzen Bandbreite Verwendung finden. Lediglich bei den anionischen Tensiden lässt der Trend nach, da **Enthärter** in besonderem Maß zugesetzt werden müssen. Die sich ohne Enthärter bildenden Kalkseifen sorgen nicht nur für ein Verkalken der Heizstäbe, sondern auch für ein Vergrauen der Wäsche.

Die Zeiten, dass Phosphate als die Calciumionen bindenden Verbindungen eingesetzt wurden, sind seit den 1980er-Jahren vorbei. Die hohe Nährstoffzufuhr in den Abwässern führte zu einem übermäßigen Algenwuchs in Bächen und Seen, was zur sog. **Eutrophierung** (dem „Umkippen") dieser Gewässer führte. Man führte deshalb wasserhaltige Calcium- oder Natriumaluminiumsilicate – zusammengefasst als **Zeolithe** – ein, die in der Natur in vielen Mineralien vorkommen. Bekannt ist das Zeolith A, das unter dem Handelsnamen Sasil® bekannt ist. Zeolithe sind aufgrund ihrer Molekülstruktur in der Lage, Magnesium- oder Calciumionen wie in einer Krebs-

schere festzuhalten, was ihnen den Beinamen Chelatbildner einbrachte (*chele* aus dem Griechischen für *Krebsschere*). Somit stehen die Magnesium- oder Calciumionen im Waschwasser nicht mehr zur Bildung der Kalkseifen zur Verfügung. Als Enthärter findet ebenfalls mit Wirkung eines Chelatbildners das **EDTA** (**E**thylen**d**iamin**t**etra**a**cetat) Verwendung. Dieses ist aber nur schlecht biologisch abbaubar.

Da die meisten Flecken auf Textilien – gerade von den lieben Kleinen – vom Essen herrühren, und diese Flecken deshalb häufig aus Proteinen und Stärke bestehen, können sie – besonders wenn sie eingetrocknet sind (die Flecken, nicht die Kleinen) – nicht durch Tenside entfernt werden und werden deshalb von **Enzymen** entfernt, die den Waschmitteln zugesetzt werden. Die Wirkungsweise der Enzyme sowie die Namensgebung wurden Ihnen bereits nähergebracht (→ S. 328 ff.). Deshalb wissen Sie, dass zugesetzte Proteasen die Proteine, Lipasen die Lipide (= Fette), Amylasen die Amylose (der Stärke) und Cellulasen die Cellulose spalten. Um eine Inaktivierung der Enzyme durch Denaturierung zu vermeiden, darf nicht zu heiß – maximal bis zu 60°C – gewaschen werden (→S. 327 f.). Andere Verschmutzungen sind farbig, wie z. B. Kaffee-, Tee-, Rotwein-, Ketchup-, Gras-, Obst- oder Spinatflecken. Auch hier können die Tenside allein nichts ausrichten. Deshalb versucht man es mit zugesetzten **Bleichmitteln**. Und hier findet jetzt das waschende Chemikerherz seine Erfüllung, denn hier findet richtige Chemie statt. Die Farbstoffe sollen nämlich durch die Bleichmittel oxidiert und damit zerstört werden. Dazu gibt es grundsätzlich zwei Möglichkeiten: Entweder man bleicht auf Chlorbasis oder auf Sauerstoffbasis. Den Waschmitteln kann natürlich elementarer, also gasförmiger Sauerstoff nicht zugeführt werden, deshalb hat man nach einer festen Chemikalie gesucht, die während des Waschvorgangs den Sauerstoff freigibt. Fündig geworden ist man zu Beginn des 20. Jahrhunderts mit der Verbindung **Natriumperborat**. Hinweis: Aus dem „Per" von **Per**borat und dem „sil" der **Sil**icate (Zeolithe) wurde dann der Markenname „Persil®" geboren. Im Wasser zerfällt das Natriumperborat zu Wasserstoffperoxid (H_2O_2) und Natriumhydrogenborat. Während dann das Wasserstoffperoxid ab Waschtemperaturen von 60°C den die Farbstoffe zerstörenden Sauerstoff freisetzt, bleibt das verbleibende Natriumhydrogenborat in der Waschlauge und gelangt ins Abwasser. Auch die Klärwerke bekommen diese Verbindung nicht komplett heraus, sodass sie in den Gewässern verbleibt, was ökologisch bedenklich ist. Eine nicht borhaltige Alternative hat man im **Natriumpercarbonat** gefunden. Es verhält sich im Prinzip ähnlich wie das Natriumperborat, aber beim Zerfall entsteht neben Wasserstoffperoxid eben nicht das borhaltige Natriumhydrogenborat, sondern das harmlose Natriumcarbonat. Natriumpercarbonat ist übrigens der Hauptbestandteil, also das „Oxi" in den Oxi-Reinigern.

Bei Temperaturen unter 60°C kann auch mit Chlor als Aktivposten gebleicht werden. Hier wird vor allem in Südeuropa und in den USA Natriumhypochlorit (NaOCl) ver-

wendet. Sie wissen aber, dass solche organischen Chlorverbindungen möglicherweise krebserzeugend sind (→ S. 213 ff.). Aber auch mit Sauerstoff kann man unterhalb von 60°C bleichen, nämlich wenn **TAED** (**T**etr**a**acet**y**l**e**thyl**e**n**d**iamin) als sog. **Aktivator** zugesetzt wird. Dieser liefert in der Reaktion mit Wasserstoffperoxid – unter 60°C

wohlgemerkt – Peroxoessigsäure. Diese setzt eine besonders reaktive Form des Sauerstoffs frei, die eine sogar noch stärkere Bleichwirkung zeigt als „normaler" Sauerstoff.

Optische Aufheller dienen dazu, weiße Wäsche noch weißer erscheinen zu lassen. Diese auch als „Weißmacher" bezeichneten Verbindungen setzen sich auf den Wäschefasern ab und reflektieren nicht sichtbare ultraviolette Lichtwellen als blauviolettes Licht (im Bereich von 400 bis 480 Nanometern Wellenlänge). Durch den Verlust von ohnehin von Anfang an durch den Produktionsprozess auf den Textilien vorhandenen optischen Aufhellern erschiene weiße Wäsche mit jedem Waschgang gelb- bzw.

graustichiger. Die im Waschmittel enthaltenen optischen Aufheller sollen deshalb diesen Gelb- oder Graustich in der weißen Wäsche ausgleichen bzw. überdecken, indem sie die ausgewaschenen optischen Aufheller ersetzen. Im sog. **Schwarzlicht** (und ähnlich auch unter den Lampen des Solariums) werden diese Verbindungen besonders

sichtbar, denn unter dem ultravioletten Licht, wird aufgrund der hohen Lichtintensität das zurückgeworfene Fluoreszenzlicht besonders intensiv wahrgenommen. Es bewegt sich im oben angegebenen Wellenlängenbereich, ist also deutlich blau – und damit komplementär zur Farbe Gelb.

Optische Aufheller sind umstritten, da nur die Hälfte der jedem Waschgang hinzugesetzten Verbindungen auf der Wäsche verbleibt. Der Rest gelangt als biologisch schwer abbaubare Substanzen ins Abwasser.

Andere Bestandteile von Vollwaschmitteln sind **Inhibitoren**. Sie tun das, was sie von ihrer lateinischen Wortherkunft (*inhibere*) tun sollen, sie sollen *etwas verhindern*. Und zwar verhindern verschiedene Substanzen das Schäumen, das Vergrauen und das Verfärben. Schaum beim Waschvorgang ist grundsätzlich gut, er zeigt, dass die Tenside ihre Wirkung entfalten. Zu viel Schaum kann den Waschvorgang aber behindern, was vor allem bei weichem und sehr weichem Wasser passiert, denn hier fehlen die Calciumionen, die in härterem Wasser über die Bildung von Kalkseifen einen Teil der Tenside wegfangen. Deshalb werden als **Schauminhibitoren** sog. Silikonöle verwendet, die aufgrund ihrer völlig unpolaren Struktur hydrophobe Eigenschaften besitzen und die zur Schaumbildung notwendige gleichmäßige Orientierung der amphiphilen Tenside an der Phasengrenze im Wasser-Luft-Gemisch verhindern.

Letztendlich hat der Schmutz im Spülwasser – wenn hier und da noch mal von Hand abgewaschen wird – den gleichen Effekt: Das zweifelsohne noch vorhandene Spülmittel schäumt nicht mehr. Bei den **Vergrauungs-** und **Verfärbungsinhibitoren** wird verhindert, dass das, was abgewaschen wurde und sich eigentlich in der Waschlösung befinden sollte, wieder auf der gewaschenen Faser aufzieht. Bei den Vergrauungsinhibitoren haben sich Cellulosederivate bewährt, die während des Waschvorgangs  auf der Faser aufziehen und so die Ablagerung verhindern. Die Verfärbungsinhibitoren wirken eher als Farbübertragungsinhibitoren. Sie bilden Komplexe mit Farbstoffmolekülen, die sich von farbigen Stoffen abgelöst haben. Der Inhibitor hält die Farbstoffmoleküle dadurch in Lösung und verhindert so, dass sie sich auf hellerem Gewebe wieder ablagern und dieses dann verfärben.

Es gibt natürlich auch verschiedene **Arten von Waschmitteln**. Bisher sind die meisten Bestandteile genannt worden, die in aller Regel in einem **Vollwaschmittel** zu finden sind. Zu ergänzen wäre noch, dass diese in einem Waschtemperaturbereich arbeiten, der zwischen 30 und 95°C liegt. Die weiteren Hauptarten von Waschmitteln (wenn spezielle Waschmittel für Wolle oder Seide einmal ausgeklammert bleiben) unterscheiden sich nur

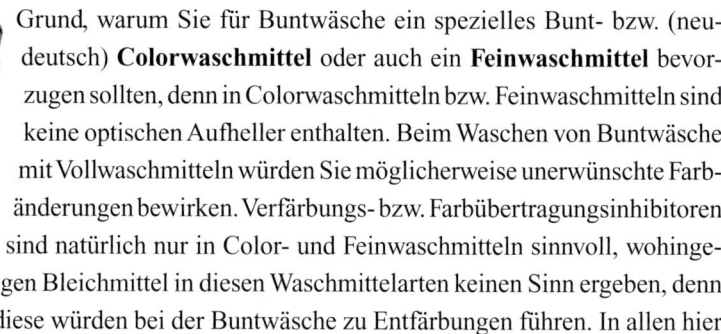

Wäsche immer gut vorsortieren

in einem Weglassen einiger Bestandteile bzw. in einem Mehr oder Weniger von anderen Bestandteilen. Optische Aufheller sind beispielsweise ein Grund, warum Sie für Buntwäsche ein spezielles Bunt- bzw. (neudeutsch) **Colorwaschmittel** oder auch ein **Feinwaschmittel** bevorzugen sollten, denn in Colorwaschmitteln bzw. Feinwaschmitteln sind keine optischen Aufheller enthalten. Beim Waschen von Buntwäsche mit Vollwaschmitteln würden Sie möglicherweise unerwünschte Farbänderungen bewirken. Verfärbungs- bzw. Farbübertragungsinhibitoren sind natürlich nur in Color- und Feinwaschmitteln sinnvoll, wohingegen Bleichmittel in diesen Waschmittelarten keinen Sinn ergeben, denn diese würden bei der Buntwäsche zu Entfärbungen führen. In allen hier besprochenen Waschmittelarten sind Tenside, Enthärter, Enzyme und Vergrauungsinhibitoren enthalten. Wäre noch nachzutragen, dass die Colorwaschmittel in einem Temperaturbereich von 30 bis 60°C arbeiten und die Feinwaschmittel bei 30°C und zum Teil darunter.

Zum guten Schluss: Sicherlich haben Sie es schon einmal erlebt, dass vor allem Handtücher nach dem Trocknen auf der Leine relativ hart, um nicht zu sagen bretthart waren. Es ist heute relativ selten geworden, weil den meisten Waschmitteln auch noch kationische Tenside zugegeben werden, die

als **Weichspüler** die Funktion von Weichmachern übernehmen: Ohne diese Komponente haben die Cellulose-Polymere beim Trocknen die Möglichkeit, sich parallel auszurichten und in der Summe eine ungeheure Menge an Wasserstoffbrückenbindungen auszubilden, was dann die Härte bedingt. Mit einer Weichspülkomponente setzen sich dessen Moleküle als Abstandhalter zwischen die Celluloseketten, diese können weniger Wasserstoffbrückenbindungen bilden und die Verhärtung der Fasern bleibt aus. Bei Handtüchern aus dem Wäschetrockner ist dieses Phänomen nicht zu beobachten. Im Gegenteil: Handtücher aus dem Trockner sind schön flauschig. Das liegt eben einfach daran, dass durch die permanente Bewegung der Handtücher im Trockner die Celluloseketten keine Zeit haben, sich auszurichten und Wasserstoffbrückenbindungen zu bilden. Das erspart den Weichspüler! Übrigens: Eine ähnliche Weichspülwirkung erhalten Sie auch, wenn die Handtücher im Wind trocknen.

Vom Fleck weg den Fleck weg

Wie ärgerlich! Ein Rotweinfleck auf dem Teppich, ein Blutfleck auf der Lieblingsbluse, Ketchup-Spritzer auf der Krawatte ... Aber gegen die Flecken lässt sich was machen!

Erste Hilfe bei Fleckenalarm: Zunächst Ruhe bewahren, aber dann zügig handeln. Je schneller Sie aktiv werden, umso besser. Auf jeden Fall sollten Sie verhindern, dass der Fleck auf der Faser eintrocknet. Flüssige Substanzen, die Flecken verursachen, sollten mit saugfähigen Tüchern aus den Fasern  herausgesogen werden. Dabei nicht über den Fleck reiben, sondern von außen nach innen eher tupfen oder auch einfach aufpressen. Bei zu starkem Reiben wird die Substanz, die den Fleck verursacht, regelrecht in die Faser hineingerieben. Durch die entstehende Reibungswärme wird dies noch verstärkt. Wenn mit chemischen Fleckenmitteln gearbeitet wird, immer an einer nicht so sichtbaren Stelle prüfen, wie die Faser auf das Mittel wirkt (sog. Saumprobe).

Spezielle Fleckensubstanzen bedürfen häufig spezieller Maßnahmen zur Entfernung. So ist Ihnen möglicherweise bekannt, dass man **Kaugummi**rückstände sehr gut aus Textilien entfernen kann, wenn man diese in einer Tüte verpackt einige Stunden in den Gefrierschrank legt. Die elastische Gum Base (→ S. 235 ff. und → S. 252 f.) wird in ihrer Molekülstruktur im wahrsten Sinne des Wortes eingefroren, verliert ihre Elastizität und wird bröselig, sodass sich der Kaugummi leicht ablösen lässt. Der Gefrierschrank lässt sich übrigens auch zum Fleck bringen und zwar in Form von Eisspray (das normalerweise für Sportverletzungen verwendet wird). Es liefert die notwendigen niedrigen Temperaturen, um auch Kaugummirückstände aus eher sperrigen Textilien zu entfernen. Das soll übrigens auch – alternativ mit einem Kühlakku – bei Schokoladenflecken gut wirken.

Bei **Blut** und anderen eiweiß- bzw. proteinhaltigen Substanzen (z. B. Ketchup) wird häufig der Fehler gemacht, dass man mit warmem oder gar heißem Wasser herangeht. Das führt zu einer Ihnen bereits bekannten Denaturierung des Proteins (→ S. 327 f.), was in den allermeisten Fällen zu einer noch stärkeren Haftung an der Faser sorgt. Diese Fleckensubstanzen sollten Sie also mit kaltem Wasser behandeln.

Gerade beim **Rotwein** ist Ihnen sicherlich bekannt, dass man zunächst Kochsalz auf den Fleck geben sollte. Tatsächlich wirkt dieses Salz – unter der Voraussetzung, dass Sie schnell handeln – vor allem zunächst auf die wasserlöslichen Farbstoffe des Weins. Da diese selbst einige Hydroxyl-(OH-)Gruppen tragen, können sie sich chemisch gut z. B. an die Hydroxyl-(OH-)Gruppen der Wolle oder Cellulose des Teppichs über Wasserstoffbrückenbindungen binden. Die wesentlich kleineren Ionen des Kochsalzes drängen sich zwischen Faser und Farbstoffmoleküle, umgeben die Farbstoffmoleküle und lösen sie. Dieses Herauslösen kann noch mit kohlensäurehaltigem Mineralwasser beschleunigt werden. Stoffe, die in der Kochsalzpackung das Kochsalz rieselfähig halten (z. B. Calciumcarbonat, $CaCO_3$), sind in der Lage, aufgrund ihrer porösen Struktur wie kleine Minischwämme den Farbstoff des Rotweins quasi aufzusaugen. Je nach Calciumcarbonatanteil im Kochsalz sind die Carbonat-(CO_3^{2-}-)Ionen beim Lösen im wässrigen Anteil des Rotweins in der Lage, durch Aufnahme von Protonen aus den Wassermolekülen, Hydroxid-(OH^-)Ionen zu bilden (→ S. 117 ff.). In diesem leicht alkalischen Medium werden die Farbstoffe zum Teil auch chemisch zerstört. Natürlich können alle Flecken auch mit einem in etwas Wasser angelösten Feinwaschmittel behandelt werden. Hier ist alles enthalten, was die meisten „Hausmittelchen" in mehr oder weniger konzentrierter Form auch bieten. Ähnlich verhält es sich mit **Fleckensalzen**. Sie sind auf bestimmte Fleckentypen abgestimmt und unterscheiden sich untereinander und im Vergleich zu Waschmitteln hinsichtlich der mengenmäßigen Zusammensetzung z. B. spezieller Enzyme und Bleichmittel.

Ein ganz spezielles Fleckenmittel ist die **Gallseife**. Sie gilt als die Allround-Wunderwaffe unter den Fleckenmitteln, da sich mit ihr allgemein vor allem Fettflecken (und dort im speziellen vor allem Kugelschreibertinte und Lippenstift), aber auch z. B. Obst-, Blut-, Stärke- und Teeflecken entfernen lassen. Gallseife gibt es in flüssiger oder fester Form zu kaufen und besteht aus **Kernseife** und **Rindergalle**. Die Galle ist – wie bei anderen Säugern und anderen Wirbeltierklassen, also auch bei uns Menschen – eine für die Fettverdauung nahezu unentbehrliche Flüssigkeit, die in der Leber gebildet und in der Gallenblase gespeichert wird.

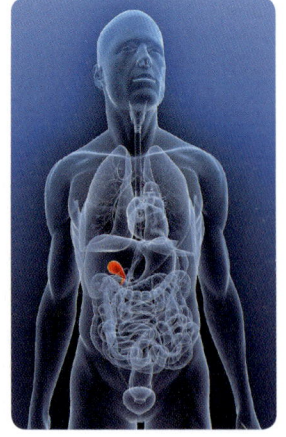

Die Gallenblase ist rot markiert.

Die Gallenflüssigkeit wird dem Speisebrei nach der Magenpassage im Zwölffinger-
darm, dem ersten Abschnitt des Dünndarms, hinzugegeben. Die im Speisebrei enthaltenen Fette werden durch die Gallenflüssigkeit in kleinste Tröpfchen zerlegt, man
sagt, das Fett wird emulgiert. Letztlich wirken die in der Gallenflüssigkeit enthaltenen
Gallensäurensalze aufgrund ihrer einzigartigen flächigen Struktur als herausragende
Emulgatoren (→ S. 340 ff.). Während der Speisebrei den Dünndarm durchwandert,
ist aus den in Wasser unlöslichen Nahrungsbestandteilen eine Emulsion geworden
(→ S. 23 ff.). Die in dieser Emulsion fein verteilten Fetttröpfchen sind nun für die speziell auf Fette eingestellten Enzyme, die Lipasen, wesentlich angreifbarer und sorgen
für eine reibungslose Fettverdauung.

Den Fleck lösen ist die Lösung

Besonders schwierige Fälle bei der Fleckenentfernung
stellen **Flecken von Kugelschreibern** dar.
Die Zusammensetzung der in den Kugelschreibern enthaltenen Pasten (es sind keine Tinten) ist je nach Hersteller sehr unterschiedlich. Meist werden gesundheits-
schädliche Lösemittel (z. B. Phenylglykole, Benzyl-
alkohol, Butylglykol, Phthalate) neben Kunstharzen und
sog. Azofarbstoffen verwendet und durch mehrtägiges
Erhitzen auf Temperaturen bis 120°C hergestellt. Dabei
werden auch krebserregende aromatische Amine wie Anilin und o-Toluidin freigesetzt
(→ S. 206 ff.). Selbst beim Schreiben – vor allem mit Kugelschreibern aus Fernost – ist
man möglicherweise von PAKs und POPs nicht verschont.
Organische Lösemittel können nur nach dem Grundsatz „Gleiches löst sich in Gleichem"
(→ S. 340 ff.) mit organischen – d. h. meist unpolaren – Lösungsmitteln gelöst werden.
Deshalb ist die Gallseife nur eine Möglichkeit, den Flecken der Kugelschreiberpasten
den Kampf anzusagen. Alles, was selbst einen gewissen Fettanteil hat, kann also als
Lösungsmittel für die Pasten dienen. Bei Kleidungsstücken soll deshalb sogar das
Einlegen in Milch (selbstverständlich mit anschließendem Waschgang) helfen. Da gibt
es aber – je nach Untergrund – noch Fettcreme, Dosenmilch, Waschbenzin, Nagel-
lackentferner oder Brennspiritus, die als Hausmittel eine mehr oder weniger sinnvolle
Verwendung finden können. Auch reichlich aufgesprühtes Haarspray (oder Deo) wird
empfohlen, was aber nur aufgrund eines relativ hohen Lösungsmittelanteils klappt

(deshalb ja die Brennbarkeit; → S. 199 ff.). Wenn das nicht hilft, ist eventuell noch ein Kreppklebeband oder ein Malerband die Lösung: Die auf der Klebeseite vorhandenen Klebstoffe lösen die Kugelschreiberpaste an und halten sie auch gleichzeitig fest.

Bevor es ans Renovieren geht, hilft das Klebeband, Kugelschreiberflecken zu entfernen.

Ebenso ärgerlich wie die Kugelschreiberpastenflecken sind an meist exponierter Stelle **aufgeklebte Preisetiketten** oder sonstige Aufkleber, die man – wenn man schon halb auf dem Weg zur Party ist – vom Gastgeschenk nur schwer abbekommt.
Hier hilft zunächst die Wärme eines Föns, um das Etikett anzulösen. Die Rückstände lassen sich danach vor allem mit Lösungsmitteln wie Waschbenzin, Alkohol oder Spiritus ablö-

Nicht immer sind Preisschilder so schön bunt.

sen. Aber auch mit Babyöl, Speiseöl oder Margarine kann man ans Ziel gelangen. Nach dem gleichen „Gleiches löst sich in Gleichem"-Prinzip löst man Filzstiftflecken oder Harzflecken: Mit Alkohol (z. B. Brennspiritus) oder Terpentin als unpolare Lösungsmit-

tel vor allem von glatten Untergründen. Auch Karottenflecken lassen sich mit Babyöl aus Textilien entfernen, da der Farbstoff β-Carotin fettlöslich (lipophil) ist. Nach dem Waschen kann aber auch einfach die Sonne helfen: Der Farbstoff wird durch starke Sonneneinstrahlung mithilfe des Luftsauerstoffs zerstört (oxidiert) und verblasst.

Hoffentlich kommt das nicht alles aufs Hemdchen.

Dem Geruch auf der Spur: Cyclodextrine – molekulare Wundertüten

Der menschliche Organismus ist ständig dem Einfluss vieler Geruchsstoffe ausgesetzt. Geruchsstoffe bilden die Basis für Gerüche und unterschiedliche Prozesse können zur Bildung einzelner Geruchsstoffe führen.

Bei der Kompostierung organischer Abfälle z. B. können während des gesamten Verrottungsprozesses die unterschiedlichsten Geruchsstoffe entstehen. Am Anfang der Verrottung werden organische Moleküle gespalten und es bildet sich ein saures Milieu.

Dabei entstehen hauptsächlich Alkohole und Carbonsäuren. Im weiteren Verrottungsprozess bilden sich durch den Abbau der Proteine (die ja durch die Aminosäure Cystein Schwefel enthalten; → S. 323 ff.) schwefelorganische Verbindungen. Die letzte Phase ist durch die Bildung von Ammoniak geprägt. Insgesamt ist die Wirkung eines Geruchsstoffes von verschiedenen Einflüssen abhängig. Geruchsstoffe können z. B. mit dem Luftsauerstoff reagieren oder durch die Einwirkung von Licht stofflich

Komposthaufen können unangenehm riechen.

umgewandelt werden. Eine Temperaturerhöhung kann ihre strukturellen bzw. stofflichen Eigenschaften (z. B. ihre Flüchtigkeit) verändern, was wiederum die Geruchsqualität beeinflusst. Verschiedene Geruchsstoffe können sich vermischen, die möglichen organischen oder auch anorganischen Komponenten der Mischung beeinflussen sich dann gegenseitig, wodurch der Geruchseindruck verstärkend oder abschwächend verändert wird. Strukturell unterschiedliche Verbindungen können eine fast identische Geruchsempfindung auslösen, wohingegen Enantiomere (Moleküle, die sich wie Bild und Spiegelbild verhalten) geruchsspezifisch mitunter sehr unterschiedlich wirken (→ S. 171 f. unter Milchsäure und optische Aktivität). Charakteristische Eigenschaften der Geruchsstoffe lassen sich dennoch finden, denn funktionelle Gruppen wie z. B. die Hydroxyl-(OH-)Gruppen der Alkohole oder die Ester-(COOR-)Gruppe der gleichnamigen Ester-Verbindungen (→ S. 160 f. unter Buttersäure) werden in puncto Geruch als angenehm empfunden, die Amino-(NH_2-)Gruppen der Amine hingegen als unangenehm.

Exkurs: Warum Zitrone zum Fisch?

Eines der Amine, das am unangenehmsten riecht, ist das **Methylamin**. Es riecht ausgesprochen fischig. Eigentlich riechen frische Meeresfrüchte oder frisch gefangener Fisch gar nicht fischig. Erst Bakterien, die sich bald an den Proteinen und Aminosäuren der Fische oder Meeresfrüchte zu schaffen machen – und bei den heutigen Transportwegen haben sie trotz aller Kühlung genügend Zeit – wandeln z. B. die Aminosäure Glycin durch Abspaltung eines Kohlenstoffdioxidmoleküls in Methylamin um.

$$H — \underset{\underset{NH_2}{|}}{CH} — COOH \longrightarrow CH_3 — NH_2 + CO_2$$

Amine gehören zu den Protonenakzeptoren, sind also Basen (→ S. 117 ff.). Damit Sie überhaupt in der Lage sind, einen Geruchsstoff wahrzunehmen, ist die Grundvoraussetzung, dass dieser Geruchsstoff flüchtig ist, also von der Luft zu Ihrer Nase getragen wird. Diese Flüchtigkeit ist bei Raumtemperatur beim gasförmigen Methylamin sehr gut gegeben. Zur Vermeidung von Fischgeruch gibt man nun als Säure die Zitronensäure hinzu (→ S. 170 unter Zitronensäure). Und letztlich wird durch die Aufnahme eines Protons das Methylamin zu einem Kation und damit zu einem nicht mehr flüchtigen und ebenso nicht mehr riechbaren Bestandteil eines Salzes.

Gerüche sind genauso unangenehm und sicherlich ähnlich häufig wie Flecken im Haushalt anzutreffen. Letztere könnte man deshalb auch als „olfaktorische Flecken" bezeichnen. Hier ist das Waschen, Putzen oder Reinigen natürlich auch eine probate Möglichkeit, denn das, was einen unangenehmen Geruch entwickelt, hat häufig zeitlich gesehen wenig pflegerische Aufmerksamkeit erhalten. So ist auch der Geruch von längere Zeit schlecht geputzten (meist öffentlichen) Toiletten auf das Vorhandensein von Methylamin aufgrund von zu vielen Methylamin produzierenden Bakterien zurückzuführen.
So ist der Einsatz von Säuren, um Gerüche im Haushalt zu verhindern bzw. zu tilgen, eine verbreitete Option. Der Fischgeruch der Hände nach der Zubereitung von Fisch lässt sich natürlich ebenfalls durch das Waschen mit Zitronensäure vertreiben. Oder ein leicht muffig riechender Kühlschrank lässt sich geruchlich wieder regenerieren, wenn man ihn mit Essig oder verdünnter Essigessenz auswäscht. Das hat neben der geruchsverbessernden Komponente noch den Effekt einer leichten Desinfektion. Eine andere Strategie kann man natürlich verfolgen, indem man weniger gute Gerüche mit angenehmen Gerüchen (oder dann eher Düften) überdeckt: Wenn Sie Fisch zubereitet haben, dann backen Sie doch anschließend gleich einen Kuchen! Auf der nicht so gut gepflegten Toilette kann man auch einfach einen Klostein in die Spülschüssel hängen. Auch relativ unklare Wirkungsweisen bestimmter Stoffe können Strategien sein, so sind Edelstahl- oder Stahlseifen vor allem bei Köchen „in", da sie lästige Gerüche, wie z. B. Zwiebelgerüche, nehmen sollen. Kostengünstiger, aber mit ähnlich ungeklärtem Erfolg, soll Zahnpasta sein.

Aber nun zu den in der Überschrift angekündigten **Cyclodextrinen**: Sie entstehen durch enzymatischen Abbau von Maisstärke durch bestimmte Bakterien. Diese besitzen Enzyme, die als Cyclodextrin-Glycosyltransferasen (CGTasen) bezeichnet werden.

Das heißt, dass diese Bakterien mithilfe dieser Enzyme in der Lage sind, aus den Windungen der Amylose (→ S. 307 ff.) kreisförmige Moleküle aus sechs, sieben oder acht Glucoseinheiten herauszuschneiden.

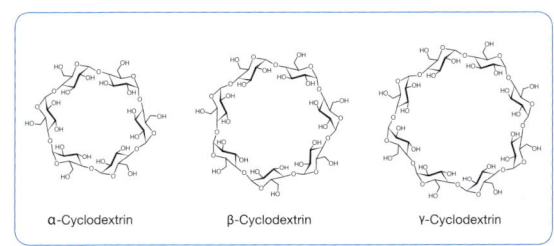

α-Cyclodextrin   β-Cyclodextrin   γ-Cyclodextrin

Der Ring des α-Cyclodextrin beispielsweise besteht aus sechs Glucoseeinheiten, der des β-Cyclodextrin aus sieben und beim γ-Cyclodextrin sind es acht. Die Struktur der einzelnen Glucosemoleküle und die Stellung der Hydroxyl-Gruppen führen zu einer insgesamt konischen Form der Moleküle und zu dem Umstand, dass das Innere der Moleküle hydrophob und das Äußere hydrophil ist. Es entstehen nach beiden Seiten offene Moleküle, welche aufgrund dieser Form und der Tatsache, dass die Moleküle aus Zuckerbausteinen aufgebaut sind, auch in der Literatur als **molekulare Zuckertüten** bezeichnet werden. Die Cyclodextrine sind in der Lage, Moleküle in das hohle Innere des Moleküls aufzunehmen. Diese Moleküle werden als Gastmoleküle bezeichnet, da sie wie Gäste in das Innere des Cyclodextrinmoleküls über hydrophobe Wechselwirkungen eingeladen sind. Das Cyclodextrin wird in diesem Zusammenhang als Wirtsmo-

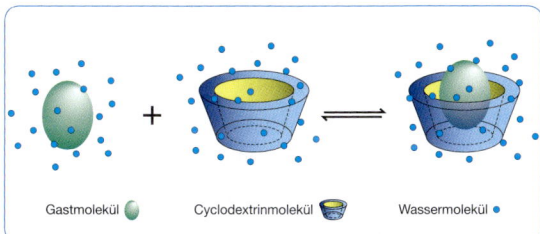

Gastmolekül   Cyclodextrinmolekül   Wassermolekül

lekül und das Verhältnis der beiden Komponenten zueinander wird als Wirt-Gast-Beziehung bezeichnet. Bei der Bindung des Gastmoleküls im Wirt treten beide unter Vermittlung von Wassermolekülen in Wechsel-

wirkung zueinander. Aufgrund dieser Wechselwirkung sind die Cyclodextrine in der Lage, z. B. Duftstoffe beliebiger Note, aber mit hydrophobem Charakter im Hohlraum aufzunehmen, zu binden und so einen vorherrschenden Geruch durch entsprechende Duftstoffe zu überlagern.

Bekanntestes Beispiel ist ihre Verwendung als Geruchskiller in **Febreze**®-Produkten. Hier spielen die Cyclodextrine ihre Vorteile auf zweierlei Weise aus: Erstens haben sie den großen Vorteil, dass sie mit ihrer hydrophilen und polaren Außenseite auf den eingesprühten ebenfalls hydrophilen und polaren Fasern wesentlich länger über Wasserstoffbrückenbindungen haften. Dadurch und durch die Tatsache, dass der Gast z. B. in Form eines Duftstoffs im hydrophoben Inneren des Cyclodextrin-Wirtsmoleküls wesentlich länger haften bleibt als ein ohne Cyclodextrin aufgesprühter Duft (z. B. in Form eines Parfümöls), kann die mit einem Febreze®-Produkt eingesprühte Faser wesentlich länger duften. Ein normales Parfümöl wäre nach kurzer Zeit verflogen und nicht mehr riechbar.

Die Anwendungsbreite der Cyclodextrine ist aber noch wesentlich größer. Die Textilbranche forscht daran, Cyclodextrine an Fasern zu fixieren. So könnte man sich über eine langsame Abgabe von Duftstoffen das Deo sparen oder gleichzeitig die Aufnahme der den charakteristischen Schweißgeruch verursachenden Ausscheidungen bestimmter Bakterien bewerkstelligen und dadurch Schweißgeruch verhindern. Beim Waschen der Textilien, die Cyclodextrine tragen, könnten störende Gerüche durch Entladen der Cyclodextrine entfernt und neue Duftstoffe durch Beladen hinzugefügt werden.

Kartonagen haben häufig einen eigenartigen Geruch, da sie zum Teil auch aus Altpapier hergestellt werden. Lebensmittel, die in diesen Kartonagen verpackt werden, könnten diese Gerüche annehmen. Deshalb werden diese Lebensmittel z. B. in Stärkefolien eingeschlagen, die Cyclodextrine tragen. So werden die von der Pappe der Kartonage abgegebenen Geruchsstoffe abgefangen und das Lebensmittel kann seine Geruchsstoffe nicht nach außen abgeben. Das Menthol von ehemals modernen Mentholzigaretten wird über Cyclodextrine im Tabak gehalten und erst bei der Verbrennung frei. Allgemein ist der Einsatz bei aromatisierten Lebensmitteln breit. Die Aromastoffe bleiben beim Einsatz von Cyclodextrinen wesentlich länger im Lebensmittel, ohne größere und kostenintensive Aromaschutzmaßnahmen. Insgesamt lässt sich die Lagerungsfähigkeit einzelner Lebensmittel auch im Hinblick auf die relativ empfindlichen Vitamine stark erhöhen. Nicht nur Geruchs-, auch Bitterstoffe können über Cyclodextrine entfernt oder hinzugefügt werden: In den USA werden sie dem Saft aus Pampelmusen zugegeben, um den Saft weniger bitter zu machen. Aufgrund der enormen Breite ihrer Anwendung, müssten sie deshalb eigentlich als „molekulare Wundertüten" bezeichnet werden.

XIV. Chemie macht schön(er)

Sie bringen sich sicherlich häufiger *in Ordnung* oder *schmücken* sich, denn das ist die aus dem Griechischen von *kosmeo* abgeleitete Wortbedeutung für Kosmetik. **Kosmetika** dienen also dazu, sich schön oder hübsch zu machen. Allerdings ist das nicht der einzige Aspekt der Kosmetik. Vielmehr sollen die entsprechenden Produkte auch ihren Beitrag zu einer Pflege des Körpers leisten. Deshalb lassen sich die Kosmetika grob in zwei Bereiche einteilen: in die **dekorativen Kosmetika**, die meist über Farbstoffe zu einem veränderten Äußeren führen (zu ihnen gehören z. B. Lidschatten, Lippenstift, Haarfärbemittel, Rouge und Make-up) und in die **pflegenden Kosmetika** (zu ihnen werden z. B. Cremes und Lotionen, aber auch Haarpflegemittel und Zahnpasta gezählt).

Die Hitliste der Kosmetika führen mit über 130.000 produzierten Tonnen im Jahr die Haarwaschmittel in flüssiger Form an, gefolgt von knapp 100.000 Tonnen Duschbädern und über 70.000 Tonnen Zahnputzmittel. Damit führen drei Mittel diese Liste an, die der pflegenden Kosmetik zugeordnet werden. Als erster Vertreter der zur dekorativen Kosmetik zählenden Mittel stehen auf Platz vier mit 55.000 produzierten Tonnen im Jahr die Haarfärbemittel. Und natürlich ist bei allen die Chemie nicht weit.

„Ingredients" ist englisch, steht aber für das INCI-Chinesisch mit lateinischem Einschlag

Haben Sie sich schon einmal die Mühe gemacht und auf Ihrer Shampoo-Flasche nach den Inhaltsstoffen geschaut? Nein? Dann machen Sie jetzt einmal eine kleine Pause, gehen ins Bad und schauen sich den Aufdruck auf der Rückseite der Shampoo-Flasche einmal genauer an.

Sicherlich ist Ihnen zumindest klar, dass der Begriff *Ingredients* für Inhaltsstoffe stehen soll und dass die dahinter aufgelisteten Substanzen eben diese Inhaltsstoffe darstellen sollen. Und diese Liste kommt Ihnen jetzt

Achten Sie auf das Kleingedruckte.

„spanisch" vor? Da dürfte es Ihnen wie vielen anderen Verbrauchern gehen, die mit den allermeisten – übrigens einheitlich überwiegend in englischer Sprache – aufgelisteten Bezeichnungen nicht so viel anfangen können.

Das, was Sie auf der Shampoo-Flasche unter Ingredients lesen können, ist die sog. **INCI-Nomenklatur**. Die Abkürzung INCI steht für *International Nomenclature Cosmetic Ingredients*, also für die **Internationale Nomenklatur kosmetischer Inhaltsstoffe**. Seit Ende des Jahres 1997 werden die Inhaltsstoffe kosmetischer Produkte zumindest in allen Ländern der Europäischen Union auf diese Weise einheitlich **in absteigender Reihenfolge ihrer Konzentration** und **in englischer Sprache** gekennzeichnet. Auch in diesem Bereich geht der Trend zu einer weltweiten Harmonisierung der Kennzeichnung, wie sie schon für im Handel erhältliche Chemikalien realisiert ist (→ S. 202 f.). Die englische Sprache wird verwendet, weil zumindest im kosmetischen Bereich über 90 % der chemischen Bezeichnungen der Inhaltsstoffe in englischen Kurzversionen dargestellt sind und häufig mit den eigentlichen chemischen Bezeichnungen gar nichts zu tun haben. Einsprenkelungen **in lateinischer Sprache** in den Listen stehen für **pflanzliche Inhaltsstoffe**, denn sie basieren auf dem Nomenklatursystem des schwedischen Naturforschers Carl von LINNÉ (1707–78): Der Inhaltsstoff *CITRUS AURANTIUM DULCIS PEEL EXTRACT* ist zusammengesetzt aus der lateinischen Bezeichnung für die (Süß-)Orange (*Citrus aurantium dulcis*), dem englischen Wort für „Schale" (*peel*) und dem englischen Wort für *Auszug* oder *Extrakt* (*extract*) (es wäre auch zu schön gewesen, wenn auf der Flasche einfach „Orangenschalenextrakt" gestanden hätte…). In Anlehnung an das europäische Arzneibuch werden **alltägliche Stoffe** ebenfalls in lateinischer Sprache aufgeführt. So steht beispielsweise die Kennzeichnung *AQUA* für „Wasser". Die Kennzeichnung von Parfümölen erfolgt mit *PARFUM* und die von Aromastoffen mit *AROMA*.

Farbstoffe sind mit sog. Colour-Index-Nummern (z. B. **CI** 14700) gekennzeichnet. Dekorative Kosmetika werden häufig in mehreren Farbnuancen angeboten. Da solche Produkte jeweils von relativ kleinem Format sind, muss z. B. nicht auf jedem Lippenstift ein Etikett mit der genauen Farbstoff-Zusammensetzung aufgeklebt sein. Es reicht die Angabe aller Farbstoffe auf einmal, die in einer Produktlinie vorkommen können. Die Auflistung der verschiedenen Farbstoffe erfolgt dann nach dem Zeichen „+/–" in eckigen Klammern, z. B. [+/– CI 14700, CI 47005, CI …]. Wenn der Platz zur Kennzeichnung auf der äußeren Verpackung eines Produkts nicht ausreicht, werden die Angaben z. B. auf einer Packungsbeilage aufgeführt. Auf der Verpackung selbst wird in verkürzter Form und mit einem speziellen Symbol darauf hingewiesen.

 Man hält sich bei Auflistungen in Broschüren oder Internetdatenbänken gar nicht damit auf, die englischen Bezeichnungen der Inhaltsstoffe ins Deutsche zu übersetzen (was z. B. beim Konservierungsstoff *DM DM Hydantoin* mit *Dimethylol-dimethyl-hydantoin* oder *1,3-Bis(hydroxymethyl)-5,5-dimethylimidazolidin-2,4-dion* auf der Shampoo-Flasche auch nicht unbedingt weiterhelfen würde). Vielmehr beschränkt man sich auf die Funktion der jeweiligen Inhaltsstoffe für das jeweilige kosmetische Mittel. So werden die festgelegten 63 Funktionen den mittlerweile über 8000 Inhaltsstoffen zugeordnet.

Shampoo-Ingredients im Selbstversuch

Eine häufig zu findende Begründung für die einheitliche INCI-Nomenklatur ist die klare und detailreiche Bezeichnung der Inhaltsstoffe für Allergiker. Der Autor – selbst Allergiker – hat deshalb einmal sein seit Jahren bewährtes Shampoo unter die INCI-Lupe genommen und in einem „Selbstversuch" überprüft, wie klar und detailreich die Bezeichnung der Inhaltsstoffe tatsächlich ist.

Die Tabelle auf S. 360 ist in Anlehnung an den Zettel entstanden, der auf der Shampoo-Flasche hinten aufgeklebt ist:

INGREDIENTS: Aqua, Sodium Laureth Sulfate, Cocamidopropyl Betaine, Coco-Glucoside, Bishydroxyethyl Dihydroxypropyl Stearammonium Chloride, Cocamide Mea, Triticum vulgare, Hydrolyzed Wheat Protein, Polyquaternium-10, Ethylhexyl Methoxycinnamate, Benzophenone-4, Malic Acid, Benzyl Alcohol, Disodium EDTA, Sodium Chloride, PPG-9, DMDM Hydantoin, Methylparaben, Propylparaben, Parfum, Cl 14700, Cl 47005.

FUNKTION DES KÖRPERPFLEGEMITTELS	INGREDIENTS	AQUA	SODIUM LAURETH SULFATE	COCAMIDOPROPYL BETAINE	COCO-GLUCOSIDE	BISHYDROXYETHYL DIHYDROXYPROPYL STEARAMMONIUM CHLORIDE	COCAMIDE MEA	TRITICUM VULGA RE BRAN EXTRACT	HYDROLYZED WHEAT PROTEIN	POLYQUATERNIUM-10	ETHYLHEXYL METHOXYCINNAMATE	BENZOPHENONE-4	MALIC ACID	BENZYL ALCOHOL	DISODIUM EDTA	SODIUM CHLORIDE	PPG-9	DMDM HYDANTOIN	METHYLPARABEN/ PROPYLPARABEN	PARFUM
LÖSUNGSMITTEL (hydro-/lipophil) Löst andere Stoffe auf bzw. hält diese in Lösung.		x												X						
REINIGEND Hilft, die Körperoberfläche sauber zu halten.			X	X	X															
EMULGIEREND Fördert die Bildung fein verteilter Mischungen (Emulsionen) ansonsten nicht mischbarer Flüssigkeiten durch Änderung ihrer Grenzflächenspannung.			X				X													
SCHAUMBILDEND Schließt Luft- oder sonstige Gasbläschen in einer kleinen Flüssigkeitsmenge ein, indem die Oberflächenspannung der Flüssigkeit geändert wird.			X		X															
TENSID Verringert die Grenzflächenspannung von kosmetischen Mitteln und trägt zu einer gleichmäßigen Verteilung bei der Anwendung bei.			X	X	X		X													
ANTISTATISCH Verringert statische Aufladungen, indem die elektrische Ladung an der Oberfläche (z. B. der Haare) neutralisiert wird.				X		X			X	X										
SCHAUMVERSTÄRKEND Verbessert die Qualität des von einem System gebildeten Schaums durch Verstärkung einer oder mehrerer der folgenden Eigenschaften: Volumen, Gefüge und/oder Beständigkeit.				X			X													
HAARKONDITIONIEREND Macht das Haar leicht kämmbar, geschmeidig, weich u. glänzend u. verleiht ihm Volumen, Geschmeidigkeit und Glanz.				X						X										
VISKOSITÄTSREGELND Erhöht oder verringert die Viskosität kosmetischer Mittel.				X			X								X	X	x			
EMULSIONSSTABILISIEREND Unterstützt die Emulsionsbildung und verbessert die Emulsionsbeständigkeit und -haltbarkeit.							X													
HAUTPFLEGEND Hält die Haut in einem guten Zustand.								X	X										X	
HAUTSCHÜTZEND Hilft, schädigende Einwirkungen auf die Haut durch äußere Einflüsse zu vermeiden.								X												
FILMBILDEND Bildet beim Auftragen einen zusammenhängenden Film auf Haut, Haar oder Nägeln.										X										
UV-ABSORBER Schützt das kosmetische Mittel vor den Einwirkungen von UV-Licht.											X	X								
UV-FILTER Filtert bestimmte UV-Strahlen, um die Haut oder das Haar vor deren schädlichen Einwirkungen zu schützen. Alle aufgeführten UV-Filter sind Stoffe aus der Positivliste der UV-Filter (Anhang VII der EG-Kosmetik-Richtlinie).											X	X								

Funktion														
PUFFERND Stabilisiert den pH-Wert von kosmetischen Mitteln.								X						
KONSERVIEREND Hemmt in erster Linie die Entwicklung von Mikroorganismen in kosmetischen Mitteln. Alle aufgeführten Konservierungsstoffe sind Stoffe aus der Positivliste der Konservierungsstoffe (Anh. VI der EG-Kosmetik-Richtlinie).									X			X	X	
CHELATBILDEND Reagiert und bildet Komplexe mit Metallionen, welche die Stabilität und/oder das Aussehen der kosmetischen Mittel beeinflussen könnten.										X				
QUELLEND Verringert die Schüttdichte von kosmetischen Mitteln.											X			
MASKIEREND Verringert oder hemmt den Grundgeruch oder -geschmack eines Produkts.											X			X
DESODORIEREND Verringert oder maskiert unangenehmen Körpergeruch.														X
PARFÜMIEREND Verleiht dem kosmetischen Mittel einen ansprechenden Duft.									X					X

Auf den ersten Blick erscheint hier gar nichts klar und detailreich. Und seien wir ehrlich: Nur die wenigsten haben sich bisher mit einer solchen Liste auf einem kosmetischen Mittel auseinandergesetzt. Vordergründig war und ist wichtig, dass das Haar sauber wird und möglicherweise gut riecht. Und selbst wenn Ihnen Ihr Hautarzt sagt, sie wären möglicherweise gegen bestimmte Konservierungsstoffe allergisch, dann müsste wirklich klar sein, um welche Konservierungsstoffe es sich da genau handelt. Möglicherweise ist dann die chemische Bezeichnung klar und nicht die Bezeichnung nach der INCI-Nomenklatur, was eine intensivere Recherche nach sich zöge.

Grundsätzlich sehen Sie an diesem Shampoo-Beispiel, dass
– die über 20 Funktionen der Inhaltsstoffe zusammen genommen erst das entsprechende kosmetische Produkt ergeben,
– die Funktionen der Inhaltsstoffe sowohl das Produkt selbst (z. B. Emulgatoren oder Konservierungsstoffe) als auch eine Funktion auf dem Körper bzw. auf dem Haar (z. B. hautpflegende oder haarkonditionierende Anteile) betreffen,
– allein in einem herkömmlichen Shampoo über 20 verschiedene Inhaltsstoffe enthalten sein können (inkl. der in der Tabelle nicht aufgeführten Farbstoffe Cl 14700 und Cl 47005),
– für ein und dieselbe Funktion mehrere Inhaltsstoffe verantwortlich sind,
– ein und derselbe Inhaltsstoff mehrere Funktionen übernehmen kann.

Ob Hundehaare auch quietschen?

Die Funktionen im Hinblick auf die Emulgatoren, Schaumbildner und Tenside, im Zusammenhang mit den Schaumverstärkern und Emulsionsstabilisatoren sollten Ihnen zumindest grob bekannt sein (→ S. 340 ff.). Es werden eben Haare gewaschen und da sollten sich Schmutz und Fett auch von Haar und Kopfhaut lösen. Das ist übrigens auch der durchaus als positiv zu bewertende Grund, wieso saubere und gut ausgespülte Haare nach dem Waschen „quietschen", wenn man eine Strähne zwischen den Fingern hindurchzieht.

Die Shampoos unterscheiden sich in diesem Bereich auch wenig von den Duschbädern, weshalb es auch Kombinationsprodukte gibt, die für Haut und Haar gleichermaßen anwendbar sind. Spezial-Shampoos (z. B. für fettiges oder strapaziertes Haar) unterscheiden sich nur in der mengenmäßigen Zusammensetzung der Inhaltsstoffe, jeweils auf das entsprechende „Haarproblem" abgestimmt.

Weitere Dinge wie der Chelatbildner EDTA sind bereits erklärt worden (→ S. 344 ff.). Ihr verbreiteter Einsatz macht allerdings hinsichtlich der Abwasserreinigung Probleme, denn sie sind nur schwer biologisch abbaubar. So gelangen sie in die Umwelt und Chelatbildner, die noch nicht mit Schwermetallen besetzt sind, können Schwermetalle aus Fluss- oder Seesedimenten lösen und sie für andere Lebewesen im negativen Sinne verfügbar machen.

Allein fünf Inhaltsstoffe werden in diesem Shampoo zur Regelung der Viskosität bzw. zur Quellung eingesetzt (→ S. 310 f.). Und auch heftiges Schütteln der Shampoo-Flasche hat sicherlich bei Ihnen schon einmal für einen wahren Shampoo-See auf Ihrer Hand gesorgt (→ S. 320 f.).

Im Hinblick auf einen möglichen Geruch der Inhaltsstoffe, der nicht im Sinne des Herstellers ist, kann eine ähnliche Strategie verfolgt werden, wie auf S. 352 f. erläutert wurde. Und das „Hydrolyzed Wheat Protein" ist nichts anderes als hydrolysiertes Weizenprotein, also modifizierte Stärke (→ S. 312 f.), das neben dem Weizenkleie-Extrakt („Triticum vulgare Bran Extract") eine der in diesem Shampoo wenigen Pflegemittel für die Kopfhaut ist. Hinter „Malic Acid" verbirgt sich nichts anderes als Äpfelsäure und „Sodium Chloride" ist Ihnen als Kochsalz (Natriumchlorid) besser bekannt.

Was hier möglicherweise nicht so günstig ist, ist das Vorhandensein der synthetischen Konservierungsstoffe: Die Gruppe der Parabene steht im Verdacht, Allergien auszulösen. Ferner gibt es Hinweise, dass die eigentliche Wirkungsweise der Parabene, die gegen die in der Shampoo-Flasche befindlichen Bakterien gerichtet ist, über diese nützliche Wirkungsweise hinausgeht: Eine Aufnahme der Parabene über die Haut scheint möglich und damit auch eine Wirkung gegen Bakterien außerhalb der Shampoo-Flasche und innerhalb des Körpers.

Das „DM DM Hydantoin" ist ein sog. **Formaldehyd-Abspalter** und Formaldehyd steht im Verdacht, Krebs zu erregen. Schon in geringen Mengen reizt es die Schleimhäute, löst Allergien aus und lässt die Haut schneller altern. In Japan beispielsweise ist „DM DM Hydantoin" seit 2001 nur in Produkten zugelassen, welche nicht auf der Haut verbleiben (sog. *Rinse off Produkte* wie Shampoos, Spülungen etc.). Wenn der Konservierungsstoff enthalten ist, muss das Produkt in Japan einen Warnhinweis tragen: *Nicht geeignet für Kinder und Personen, welche auf Formaldehyd empfindlich reagieren.*

Der Farbstoff Cl 14700 gehört – wenig beruhigend – zu den Azofarbstoffen. Dies sind organische Pigmente, die als farbgebende Gruppe eine oder mehrere Azo-(N=N-)Gruppen enthalten. Diese Gruppen verbinden zwei Aromatenreste (z. B. Benzolringe) miteinander. Azofarbstoffe sind als Textilfarben, Lebensmittelfarben und eben als Farbstoffe in Kosmetika sehr beliebt, weil sie lichtecht sind, eine stabile kräftige Farbe haben und gut untereinander gemischt werden können. Sie gelten allerdings als krebserregend und stehen unter Verdacht, Allergien und Pseudoallergien auszulösen.

Ergebnis des Selbstversuchs? Erstens: Die INCI-Nomenklatur macht es dem Verbraucher nicht gerade leicht, ist also eher das Gegenteil von verbraucherfreundlich. Zweitens: Summa summarum sollte der Autor sich da wohl demnächst nach einem anderen Shampoo umschauen.

Colour your wife – Haarfärbung

Bleiben wir beim Haar, bleiben wir bei den Farbstoffen. Auch wenn schon Altbundeskanzler als Haarfärbemittelnutzer mehr oder weniger freiwillig geoutet wurden, so sind es doch eher die Vertreterinnen des weiblichen Geschlechts, die im Hinblick auf die Farbgebung ihres Haupthaares als etwas experimentierfreudiger gelten als die Herren der Schöpfung.

Die **Haarfarbe** ist genetisch festgelegt. Das biologisch farbgebende Pigment ist das **Melanin** (aus dem Griechischen von *melas* für *schwarz*) und wird in den sog. Melanocyten gebildet. Es existieren zwei verschiedene Melanintypen, das Eumelanin und das Phaeomelanin, die je nach Mischungsverhältnis sowohl für die grundsätzlich unterschiedlichen Haarfarben als auch für die verschiedenen Farbnuancen des Haares verantwortlich sind. **Schwarzbraune Haare** sind reich an Eumelanin. Es ist das Schwarz-Braun-Pigment und bestimmt vor allem die Farbtiefe des Haares. Das Phaeomelanin ist verantwortlich für **hellblonde, blonde** und **rote Haare** und stellt somit das Rot-Pigment dar. Je nachdem, welches Mischungsverhältnis zwischen den beiden Melanintypen herrscht, bilden sich alle dazwischen liegenden Haarschattierungen: Grundsätzlich enthält blondes Haar weniger Eumelanin und viel Phaeomelanin. Rotes Haar hat noch weniger Eumelanin und im Verhältnis viel mehr Phaeomelanin, wohingegen dunkles Haar sehr reich an Eumelanin und arm an Phaeomelanin ist. Zur Melaninbildung benötigen die Melanocyten körpereigene Aminosäuren: Vor allem die Aminosäure Tyrosin für die Eumelanin-Bildung und die Aminosäure Cystein für die Phaeomelanin-Bildung. Wie die Farbe des Haares erscheint, ob sie kräftig leuchtet oder matt ist, hängt nicht von den Melanin-Farbpigmenten ab, sondern von den farblosen Schuppenzellen der Haaroberfläche (Cuticula). Die Farbpigmente sind im äußeren Bereich der mittleren Schicht des Haares, dem Faserstamm (auch Haarrinde genannt), enthalten (→ S. 330 ff.). Stehen die dachziegelartig übereinander liegenden Schuppen der äußersten farblosen Schuppenzellschicht (der Cuticula) ab, wirkt die Farbe des Haares eher matt und stumpf. Liegen die Schuppen an, leuchtet die Farbe.

Graue Haare entstehen durch ein schleichendes Nachlassen der Melaninproduktion mit zunehmendem Alter. Das Melanin wird dabei zunehmend durch Einlagerung von Luftbläschen in den Haarschaft ersetzt. Durch die starke Lichtreflexion erscheinen solche Haare grau bis weiß.

Sie wollen Ihre natürliche Haarfarbe verändern? Soll es dauerhaft sein oder soll sich die Färbung wieder herauswaschen lassen? Soll der Färbevorgang mehr physikalisch oder mehr chemisch ablaufen? Sie können sich nicht entscheiden, weil Sie den Unterschied nicht kennen? Dann sollten Sie unbedingt weiterlesen!

Zur Dauerhaft ins Haar

So viel sei vorweggenommen: Ohne eine ordentliche chemische Reaktion werden Sie an Ihrer neuen Haarfarbe keinen dauerhaften Spaß haben. Ursache für ein frühes Auswaschen der Haarpigmente sind die nur lockeren (eher physikalischen, weil mehr elektrostatischen) Bindungen am Haar. Und da haben Sie auch schon den wesentlichen Unterschied: Physikalische Haarfärbung bedeutet „locker und kurzzeitig am Haar" mit dem Erhalt Ihrer natürlichen Farbpigmente und einer nur leichten Veränderung Ihrer Haarfarbe. Chemische Haarfärbung bedeutet „fest und dauerhaft im Haar" mit der Möglichkeit zur extremen Haarfarbenänderung unter Zerstörung Ihrer natürlichen Farbpigmente.

Der Vorteil der **kurzzeitigen physikalischen Haarfärbung** liegt in der Schonung des Haares und der wesentlich geringeren Gefahr allergischer Reaktionen. In diesen Bereich fallen die Färbungen mit natürlichen Pflanzenfarbstoffen (z. B. Henna, Färberkamille, Curcurma, Birkenschalen), die von den synthetischen Farbstoffen fast gänzlich verdrängt wurden, aber in jüngster Zeit aufgrund der gerade genannten Vorteile eine gewisse Renaissance erleben. Nachteile sind schon genannt worden: Solche Färbungen halten nicht lange, die Auswahl an Farben ist relativ beschränkt und sie lassen keine starken Farbwechsel zu (vor allem keine Aufhellungen dunklerer Haarfarben, es sind also vielmehr „Dunkler-Tönungen") – was aber wiederum Vorteile im Hinblick auf den Spielraum häufiger Farbänderungen bringt. In das gleiche Segment fallen die als Tönungsprodukte im Handel erhältlichen sog. Fertigfarbstoffe oder direktziehenden Farbstoffe, die vor allem – wie die Pflanzenfarbstoffe – an der Schuppenschicht der Cuticula (→ S. 330 ff.) über ionische Wechselwirkungen und Van-der-Waals-Kräfte haften. Hier ist es von Vorteil, matte und stumpfe Haare zu haben, denn durch die raue Schuppenschicht haften die Pigmente besser. So oder so: Bei jeder Haarwäsche werden Pigmente ausgewaschen, bis sich der neue Farbton immer mehr dem alten angleicht.

Bei der **dauerhaft chemischen Haarfärbung** liegen die Vorteile – neben dieser Dauerhaftigkeit – bei der großen Auswahl an Farben und der Möglichkeit der „echten" Farbwechsel. Nachteilig sind mögliche allergische Erscheinungen, vor allem hinsichtlich der während der chemischen Reaktionen entstehenden Zwischenverbindungen und einer (vor allem bei unsachgemäßer Anwendung) mehr oder weniger großen Schädigung des Haaraufbaus bis hin zum Haarausfall. Bei unsachgemäßer Handhabung und einem sich dabei eventuell einstellenden nicht wunschgemäßen Farbton, könnte sich die Dauerhaftigkeit auch schnell als Nachteil herausstellen … Auch eine Umfärbung bereits gefärbten Haares birgt mehr Überraschendes als Wunschgemäßes, da sich unterschiedliche Farbpigmente additiv vermischen.

Um bei diesem Färbeverfahren die färbenden Pigmente auch dahin zu bekommen, wo sie färben sollen, nämlich ins Haar, muss das Haar zunächst quellen. Dabei spreizen sich die Zellen der Schuppenschicht ab und schaffen damit Lücken in der dachziegelartigen Struktur der Cuticula. Diese Quellung geschieht in der Regel durch Zugabe von Ammoniak (NH_3). Um dessen starken Geruch zu überdecken, werden meist Parfüme zugesetzt. Das dauerhafte Färben der Haare erfolgt durch **Oxidationsfärbung**. Das aufs Haar aufgetragene Oxidationsmittel, z. B. Wasserstoffperoxid (H_2O_2), dringt durch die

entstandenen Lücken der Schuppenschicht in das gequollene Haar ein und zerstört dort zunächst die natürlichen Haarpigmente durch Oxidation mittels Freisetzung von Sauerstoff im äußeren Bereich der Haarrinde (Cortex). Im Falle einer **Blondierung** könnte der Färbeprozess – der eigentlich nichts anderes darstellt als eine Bleichung der vorhandenen natürlichen Pigmente und deshalb ohne Zugabe synthetischer Färbepigmente abläuft – nun beendet werden. Je nach Stärke des Blondierungsgrades wird mit unterschiedlichen Einwirkzeiten und unterschiedlichen Wasserstoffperoxid-Konzentrationen gearbeitet. Damit wäre das Haar dauerhaft blondiert.

Soll das Haar aber nicht blondiert werden, sondern eine andere Farbe erhalten, werden dem Färbemittel der gewünschte Haarfarbstoff und Wasserstoffperoxid in einem bestimmten Mischungsverhältnis zugesetzt. Im Färbemittel selbst sind zunächst nur farblose Vorstufen der Haarfarbe enthalten. Damit diese Vorstufen leicht in das Haar eindringen können, sind sie aus sehr kleinen Molekülen aufgebaut. Sobald diese ins

Haar eingedrungen sind, reagieren sie mit dem Wasserstoffperoxid bzw. mit dem durch das Wasserstoffperoxid freigesetzten Sauerstoff. Die Sauerstofffreisetzung wird erst im Haar möglich, da dort durch die Vorbehandlung mit Ammoniak ein alkalisches Medium vorliegt, welches die im Färbemittel vorhandene chemische Stabilisierung des Wasserstoffperoxids aufhebt. Durch die Reaktion mit dem Sauerstoff blähen sich die Farbstoffmoleküle auf und es bilden sich große Farbmoleküle in der gewünschten Haarfarbe, die sich aufgrund ihrer Größe zwischen die Makrofibrillen im äußeren Haarrindenbereich klemmen (→ S. 330 ff.). Die Farbstoffmoleküle sind so groß, dass ihnen auch eine Haarwäsche nichts mehr anhaben kann: Somit sitzen sie im Haar dauerhaft in Dauerhaft.

Eine gleichmäßige Färbung wird dadurch erreicht, dass das Färbemittel eine gute Verteilung im Haar erfährt. Dazu sind im Färbemittel Tenside enthalten (→ S. 344 ff.), die einen Schaum bilden, der sich fein verteilen lässt, und Netzmittel, die eine gleichmäßige Verteilung der Färbepigmente auf dem Haar zulassen (→ S. 340 ff.).

Die Zellen der abgespreizten Schuppenschicht sollen sich nach dem Färbevorgang durch die Einwirkung mitgelieferter Pflegemittel wieder schließen, was nicht mit vollem Erfolg geschieht, denn eine solche Färbung schädigt das gefärbte Haar und zum Teil die Kopfhaut dauerhaft: Die Schuppenschicht lässt sich nicht wieder vollständig anlegen. Das so gefärbte Haar hat dadurch keinen natürlichen Glanz mehr und lässt sich wegen der aufgerauten Haarstruktur schwerer kämmen. Deshalb bedarf das Haar nach einer Färbung und auch nach einer Blondierung besonderer Pflege. Die nachwachsenden Haare sind dann wieder natürlich glatt und glänzend – und auch natürlich gefärbt.

Übrigens: Wissenschaftler haben kürzlich herausgefunden, dass das Ergrauen der Haare durch körpereigenes Wasserstoffperoxid geschieht, das bei gängigen Stoffwechselprozessen als Abfallprodukt entsteht und mit zunehmendem Alter weniger gut unschädlich gemacht werden kann. Dabei werden die natürlichen Haarpigmente nicht direkt durch dieses Oxidationsmittel schleichend über einen längeren Zeitraum zerstört und sozusagen auf natürlichem Wege blondiert, sondern das Enzym, das für den Aufbau des Melanins zuständig ist, wird durch Wasserstoffperoxid angegriffen und in seiner Funktionsweise beeinträchtigt. Somit ist die Nachlieferung der natürlichen Haarpigmente gestört. Möglicherweise lassen sich zukünftig Medikamente entwickeln oder andere therapeutische Maßnahmen ergreifen, die das Färben zur Abdeckung des Graus überflüssig machen. Damit wäre das Übel des Ergrauens an der (Haar-)Wurzel gepackt.

XV. Hautpflege: Pflege, die unter die Haut geht?!

Die Haut ist mit einer Fläche von ca. zwei Quadratmetern das größte Organ des Menschen und ist es damit schon grundsätzlich wert, gepflegt zu werden. Sie ist als Tastorgan auch unser größtes Sinnesorgan. Millionen von Rezeptoren in der Haut lassen uns Kälte und Hitze wahrnehmen, Schmerz, aber auch Lust empfinden. Zusätzlich ist sie an der Regulation der Körpertemperatur beteiligt und umgibt den Körper als Schutzhülle vor z. B. Stößen und Verletzungen, aber auch vor widrigen Umwelteinflüssen und Krankheitserregern.

Die Alterung der Haut beginnt praktisch schon mit der Geburt. Erste Spuren allerdings hinterlässt die normale Hautalterung erst (oder schon?) ab dem 25. Lebensjahr. Die Veränderungen in dem fast ausschließlich aus Kollagenfasern bestehenden Bindegewebe der Lederhaut sind für die Spuren des Alterungsprozesses verantwortlich (→ S. 325 ff.). Denn die Kollagenfasern in der Haut Jugendlicher sind zunächst noch beweglich und gegeneinander verschiebbar. Außerdem besitzen sie eine gute Quellfähigkeit und können so

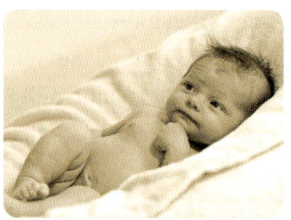

Kaum auf der Welt, beginnt die Hautalterung.

viel Feuchtigkeit speichern. Dadurch sorgen sie für eine gute Elastizität und Spannkraft der Haut. Mit zunehmendem Alter verhärten und verkleben einzelne Kollagenfasern, womit die Hautelastizität abnimmt und die Fähigkeit nachlässt, Wasser in der Epidermis zu binden. Somit wird die Haut im Alter schlaff, faltig, trocken und durch Pigmentverschiebungen fleckig.

Dem nicht genug: Der Hautalterungsprozess wird von außen durch z. B. Sonnenlicht, Luftverschmutzung, UV-Strahlung, Kälte oder trockene Heizungsluft, aber auch von innen durch eine falsche Ernährung, durch falsche Pflege und Stress und Bewegungsmangel verstärkt und beschleunigt. In der Summe kann die Haut diese inneren oder äußeren Einflüsse nicht ausgleichen. Wie Sie Ihre Haut möglicherweise im Kampf gegen diese Einflüsse schützen können, erfahren Sie jetzt.

Haut, kräftig, rein

Bevor Sie mehr über die Pflege der Haut erfahren, sollten Sie sich noch etwas mit dem Aufbau der Haut auseinandersetzen, damit später klar wird, wo welche Inhaltsstoffe der Pflegeprodukte ihre Wirkung entfalten sollen.

Die Haut ist aus drei fest miteinander verbundenen Schichten, der **Oberhaut**, der **Lederhaut** und der **Unterhaut** aufgebaut.

Die **Oberhaut** (Epidermis) stellt als äußerste Hautschicht die eigentliche Schutzhülle dar. Sie vermittelt außerdem den Kontakt des Menschen zu seiner Umwelt. Die Oberhaut ist aus mehreren ineinandergreifenden Schichten aufgebaut. Die äußerste Schicht,

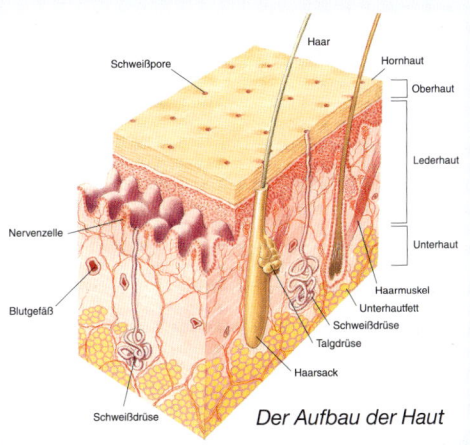

Der Aufbau der Haut

die **Hornschicht** (Stratum corneum), wird aus 15 bis 20 unterschiedlichen Lagen von Hornzellen gebildet, die sich ständig erneuern. Die Hornschicht besteht aus schuppenförmig übereinandergelagerten Hautzellen. Diese werden Keratinozyten genannt und sind verhornt und abgestorben. Sie werden in der untersten Schicht der Oberhaut, der Keimschicht (Stratum basale) gebildet und wandern an die Oberfläche, bis sie die Hornschicht erreichen. Die Zellen der Keimschicht besitzen die Fähigkeit, ein Leben lang neue Zellen zu bilden. Damit sich die gesamte Hautoberfläche komplett erneuern kann, sind ca. 28 Tage nötig. Dieser Zellerneuerungsprozess verlangsamt sich mit zunehmendem Alter. In der Keimschicht liegen neben den Keratinozyten noch die Melanozyten, die wie im Haar die Melanine produzieren (→ S. 363 ff.). Hier sorgen sie für die Braunfärbung der Haut und dienen damit ihrem natürlichen Schutz vor der Sonneneinstrahlung. Durch kosmetische Präparate lässt sich die Oberhaut in ihrer Beschaffenheit beeinflussen.

Die mittlere und stärkste Hautschicht ist die **Lederhaut** (Dermis, Cutis oder Corneum). Sie besteht aus Bindegewebe, ist gut durchblutet, von Lymphbahnen und Nerven durchzogen und versorgt die Epidermis mit Nährstoffen und Sauerstoff. Das Bindegewebe ist ein Netzwerk, das hauptsächlich aus Kollagenfasern besteht und für den Halt und die Elastizität der Haut sorgt. In der Lederhaut unterschiedlich verteilt sitzen Talgdrüsen und etwas tiefer am Übergang zur Unterhaut auch Haarwurzeln und Schweißdrüsen.

Die **Unterhaut** (Subcutis) ist eine sehr dehnbare Bindegewebsschicht. In ihr liegt das Unterhautfettgewebe, welches der Haut den Schutz vor mechanischen Belastungen erlaubt, aber auch als Kälteschutz und Nahrungsspeicher dient. In der Unterhaut liegen zahlreiche Blut- und Lymphgefäße und verzweigte Nervenbahnen. Ihre Enden durchziehen alle Hautschichten und sorgen für die Sinnesempfindungen.

Die Haut stellt ebenso wie die Haare eine Art Visitenkarte des Menschen dar. So erklärt es sich wohl auch, dass die Bundesbürger im Jahr über 12 Mrd. Euro für Körperpflegeprodukte ausgeben. Der Anteil für Hautpflegeprodukte liegt bei knapp 3 Mrd. Euro, was prozentual einem Marktanteil von rund 25 % entspricht. Und die gekauften Sachen werden auch angewendet, denn eine Studie hat ergeben, dass bei 93 % der Deutschen die tägliche Körperpflege ein Muss ist und dass die Deutschen morgens durchschnittlich 25 Minuten im Bad benötigen. Und was wird da so alles geschmiert?

Cremes, Lotionen und Co.

Die Hautpflege hat letztlich zwei große Ziele: Erstens, die oberen Hornhautschichten zu befeuchten und zu schützen, und zweitens, die natürliche Regenerationsfähigkeit der Haut zu unterstützen, um ihre Funktion als Schutzhülle für den Organismus zu gewährleisten. Um diese Ziele erreichen zu können, muss das natürliche Schutzsystem gesunder Haut näher betrachtet werden. Zunächst bilden Talg- und Schweißdrüsen fett- und mineralstoffhaltige Sekrete, hinzu kommen hauteigene Feuchthaltefaktoren sowie Aminosäuren und Milchsäuren. Dies alles zusammen ergibt den sog. **Säureschutzmantel** der Haut, der als hauchdünner und nicht sichtbarer Film der Epidermis aufliegt (→ S. 140 ff.). Der hauteigene pH-Wert spielt für die richtige Hautpflege eine wichtige

Rolle. Da von einem „Säure"-Schutzmantel die Rede ist, ist der pH-Wert der Haut normalerweise leicht sauer und liegt zwischen 5 und 6,5 – je nach Hautschicht (→ S. 137 f.). Hautpflegeprodukte, die einen pH-Wert in diesem Bereich besitzen, werden deshalb als hautneutral oder auch hautfreundlich bezeichnet. Dies gilt für Reinigungsprodukte wie Seifen genauso wie für die Pflegeprodukte. Je nach Aktivität der Talg- und Schweißdrüsen wird die Zusammensetzung des Säureschutzmantels beeinflusst – deren Aktivität wiederum ist vom allgemeinen seelischen Wohlbefinden und auch von der Ernährung abhängig (grundsätzlich muss festgehalten werden, dass sich weder der Körper, noch die Haut „von außen" ernähren lassen). Die Haut ist trocken, gespannt und wenig aufnahmefähig, wenn die Bildung von Säuren überwiegt. Die Haut ist eher ölig und stärker anfällig für Bakterien, wenn vermehrt Basen abgesondert werden. Hautpflege muss sich deshalb am optimalen pH-Wert für die Haut orientieren und dabei immer wieder die natürliche Balance zwischen Säuren und Basen herstellen.

Hautpflegemittel (wenn die Seifen → S. 291 f. und damit auch die Hautreinigung ausgeklammert werden) unterscheiden sich grundsätzlich in ihrer Konsistenz: In aller Regel handelt es sich um Emulsionen (→ S. 23 ff.), d. h., diese enthalten zum einen Wasser und wasserlösliche Stoffe (die sog. Wasserphase) und zum anderen Fette und Öle (Lipide) und fettlösliche Stoffe (die sog. Ölphase) als Komponenten. Die Ölphase besteht häufig aus Fettsäureester, Fettalkoholen, Vaseline, Mineralölen, Wachsen oder Silikonölen. Die Wasserphase enthält neben dem Wasser vor allem feuchtigkeitsregulierende bzw. feuchtigkeitsbewahrende Substanzen, die am Aufbau des natürlichen Feuchtigkeitsfaktors der Hornhaut angelehnt sind. Dazu zählen z. B. Aminosäuren, die Hyaluronsäure und die Milchsäure. Je nach Löslichkeit können die Wasserphase oder die Ölphase weitere Bestandteile enthalten, wie z. B. Konservierungsmittel, Antioxidantien, Komplexbildner, Parfümöle, Farbstoffe (→ S. 344 ff. und → S. 359 ff.) und als Feuchthaltemittel (in Englisch *moisturizer*) z. B. Glycerin (→ S. 286 ff.) bzw. als Verdickungsmittel Polysaccharide (→ S. 300 ff.). Da Wasser- und Ölphase nicht miteinander mischbar sind, enthalten diese Pflegeprodukte Emulgatoren (→ S. 340 ff.). Je nachdem, wer da in wem gelöst ist, unterscheidet man Öl-in-Wasser-(O/W-) Emulsionen und Wasser-in-Öl-(W/O-)Emulsionen. Bei Letzteren ist der Anteil an pflegenden Fetten oder Ölen höher.

Cremes bestehen hauptsächlich aus Wasser, sind also eigentlich klassische Öl-in-Wasser-Emulsionen. Heute sind **Hautmilch** (*Body Milk*) und **Lotion** fließfähige Öl-in-Wasser-Emulsionen und die Cremes besitzen dafür eine ausgeprägte

Streichfähigkeit, die für eine Wasser-in-Öl-Emulsion typisch ist. Diese drei stellen die wichtigsten Produkttypen im Hautpflegebereich dar. Sehr modern sind aktuell Hautpflege-**Gele** (→ S. 310 f.). Sie haben eine typisch gelartige halbfeste Konsistenz und auch hier werden Polysaccharide verwendet. Neben den ölfreien Hydrogelen gibt es noch die wasserfreien Oleogele und die Öl/Wasser-Gele. Ihre Beliebtheit lässt sich mit den in den Zwischenräumen der Gele eingelagerten Mengen an Flüssigkeit und Pflegesubstanzen erklären. Außerdem lassen sie sich gut auf dem Körper verteilen und ziehen schnell ein. Das kann man von einem **Öl** als Hautpflegeprodukt nicht unbedingt behaupten. Ihre hautpflegenden Eigenschaften sind schon seit dem Altertum bekannt. Verwendung finden Pflanzenöle (z. B. Mandelöl), Öle, die Vitamine enthalten (z. B. Avocado- oder Keimöle) sowie pflanzliche Extrakte (Johanniskraut, Kamille) mit öliger Konsistenz und ätherische Öle. Zugesetzte Paraffinöle oder flüssige Fettsäureester sollen helfen, die Anwendungseigenschaften zu verbessern. Dann müssen Antioxidantien zugesetzt werden, um das Ranzigwerden des Öls zu verhindern.

Mit „Anti-Aging" dem Alter entgegen

Entschuldigen Sie bitte diese möglicherweise etwas despektierliche Überschrift, aber alle Maßnahmen, die im kosmetischen Bereich in dieser Richtung ergriffen werden, können eben das Altern nicht aufhalten oder hemmen – vielleicht etwas verzögern. Im Kosmetikbereich (und auch anderswo) ist Anti-Aging wohl eher als clevere Marketingstrategie zu bewerten. Der Begriff Anti-Aging ist genauso wenig gesetzlich geschützt wie im Lebensmittelbereich der Zusatz „Bio". Gerade an der „Visitenkarte Haut" kann das Alter ja deutlich für alle sichtbar abgelesen werden. Und aus diesem Grund die Hautalterung einzudämmen oder gar rückgängig zu machen, scheint deshalb nur eine logische Konsequenz. Einige der Wirkstoffe, die bei den Hautpflegemitteln im Anti-Aging-Bereich eingesetzt werden, sind bis heute ihren wissenschaftlichen Nachweis, der Hautalterung entgegenzuwirken, schuldig geblieben. Warum ist es wohl so, dass sehr teure Anti-Aging-Produkte in Tests meistens nicht mehr bewirken als preiswerte Feuchtigkeitscremes ohne Anti-Aging-Zusätze? Weil alle Wirkstoffe das grundsätzlich gleiche Problem haben: Sie dringen gar nicht bis in die unteren Hautschichten vor, also können sie dort auch nicht alterungshemmend wirken. Und wenn sie es könnten, müssten sie eine Zulassung als Arzneimittel erhalten.

Ein Beispiel? Nehmen Sie das viel beworbene „Q_{10}". Es ist überall im Stoffwechsel und nahezu in jeder Zelle vorhanden, weil es als **Coenzym** (→ S. 328 ff.) innerhalb der Kraftwerke der Zelle (den sog. Mitochondrien) an der Bildung der körpereigenen Energiewährung **ATP** (**A**denosin**tr**i**p**hosphat) in Ihrem Organismus beteiligt ist. ATP nimmt an jedem Prozess des Körpers teil, der auch nur im Entferntesten Energie benötigt. (All diejenigen unter Ihnen, die im Schulfach Biologie in der Oberstufe schon einmal über die sog. Atmungskette gestolpert sind, haben Q_{10} möglicherweise als Ubichinon kennengelernt.) Q_{10} wird im Körper selbst hergestellt, aber auch über die Nahrung aufgenommen, da nicht nur in gentechnisch veränderten Lebensmitteln Zellen (und damit auch Mitochondrien) enthalten sind – wie die allermeisten Deutschen glauben –, sondern eben auch in Gemüse, Salaten, Fleisch, Hülsenfrüchten und Samen, wenn die Verbindung durch langes Kochen nicht zerstört worden ist. Was von Q_{10} als Nahrungsergänzung tatsächlich im Körper ankommt, hängt letztlich von der Konzentration ab. Studien haben bisher keine leistungssteigernde Wirkung feststellen können. Im Kosmetikbereich wird eine Wirkung als Radikalfänger diskutiert (→ S. 182 ff.), ist aber wissenschaftlich noch nicht bestätigt. Dass große Moleküle – z. B. ganze Kollagenfasern – die Barriere der Epidermis nicht durchdringen können, war bereits oben erwähnt worden.

Allerdings gibt es auch Verbindungen, die fleißig beworben werden und tatsächlich einen zumindest hautpflegenden Effekt haben. Dazu gehören die Ceramide (respektive die Linolsäure), die Hyaluronsäure, Vitamin A (Retinol) und die alpha-Hydroxysäuren (AHA).
Die **Linolsäure** (INCI: Linoleic Acid; → S. 357 ff.) ist eine essenzielle Omega-6-Fettsäure (→ S. 293 ff.). Anders als bei der Ernährung, kann das Verhältnis im kosmetischen Bereich nicht hoch genug bei der Linolsäure liegen (→ S. 298 f.). Denn Linolsäure ist der Hauptbestandteil eines Ceramids (dem Ceramid I (INCI: Ceramide 1), denn **Ceramide** werden in Klassen eingeteilt, die mit römischen Zahlen gekennzeichnet sind), welches die Hornschicht der Oberhaut aufbaut (→ S. 369 ff.) und als sog. Lipidkitt bezeichnet wird. Da Linolsäure zu den essenziellen Fettsäuren gehört, wird die Haut bei einem Mangel an Linolsäure in der Ernährung schuppig und trocknet aus, wodurch sie die Funktion als Schutzmantel nicht mehr wahrnehmen kann. Bei äußerer Anwendung kann die Linolsäure (und in ähnlicher Weise die Ceramide) wirksam Hautreizungen lindern, entstandene Altersflecke reduzieren und erfolgten Lichtschädigungen der Haut entgegenwirken. Allerdings ist die Wirkung der Ceramide aufgrund der Molekülgröße nur bei bereits geschädigter Haut nachgewiesen. Letztlich haben bei gesunder Haut Produkte ohne Ceramide die gleiche Wirkung.

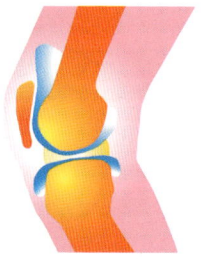

Kniegelenk

In einem früheren Abschnitt war vom Glaskörper des Auges und von Gelenkschmiere die Rede (→ S. 322). Die dort beschriebenen Eigenschaften gehen auf die **Hyaluron-säure** zurück. Sie zeigt als Hauptbestandteil der Gelenk-flüssigkeit genau das Verhal-ten, das Hydrokolloide bei ent-sprechender Einwirkung zeigen (→ S. 320 f.): Erfolgt ein Stoß auf das Gelenk (z. B. beim Kniegelenk bei der Landung nach einem Sprung), ändert sich die Viskosität so, dass der Sprung gedämpft wird.

Beim Aufprall werden die Knie gefordert.

Macht das Gelenk eine Bewegung, bei der sich die Knochen aneinander vorbei bewegen (z. B. beim Laufen oder Gehen), ändert sich die Viskosität so, dass die Knochen wie über einen Flüssigkeitsfilm aneinander vorbeigleiten. Ähnliches bewirkt die Hyaluronsäure in den Bandscheiben. Im Bezug auf das Bindegewebe kommt der Haut ihre enorme Was-serspeicherfähigkeit zugute. So ist es kein Wunder, dass über die INCI-Nomenklatur der

Hyaluronsäure (INCI: Hyaluronic Acid) als Funktionen feuchthaltend, feuchtigkeitsspendend und hautpflegend zugeordnet sind. Sie wird aber auch aus diesem Grund als sog. Filling-Substanz zur Faltenunterspritzung und zum Aufspritzen der Lippen genutzt. Das kann ca. ein halbes bis ein ganzes Jahr halten, muss es aber nicht.

Vitamin A (INCI: Retinol) ist in zahlreichen Hautcremes enthalten, weil es erwiese-nermaßen die Produktion von Kollagen stimuliert, die Zellerneuerung und die Durch-blutung der Haut fördert. Somit hat es seine Wirksamkeit mehr als Antifalten-Wirkstoff und weniger als Anti-Aging-Wirkstoff bewiesen. Allerdings ist die Wirksamkeit von der im Produkt enthaltenen Konzentration abhängig. Die Haut wird durch Vitamin-A-Anwendungen lichtempfindlicher. Somit ist ein erhöhter UV-Schutz erforderlich. Auch das Retinol selbst kann durch UV-Licht Schaden nehmen.

Die **alpha-Hydroxysäuren (AHAs)** kennen Sie bereits (→ S. 164 ff.). In der Kosmetik werden z. B. die **Milchsäure** (INCI: Lactic Acid), die **Äpfelsäure** (INCI: Malic Acid) und die **Glykolsäure** (INCI: Glycolic Acid) verwendet. Die genaue Wirkungsursache für die Anwendungen der AHAs ist noch weitgehend unbekannt. Grundsätzlich kann man aber sagen, dass ihre Wirkung sich erhöht, je saurer die Zubereitung ist und je höher die entsprechenden Säuren konzentriert sind. Bei den auf dem Markt befindlichen fruchtsäurehaltigen Produkten ist der pH-Wert dem der Haut angeglichen (→ S. 370 ff.) und die Konzentration der Säuren beträgt maximal 5 %. Anwendung finden die Fruchtsäuren in **Peelings**, bei denen Hornschüppchen der Epidermis entfernt werden, die Hornschicht aufgelockert wird und die Feuchtigkeitsbindung der Hornschicht erhöht wird.

Als pflegende Fruchtsäurekuren sorgen sie in erster Linie für eine hohe Feuchtigkeitszufuhr, der „Schäleffekt" ist im Vergleich zu den Peelings minimal. Als Tagespflegeprodukte sorgen sie generell für eine erhöhte Feuchtigkeitszufuhr. Zusätzlich wird ihnen auch auf wissenschaftlicher Ebene eine Anregung des Zellwachstums und eine Steigerung der Kollagensynthese zugeschrieben. Hautärzte verwenden hoch konzentrierte Fruchtsäurepräparate zur Behandlung von Schuppenflechte und Akne und zur Entfernung von Warzen.

Der vorzeitigen Hautalterung beugen Sie am besten mit einer gesunden und bewussten Lebensweise vor: Sorgen Sie für ausreichenden Schlaf und trinken Sie viel (mindestens zwei Liter am Tag, am besten Wasser). Ernähren Sie sich ausgewogen mit Vitaminen, Mineralstoffen und dem richtigen Nährstoffmix und bewegen Sie sich regelmäßig. Meiden Sie klimatisierte Räume und trockene Heizungsluft. Vermeiden Sie das Rauchen und häufige Sonnenbäder!

ALT		NEU (nach GHS)		
Gefahren-bezeichnung/ Kennbuchstabe	Altes Gefahren-symbol	Neues GHS-Symbol	Signal-wort	Gefahrenklasse
Explosions-gefährlich E			Gefahr	Instabile explosive Stoffe Gemische und Erzeugnisse mit Explosivstoff(en) Selbstzersetzliche Stoffe und Gemische Organische Peroxide (Teilweise mit Gefahrenkategorien ohne Piktogramm und/oder ohne Signalwort; Zuteilung des Signalworts „Achtung" für mindere Gefahrenkategorien.)
Hochentzündlich F+			Gefahr	Entzündbar Selbsterhitzungsfähig Selbstzersetzlich Pyrophor Organische Peroxide (Teilweise mit Gefahrenkategorien ohne Piktogramm und/oder ohne Signalwort; Zuteilung des Signalworts „Achtung" für mindere Gefahrenkategorien.)
Leichtentzündlich F				
Brandfördernd O			Gefahr	Entzündend (oxidierend) wirkend (Teilweise mit Gefahrenkategorien ohne Piktogramm und/oder ohne Signalwort; Zuteilung des Signalworts „Achtung" für mindere Gefahrenkategorien.)
Keine Entsprechung bei den alten Gefahrensymbolen			Achtung	Gase unter Druck Verdichtete, verflüssigte, tiefgekühlt verflüssigte, gelöste Gase
Ätzend C			Gefahr/ Achtung	Auf Metalle korrosiv wirkend (Symbol mit „Achtung") Hautätzend, schwere Augenschädigung (+ „Ausrufezeichen" und Signalwort „Gefahr")
Sehr giftig T+			Gefahr	Akute Toxizität
Giftig T				
Gesundheits-schädlich Xn		Keine Entsprechung bei den neuen Gefahrensymbolen		
Reizend Xi				
Keine Entsprechung bei den alten Gefahrensymbolen			Gefahr	Diverse Gesundheitsgefahren (Teilweise mit Gefahrenkategorien, die ohne Piktogramm und/oder ohne Signalwort gekennzeichnet werden)
Keine Entsprechung bei den alten Gefahrensymbolen				Bei der Gefahrenkategorie „Gesundheitsschädlich" nur das Symbol „Ausrufezei-chen" (Zuordnung eines Signalwortes je nach Zusammenhang)
Umweltgefährlich N			Ach-tung/ Gefahr	Gewässergefährdend (mit Signalwort „Achtung") Schädigung der Ozonschicht (ohne Piktogramm, mit Signalwort „Gefahr")

Register

A

Abflussreiniger .... 133, 144 ff.
Acetylsalicylsäure .... 180 ff.
Acrylamid .... 225 f.
Adipinsäure .... 166 f., 266
Aggregatzustand .... 18 ff., 33, 121
AHA .... 164 ff., 186, 373 ff.
Akkumulatoren .... 83, 89 ff.
Aktivität, optische .... 171 ff.
Aktivität, biologische 184
Algenöl 296
Algin 318
Alkalimetall 38, 49, 59
Alkane .... 154 ff.
Alkansäure 156
Alpha-Hydroxycarbonsäuren 168
Alpha-Hydroxysäuren .... 373 f.
Aluminiumrecycling .... 86 f.
Ameisensäure 157
Amino-Gruppe .... 187, 189 ff.
Aminosäuren .... 189 ff., 225, 283,
.... 323 ff.
Ampholyt 118, 122, 130
Anion .... 46 f.
Anode 85, 99
Anomalie des Wassers 111
anorganische Chemie 57, 122
Antiazida 140
Antioxidationsmittel 185
Antirheumatikum 157
Äpfelsäure 362, 374
Aromastoffe .... 178 ff., 358
Aromaten .... 178 ff.
Ascorbinsäure .... 116, 182 ff.
Aspartam .... 194 f.
Aspirin® .... 180 f.
ASS .... 180 ff.
Atom .... 33 ff.
Atombindung .... 55 ff.
Atombindung, polare 104

Atombindung, unpolare 103
Atomhypothese .... 33 f.
Atomkern 36
Atommassenzahl 40
Aufheller, optische .... 346 f.
Auslesen 26
Außenelektron .... 41 ff., 59
Autobatterie .... 90 f.

B

Backpulver 136, 177
Bänder 325
Batterie .... 77 ff.
Bauxit 86, 133
Benzoesäure .... 116, 179 ff.
Benzol .... 178 f.
Benzpyren .... 210 ff., 223
besondere Carbonsäuren .... 177 ff.
Bindemittel .... 310 ff.
Biokatalysatoren 328
Biokunststoffe .... 332 ff.
biologische Aktivität 184
Biomakromolekül 235, 283
Biopolymer .... 235, 283 ff.
Blei .... 231 f.
Bleiakkumulator .... 90 f.
Bleichmittel 345
Blitze 70
Blondierung .... 366 f.
Blut 349
Bor-Gruppe 38
Botulinustoxin 228
Brandschutzzeichen 197
Brausetablette .... 170 f.
Brennbarkeit 12
Brennstoffzelle .... 94 ff.
Brezellauge 133
Butansäure 160
Butter .... 288 f.
Buttersäure 160

C

Cadmium .... 232 f.
Carbonsäuren .... 153 ff.
Carbonsäuren, aromatische .... 178 ff.
Carbonsäuren, besondere .... 177 ff.
Carboxyl-Gruppe 153, 164
Carragen 317
Celluloid .... 245 f.
Cellulose 284, 303
Celluloseacetat .... 337 f.
Celsius, Anders 34
Ceramide 373
Chemie, anorganische 57
Chemie, organische 57
chemisches Gleichgewicht .... 64 f.
Chiralität 171
Chitin 284
Chloroplast 307
Cholesterin .... 296 ff.
Coenzym .... 329 f., 372 f.
Colorwaschmittel 348
Cook, James 183
Copolymer 255
Cremes .... 370 f.
Cyclodextrine .... 352 f.

D

Dalton, John 33
Daniell, John Frederic 80
Daniell-Element 80
DDT .... 213 f.
Decandisäure 167
Dekantieren 27
Demineralisierung 66
Demokrit 33
Denaturierung .... 327 f.
Destillation 28
Detergenzien 342
Dextrine .... 312 f.
Dicarbonsäuren 164
Dichte .... 13 ff.
Dimer 154
Dioxine .... 215 ff.

Dipeptid 191
Dipol .... 104 f.
DNS 235
Doppelbindung 57
Downcycling 277
Dreifachbindung 57
Duftstoffe 344
Duroplaste .... 237 f.
dynamisches Gleichgewicht 65
Dynamit 125

E

Ebonit .... 253 f.
Edelgas 30, 38
Edelgaskonfiguration 44
Edukt 62
Eichengrün, Arthur 181
Einfachbindung 56
Eiweiße 283
Elastan 270
Elastomere, thermoplastische 238
elektrische Leitfähigkeit 59
Elektrolyse 64, 84
Elektrolyt 72
Elektron 37
Elektronenakzeptor 45
Elektronendonator 45
Elektronen-Duett 43
Elektronenhülle 36
Elektronen-Oktett 43
Elektronenpaarabstoßungsmodell 108
Elektronenübergangsreaktion 131
Element .... 60 f.
Element, galvanisches .... 79, 89 f.
Elementargruppe 52
Elementarteilchen 37
Emulgatoren 342
Emulsion 23
Enantiomer 171
endergonische Reaktion 31
Energie .... 31 f.
Enthärter 344
Entkalken 144

Enzyme .... 320, 328 f., 345
Erdalkalimetall 38
Essigsäure 158
Ester 162
Esterbildung 241
Ethansäure 158
Eutrophierung 344
exergonische Reaktion 31
Extraktion 27

F

Farbstoffe .... 344, 358 f.
Feinwaschmittel 348
Fette .... 283, 285 ff.
Fettsäuren .... 286 ff.
Fettsäuren, gesättigte .... 162 f.
Fettsäuren, ungesättigte .... 162 f.
Filtration 27
Fischöl 296
Fleck .... 349 ff.
Fleckensalze 350
Fluor .... 61 f.
Fotosynthese .... 307 f.
Fruchtsäuren 164
Fruchtzucker 301
Füllstoffe 344
funktionelle Gruppe 166

G

Galalith 247
Gallseife 350
Galvani, Luigi 78
galvanisches Element .... 79, 89 f.
Gebotszeichen 197
Gefahrensymbole .... 199 ff.
Gefahrstoffe .... 199 ff.
Gelatine .... 310, 326 f.
Gel 372
Gelbildung 311
Gelee .... 313 ff.
Gelenkschmiere 322
Gelieren .... 313 ff.
Geliermittel .... 310 ff.

Gemenge 25
Gentechnik 320
gesättigte Fettsäuren .... 162 f.
GHS .... 202 ff.
Glanz, metallischer 59
Glaskörper 322
Gleichgewicht, chemisches .... 64 f.
Gleichgewicht, dynamisches 65
Glucose .... 300 ff.
Glucosesirup .... 319 f.
Glutamat 195
Glutaminsäure 195
Glycerin .... 286 ff.
Glykolsäure 374
Goodyear, Charles .... 250 f.
Granulat .... 256 f.
Grenzflächenspannung 341
Gruppe, funktionelle 166
Guarkernmehl .... 316 f.
Gummi .... 248 ff.

H

Haarfärbung .... 363 ff.
Halbzeug 260
Halogen 38
Härte 13, 59
Hauptgruppen 38
Haushaltsreiniger 143
Haut 326
Hautmilch .... 371 f.
Hautpflege .... 368 ff.
heterogen 23
Hexandinsäure 166
Hoffmann, Felix 181
Holz .... 305 ff.
homogen 23
homologe Reihe 155
Hornschicht 369
Hyaluronsäure 374
Hydrathülle 115
Hydratisierung 115
Hydrokolloide .... 310 f., 322
Hydroniumion 120

Hydroxidion 122
Hydroxyl-Gruppe 167

I, J
INCI .... 358 f.
Indikator 139
Ingredients .... 357 f.
Inhibitoren 347
Ionenaustausch 151
Ionengitter 51
Johannisbrotkernmehl 317

K
Kalilauge 133
Kaliumhydroxid 133
Kampfer 246
Kapillarkräfte 111
Kartoffelbatterie 77
Käse .... 290 f.
Kathode 85
Kation 47
Kaugummi .... 252 f., 349
Keratin .... 325, 330 f.
Kernseife 350
Kesselstein 150
Ketchup .... 320 f.
Kettenabbruch 240
Knochen 326
Knorpel 322, 325
Kohlenhydrate .... 300 ff.
Kohlensäure 135
Kohlenstoff-Gruppe 38
Kollagen .... 325 ff.
Kollodium .... 245 f.
Konservendose 73
Korrosion 72
Kosmetika .... 357 ff.
K.-o.-Tropfen 188
Kräfte, zwischenmolekulare 109
Krische, Wilhelm 247
Kugelschreiberflecken .... 351 f.
Kunstfaser 263
Kunsthorn 247

Kunstseide 337
Kunststoffe .... 235 ff.
Kunststoffrecycling .... 254, 274 ff.
Kunststoffverarbeitung .... 256 ff.

L
Lactose 303
Latex .... 248 f.
Leclanché, Georges 81
Lederhaut .... 369 f.
Leichtmetall 13
Leitfähigkeit, elektrische 59
Lignin .... 305 f.
Lind, James 183
Linolensäure .... 293 f.
Linolsäure 294, 373
Lipide 283
Liquid ecstasy 188
Lithiumionen-Akku .... 69 f., 93 f.
Lithium-Polymer-Akku 94
Lochfraß 72
Lokal-Element 72
Löslichkeit .... 16 f.
Lösung 23
Lösungsmittel 114
Lotionen .... 370 f.

M
Magnetismus 12
Maillard, Louis Camille 225
Maillard-Reaktion .... 225 f., 313
Makromolekül 56, 167
Maltose 303
Malzzucker 303
Margarine .... 289 f.
Materie 7
Mehlschwitze 312
Mehrfachzucker .... 283 f.
Melanin 364
Mendelejew, Dimitrij 38
Metallbindung .... 58 ff.
Metalle .... 11 ff.
metallischer Glanz 59

Methansäure 157
Methylamin ....353 f.
Meyer, Lothar 38
Milchsäure ....168, 171 ff., 374
Milchzucker 303
Mitochondrien 185
modifizierte Stärke ....312 f.
Moleküle ....56, 100 ff.
Monocarbonsäuren 156
Monosaccharide ....300 ff.

N
Nabelschnur 322
Nahrungsergänzungsmittel ....295 f.
Natriumhydroxid 132
Natriumperborat 345
Natriumpercarbonat 346
Natron..136
Natronlauge...................................132
Naturkautschuk ....248 ff.
Nebel...24
Neopren ® 252
Netzmittel 342
Neutron..37
Nitrat...227 ff.
Nitriersäure 125
Nitrit...227 ff.
Nitroglycerin 125
Nobel, Alfred.................................125
Nucleinsäure..................................284
Nukleon..37
Nylon.......................................166, 265 f.

O
Oberflächenspannung 112, 341
Oberhaut...369
Öl..285 ff.
Oligomer..240
Oligopeptid....................................191
Omega-Fettsäuren ....293 ff.
optische Aktivität ....172 ff.
optische Aufheller ....346 f.
Ordnung.......................................7 ff.

Ordnungszahl 40
organische Chemie 57
Oxalsäure 164, 168
Oxid...53
Oxidation ....53 f.
Oxidationsfärbung.........................366
Oxidationsmittel 68

P
PAKs ....207 ff.
Pasteur, Louis 172, 176
PCBs ....218 ff.
Peelings 375
Pektin ....314 f.
Peptid...191
Peptidbindung................190 f., 323 f.
Periodensystem der Elemente .....38 ff.
PET ....262 ff.
Phenylalanin ....192 ff.
Phenylketonurie ....193 ff.
pH-Meter 139
pH-Wert...137
pH-Wert-Messung.........................139
Phosphorsäure...............................127
Phthalate ....272 ff.
physikalische Trennverfahren 25
Piktogramme ....196 ff.
PKU ....193 ff.
polar...102
polare Atombindung......................104
Polyaddition..................................240
Polyamid.....................................166 f.
Polyester 241
Polyesterfasern..............................264
Polyethylen (PE) ....260 ff.
Polykondensation ....240 f.
Polymer....................................235, 333 f.
Polymerisation ....239 f.
Polymilchsäure 338
Polypeptid.................................191, 323
Polysaccharid...................283, 303 ff.
Polyurethan (PU).........................268 ff.
POPs ....213 ff.

Primärelement 83
Produkt 62
Propansäure 159
Propionsäure 159
Protein .... 283, 323 ff.
Protolyse 118
Proton 37
Protonenübergang 132
Protonenübergangsreaktion 119
PSE .... 38 ff.
Puffersystem 141
Purple Book .... 202 ff.
PVC .... 271 ff.

Q
Q$_{10}$ .... 372 f.
Quallen 322
Quecksilber 233

R
Radikale .... 185 f., 240
Radikalfänger .... 185 f.
Rauch 24
Reaktion, endergonische 31
Reaktion, exergonische 31
Reaktionsgleichung .... 62 f.
Reduktion .... 53 f.
Regen, saurer 116
Regeneriersalz 151
Regranulat 277
Reihe, homologe 155
Reinstoff .... 23, 25, 60 f.
Remineralisierung 65
Resublimation 22
Retrogradation .... 318 f.
Rettungszeichen 198
Rohrzucker 303
Rost 72
Rotwein .... 27, 349 f.
Rübenzucker 303
Rückverkleisterung .... 318 f.
Rutherford, Sir Ernest 35

S
Saccharose 303
Salicylsäure .... 180 ff.
Salpetersäure 124
Salzbildungsreaktion .... 131 f.
Salz .... 51 f.
Salzsäure 121, 123
sauer Regen 116
Sauerstoff-Gruppe 38
Säule, Voltaische 79
Säure .... 72, 115 ff.
Säureanhydrid .... 135 f.
Säurerestion 121
Säureschutzmantel .... 141, 370 f.
Scheidewasser 124
Schmelzflusselektrolyse .... 86 f.
Schmelztemperatur .... 21 f.
SCHON .... 100 f.
Schwarzlicht 346
Schwarzpulver 124
Schwefelsäure 126
Schwermetalle .... 230 ff.
Sebacinsäure 167
Sedimentieren 27
Sehnen 325
Seife .... 291 ff., 340 f.
Sekundärelement 83
Separator 82
Siedetemperatur .... 21 f.
Silber, angelaufenes .... 75 f.
Skorbut 183
Soda 136
Spannung .... 69 ff.
spezifische Wärmekapazität 114
Spinat 227
Spinnenseide 332
Spirsäure 180
Spitteler, Adolf 247
Spurenelement 231
Stabilisator 316
Stärke .... 284, 303, 307 ff., 310 f.
Stärke, modifizierte .... 312 f.
Stickstoff-Gruppe 38

Stöchiometrie 63
Stoff .... 7 ff., 60 f.
Stoffgemisch .... 23 ff., 60 f.
Streuversuch 36
Sublimation 22
Sulfonierung 126
Suspension 23
Synapse 187
Synthese 167

T
Teilchenmodell 33
Tenside .... 342 ff.
Termination 240
Textur 316
Thermoelaste 238
Thermoplaste .... 236 f.
thermoplastische Elastomere 238
thermoplastische Stärke .... 336 f.
TNT 126
Tonerde 86
Traubenzucker .... 300 ff.
Trennverfahren, physikalische 25
Tripeptid 191
Trockenbatterie 82

U
UHU® 253
umami .... 195 f.
ungesättigte Fettsäuren .... 162 f.
Universalindikator 139
unpolar 102
unpolare Atombindung 103
Unteilbares 33
Unterhaut .... 369 f.

V
van der Waals, Johannes Diderik ...... 266 ff.
Van-der-Waals-Kräfte .... 266 ff.
Verbindung .... 60 f.
Verbindungen, aromatische .... 178 ff.
Verbotszeichen 198
Verbrennung 30

Verdickungsmittel .... 310 ff.
Veresterung 162
Verformbarkeit 13, 59
Verhältnisformeltyp 50
Verkleisterung .... 310 f.
Verseifung .... 162, 291 ff.
Viskosität 311
Vitamin .... 328 f.
Vitamin A 374
Vitamin C .... 182 ff., 329
Vollwaschmittel .... 347 f.
Volt 79
Volta, Alessandro 79
Voltaische Säule 79
von Szent-Györgyi Nagyrapolt, Albert ... 184
Vulkanfiber .... 244 f.
Vulkanisation .... 250 f.

W
Wärmekapazität, spezifische 114
Wärmeleitfähigkeit 59
Warnzeichen 197
Wasser, Anomalie des 111
Wasserhärte 146
Wassermolekül .... 106 f.
Wasserstoff 137
Wasserstoffbrückenbindung 109
Weichmacher 246
Weichspüler 348
Weinsäure .... 168, 175 ff.

X, Y, Z
Xanthan 317
Zähne 326
Zecke 160
Zellstoff 307
Zeolithe .... 344 f.
Zerteilungsgrad 12
Zink-Kohle-Batterie 82
Zitronenbatterie 77
Zitronensäure .... 168, 170 f.
Zustandsform .... 18 f.
zwischenmolekulare Kräfte 109

Bildnachweis

www.fotolia.de: 12foto.de S. 364 o. / 36clicks S. 340 / 3desc S. 219 / Aamon S. 173 o. / absolut S. 368 l. / Adam, Anja Greiner S. 192 l. / Adamczyk, Monika S. 166 l. / Adler, Klaus-Peter S. 310 r. / Afanasyeva, Kristina S. 17 m. / aljoscha-foto S. 19 r. / Alta.C S. 133 / Alterfalter S. 143 l. / Andreas F. S. 197 / Angela S. 319 u. / Anton Prado PHOTO S. 62 / Anyka S. 274, S. 346 r. / April D S. 289 o. / Arditi, Mor S. 147 o. / arquiplay77 S. 319 o. / Arto S. 292 / awfoto S. 223 r. / baier, michael S. 43 u. / Becker Tobias S. 12 u. / Beitz, Thomas S. 268 / Berg, Martina S. 8 m.l., S. 72 r., S. 148 / bilderbox S. 285 l. / blende40 S. 143 m.r. / Bluekea S. 30 o. / Bochmann, Sabine S. 66 u. / Bogdanski, Silvia S. 10 m., S. 40 r., S. 165 u., S. 226 u. / Bogdanski, Yvonne S. 352 u. / bogo-service S. 326 l. / Boissinot, Gérard S. 155 u. / BoL S. 265 / Bonn, André S. 74 / bornebach S. 298 / Bounine, Jean-Paul S. 218 o. / Brebca S. 140 u. / Busch, Werner S. 209 u.l. / Busse, Bea S. 330 r. / caraman S. 353 u. / Carlos, Luiz S. 291 / Celeste-RF S. 356 / ChaotiC_PhotographY S. 44 / Collingwood, Matthew S. 252 / contrastwerkstatt S. 175 u., S. 290 / coppiright S. 150 / cristina S. 170 o. / Csati S. 77 r. / Cygnea S. 325 u. / Danzmayr, Hermann S. 270 / Dark Vectorangel S. 160 / Daudier, Corinne S. 25 m.r. / davidphotos S. 312 / Degiampietro, Ewe S. 157 m.r., S. 327 o. / demarco S. 10 l. / Demolin, Jean-Paul S. 269 / DevilGB S. 212 / Didyk, Sergei S. 193 o., S. 311 / diego cervo S. 357 u. / Dietrich, Marc S. 83 / dinostock S. 321 / dip S. 23 r. / Dragunov, Maksym S. 32 / Dron S. 194, S. 263 l., S. 349 / eblue S. 325 o. / edgelore S. 174 u.l. / Eichinger, Hannes S. 29 o.m. / Eisenhans S. 9 2.v.u., S. 303 / emer S. 180 / emmi S. 193 r. / errni S. 157 m.l. / euthymia S. 34 u.r. / ExQuisine S. 27 u., S. 127 u. / fährmann, matthias S. 12 o. / Fischer, Irina S. 125 o., S. 151 / flashface S. 165 o. / flashgun S. 289 u. / Flörke, Oliver S. 345 / flucas S. 22 u. / focus finder S. 113 u. / foto.fritz S. 370 / fotolium S. 112 o. / FotoMike1976 S. 230 / foxandraven.com S. 15 / Freer, Douglas S. 116 o. / freshpix S. 336 / Friedberg S. 108 / Friis-larsen, Liv S. 178 u. / Führing, Gerhard S. 25 o.r. / fuxart S. 20 l. / Gabees S. 348 r. / Gajic, Vladislav S. 144 l. / Galushko, Sergey S. 338 / gandolf S. 17 u.r. / Gaston.Alvarez S. 341 / GaToR-GFX S. 277 / Gellért, Áment S. 9 u.l. / gillet, luc S. 116 l. / Glazkov, Vladimir S. 246 l. / Goodman, Melvyn S. 357 o. / Goygel-Sokol, Dmitry S. 111 o. / grafix S. 280 / Guder, Peggy S. 209 m. / Haas, Matthias S. 9 u.r. / Hackemann, Jörg S. 28 / Hagge, Bianka S. 31 / Hähnel, Christoph S. 256 l. / Hansich S. 193 u.l. / Helgason, Barbara S. 362 / Heller, Stephan S. 183 o. / HLPhoto S. 228, S. 327 u. / Hofmann, Markus S. 68 / Hoppe, Sven S. 307 o.r. / Hust, Jürgen S. 157 o. / iBart S. 8 o. / Iglira S. 64 / imagebos S. 279 / Imaginis S. 209 u.m. / Indigo Fish S. 22 o. / ineula S. 326 u. / Irochka S. 278 / Jerry, Lim S. 295 / Jesenicnik, Tomo S. 21, S. 115 u.r., S. 308 / jjmcge S. 75 / Jocky S. 66 o. / Judd, Lynette S. 149 o. / Jung, Christian S. 225 u. / Kaphoto S. 284 / Kaulitzki, Sebastian S. 187, S. 267, S. 324, S. 350 / Kempf, Michael S. 125 u. / Klebsattel, Rolf S. 344 l. / klick S. 8 m.r. / Klopsch, Manuela S. 304 / Krautberger, Gernot S. 313 u. / Kröger, Bernd S. 26 / Lana S. 112 u.r. / Langerova, Olga S. 301 / lekcets S. 13 r. / LianeM S. 166 r., S. 211 / Lichtbildnerin S. 140 l. / lililu S. 19 u.l. / López, Ramón S. 8 u. / Losevsky, Pavel S. 374 r. / luchschen S. 178 o. / Lucky Dragon S. 348 o. / M. Johannsen S. 259 r. / Mach, Václav S. 135 / makuba S. 8 m. / mankale S. 159 u. / mao-in-photo S. 258 / Massey, Dave S. 157 m. / mdi S. 177 / Meyke, Birgit S. 374 o.l. / miba-art S. 316 / MICHEL, Hervé S. 176 u. / MIR S. 113 o. / mirubi S. 282 / moritz S. 10 r. / Mulcahy, Brett S. 313 o. / nadet S. 12 r. / Ni Chun S. 29 o.l. / Nik S. 352 o.l. / Nordaas, Aleksander S. 16 o. / Nowosielski, Michał S. 248 l. / Nymph S. 147 u. / Nyshko, Leonid S. 89 r. / Ochs, Edith S. 176 o. / Olson, Tyler S. 159 o., S. 281 / PANORAMO.de S. 25 o.l. / PCmi S. 353 o. / pe-foto S. 72 l. / Perkins, Thomas S. 17 l. / PerlenVorDieAugen S. 368 r. / Peterdi, Csaba S. 29 u. / Petersen, Povl Eskild S. 310 l. / Pfluegl, Franz S. 144 u., S. 174 u.r., S. 306 / photlook S. 90 / photoL S. 193 m. / Pickens, Greg S. 43 o. / picturemaker01 S. 209 o.l. / Pixel S. 9 o.r. / Pixelspieler S. 95 o., S. 307 o.l. / PS:ART S. 259 l. / Pupo, Celso S. 40 l. / quayside S. 24, S. 115 m. / radopix.com S. 223 u. / Reinartz, Petra S. 224 o. / Reitz-Hofmann, Birgit S. 7, S. 164, S. 170 m. / robynmac S. 116 u.r. / Ronny S. 168 / Rosu, Orlando Florin S. 174 o.l. / runzelkorn S. 307 o.l. / Sabphoto S. 101 / Salonis, Joseph S. 174 . / Sapiro, Izaokas S. 96 u. / sarka S. 9 o.l. / Schelbi, Luki S. 322 l. / Schleich, Albert S. 287 / Schmid, Gabriele S. 347 / Schon, Torsten S. 9 2.v.o., S. 11, S. 23 l., S. 115 u.l. / Scott, Ian S. 152 u. / sekulic, kristian S. 285 u.r. / Shirokov, Yury S. 19 m. / Siegmar S. 124 / Sigert, Daniel S. 330 l. / Silvana, Comugnero S. 73, S. 237 / slegers, hans S. 229 / Smokovski, Ljupco S. 249 u. / Sorokin, Nikolai S. 77 u. / SP S. 132 / sp550uz S. 224 u. / spotlight-studios S. 170 u. / Stansich, Reinhold S. 139 o. / Stapelfeldt, Werner S. 214 l. / StarJumper S. 263 o. / starush S. 374 u. / steffen, oliver-marc S. 16 l. / Steiner, Carmen S. 149 u., S. 185, S. 226 o., S. 233, S. 247 / Steps, Carsten S. 143 u., S. 256 r. / Stock, Paul S. 208 / Stocksnapper S. 192 r. / Stoll, Christian S. 339 / Stuart S. 175 o. / Superstars_for_You S. 65 / Svenja98 S. 227 o. / svl861 S. 319 r. / Sweet, Stephen S. 95 u. / SyB S. 344 o. / Szasz-Fabian, Erika S. 366 / Szasz-Fabian, Iosif S. 20 r. / Taylor, Martina S. 158 l. / tbel S. 364 u. / TheGame S. 146 / thierry planche S. 232 o. / Tilo S. 323 o. / Tooming, Mats S. 332 / tororo reaction S. 152 u. / Trifunovic, Dragan S. 346 u. / tritrid S. 25 m.l. / turhanerbas S. 322 o. / Turi S. 209 u.r., S. 248 r. / Twilight Art Pictures S. 227 u. / unpict S. 299 / Vasata, Jonathan S. 136 u. / Veruska1969 S. 30 u. / Viktor S. 114 u. / Villedieu, Christophe S. 323 u. / Vlad S. 253 / Vlk, Vojtech S. 331 / voluta S. 123 u. / Voronin, Vladimir S. 158 o. / Wang, Hao S. 13 l. / Wellmann, Reiner S. 351 / wertorer S. 246 u. / Wierzba, Volker S. 158 u. / Wiesel S. 136 o. / Wilsrecht, Sascha S. 29 o.r. / Wißmann Design S. 27 o., S. 70 / WOGI S. 352 r. / xpix S. 14 / yamix S. 285 o. / Yen, John S. 344 u. / Young, Lisa F. S. 209 o.r. / Zidar, Dušan S. 155 m. / Zielinska, Joanna S. 328 / Zorro12 S. 244 / zuerlein, sandra S. 89 l.

Race Gentry: S. 12 2.v.u.

Gruppo Editoriale Fabbri: S. 183 u., S. 249 o.

Lidman Production: S. 111 u., S. 123 o., S. 125 m., S. 134, S. 137, S. 142, S. 195, S. 214 o., S. 232 u., S. 307 u., S. 369